普通高等教育"十四五"规划教材

大学计算机基础
（第二版）

主　编　高海波　张　诚　冯　新
副主编　杨成群　彭　浩　龙仙爱　王　娟　周　龙

·北京·

内 容 提 要

本书根据教育部《关于进一步加强高等学校计算机基础教学的意见暨计算机基础课程教学基本要求》以及国家教材委员会印发《全国大中小学教材建设规划（2019—2022 年）》纲要要求，围绕新时代人才培养对计算机应用能力的需求并结合当前高校大学计算机课程教学改革实践而编写，明确将计算思维培养建立在知识理解和应用能力培养的基础上，明确线上线下资源的融合应用，并从中养成较好的计算思维与信息素养。

本书是编者以及所在教学团队多年从事计算机基础教学，融合 GBL（Goal-Based Learning，以目标为导向的教学方法）和 PBL（Problem-Based Learning，以问题为导向的教学方法）混合式课程教学改革研究与实践的成果体现。内容由基础篇（包括计算机基础概述、计算机软件系统、计算机网络技术、数据库技术基础、计算机信息安全）、思维篇（包括信息编码思维、数据结构与算法思维、程序设计方法思维）与应用篇（包括 Microsoft Office 2016 基本应用、常用工具软件基本应用）3 个部分共 10 个模块组成，每个模块由知识单元、活动设计、实践任务、课后习题等主体元素组成。教师可通过不同模块组合与单元知识选择来适应不同新型应用型本专科专业的计算机公共课程的教学需求。

全书内容丰富，深入浅出，结构清晰，语言通俗易懂，实践案例适用，配套资源齐全，可作为高等院校各专业计算机公共课的教材，也可作为全国计算机等级考试一级与二级 MS Office 的考试用书，还可供不同层次的办公人员学习参考。

本书配有电子教案与配套素材等教学资源，读者可以从中国水利水电出版社网站（www.waterpub.com.cn）或万水书苑网站（www.wsbookshow.com）免费下载。

图书在版编目（CIP）数据

大学计算机基础 / 高海波, 张诚, 冯新主编. -- 2版. -- 北京 : 中国水利水电出版社, 2022.8
普通高等教育"十四五"规划教材
ISBN 978-7-5226-0859-4

Ⅰ. ①大… Ⅱ. ①高… ②张… ③冯… Ⅲ. ①电子计算机－高等学校－教材 Ⅳ. ①TP3

中国版本图书馆CIP数据核字(2022)第127459号

策划编辑：周益丹　　责任编辑：高　辉　　封面设计：李　佳

书　　名	普通高等教育"十四五"规划教材 大学计算机基础（第二版） DAXUE JISUANJI JICHU
作　　者	主　编　高海波　张　诚　冯　新 副主编　杨成群　彭　浩　龙仙爱　王　娟　周　龙
出版发行	中国水利水电出版社 （北京市海淀区玉渊潭南路 1 号 D 座　100038） 网址：www.waterpub.com.cn E-mail：mchannel@263.net（万水） 　　　　sales@mwr.gov.cn 电话：（010）68545888（营销中心）、82562819（万水）
经　　售	北京科水图书销售有限公司 电话：（010）68545874、63202643 全国各地新华书店和相关出版物销售网点
排　　版	北京万水电子信息有限公司
印　　刷	三河市鑫金马印装有限公司
规　　格	184mm×260mm　16 开本　19.75 印张　493 千字
版　　次	2017 年 8 月第 1 版　2017 年 8 月第 1 次印刷 2022 年 8 月第 2 版　2022 年 8 月第 1 次印刷
定　　价	59.00 元

凡购买我社图书，如有缺页、倒页、脱页的，本社营销中心负责调换

版权所有·侵权必究

前　言

计算机及新技术的飞速发展，深刻改变着人类的思维、生产、生活、学习方式，计算思维已成为人们认识和解决问题的基本能力之一。教育部高等学校大学计算机课程教学指导委员会公布的《大学计算机基础课程教学基本要求》（简称"白皮书"）中指出计算思维能力的培养将成为今后大学计算机基础教学的新常态。"白皮书"要求像培养学生的"数学思维"一样，着重提高大学生计算机应用能力的基础，重点讲授"计算思维"的方法，明确计算思维可通过熟练地掌握计算机科学的基本概念而得到提高。当前，大学计算机基础教学面临着有限课时的挑战，教学内容、教学方法改革必须与时俱进。编者及所在教学团队教师多年从事计算机基础教学，总结大量教学改革实践与课程实施方案，融合GBL（Goal-Based Learning，以目标为导向的教学方法）和PBL（Problem-Based Learning，以问题为导向的教学方法）混合式课程教学改革研究与实践的成果，根据"白皮书"中提出的新的历史时期大学计算机基础教学的基本任务和基本要求，兼顾全国计算机等级考试一二级新大纲的要求，对《大学计算机基础》教材知识体系进行了系统重构、内容更新，在程序设计方法思维模块增加了Python程序设计内容，办公软件部分更新为Office 2016等。

本书本着"夯实基础、侧重应用、培养创新"的原则，注重易学性和实用性，注重任务实施和操作能力的训练，注重"计算思维"方法与意识的培养，注重理论性与实践性一体化融合，符合高校应用型人才培养的要求。本书在教学方法、教学内容、教学资源三个方面体现出了自己的特色。

教学方法

本书基于目标导向，注重计算思维能力培养，采用模块化的编写思路，按照"学习目标－模块导学－知识讲解－活动设计－实践任务－课后习题"的体系结构组织教学内容。为了激发学生的学习兴趣，每个模块单元知识讲解采用启发式的叙述方式，语言通俗易懂。活动设计与实践任务的选择侧重应用性、实用性，帮助学生强化巩固所学的知识和技能，提高计算机应用能力与计算思维能力。其中，活动设计旨在引导学生进行探究式学习，主要利用课外时间完成，然后让学生到课堂进行讨论、展示与总结。实践任务用于检查学生对单元知识的掌握程度与知识的应用情况，主要在机房与课外完成。

- **学习目标**：分别从认知目标、情感目标与技能目标三个方面概括了各模块内容的教学目标，让学生知道通过各模块的学习应该达到的学习目标。
- **模块导学**：以列表方式归纳出各模块单元的重点和主要知识、活动设计与实践任务的具体内容，帮助学生在模块学习前了解活动与任务内容，提前做好学习准备。
- **知识讲解**：采用启发式的叙述方式，深入浅出地讲解理论知识，注重基础性与实用性，理论内容的设计以"统一必学、分类选学、扩展修学"为原则，强调"基础应用与创新思维"，配合经典示例介绍如何在实际工作中灵活运用这些知识点。
- **活动设计**：活动设计以各模块内容中的重要知识与应用为纲，以活动的目标、场景与要求为主线，引导学生以课程学习小组形式进行探究式学习，通过参与活动培养学生对知识的灵活运用与自学能力和团队合作能力。
- **实践任务**：结合各模块单元知识讲解的内容设计实用性强的任务案例，并以任务目标、任务情境与要求、任务解析以及任务完成效果为主线，要求学生独立完成操作，以充分训练学生的动手能力，并提高其独立完成任务的能力。
- **课后习题**：结合各模块内容知识，给出适量的选择题与思考题，学生可通过练习强化巩固各模块所学知识，做到温故而知新。

教学内容

本书的教学目标是循序渐进地帮助学生了解信息技术的发展趋势，认识与理解计算系统和方法，熟悉计算机操作环境及工作平台，具备使用常用工具软件处理日常事务、应用计算机技术分析解决问题等计算机应用能力以及计算思维能力，培养学生正确获取、评价与使用信息的素养以及基于信息技术手段的交流与持续学习能力。全书由基础篇、思维篇与应用篇3个部分共10个模块组成，各模块内容与组织如下图。

由于本书的内容覆盖面广，各高校可根据教学学时、学生层次与专业实际情况，在制定教学计划时选择模块与单元知识进行组合教学。

注：本书图中所有"帐户"均应为"账户"。

教学资源

为了方便教学，本书提供立体化教学资源，主要包括课程教学大纲、配套教学课件、教案、示例素材与效果文件、活动设计素材与效果文件以及实践任务素材与效果文件。另外，本书针对各模块单元重难点知识内容制作了大量的教学微视频，学生可以通过扫描书中对应二维码随时随地进行学习，实现对课堂教学内容的补充。

本书源于大学计算机基础教育的教学实践，凝聚了一线任课教师的教学经验与教研成果。

本书得到了教育部高教司产学协同育人项目（教高司函〔2019〕12号）、湖南省普通高等学校教学改革项目（湘教通〔2019〕291号，湘教通〔2021〕189号 HNJG-2021-0216 和 HNJG-2021-0217）的支持与研究成果的支撑，是第十二届湖南省高等教育教学成果奖三等奖项目"融合 GBL 与 PBL 教学模式的大学计算机课程分类分层体系的构建与实践"（湘教通〔2019〕294号）的主要成果实践应用体现之一。

本书由高海波、张诚、冯新任主编，由高海波负责确定教材的编写思路与全书的统稿审定工作，由杨成群、彭浩、龙仙爱、王娟、周龙任副主编，由陈继锋任主审。参加本书编写的还有刘利红、曾文娟、郭红宇、冯艳、徐红、覃晓群、周茜、谌文芳、曾喜良、匡巧艳、任周、王凌风、宁朝、陈艳丽、任剑、陈慧、陈丹桂、宁矿凤、唐佳、陈晔、张波、周莹莲、黄彬、王素芳、甘星宇、程俊香、罗金玲、曾宪奎、黄菊梅等。

本书是湖南涉外经济学院信息与机电工程学院和广州粤嵌通信科技股份有限公司开展校企协同育人在教学内容体系建设上合作的创新示范教材。本书各模块内容的活动设计、实践任务是编者通过教学实践探索并结合企业实际应用的案例资料整理而来，在此对提供这些资料的企业及老师表示感谢，同时也对为本书编写给予帮助与支持并提出宝贵意见的同事们表示由衷感谢。

本书力求成为一本兼具基础性、新颖性和前瞻性的教材。在编写过程中编者做了许多努力，但由于水平有限，成书时间仓促，疏漏之处在所难免，敬请读者批评指正。

编　者

2022 年 8 月

目　　录

前言

第一篇　基础篇

模块 1　计算机基础概述 1
　单元 1　信息技术基本知识 2
　单元 2　计算机的发展与应用 4
　单元 3　计算机的工作原理 10
　单元 4　计算机系统的组成 14
　单元 5　微型计算机主要硬件 19
　活动设计 28
　实践任务 28
　课后习题 1 29

模块 2　计算机软件系统 31
　单元 1　计算机软件概述 31
　单元 2　操作系统 34
　单元 3　其他系统软件 49
　活动设计 51
　实践任务 54
　课后习题 2 55

模块 3　计算机网络技术 57
　单元 1　计算机网络基础知识 57
　单元 2　计算机网络的构建模型及组成 63
　单元 3　互联网和 TCP/IP 协议 71
　单元 4　计算机网络的应用 76
　活动设计 80
　实践任务 81
　课后习题 3 85

模块 4　数据库技术基础 87
　单元 1　数据库技术概论 87
　单元 2　关系数据库基本知识 92
　单元 3　Access 2016 数据库入门 96
　活动设计 108
　实践任务 109
　课后习题 4 110

模块 5　计算机信息安全	113
单元 1　信息安全的要素	113
单元 2　密码技术	115
单元 3　数字签名技术	116
单元 4　病毒保护与防治技术	118
单元 5　计算机有关的安全法律与法规	121
活动设计	123
实践任务	124
课后习题 5	127

第二篇　思维篇

模块 6　信息编码思维	129
单元 1　计算机中的数制	129
单元 2　计算机中数据的表示	135
活动设计	146
实践任务	148
课后习题 6	149
模块 7　数据结构与算法思维	151
单元 1　数据结构	151
单元 2　算法基础知识	159
活动设计	174
实践任务	175
课后习题 7	177
模块 8　程序设计方法思维	180
单元 1　程序设计概述	180
单元 2　Python 程序设计应用	183
活动设计	195
实践任务	196
课后习题 8	197

第三篇　应用篇

模块 9　Microsoft Office 2016 基本应用	199
单元 1　认识 Office 2016	200
单元 2　Word 2016 的使用	203
单元 3　Excel 2016 的使用	223
单元 4　PowerPoint 2016 的使用	252
活动设计	264

  实践任务 265
  课后习题 9 285
模块 10 常用工具软件基本应用 288
  单元 1 截图和录屏工具 288
  单元 2 多媒体格式转换工具 291
  单元 3 电子邮件工具 294
  单元 4 思维导图工具 299
  活动设计 303
  实践任务 304
  课后习题 10 305
部分习题参考答案 307

第一篇 基础篇

模块 1 计算机基础概述

现代计算机的诞生是 20 世纪人类最伟大的发明之一。人类社会正在进行第三次产业革命，即信息革命。信息革命的标志就是计算机技术和通信技术的发展、融合与普及。随着人类进入 21 世纪，计算机已成为了各行业普遍使用的基本工具之一。掌握以现代计算机为核心的信息技术的基础知识，提高计算机应用能力，特别是利用计算机为自身专业服务的能力，是当代大学生必备的基本素质之一。本模块讲解信息、信息技术与计算机的发展与应用、计算机的工作原理以及计算机的硬件系统。

学习目标

认知目标	情感目标	技能目标
认识信息、数据、信息技术与计算机等基本概念。 了解信息技术与计算机的发展过程。 认识计算机的分类与主要应用。 认识信息技术组成，且针对一些具体的信息系统或控制系统能分析所需要采用的信息技术。 认识计算机的工作过程并理解计算机的工作原理，根据性能指标按需求选择计算机硬件配置，学会正确使用计算机各种设备。	了解信息技术对人类的影响，正确认识计算机的价值，树立科学管理、正确使用信息资源的意识。 全面提高学习计算机有关知识的兴趣，促使学生学习且学好计算机相关知识。	通过本模块的学习能了解微机的组成与结构，且能进行简单的硬件维护。 根据计算机各硬件性能参数能对整机性能进行综合评判。 能正确使用计算机设备。

模块导学

单元知识	活动设计	实践任务	课后习题
信息技术的基础知识 计算机的发展与应用 计算机的工作原理 计算机系统的组成	当前新技术应用对社会产生的影响 观看计算机组装教学视频	芯片的发展之路	选择题 思考题

单元 1　信息技术基本知识

随着信息化在全球的快速发展,世界各国对信息的需求快速增长,信息产品和信息服务已经成为各个国家、地区、企事业单位、家庭与个人不可缺少的需求。因此,信息技术已成为支撑当今经济活动和社会生活的基石,已成为衡量一个国家科技实力和综合国力的关键技术之一。信息技术代表着当今先进生产力的发展方向,信息技术的广泛应用使信息的重要生产要素和战略资源的作用得以充分发挥,使人们能更高效地进行资源优化配置,从而推动传统产业不断升级,提高社会劳动生产率和社会运行效率。本单元学习信息技术的基础知识。

知识 1　信息的定义

信息是指可以用语言、文字、数据、图表、图形或其他可以让使用者识别的符号来表示的,并可以进行存储、加工、传递、处理及应用的对象。信息对人类社会具有非常重要的意义,如何有效地获取、识别、传递与处理信息已成为人们关注与研究的重要课题。

可传递、可识别、可依附、可处理、可转换、在特定的范围有效构成了信息的主要特征。当然信息还有多种特点:可量度、可存储、可再生、可压缩、可共享等。

知识 2　信息技术的概念

信息技术(Information Technology,IT)是指与获取、加工、存储、传输、表示和应用信息有关的技术。对信息技术的定义可以做如下理解:信息技术不仅仅是指"一系列与计算机相关的技术",凡是用科学的方法解决信息处理和加工中的问题的一切技术(包括实际的应用和理论上的方法、技巧)都可以归属于信息技术。简单地说,还可以理解为:凡是可以扩展人的信息功能的技术,都是信息技术。

信息技术体现了一个时代的技术特征。时代不同,其采用的信息技术也不同,信息技术可能是机械的,也可能是激光的,可能是电子的,也可能是生物的。而在当今的数字化时代,信息技术是以微电子(当今世界新技术革命的基石)和光电技术(采用光子作为信息的载体)为基础,以计算机和通信技术为支撑,以信息处理技术为主体的技术的总称,是一门综合性的技术。计算机技术和通信技术的紧密结合,标志着数字化信息时代的到来。

知识 3　信息技术的组成

信息技术包括计算机技术(信息处理的核心与支柱)、通信技术、微电子技术(现代信息技术的基石)、传感技术。

1. 计算机技术

计算机技术包括计算机系统技术、计算机器件技术、计算机部件技术和计算机组装技术等四个方面。

2. 通信技术

通信技术(如光纤通信技术、卫星通信技术)属于信息传递技术的范畴,它的主要功能是实现信息的快速、可靠、安全转移。

3. 微电子技术

微电子技术是信息技术领域中的关键技术，是发展电子信息产业和各项高技术的基础，微电子技术的核心是集成电路技术。

4. 传感技术

传感技术包括信息识别、信息提取、信息检测等技术。它的作用是扩展人获取信息的感觉器官的传感功能。传感技术、测量技术与通信技术相结合而产生的遥感技术，更使人感知信息的能力得到进一步的加强，主要用于气象、军事和航空航天等领域。

知识 4 信息技术的发展

当今世界，信息技术发展日新月异，正加速改变人类的生产生活，推动各产业各环节发生深刻变革。新一轮重大信息技术革新，将不断满足人民群众美好生活需求，促进信息产业价值链提升，提高经济社会发展质量和效益。信息技术未来的发展趋势有以下几个方面：

（1）超高清视频进入千家万户。超高清视频是指每帧像素分辨率在 4K（一般为 3840×2160）及以上的视频。4K、8K 超高清视频的画面分辨率分别是高清视频的 4 倍和 16 倍，并在色彩、音效、沉浸感等方面实现全面提升。超高清视频与安防、制造、交通、医疗等行业的结合，将加速智能监控、机器人巡检、远程维护、自动驾驶、远程医疗等新应用新模式孕育发展，驱动以视频为核心的行业实现数字化、智能化转型。

（2）虚拟现实技术应用遍地开花。虚拟现实（含增强现实、混合现实，简称 VR/AR/MR）是融合应用了多媒体、传感器、新型显示、互联网和人工智能等多种前沿技术的综合性技术。虚拟现实技术应用将在制造、教育、交通、医疗、文娱、旅游等领域快速铺开。虚拟现实技术正进入我国航天、航空、汽车等高端制造领域，成为促进中国制造创新转型升级的新工具。

（3）智能家居产品深入人心。智能家居产品，是指使用了语音交互、机器深度学习、自我调控等技术的智能家居产品，具有自然交互、智能化推荐等智能能力。智能音箱、智能电视、智能门锁、智能照明、智能插座、智能摄像头等智能家居硬件产品将根据用户自定义实现联动，实现人工智能操作。

（4）量子信息技术进入产业化阶段。量子信息技术是用量子态来编码、传输、处理和存储信息的一类前沿理论技术总称。安全通信、加密/解密、金融计算等方面具备巨大的发展潜力和应用前景。未来的量子信息技术将走向产业化，主要集中于量子通信、量子计算、量子测量三大领域。

（5）5G 全产业链加速成熟。5G，即第五代移动通信。每一代移动通信都可由"标志性能力指标"和"核心关键技术"进行定义。未来的 5G 全产业链加速成熟，正快速步入商用阶段。5G 网络产品、基带芯片、模组解决方案已初步达到商用终端产品要求，已经逐步成熟。5G 在各领域的创新应用将日益活跃，围绕超高清视频、虚拟现实、智能驾驶、智能工厂、智慧城市的应用探索将成为热点。

（6）车联网。车联网（智能网联汽车）是实现智能驾驶和信息互联的新一代汽车，具有平台化、智能化和网联化的特征。智能网联汽车搭载先进的车载传感器、控制器、执行器等装置和车载系统模块，融合现代传感技术、控制技术、通信与网络技术，具备信息互联共享、复杂环境感知、智能化决策与控制等功能。车联网产业的发展将促进汽车、电子、信息通信、道路交通运输等行业深度融合。具有高级别自动驾驶功能的智能网联汽车和基于第五代移动通信技术设计的车联网无线通信技术将逐步实现规模化商业应用，并实现高度协同。

（7）云计算潜力巨大。云计算应用细分领域不断拓展，其应用从互联网行业向工业、农业、商贸、金融、交通、物流、医疗、政务等传统行业不断渗透。企业将信息系统向云平台迁移，利用云计算加快数字化、网络化、智能化转型。云计算企业将进一步强化云生态体系建设。

（8）大数据迭代创新发展。大数据产业链不断完善，大数据硬件、大数据软件、大数据服务等核心产业环节规模不断扩大。大数据技术及应用处于稳步迭代创新期，大数据计算引擎、大数据 PaaS 及工具和组件成为企业标配，大量结合人工智能技术的大数据应用将逐步落地。

在信息技术高度发展的今天，作为当代大学生，我们要培养良好的信息意识、积极主动学习和利用信息技术、提高信息处理能力。要认真学习信息技术，学会分辨网络诈骗，更好地利用计算机来获取、处理和传递信息，让计算机更好地为我们的学习和生活服务，通过自己的力量去增加网络安全；要培养正确的信息伦理道德修养，遵循信息应用人员的伦理道德规范，不做非法活动，并懂得采取合法手段保护自己的知识产权。

单元 2　计算机的发展与应用

现代计算机是一种能够存储程序，并能按照程序自动、高速、精确地进行大量计算和信息处理的智能电子设备。它是科学技术发展的象征，也是促进科学技术和生产力高速发展的有力工具。目前，计算机的发展程度与应用水平已成为衡量一个国家或一个地区的科学技术发展水平和经济实力的重要标志。

知识 1　计算机的诞生及发展

计算机的发展动力就是人类应用的需求，通常人们把计算机发展过程划分为以下几个阶段。

1. 机械计算机（1930 年以前）

在这一阶段，人们发明了一些用来计算的机器。较典型的有：17 世纪由法国著名数学家和哲学家 Blaise Pascal 发明的用来进行加减运算的机器 Pascaline；1890 年，在美国国家统计局工作的 Herman Hollerith 设计并制造出具有编程能力的机器，该机器可以自动阅读、计数和排列存储在穿孔卡上的数据。虽然这些机械计算机在当时很先进，但还看不到现代计算机的影子。

2. 电子计算机（1930 年至 1950 年）

第一台通用的完全电子化的计算机（图 1-1）是在 1946 年 2 月由 John Mauchly 和 J.Presper Eckert 设计完成。这台计算机当时被命名为电子数字集成器和计算器（Electronic Numerical Integrator And Calculator，ENIAC），它共用了 18000 多个真空管和 1500 多个继电器，占地面积 170 平方米，重达 30 吨，每秒钟能完成 5000 次加法计算。在当时用它来处理弹道问题，将人工计算时长从 20 小时缩短到 30 秒。ENIAC 计算机的主要缺点是存储容量小以及用线路连接的方法编排程序等。这台机器服役了 9 年左右，于 1955 年 10 月光荣退役。

为了解决人工改接线路这一缺点，1946 年 6 月，美籍匈牙利数学家冯·诺依曼（John Von Neumann）提出了"存储程序"的计算机方案，即程序和数据都应该存储在计算机的存储器中。第一台基于冯氏思想的计算机于 1950 年在宾夕法尼亚大学诞生，当时被命名为电子离散变量自动计算机（Electronic Discrete Variable Automatic Computer，EDVAC）。EDVAC 在两个方面进行了关键性的改进：一是把计算机要执行的指令和要处理的数据都用二进制表示；二是把要执行的指令和要处理的数据按照顺序编成程序存储到计算机内部且让它自动执行（存储程序控制原理）。冯氏思想为现代计算机的发展奠定了坚实的基础。

图 1-1　世界上第一台电子计算机

3. 现代计算机（1950 年至现在）

现代计算机按使用的电子元件划分为电子管、晶体管、中小规模集成电路与大规模/超大规模集成电路四代。每一代计算机的改进主要体现在硬件或软件方面的变化。

（1）电子管计算机时代。1950 年到 1959 年，这时期的计算机称为电子管计算机。这一代计算机的主要特征是用电子管作为运算与逻辑元件，用机器语言和汇编语言编写程序。这样的计算机体积庞大，造价昂贵，运算速度低，存储容量小，可靠性与稳定性差，主要用于科学与工程计算。

（2）晶体管计算机时代。从 1959 年到 1965 年间，计算机中采用了比电子管先进的晶体管。晶体管与电子管相比，具有体积小、能量消耗低、可靠性与稳定性高的特点。晶体管时代计算机的程序语言从机器语言发展到汇编语言，高级语言 FORTRAN 和 COBOL 相继开发并被广泛使用，同时开始使用磁盘和磁带作为辅助存储器。

（3）中小规模集成电路计算机时代。从 1965 年到 1975 年间，集成电路技术开始发展，并被广泛应用到计算机中来。集成电路（Integrated Circuit，IC）是制作在一块晶片上的完整的电子电路，该晶片集成了上千个晶体管元件。第三代计算机与第二代计算机相比，它的主要特点是体积更小，价格更低，可靠性与稳定性更高，计算速度更快。

（4）大规模/超大规模集成电路计算机时代。从 1975 年至今，计算机使用的元件依然是集成电路，但集成度大幅提高，达到几十万甚至上百万个电子元件，人们称之为大规模集成电路（Large Scale Integrated Circuit，LSI）和超大规模集成电路（Very Large Scale Integrated Circuit，VLSI）。第四代计算机最重要的成就表现在微处理器（Microprocessor）技术上，微处理器是一种小型化的电子产品，把计算机的运算和控制等核心部件集成在一块芯片上。目前，我们广泛使用的计算机基本上属于第四代。

20 世纪 80 年代以后，人们着手研制新一代计算机。新一代计算机的特点是以人工智能原理为基础，把信息采集、存储、加工、传输和人工智能结合在一起，使计算机具有形式推理、联想、学习和解释能力。这样的计算机突破了原有的冯·诺依曼体系结构，实现了高度的并行处理，主要着眼于机器的智能化，使计算机具有智能接口，可以模拟或部分代替人的智能活动，并具有自然的人机通信能力。具有这种能力的计算机被称为智能计算机，也称作"智能机器人"。

2021年10月迪拜世博会上中国制造的智能机器人向全世界展现了中国人工智能领域研究成果，由中国科技公司制造的吉祥物机器人和服务整个世博会的152台智能机器人备受瞩目。最吸引人眼球的就是作为世博吉祥物名叫OPTI的机器人，是世博园区最受欢迎的机器人，它不仅能24小时提供访客迎接与互动服务，还常与工作人员一起参加人机共舞等快闪活动。

4. 未来计算机

从计算机未来发展的角度来看，科学界看好的计算机除了现代的计算机外，还看好DNA生物计算机、光子计算机和量子计算机三类计算机。

（1）DNA生物计算机。DNA生物计算机是美国南加州大学伦纳德·阿德拉曼博士在1994年提出的设想，该设想是通过控制DNA分子间的生化反应来完成数据的运算。这种计算机使用酶作为计算机的"硬件"，DNA作为计算机的"软件"，输入和输出的"数据"都是DNA链。把溶有这些"数据"的溶液恰当地混合，就可以在试管中自动发生反应，这种反应称为"运算"。这样的计算机由一堆装着有机液体的试管组成。

（2）光子计算机。光子计算机与传统硅芯片组成的计算机的差异在于用光子来代替电子实现数据的运算和存储，它用不同波长的光来代表不同的数据。1990年，美国贝尔实验室宣布研制出了世界上第一台光学计算机，该计算机采用砷化镓光学开关，运算速度达每秒10亿次。尽管这台光学计算机与理论上的光学计算机还有一定距离，但已显示出它强大的威力。

（3）量子计算机。把量子力学和计算机结合起来的思想是在1982年由美国著名物理学家理查德·菲利普·费因曼（Richard Phillips Feytiman）提出的。1985年，英国牛津大学物理学家戴维·多伊奇（David Deutsch）初步阐述了量子计算机的概念，并提出量子并行处理技术能使量子计算机比传统的图灵计算机功能更强大。

2017年5月3日，中国科学家在中国科学技术大学先进技术研究院宣布，已经成功制造出世界上首台量子计算机，其速度是国际同类实验的2.4万倍，对特定问题的处理能力可令世界上现有的超级计算机相形见绌。多粒子纠缠的操纵是量子计算的技术制高点并一直是国际角逐的焦点。中国科学技术大学潘建伟、陆朝阳、朱晓波和浙江大学王浩华，成功实现了目前世界上最大数目的超导量子比特的纠缠和完整的测量。这是历史上第一台超越早期经典计算机的基于单光子的量子模拟机，为最终实现超越经典计算能力的量子计算奠定了基础。

知识2　计算机的分类

计算机按不同的分类标准可分为不同的种类，具体分类如下：

若按其内部逻辑结构可分为：单处理机与多处理机（并行机）。

若按其CPU的数据处理能力可分为：16位机、32位机和64位机等。

若按其用途可分为：通用计算机与专用计算机。通用计算机是指适用于一般科学计算、工程设计和数据处理等方面的计算机，人们平常所说的计算机就属于通用计算机。专用计算机是指为某种特殊应用而设计，其运行程序固定，执行效率较高，处理速度快，运算精度高，如飞机上用于自动控制与导航的计算机，坦克上的火控系统所使用的计算机。

若按其性能指标可分为：超级计算机、大/中型计算机、工作站与微型计算机等。它们之间主要的区别在于计算机体积、功耗、运算速度、数据的存储容量、指令系统的规模等。下面介绍目前的一些主流计算机与应用领域。

1. 超级计算机

超级计算机又称高性能计算机，通常是指体积大、运算速度快、存储容量高的计算机，主要应用于国防或航天等尖端技术和现代科学计算中。超级计算机的研究是世界公认的高新技术制高点，也是 21 世纪最重要的科学研究领域之一。超级计算机的研制能力已是衡量一个国家经济实力和科学技术水平的重要标志之一。超级计算机是国家科研的重要基础工具，在地质、气象、石油勘探等领域的研究中发挥关键作用，也是汽车、航空、化工、制药等行业的重要科研工具。超级计算机，被称为"国之重器"，超级计算属于战略高技术领域，是世界各国竞相角逐的科技制高点，也是一个国家科技实力的重要标志之一。

全球超级计算机 500 强是指始于 1993 年国际 TOP500 组织发布，由美国与德国超算专家联合编制，以基准程序 Linpac 测试值为序进行排名的榜单，每年两期，其目的是促进国际超级计算机领域的交流和合作，促进超级计算机的推广应用。2020 年 6 月 23 日，TOP500 组织发布的全球超级计算机 TOP500 榜单显示，日本采用 ARM 架构的超级计算机"富岳"超越中美，夺得全球超算冠军。排名第二和第三的超级计算机分别是美国的"顶点"系统和"山脊"系统。中国超级计算机系统"神威·太湖之光"和"天河二号"分列榜单第四、第五位。中国入围的超级计算机数量为 226 台，占总体份额超过 45%，位列世界第一。中国厂商联想、曙光、浪潮是全球前三的超算供应商，总交付 312 台，占 TOP500 份额超过 62%。美国、日本分别以 114 台、30 台的总量位列第二名和第三名。

"神威·太湖之光"是世界上首台运算速度超过十亿亿次的超级计算机，它自 2016 年连续四次获得 TOP500 冠军。"神威"由 40 个运算机柜和 8 个网络机柜组成，每个运算机柜都比家用的双门冰箱还大，一台机柜就有 1024 块处理器，而每单个处理器又有 260 个核心，占地面积高达 605 平方米，峰值性能达到 12.5 亿亿次每秒，持续性能为 9.3 亿亿次每秒，是我国目前性能最强的超级计算机。值得一提的是，"神威"是中国第一台全部采用中国国产处理器构建的超级计算机，其意义不言而喻。美国劳伦斯伯克利国家实验室副主任西蒙称："神威"的性能结束了"中国只能依靠西方技术才能在超算领域拔得头筹"的时代。"神威"在安全、经济和社会发展等方面都具有举足轻重的意义。

综合来看，我国最先进的超算系统"神威·太湖之光"与日本的超算能力最强的"富岳"还有 4.5 倍的差距，与美国最强的"顶点"超算系统也有 2 倍的差距。所以，我国还需积极借鉴日本、美国超算成功经验，争取研发出更好的超算系统。

2. 大/中型计算机

大/中型计算机也具有较高的运算速度，而且有较大的存储容量，主要用于科学计算、数据处理或作为网络服务器。服务器（Server）是指在网络环境下运行相应的服务软件，为网上用户提供信息资源共享和各种应用服务的一种高性能计算机。它的高性能主要体现在高速度的运算能力、长时间的可靠运行、强大的外部数据吞吐能力等方面，是网络的中枢和信息化的核心。

3. 工作站

工作站是一种以个人计算和分布式网络计算为基础，主要面向专业应用领域，具备强大的数据运算与图形、图像处理能力，主要应用于工程设计、动画制作、科学研究、软件开发、金融管理、信息服务、模拟仿真等专业领域。

4. 微型计算机

微型计算机的中央处理单元（CPU）采用微处理器芯片，体积小巧，已广泛用于商业、服务业与工厂的自动控制、办公自动化以及大众化的信息处理之中。微型计算机也称为 PC（Personal Computer）机。

知识3　计算机的主要应用

计算机发展的动力源于计算机的应用。目前，计算机的应用主要包括以下几个方面。

1. 科学计算

科学计算是指科学和工程中的数值计算。它与理论研究、科学实验一起成为当代科学研究的三种主要方法。早期的计算机主要用于科学计算。目前，科学计算仍然是计算机应用的一个重要领域，主要应用在航天工程、气象预报、地震预测、核能技术、石油勘探和密码解译等涉及复杂数值计算的领域。由于计算机具有高运算速度、高精度及逻辑判断能力，由此也产生了计算力学、计算化学、生物控制论等新型学科。

2. 信息处理

信息处理是计算机应用最广泛的领域，是对信息的采集、存储、检索、加工、变换和传输等一系列活动的总称，涉及社会各行业。生产管理、办公自动化、银行业务、图书馆管理、城市交通管理等都离不开计算机。据统计，目前 80%以上的计算机用于信息处理。信息处理技术的发展从简单到复杂经历了以下四个发展阶段：

（1）电子数据处理（Electronic Data Processing，EDP），是以文件系统为手段，实现一个部门内的数据处理。

（2）管理信息系统（Management Information System，MIS），是以数据库技术为工具，实现一个部门的全面管理，提高工作效率。

（3）决策支持系统（Decision Support System，DSS），是以数据库、模型库和方法库为基础，帮助管理决策者们提高决策水平，改善运营策略的正确性与有效性。

（4）大数据（Big Data）。随着时代的发展，世界正变得越来越数字化。目前，大数据作为一项颠覆性的技术，正在以各种各样的方式影响着每个人的生活。所谓大数据是指利用常用软件工具捕获、管理和处理数据所耗时间超过可容忍时间的数据集。

3. 计算机辅助系统

计算机辅助系统指通过人机对话，使计算机辅助人们进行设计、加工、计划和学习等工作。在飞机、汽车、船舶、机械、建筑工程与集成电路等行业中，为了提高产品（工程）质量，缩短生产周期，降低成本，设计与制造人员借助计算机自动或半自动地完成设计和产品制造的技术称为计算机辅助设计（Computer Aided Design，CAD）和计算机辅助制造（Computer Aided Manufacturing，CAM）。现在，CAD/CAM 技术发展非常迅速，应用范围不断扩大又派生出很多新的分支，如计算机辅助测试（Computer Aided Testing，CAT）、计算机辅助教学（Computer Aided Instruction，CAI）、计算机集成制造系统（Computer Integrated Manufacturing Systems，CIMS）、计算机辅助教育（Computer Based Education，CBE）等。

4. 计算机自动控制

计算机能够根据人们设定的要求，自动、独立地完成某项工作。利用计算机自动采集生产过程中的各种数据，及时地监测、控制生产的过程。例如，在汽车工业方面，利用计算机控制机床、控制整个装配流水线，不仅可以实现精度要求高、形状复杂的零件加工自动化，而且可以使整个车间或工厂实现自动化。

5. 电子商务

电子商务代表着一种现代的商务模式，即通过 Internet 和 WWW 传输电子信息而进行的各种商务活动。电子商务的功能包括网上购物、网上支付、物流服务、咨询洽谈、广告宣传、业务管理、意见咨询等，其具有高效性、方便性、安全性、集成性和可扩展性。

电子商务模式随着其应用领域的不断扩大和信息服务方式的不断创新，电子商务的类型也层出不穷，主要可以分为以下五种类型：

（1）企业与消费者之间的电子商务（Business to Consumer，B2C）。

（2）企业与企业之间的电子商务（Business to Business，B2B）。

（3）消费者与消费者之间的电子商务（Consumer to Consumer，C2C）。

（4）线下商务与互联网之间的电子商务（Online to Offline，O2O）。

（5）供应方与采购方的电子商务（Business-Operator-Business，BOB）

6. 人工智能

人工智能（Artificial Intelligence，AI）是研究怎样让计算机做一些通常认为需要智能才能做的事情，又称机器智能，是指使计算机具有模拟人的感觉和思维过程的能力。研究的主要内容包括模拟识别、物形分析、自然语言的生成和理解、博弈、定理自动证明、自动程序设计、专家系统、学习系统和智能机器人等。目前已研制出多种具有人的部分智能的机器人，可以代替人在一些危险的工作岗位上工作。有人预测，家庭智能化的机器人将是继 PC 机之后下一个家庭普及的信息化产品。

7. 计算机网络

计算机技术与现代通信技术的结合构成了计算机网络。计算机网络的建立，不仅解决了一个单位、一个地区、一个国家中计算机与计算机之间的通信，各种软硬件资源的共享，也大大促进了国际间的文字、图像、视频和声音等各类数据的传输与处理。在日常生活与工作中，人们到处可以感受到网络给我们带来的好处。例如，利用计算机网络收发邮件，使用计算机网络开展网上办公，使用计算机网络实现远程教育，使用计算机网络开展电子商务等都是计算机网络的应用。又如网络电影、网络电视、网络游戏等为人们带来了无限的快乐。

随着人类需求的发展与变化，人们已开始研究物联网与泛在网。物联网的英文名称叫"Internet of Things"。顾名思义，物联网就是"物物相连的互联网"。物联网的目的是实现物物互联，从而融合物理信息的感知、传输、处理、控制，提供高智能的应用服务。物联网与传统互联网的主要区别是其包含了物物互联与物机互联，而不是局限于机机互联，图 1-2 中用户端延伸和扩展到出租车、电梯、空调、浴缸、冰箱、电话等，依靠互联网来实现移动手机与这些物品之间的通信，并使用移动手机对这些物品进行控制。

泛在网即广泛存在的网络，它以"无所不在、无所不包、无所不能"为基本特征，以实现在任何时间、任何地点、任何人、任何物都能顺畅地通信为目标。泛在网是指基于个人和社会需求，实现人与人、人与物、物与物之间按需进行的信息获取、传递、存储、认知、决策与使用等服务，具有超强的环境感知、内容感知及智能性，为个人和社会提供无所不在的信息服务和应用。当前的泛在网研究强调自然而无所不在的人机交互和物机交互，被学术界总结为 5A（Any Time，Any Place，By Any Person，Using Any Device，Connecting Any Objects）。目前，随着经济发展和社会信息化水平的日益提高，构建泛在网络社会、带动信息产业的整体发展已经成为一些发达国家和城市追求的目标。

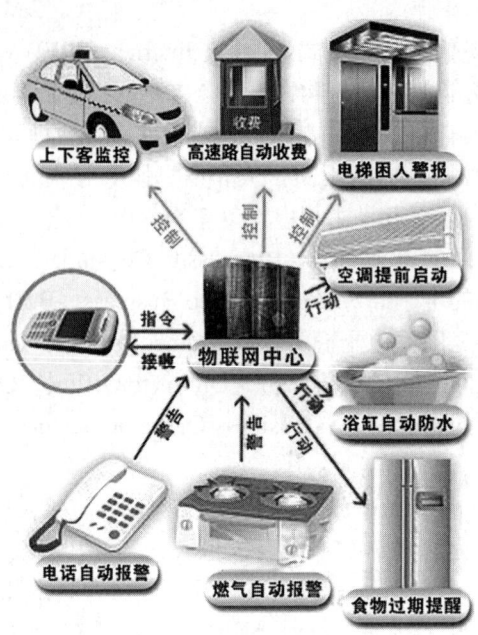

图 1-2　物联网实物图

8. 虚拟现实

虚拟现实（Virtual Reality，VR）技术是指利用计算机生成一种可对参与者直接施加视觉、听觉和触觉感受，并允许其交互地观察和操作的虚拟世界的技术。VR 技术囊括计算机、电子信息、仿真技术于一体，其基本实现方式是计算机模拟虚拟环境从而给人以环境沉浸感。随着社会生产力和科学技术的不断发展，各行各业对 VR 技术的需求日益旺盛。近年来，VR 技术也取得了巨大进步，并逐步成为一个新的科学技术领域。

当前，计算机的应用领域已渗透到社会的各行各业，如电子商务、CAD/CAM 已经应用于工商界，多媒体教育、远程教育应用于教育行业，CAT、MRI、远程医疗应用于医药行业，虚拟现实、电影特技应用于娱乐行业，数据采集、计算分析应用于科研领域，政府部门已普遍使用电子化办公，居民家庭也逐步实现家庭信息化。计算机正在改变着传统的工作、学习和生活方式，推动着社会的发展与进步。

单元 3　计算机的工作原理

知识 1　冯·诺依曼原理

计算机的发展很快，种类很多（笔记本、iPad、智能手机等），制造技术也发生了极大的变化，但目前的大部分计算机在基本的体系结构方面仍然沿袭着冯·诺依曼的体系结构。

1. 冯·诺依曼的思想

现在的计算机都是基于冯·诺依曼的"存储程序"原理，该思想可以概括为以下 3 点：

(1) 计算机硬件是由五大基本部分组成，这五大部分是运算器、控制器、存储器、输入设备与输出设备。

(2) 计算机中的数据采用二进制表示。

(3) 计算机的程序和数据存放在存储器中，由程序来控制计算机工作。

2. 计算机五大部件

冯·诺依曼提出以"存储程序"为原理的计算机硬件系统由运算器、控制器、存储器、输入设备与输出设备组成，组成原理如图 1-3 所示。其各部分的功能说明如下：

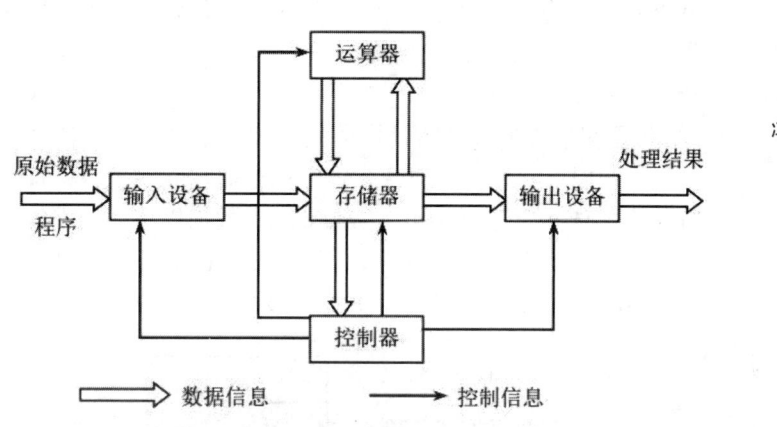

图 1-3 计算机硬件系统基本组成

(1) 运算器。运算器也称算术逻辑单元（Arithmetic Logic Unit，ALU）。运算器依照程序指令的功能，通过运算完成对数据的加工和处理。运算器的工作过程是从存储器读取数据，通过运算器完成运算，再把运算结果存储到存储器。运算器能够完成的运算有算术运算和逻辑运算。

(2) 控制器。控制器（Controller）是计算机的指挥中心。计算机就是在控制器控制下有条不紊地工作。控制器通过地址访问存储器，逐条取出选中存储单元的指令，然后分析指令，根据指令产生相应的控制信号作用于其他各个部件，控制其他部件完成指令要求的操作。这样的过程周而复始，保证计算机能自动与连续地工作。

(3) 存储器。这里的存储器是指计算机的主存储器（Main Memory），人们习惯称它为内存。计算机在工作时，用户将需要运行的程序与需处理的数据装入主存储器中，控制器到主存中读取指令，运算器到主存读取数据，在运算过程中产生的结果，再将其写入存储器。计算机的存储器由一个一个单元组成，每个单元用二进制地址来标识。通常，我们把计算机的运算器、控制器和存储器合在一起简称为计算机的主机。

(4) 输入设备。输入设备（Input Device）是用来向计算机输入程序和数据的部件，计算机运行的程序与处理的数据都是通过输入设备输入的。计算机内每种数据都是用二进制编码来表示的，因此，输入设备的功能是把我们能够识别的数据转化为计算机能处理的数据。

(5) 输出设备。输出设备（Output Device）与输入设备的功能相反，是用来输出计算机处理结果的部件。由于输出设备的输出是面向用户，这就要求输出设备能以人们所能接受与识别的信息输出，如文字信息、声音信息与图形信息等。

知识2 计算机的工作过程

按照冯·诺依曼计算机的概念，计算机的基本原理是存储程序和程序控制，计算机的工作过程是快速地执行程序指令的过程。

1. 控制单元

控制单元是整个 CPU 的指挥控制中心，由程序计数器、指令寄存器、指令译码器和操作控制器四个部件组成，它对协调整个计算机有序工作极为重要。其中，程序计数器具有自动加 1 的功能，指令寄存器存储从内存中取出的指令，指令译码器将指令寄存器的指令进行分析和解释，操作控制器的功能是向各部件发出控制信号。

2. 内存储器地址空间

内存用来存储当前正在使用的或经常使用的程序和数据。内存是计算机的另一个重要的子系统，CPU 可以直接访问，存取速度较快。内存是存储单元的集合，每一个存储单元都有唯一的二进制标识符，这种标识符称为地址（Address），数据以称之为字的位组形式在存储器中传入与传出，如图 1-4 所示。字可以是 8 位、16 位、32 位或 64 位，如果字是 8 位的话，一般就称之为字节（Byte），称 16 位为 2 个字节，32 位为 4 个字节……

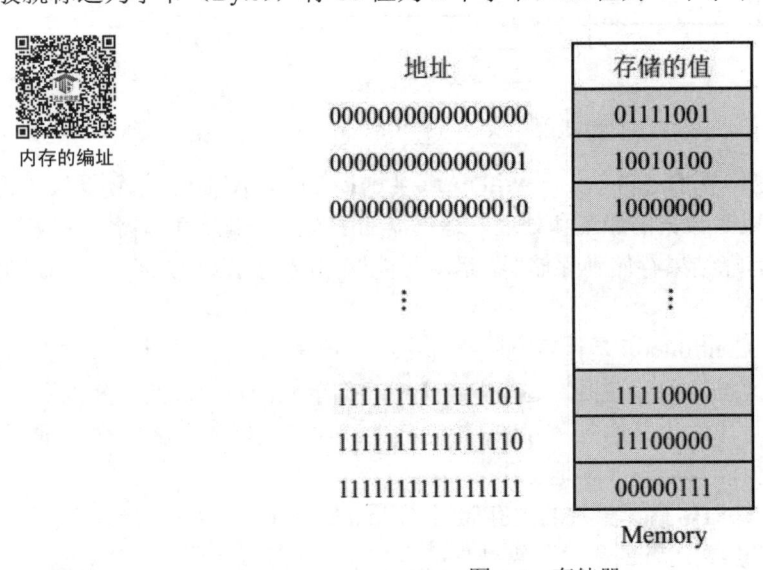

图 1-4 存储器

存储地址空间是指对存储器编码的空间范围。所谓编码就是对内存的每一个物理存储单元分配一个编号，通常也叫作"编址"。分配编号给存储单元的目的是为了便于找到该存储单元，完成数据的读写，这就是所谓的"寻址"（平常也把地址空间称为寻址空间）。主存储器的编址采用无符号二进制整数定义，如图 1-4 所示的存储器容量为 64KB，字长为 2 字节的存储器的地址编址范围为 0000000000000000～1111111111111111（十进制范围为 0～65535）。

通常，如果计算机有 N 个字节的存储空间的话，那就需要有 $\log_2^N$ 位的无符号二进制整数来对每一个存储单元进行编址。

例如，一台计算机有 16GB 主存（内存），即 $2^4 \times 2^{10} \times 2^{10} \times 2^{10}$ B 内存地址空间，这就意味着需要 $\log_2^{34}$ 个二进制位，也就是说需要 34 个二进制位来标识每一个字节。

计算机的地址空间的大小和物理存储器的大小并不一定相等。举个例子来说明这个问题：某层楼共有 17 个房间，其编号为 801～817。这 17 个房间是物理的，而其地址空间采用了三位编码，十进制编码范围是 800～899 共 100 个地址，可见地址空间是大于实际房间数量的。计算机也一样，对于早期 386 与 486 的微机，其地址总线为 32 位，因此地址空间可达 2^{32}B，即 4GB。目前，主流计算机的地址总线通常配置都是 64 位，最大内存空间 2^{64}B，通常配置 8GB 或 16GB 的内存。

3. 计算机指令与指令系统

一条指令是机器语言的一条语句，它是能够被计算机识别并执行的二进制代码，由两部分组成，即操作码和地址码。其中操作码字段指明了指令要完成的操作类型及功能（如加、减、乘、除、数据传递等），地址码字段则指明操作数或操作数的地址。

指令系统指计算机所能执行的全部指令的集合，它描述了计算机内全部的控制信息和"逻辑判断"能力。不同计算机的指令系统包含的指令种类和数目也不同，一般均包含算术运算型、逻辑运算型、数据传送型、判定和控制型、输入输出型等指令。

计算机的工作过程

4. 计算机的工作过程

计算机的工作过程是程序执行的过程。在计算机工作之前，执行的程序首先被装入计算机的内存，计算机开始工作后，先从内存中取出第一条指令存储在指令寄存器中，再通过译码器分析，并按指令要求从存储器中取出数据进行指定运算或逻辑操作，然后再按地址把结果送到内存中，接着按照程序的逻辑结构有序地取出第二条指令，在控制器的控制下完成规定操作。依次执行，直到遇到结束指令。程序的具体执行过程如图 1-5 所示。

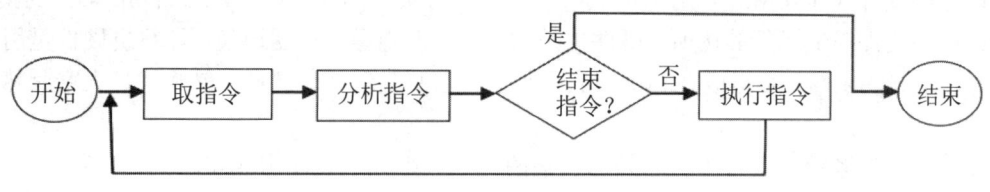

图 1-5 程序的执行过程

指令的执行过程（图 1-6）分为以下 3 个步骤：

（1）取指令。按照程序计数器中的地址（0100H），从内存器中取出指令（070270H），并送往指令寄存器。

（2）分析指令。对指令寄存器存放的指令（070270H）进行分析，由译码器对操作码（07H）进行译码，将指令的操作码转换成相应的控制信号，由地址码（0270H）确定操作数地址。

（3）执行指令。由操作控制线路发出完成该操作所需要的一系列控制信息，去完成该指令所要求的操作。例如，做加法指令，取内存单元（0270H）的值和累加器的值相加，结果还是放在累加器。

一条指令执行完成，程序计数器加 1 或转移地址码送入程序计数器，继续重复执行下一条指令。

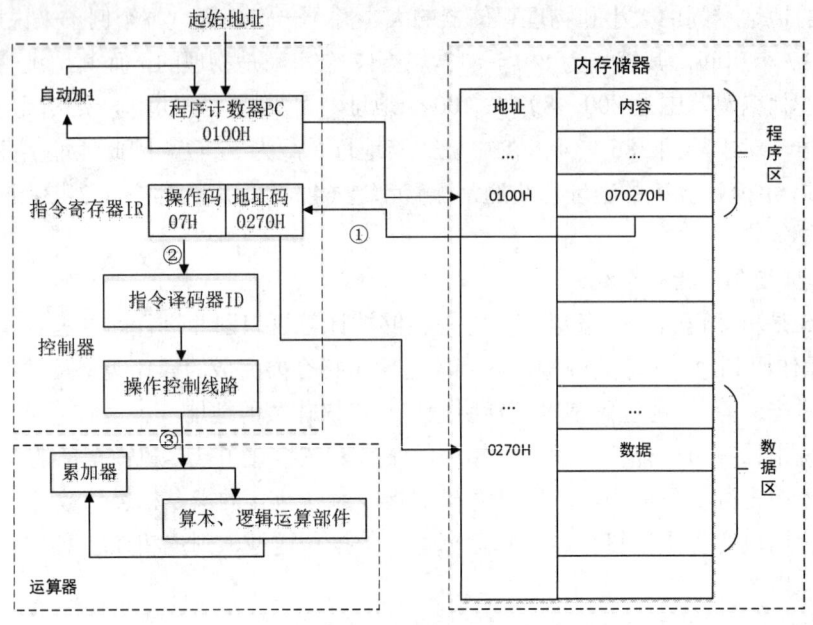

图 1-6　指令的执行过程

单元 4　计算机系统的组成

计算机系统由硬件系统和软件系统组成,在本单元中主要阐述计算机的硬件系统,软件系统将在模块 2 中具体说明。

计算机硬件（Hardware）是指构成计算机的所有实体部件（Entity Components）的集合,它为计算机软件提供运行的场所,硬件也是软件的控制对象。直观地说,计算机硬件是用户摸得着、看得见的东西,是组成计算机所有可见物的总称。例如,键盘、鼠标就是大家所熟悉的硬件。

计算机硬件系统主要有主机和外部设备两大部分组成,具体构成如图 1-7 所示。

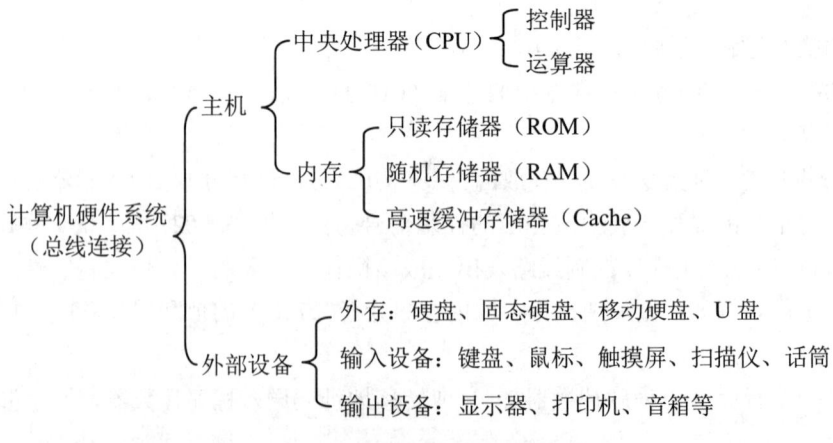

图 1-7　计算机硬件系统的组成

知识 1　主机

在计算机硬件系统中主机主要由中央处理器和内存两大部分组成。

1. 中央处理器

传统中央处理器主要由算术逻辑单元（ALU）、控制单元（Control Unit）与寄存器组（Registers）等组成，如图 1-8 所示。

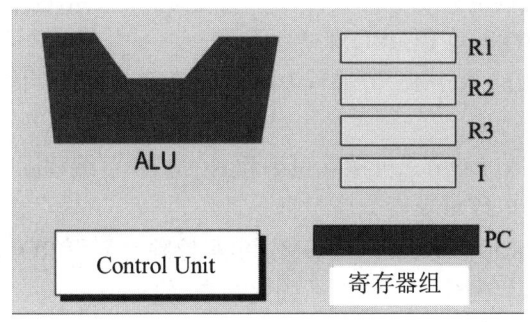

图 1-8　CPU 的内部结构

（1）算术逻辑单元（Arithmetic Logic Unit，ALU）。ALU 是运算器的核心。它在控制信号的作用下可完成加、减、乘、除四则运算和各种逻辑运算。ALU 运算的数据来自于通用寄存器，运算的结果数据也放回到通用寄存器中。在 486（CPU 一种型号）之后，Intel 在 CPU 内还集成了 FPU（Float Point Unit，浮点运算单元）。

（2）寄存器组（Registers）。CPU 内部的寄存器拥有非常高的读写速度，CPU 内部采用寄存器可以减少 CPU 访问内存的次数，从而提高了计算机的工作速度。但因为受到芯片面积和集成度的限制，寄存器组的容量不可能很大。

（3）控制单元（Control Unit）。控制单元是计算机的指挥中心。计算机的工作是在控制器控制下有条不紊地工作。控制器通过地址访问存储器，逐条取出选中存储单元的指令，然后分析指令，根据指令产生相应的控制信号作用于其他各个部件，控制其他部件完成指令要求的操作。这样的过程周而复始，保证计算机能自动与连续地工作。

2. 主存储器

主存储器（Main Memory）又叫作内部存储器，简称为内存，用来存储当前正在使用的或经常使用的程序和数据。内存是计算机的另一个重要的子系统，CPU 可以直接访问，存取速度较快。

（1）存储器的分类。计算机有 RAM 与 ROM 两种类型的存储器。

1）随机存取存储器（Random Access Memory，RAM）。RAM 是计算机中主存的主要组成部分，该术语有时因为 ROM 也能随机存取而与之混淆，RAM 与 ROM 的区别在于用户可读写 RAM，即用户可以在 RAM 中写入信息，之后可以方便地通过覆盖来擦除原有信息。RAM 的另一个特点是具有易失性，当系统电源切断后，所存数据全部丢失。按照内部结构不同，RAM 又分为 SRAM 与 DRAM 两类。

① 静态 RAM（Static RAM，SRAM）。静态 RAM 读写速度非常快，只要电源存在内容就不会消失。但由于它的基本存储电路是由 6 个 MOS 管组成 1 位，集成度较低，功耗也较大。

一般用作高速缓冲存储器（Cache Memory）。

② 动态 RAM（Dynamic RAM，DRAM）。DRAM 使用电容器存储信息。如果电容器充电，则存储信息 1；如果电容器放电，则存储信息 0。由于电容器会随时间而漏掉一部分电，因此，DRAM 必须周期性地被刷新（Refresh）。动态 RAM 基本存储电路由一个晶体管及一个电容组成，集成成本较低，集成度高，速度快，功耗低。平常微机上的内存条就是由 DRAM 组成。

2）只读存储器（Read Only Memory，ROM）。ROM 将程序及数据固化在芯片中，数据只能读出不能写入，它的优点是具有非易失性，即电源关掉，数据也不会丢失。ROM 按内部结构可以分为 PROM、EPROM 与 EEPROM 等。

① PROM（Programable ROM，可编程 ROM）。将设计的程序固化进去，ROM 内容不可更改。

② EPROM（Erasable PROM，可擦除可编程 ROM）。可编程固化程序，且在程序固化后可通过紫外线光照擦除，以便重新固化新数据。

③ EEPROM（Electrically Erasable PROM，电可擦除可编程 ROM）。可编程固化程序，并可利用脉冲电压来擦除芯片内容，以便重新固化新数据。

平常微机开机自检后加载的 BIOS（Basic Input Output System，基本输入输出系统）实际上就是被固化到主板 ROM 上的程序。它是一组与主板匹配的基本输入输出系统程序，能够识别各种硬件，还可以引导系统，这些程序指示计算机如何访问硬盘、加载操作系统，并显示启动信息。

（2）高速缓冲存储器。高速缓冲存储器也称为 Cache，一般由高速 SRAM 构成，它是根据程序的局部性原理，在主存和 CPU 的寄存器之间设置一个高速的容量相对比较小的存储器，如图 1-9 所示。

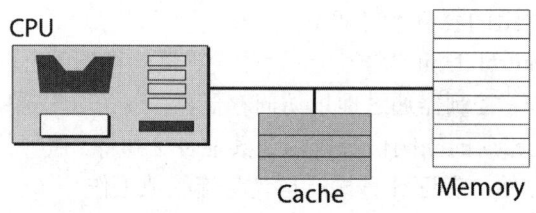

图 1-9　高速缓冲存储器

对大多数程序来说，在某个时间片内会集中重复地访问某一个特定的区域。如 push/pop 指令的操作都是在栈顶顺序执行，变量会重复使用，以及子程序会反复调用等，这就是局部区域性的实际例证。因此，如果针对某个特定的时间片，用连接在局部总线上的 Cache 代替低速大容量的内存储器，作为 CPU 集中重复访问的区域，系统的性能就会明显提高。

系统开机或复位时，Cache 中无任何内容。当 CPU 送出一组地址访问内存储器时，访问的存储器的内容才被同时复制到 Cache 中。此后，每当 CPU 访问存储器时，Cache 控制器要检查 CPU 送出的地址，判断 CPU 要访问的地址单元是否在 Cache 中。若在，称为 Cache 命中，CPU 可用极快的速度对它进行读/写操作；若不在，则称为 Cache 未命中，这时就需要从内存中访问，并把与本次访问邻近的存储区内容复制到 Cache 中。未命中时对内存访问可能比访问无 Cache 的内存的时间要长，反而会降低系统的效率。而程序中的调用和跳转等指令，会造成非区域性操作，则会使命中率降低。因此，提高命中率是 Cache 设计的主要目标。

（3）存储器的层次结构。计算机在工作时，需要很多的存储器，尤其是速度快且价格低廉的存储器。但这种要求并不是总能得到满足。存取速度快的存储器通常价格较贵。因此，就需要找到一种折中的办法，解决的办法是采用存储器的层次结构，该层次结构如图 1-10 所示。

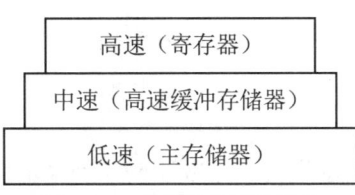

图 1-10　存储器的层次结构

当速度要求较高时，使用少量的高速存储器。CPU 中的寄存器就是这种存储器。

用适量的中速存储器来存储经常需要访问的数据。高速缓冲存储器就属于这一类。

用大量的低速存储器来存储经常访问的数据。主存储器就属于这一类。

计算机存储器的设置方式是：以处理器为中心，计算机系统的存储器依次为寄存器、高速缓冲存储器、主存储器等，距离处理器越近的存储器的工作速度越高，容量越小。

知识 2　外部设备

1. 外存储器

外部存储设备不仅存储的信息量较大，而且存储的信息不易丢失。有时称外部存储设备为辅助存储设备，通常分为磁介质、光介质与电介质三种。

（1）磁介质存储设备。磁介质存储设备使用磁性来存储数据位，如果点有磁性则表示数据 1，如果点没有磁性则表示数据 0。现在广泛使用的磁介质存储器是硬盘。

（2）光介质存储设备。光介质存储设备简称光盘（Compact Disc，CD）。光盘使用光（激光）技术来存储和读取数据。光盘上数据的表示法通常有两种，一种方法是有坑表示数据 0，无坑表示数据 1；另一种方法是将过渡部分（无坑到坑或坑到无坑）表示数据 1，而非过渡部分表示数据 0。

（3）电介质存储设备。目前，电介质存储器主要采用 Flash 芯片作为存储介质，我们现在用的电介质存储设备主要是固态硬盘（Solid State Disk，SSD）、可移动硬盘、存储卡与 U 盘等，它由控制电路和闪存（Flash Memory）记忆体组成。闪存是一种 EEPROM（电可擦写）芯片，这种芯片的工作速度大大领先于传统 EEPROM 芯片，且每次可擦写一块或整个芯片。图 1-11（a）是磁介质硬盘，图 1-11（b）是固态硬盘。

（a）磁介质硬盘

（b）固态硬盘

图 1-11　硬盘

电介质存储器的特点是无须驱动器和额外电源,从标准 USB 接口总线获得工作电源。

2. 输入设备

计算机系统中主要的输入设备有键盘、鼠标、扫描仪、话筒等,其中最常用的为键盘和鼠标。

(1)键盘。键盘是计算机系统最重要且必需的输入设备,它供用户向主机输入命令、程序和数据。键盘上每个键发出不同的信号,这些信号由键盘的电路板转换成相应的二进制代码,然后通过键盘接口送入计算机。

(2)鼠标。鼠标是一种指示设备,能方便地控制屏幕上的鼠标指针,准确地定位到指定的位置,并通过按钮完成各种操作。当用户移动鼠标时,借助于机械的或光学的方法把鼠标运动的距离和方向转化为鼠标指针在屏幕上移动的方向与位移,从而控制鼠标指针的运动。

目前,办公室与家庭大量使用无线鼠标与无线键盘,不管是无线鼠标还是无线键盘都是把原本由线路传输改为一个发射器和一个接收器,采用无线技术与计算机通信。无线设备的接收端已经内置接收器,发射器装在主机的设备口上。无线电接收器本身所具有的接口是 USB 或 PS/2 的,可以从计算机的 PS/2 接口取电,不需要另加电池。它具有双或多波段,如果有多个无线设备,均可以通过这一个接收器进行管理,键盘工作频率一般占用通道 1(如 27.185MHz 和 27.035MHz),鼠标工作频率占用通道 2(如 27.085MHz 和 27.135MHz),工作时鼠标和键盘或多个鼠标之间干扰较低,而且不会影响无线电话等数字无线设备。

3. 输出设备

(1)显示器。显示器显示输出并同时响应键盘输入。它的主要作用是将数字信号转化为光电信号,最终以人们能够识别的形式(文字与图形)输出。目前,PC 的显示器以液晶显示器(Light Emitting Diode,LED)为核心,再加上视频信号放大电路及同步扫描电路于一体构成独立的设备。LED 是一种通过控制半导体发光二极管的显示方式。

(2)打印机。打印机也是计算机系统最常用的输出设备。微型计算机上配备的打印机按打印方式可分为点阵打印机、喷墨打印机与激光打印机。图 1-12(a)为喷墨打印机,图 1-12(b)为激光打印机。

(a)喷墨打印机

(b)激光打印机

图 1-12　打印机

针式打印机又称为点阵打印机,其打印头由若干针组成,常说的 24 针打印机表示该针式打印机的打印头内有 24 根针。现在针式打印机主要用于银行和税务的票据打印。

喷墨打印机与针式打印机相比,打印速度快,打印质量好,噪音小。在彩色图像输出设备中,喷墨打印机已占绝对优势,但喷墨打印机的专用纸张与墨水的消耗使打印成本较高。

激光打印机是激光技术与复印技术相结合的产物。它是一种高速度、低噪声、价格适中的输出设备,已成为非击打式输出设备的主流产品。

知识3 计算机各部件的连接

计算机中的各个部件(CPU、主存储器和输入/输出设备)之间是通过总线控制器和导线连接起来的。导线的集合称为总线(Bus),计算机典型总线结构如图 1-13 所示。

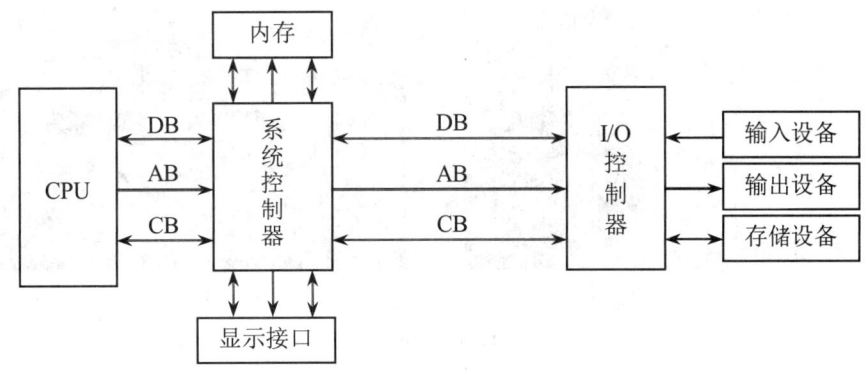

图 1-13 计算机典型总线结构

总线就像工厂中各部位之间的连通渠道,是各种公共信号线的集合,用于各部件之间数据的通信。总线按其功能可分为数据总线(Data Bus,DB)、地址总线(Address Bus,AB)和控制总线(Control Bus,CB)。数据总线用来传输数据信息;地址总线用于传送 CPU 发出的地址信息;控制总线用来传送控制信号、时序信号和状态信息等。

CPU 与系统控制器之间的总线被称为前端总线(Front Side Bus,FSB),该总线承载所有在中央处理器和其他系统内部设备之间传递的数据,这些设备包括随机存取内存、周边元件扩展接口(Peripheral Component Interconnect,PCI)扩展卡、H 硬盘等。Intel 最新酷睿 i7 平台集成了内存控制器,数据总线的名称也有了改变,FSB 在 i7 平台上已经不存在,取而代之的是 QPI(QuickPath Interconnect),中文意思是快速通道相联。最高的 QPI 速率为 6.4GT/s,QPI 的传输速率比 FSB 的传输速率快一倍。QPI 总线采用的是 2:1 比率,意思就是实际的数据传输速率两倍于实际的总线时钟速率。系统控制器主要负责实现与 CPU、内存与显示输出接口之间的信号传输,同时还通过特定的数据通道和 I/O 控制器相连接。I/O 控制器主要负责和 IDE 设备、PCI 设备、声音设备、网络设备及其他 I/O 设备的通信。

单元 5 微型计算机主要硬件

知识1 微型计算机的硬件配置

1. CPU

CPU 是计算机的核心,是衡量计算机性能的重要依据。随着半导体技术的发展,CPU 的发展非常迅速,从 20 世纪 70 年代末首次用于 IBM PC 当中的 Intel8088 CPU 芯片开始发展到 21 世纪初,CPU 的性能大幅提高,在此期间的处理器都是单核处理器。

由于单核处理器 CPU 在主频、结构等方面继续提高其性能遇到了明显的瓶颈，因此，微处理器公司纷纷推出了多核结构的微处理器，如双核处理器、三核处理器、四核处理器、六核处理器与八核处理器等。所谓多核处理器，也叫多微处理器核，是将两个或更多的独立处理器封装集成在集成电路的芯片中，以进一步提高 CPU 的性能。在多核技术中，起领导地位的厂商主要有 Intel 公司和 AMD 公司。图 1-14（a）为 Intel i7 系列的 CPU，图 1-14（b）为锐龙 7 系列的 CPU。

（a）Intel i7 系列的 CPU　　　　　　　　　（b）锐龙 7 系列的 CPU

图 1-14　CPU

AMD 系列中的各个 CPU 在 Intel 中都能找到相对应的产品，而且性能基本一致。在相同级别的情况下，AMD 的 CPU 浮点运算能力比 Intel 的稍弱，AMD 的强项在于集成的显卡，在相同价格的情况下，AMD 的配置更高，核心数量更多。

例如，酷睿 i9 10900K 型号的 CPU 核心数为 10，线程数为 20，缓存为 20MB，制作工艺 14nm（纳米）。其中，CPU 制造工艺又叫作 CPU 制程，它的先进与否决定了 CPU 性能的优劣，制作工艺的数字越小代表集成度越高。

中国在芯片的研究和制作上也取得了巨大的进步。2019 年，全球首款 5G SoC 芯片海思麒麟 990 面世，采用了全球先进的 7nm 工艺；中芯国际实现了 14nm 芯片的量产。但这些还远远不够，因为现在的手机芯片多采用 7nm，最新的为 3nm，而我国还不能实现 7nm 芯片的量产，更别说 3nm 了。这其中最主要的原因是芯片的制造涉及从学界到产业界在材料、工程、物理、化学、光学等方面的长期积累，这些短板短期内难以补齐。

2. 内存

（1）内存。现在微机的内存类型为 DDR（Double Data Rate，双倍数据传输）的 SDRAM。其实 DDR 的原理并不复杂，它让原来一个脉冲读取一次资料的 SDRAM 可以在一个脉冲之内读取两次资料，也就是脉冲的上升缘和下降缘通道都利用上，因此 DDR 本质上也就是 SDRAM。而且相对于 SDRAM，DDR 内存更加省电（工作电压仅为 2.25V）、单条容量更加大（已可达到 4GB）。

目前 DDR 主流的产品有 DDR3 和 DDR4。大家知道 SDRAM 内存传输数据时一次只能传输 1bit 的数据，在 SDRAM 内存上发展起来的 DDR、DDR2、DDR3、DDR4 一次分别能传输 2bit、4bit、8bit、16bit 的数据。DDR 2 的工作频率从 667MHz 到 1066MHz 不等，工作电压为 1.8V；DDR3 工作频率从 1066MHz 到 1666MHz，工作电压为 1.5V；DDR4 工作频率从 1600MHz 到 3200MHz，工作电压为 1.2V。因此可以看出 DDR 的每一次升级，性能会更好，功耗会更低。

(2)高速缓冲存储器。高速缓冲存储器（Cache）是位于 CPU 与内存之间的临时存储器，它的容量比内存小但交换速度快。现在微机中的 Cache 都已经集在 CPU 内部了，所以 Cache 缓存大小是 CPU 的重要指标之一。由于 CPU 芯片面积和成本的因素，Cache 都很小，目前 CPU 中的 Cache 一般分成三级：L1 Cache（一级缓存）、L2 Cache（二级缓存）和 L3 Cache（三级缓存）。但也有分成两级的，即没有三级缓存。缓存级别越多，并不代表 CPU 的性能越好，命中率越高才越好。实际上，二级缓存以后，增加缓冲的极速带来的命中率提高越来越少。例如，英特尔（Intel）i9-10900F 的三级缓存有 20MB，AMD 的锐龙 7 5800X 处理器的二级缓存为 4MB，三级缓存为 32MB；我们不能因为缓存的级别多少和大小就认定 i9 的 CPU 比锐龙 7 的 CPU 差。在比较的过程，我们要在系列、核心数相同的情况下再比较其缓存大小。

3. 硬盘

目前微机上的硬盘多采用机械硬盘和固态硬盘，机械硬盘和固态硬盘在工作原理、读取速度、写入原理等方面都有很大不同。

(1)机械硬盘。机械硬盘采用的是电磁存储，由主轴带动磁盘的盘片高速度旋转，机械臂带动磁头在盘面上读写数据，就像近现代的留声机发声原理一样，如图 1-15 所示。

图 1-15　机械硬盘的结构图

因为机械硬盘在工作时磁盘的高速旋转，所以噪声偏大。在使用时，会涉及磁头与磁盘之间的精准感应，存在不同机械之间结构的碰撞接触，抗震等级不足时，容易发生位置偏移，势必造成数据的寻址地址错乱，防震能力较差，因而被推荐用于家庭的台式机中。机械硬盘的存储机制是存于扇区的二进制存储，每个数据都有相应的寻址地址，数据与地址一一对应，当数据误删除时比较容易恢复。

目前机械硬盘都采用的是 SATA 接口，读写速度平均 60～80Mb/s，由于受限于转盘转速与指针寻址的时间限制，速度往往不会超过 200Mb/s。

机械硬盘写入方式是覆盖式，就像是写铅笔字，可以说是无限次的写入次数。

(2)固态硬盘。固态硬盘采用半导体存储，在单位面积 PCB（Printed Circuit Board，印刷电路板）[①]板上，集成了包括主控芯片、闪存颗粒（即存储介质）以及缓存芯片，外加大大小小的控制芯片和核心单元等核心组件，通过通电和放电的形式，将数据存储到闪存介质之中，并且通过主控单元记录数据存储位置和数据操作实现数据的存储，如图1-16所示。

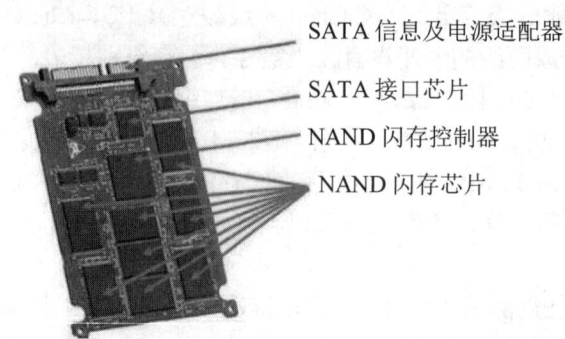

图1-16　固态硬盘的结构图

由于与机械硬盘原理不同，不存在高速旋转，数据直接存放在闪存颗粒中，所以无噪声。使用时，只需要使用闪存控制器介入寻址即可，无光盘、无磁头，抗震等级较强，所以适用于经常移动的便携式笔记本中。使用固态硬盘的闪存颗粒进行数据存储时，为了使多个闪存颗粒的平均寿命相同（擦写次数限制），除了固态硬盘的控制器，各类数据的存放位置均由硬盘控制器的FTL的动态链表记录和维护，这意味着对于数据恢复软件，按着操作系统之前的记录位置进行数据恢复，那是肯定找不到的，所以当存储在固态硬盘的数据误删除时是很难恢复的。

目前固态硬盘的接口有SATA和M.2两种，图1-17（a）为SATA接口的固态硬盘，图1-17（b）为M.2接口的固态硬盘。固态硬盘即使是采用的SATA接口，使用的AHCI协议，最高传输速度也达到了600Mb/s；更别说M.2接口中如果采用NVMe协议的，传输速度则最高可达到3200Mb/s。

（a）SATA接口的固态硬盘　　　　　　　（b）M.2接口的固态硬盘

图1-17　不同接口的固态硬盘

固态硬盘的写入方式是擦除后重新写入，就像是写钢笔字，固态硬盘中需要把有效数据抄到草稿纸上，将原先的一整页撕掉，然后再把新的数据和草稿上的有效数据放回去，所以说固态硬盘的写入次数是有限次的。虽然固态硬盘的写入有限次，但作为个人用户来说无须担心，比如市面上一款500GB的固态硬盘是按照1000次的P/E写入次数计算，这块硬盘的写入总量应该是500×1000=500000GB，也就是需要写入至少500TB的文件才会损坏，如果是每天写满

[①] PCB（Printed Circuit Board），中文名称为印制电路板，又称印刷线路板，是重要的电子部件，是电子元器件的支撑体，是电子元器件电气相互连接的载体。由于它是采用电子印刷术制作的，故被称为"印刷"电路板。

100GB，要写 5000 天，也就是 13.6 年，更何况普通用户每天的写入量也不可能达到每天 100GB。

综上所述，固态硬盘比机械硬盘的体积小，防震能力强，噪声小，读写速度快；而机械硬盘误删除后可以恢复，在同等容量下，机械硬盘的价位要比固态硬盘低很多。目前市面上机械硬盘的容量最高可以达到 4TB，而固态硬盘的容量最高只能达到 1TB。

在计算机存储的工作原理中，可以知道计算机是先从硬盘中读取数据，数据再从硬盘进入到内存中，最后 CPU 会往内存中取数据进行运算，所以对于计算机而言，硬盘的读取速度决定着平台的启动速度。根据计算机的工作原理和固态硬盘、机械硬盘的特点，在微机的硬盘配置上，可以将操作系统和主程序装载在固态硬盘中，而日常的文件和数据可以放到机械硬盘中存储。

4．显示器与显卡

（1）显示器。目前微机多采用 LED 液晶显示器，它的主要参数指标有：面板的材质，像素与点距、尺寸、扫描方式、刷新速度、显示器的分辨率等。

面板常见的类型有：TN（Twisted Nematic，扭曲向列型）面板，IPS（In-Plane Switching，平面转换）面板，VA（Vertical Alignment，垂直对齐）面板。其中，TN 面板的刷新率高，响应时间快，缺点在于色彩深度低，色彩表现能力差；IPS 面板的色彩还原度较高，色彩表现能力强，可视角度最广（一般为 178 度），在任何角度观看画面，颜色的质量都没有下降；VA 面板的品质和色彩表现力介于前二者之间，缺点是刷新率低，响应速度最慢。

构成图像的最小单位叫像素（Pixel）。荧光屏上相邻两个像素之间的距离叫点距（Pitch）。点距越小，像素密度越大，对于同样尺寸的屏幕可容纳的像素就越多，显示画面也就越清晰，但制造起来也就越困难。目前显像管的点距有 0.16mm、0.22mm、0.25mm、0.28mm、0.31mm 等，以 0.22mm 和 0.25mm 最为流行。

计算机显示器屏幕的大小与电视机相同，以显示器屏幕的对角线的尺寸来度量。目前笔记本上常用显示器有 14 英寸、15 英寸、17 英寸、21 英寸等，而台式机显示器的尺寸则会更大。显示器的水平方向与垂直方向之比一般为 16:9。

所谓刷新率，简单地说就是指显示器屏幕上像素每秒更新的次数，可分为垂直刷新率和水平刷新率两种。一般提到的刷新率通常指垂直刷新率，又称为帧频或画面刷新率，帧频越高，图像的稳定性越好。目前，PC 显示器的帧频一般在 60Hz 以上。

分辨率是衡量显示器的一个常用指标，它是指整个屏幕可显示像素的多少，它与屏幕尺寸和点距密切相关。例如，15 英寸的显示器水平和垂直显示的实际尺寸约为 280mm×210mm，当点距是 0.28mm 时，分辨率大约为 1024×768。如果显示器的尺寸不变，分辨率越高，像素点密度越高，显示效果越清晰。目前常见的分辨率有 1K、2K、4K，1K 是指长 1920，宽 1080（1920×1080）；2K 是指长 2560，宽 1440（2560×1440）；4K 是指长 3840，宽 2160（3840×2160）。一般来说 25 英寸以下的显示器推荐使用 1K 分辨率，27 英寸推荐使用 2K 分辨率，32 英寸推荐使用 4K 分辨率。

虽然说在显示器面积不变的情况下，分辨率越高越好，但像素点的颜色不是凭空产生的，它是显卡计算出来的，所以显示器如果分辨率越高，则对显卡的参数指标要求越高。

（2）显卡。显卡的全称是显示接口卡（Video Card，Graphics Card），又称为显示适配器（Video Adapter），是个人计算机最基本的组成部分之一。显卡的用途是将计算机系统所需要的显示信息进行转换驱动，并向显示器提供行扫描信号，控制显示器的正确显示，是连接显示器和个人计算机主板的重要元件。显卡作为计算机主机里的一个重要组成部分，承担输出显示图形的任务，对于从事专业图形设计的人来说，显卡非常重要。

目前，计算机中的显卡可分为核心显卡、独立显卡与集成显卡3类。

1）核心显卡是Intel新一代图形处理核心，占据目前显卡的主流市场。核心显卡和以往显卡的设计不同，Intel凭借其在处理器制造上的先进工艺及新的架构设计，将图形核心与处理核心整合在同一块基板上，构成一个完整的处理器。这种设计上的整合大大缩减了处理核心、图形核心、内存及内存控制器间的数据周转时间，有效提升了处理效能并大幅降低芯片组整体功耗，有助于缩小核心组件的尺寸，为笔记本、一体机等产品的设计提供了更大选择空间。核心显卡可预设固定大小的内存作为显存使用，也可采用系统动态分配显存方式。

2）独立显卡是指将显示芯片、显存及其相关电路单独做在一块电路板上，自成一体而作为一块独立的板卡存在，通过PCI-Ex16图形接口和CPU连接，具有独立的显存，功耗较高。

PCI Express（简称PCIe或PCI-Ex）是最新的总线和接口标准，是由Intel提出的新一代I/O接口标准。这个新标准全面取代了PCI和AGP，实现了总线标准的统一。它的主要优势是数据传输速率高，目前最高可达到10GB/s以上，而且还有相当大的发展空间。PCI-Ex的接口根据总线位宽不同而有所差异，包括X1（250Mb/s）、X4、X8及X16等，而X2模式主要用于内部接口而非插槽模式。PCI-Ex规格从1条通道连接到32条通道，有非常强的伸缩性，以满足不同系统设备对数据传输带宽的不同需求。此外，较短的PCI-E卡可以插入较长的PCI-E插槽中使用，PCI Express接口还支持热插拔。PCI Express显卡的外观如图1-18所示。

图1-18 PCI Express独立显卡的外观图

3）集成显卡是将显示芯片及其相关电路都做在主板上，与主板融为一体；集成显卡的显示芯片有单独的，但大部分都集成在主板的北桥芯片中；集成显卡由系统动态分配内存作为显存使用，显存最高可达768MB，虽然有些主板集成的显卡也在主板上单独安装了显存，但其容量较小。集成显卡的显示效果与处理性能相对较弱，过去主要占据计算机的低端市场，目前已基本被淘汰。

目前微机较多采用独立显卡，独立显卡的主要参数有：显卡核心方面有显卡的芯片、核心频率；显卡规格上有显存类型、容量、频率、位宽、最大分辨率。

主流显卡的显示芯片主要由NVIDIA（英伟达）和AMD（超微半导体）两大厂商制造，通常将采用NVIDIA显示芯片的显卡称为N卡，而将采用AMD显示芯片的显卡称为A卡。目前N卡的市场占有率高，尤其在高端市场上；A卡的性价比高。显卡芯片的型号上当然是数字越大越好，例如，（MAXSUN）MS-GTX1050Ti这款显卡就比（MAXSUN）MS-GT1030

显卡好。显卡的核心频率是指显示核心的工作频率,其工作频率在一定程度上可以反映出显示核心的性能,但显卡的性能是由核心频率、显存、像素管线、像素填充率等多方面的情况所决定的,因此在显示核心不同的情况下,核心频率高并不代表此显卡性能强劲。比如 9600PRO 的核心频率达到了 400MHz,要比 9800PRO 的 380MHz 高,但在性能上 9800PRO 绝对要强于 9600PRO。在同样级别的芯片中,核心频率高的则性能要强一些。

显存的类型和内存的类型一样,都采用 DDR,目前显存采用的类型主要有 DDR4、DDR5、DDR6,DDR 后面的数字越大,代表一次能传输的数据越多,性能越好,功耗更低。显存的容量决定着显存临时存储数据的多少,理论上这个数据越大代表能暂存数据的量多,但实际上显存容量必须结合显存频率和位宽来看。这就好比显存容量是停车场,如果停进去的车和开出来的车速度很慢,那么空有那么大的场地也没用。显卡还要看带宽(带宽=频率×位宽),显卡带宽相当于是停车场单位时间内的车辆进出数量,位宽相当于停车场的行车路面大小,频率相当于开车的速度。所以看显卡不能只看位宽,还一定要看带宽。

5. 主板

主板是计算机硬件系统的核心,也是主机箱内面积最大的一块印刷电路板。主板的主要功能是传输各种电子信号,部分芯片也负责初步处理一些外围数据。计算机主机中的各个部件都是通过主板来连接的,计算机在正常运行时对系统内存、存储设备和其他 I/O 设备的操控都必须通过主板来完成。

主板一般为矩形电路板,上面安装了组成计算机的主要电路系统,一般有 BIOS 芯片、I/O 控制芯片、键盘和面板控制开关接口、指示灯插接件、扩充插槽、主板及插卡的直流电源供电接插件等元件。主板结构图如图 1-19 所示。

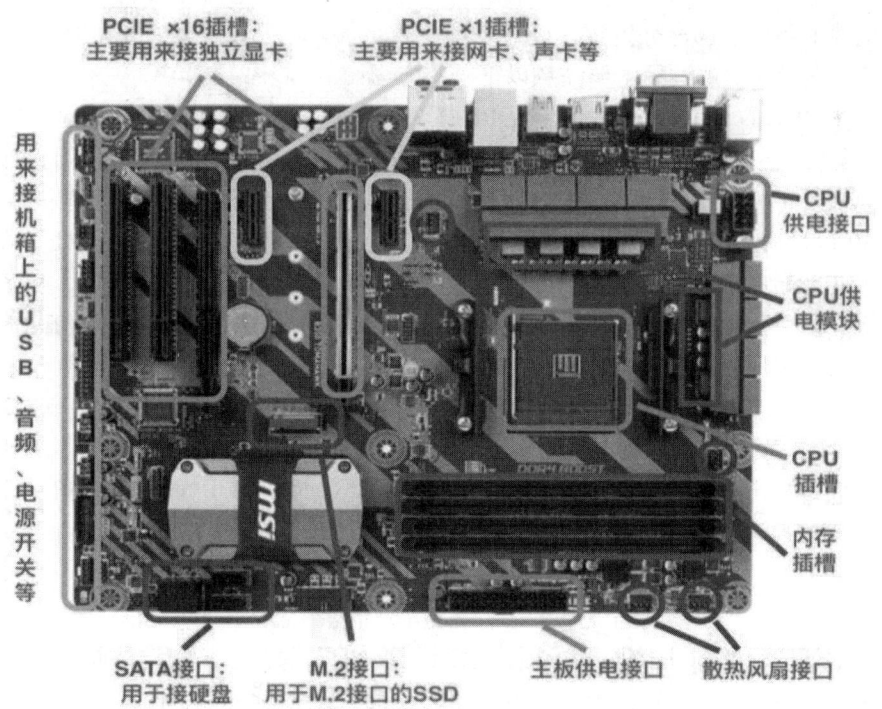

图 1-19　主板结构图

在实际的微型计算机中，总线控制器就是南北桥芯片组，其中系统控制器为北桥芯片，I/O 控制器为南桥芯片。不过最新的主板只有一个芯片组即传统的南桥芯片，传统北桥芯片的功能已经集成在 CPU 之中了。单桥芯片组的主板如图 1-20 所示。

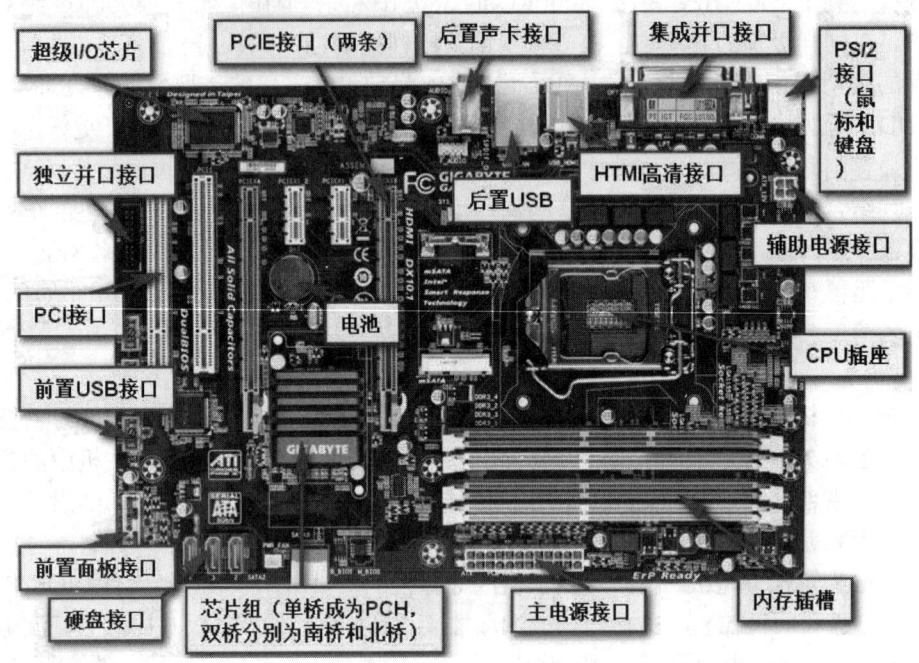

图 1-20　单桥芯片组的主板

计算机性能是否能够充分发挥，硬件功能是否足够，以及硬件兼容性如何等，都取决于主板的设计。微机在挑选过程主要注意以下一些方面：

（1）选择合适的主板芯片组。不同 CPU 系列使用不同插槽，主板的 CPU 插槽和 CPU 支持的插槽一定要一致。芯片组决定了主板的扩展选项，因此芯片组是影响主板选购的关键因素。一般而言，建议高端 CPU 配高端芯片组，低端 CPU 配低端芯片组。例如玩家国度（ROG）STRIX B450-I GAMING 主板采用的芯片组为 AMD 系列，华硕（ASUS）PRIME Z490-P 主板采用的芯片组为 Intel 系列。

（2）选择适合机箱尺寸的主板。目前，组装计算机常见的主板规格有 Extended ATX（E-ATX）、ATX、Micro-ATX（mATX）和 Mini-ITX。如果预算充足，而且希望组建一台高性能的主机，那么可以选择 ATX。如果预算少，想尽量省钱，而且喜欢小机箱，mATX 会更好。

（3）内存插槽及扩展插槽。内存插槽，无论是内存插槽损坏或以后升级备用，内存插槽数量多一些总有好处。SATA 插槽数量是否足够，有没有 SATA3.0 插槽安装 SSD。如果 SSD 接口不是 SATA，而是 M.2 或 SATA Express，那么要检查清楚主板有没有这两种接口。

知识 2　微机的主要性能指标

计算机功能的强弱与性能的好坏，不是由计算机的某项指标来决定，而是由它的系统结构、指令系统、硬件组成与软件配置等多方面的因素综合决定。但对于大多数普通用户而言，可以从字长、运算速度、核数目、线程数、内存储器的容量及外存储器的容量等指标来评价计算机的性能。

1. 字长

计算机运算器在同一时间内处理的一组二进制数称为一个计算机的"字",而这组二进制数的位数就是字长。微型计算机的字长都是 8 的整数倍。在其他指标相同时,字长越长,计算机处理数据的速度也越快。早期的微型计算机的字长有是 8 位、16 位与 32 位,目前的计算机的字长为 64 位。

2. 运算速度

运算速度是衡量计算机性能的一项重要指标,常用 MIPS（Million Instruction Per Second,百万条指令/秒）来评价。通常所说的计算机运算速度（平均运算速度）是指每秒钟执行指令的条数。普通用户也可用主频来描述微型计算机 CPU 的运算速度,例如,AMDA10-5800K 为四核四线程 CPU 主频 3.8GHz,AMDA10-6800K 为四核四线程 CPU 主频 4.1GHz,因此,后者的运算速度稍快一些。一般说来,对于核数目相同、线程数相同的 CPU 来说,主频越高,运算速度就越快。同样,和 CPU 相连的其他部件都有自己相应的运行频率,当然它们的频率要低于 CPU 主频,例如当今主流 DRAM 内存的运行频率可达 1600～3200MHz。

3. 核心数目和线程数

由于继续提高单核 CPU 的性能已遇到了瓶颈,因此,CPU 多核技术已开始广泛应用。简单地说,所谓多核处理器就是在一块 CPU 基板上集成多个处理器核心,并通过并行总线将各处理器核心连接起来。通常来说,CPU 的核越多,计算机性能越高,计算机处理速度越快。例如,CPU 同为 Intel 酷睿 i5 CPU 的计算机,四核的比双核的性能要好。

所谓线程,是指程序中一个单一的顺序控制流程。在单个程序中同时运行多个线程完成不同的工作,称为多线程。这个概念对初学者来说不是很好理解。在此打个比方,例如,从某一出发地开车经高速公路到目标地,线程就像高速度公路的车道。车道越多,单位时间内经过的车就越多,该道路的交通能力就越强。CPU 的线程数也是同一个道理,CPU 线程数越多,计算机的性能越好。例如,Intel 酷睿 i7 4770K 为四核心、八线程 CPU,而 Intel 酷睿 i5 4570 为四核心、四线程 CPU,因此,前者的性能好一些。

4. 内存容量

如前所述,内存储器也简称主存,是 CPU 可以直接访问的存储器。计算机执行的程序与处理的数据就存放在主存中。内存储器容量的大小反映了计算机存储信息的能力。随着操作系统的升级,应用软件的不断丰富及其功能的不断扩展,人们对计算机内存容量的需求也不断提高。目前,微型计算机的内存配置一般都在 4～8GB。内存容量越大,系统功能就越强,性能越好。

5. 外存储器容量

外存储器容量通常是指硬盘容量（包括内置硬盘和移动硬盘）。外存储器容量越大,存储的信息就越多,可安装的应用软件就越丰富。目前,硬盘容量一般为 1～4TB。

除了上述这些性能指标外,微型计算机还有其他一些评价指标,例如,CPU 缓存大小、所配置外围设备的性能与所配置系统软件的情况等。另外,微型计算机的各项指标之间也不是彼此孤立的,在实际应用时,应该把它们综合起来考虑,而且还要遵循"高性价比"的原则,即高性能、低价格的原则。

活动设计

活动 当前新技术对社会生产的影响

目标

充分认识信息技术的作用,认识与理解计算机的应用。

场景

北京时间2021年10月16日0时23分,搭载神舟十三号载人飞船的长征二号F遥十三运载火箭,在酒泉卫星发射中心按照预定时间精准点火发射,约582秒后,神舟十三号载人飞船与火箭成功分离,进入预定轨道,顺利将翟志刚、王亚平、叶光富3名航天员送入太空,飞行乘组状态良好,发射取得圆满成功。这是我国载人航天工程立项实施以来的第21次飞行任务,也是空间站阶段的第2次载人飞行任务。

此次任务沿用神舟十二号应用过的"自主快速交会对接模式",飞船入轨后,将按照预定程序,与天和核心舱和天舟二号、天舟三号组合体进行自主快速交会对接。整个交会对接过程历时约6.5小时。3名航天员随后从神舟十三号载人飞船进入天和核心舱,开启为期6个月的在轨驻留,开展机械臂操作、出舱活动、舱段转移等工作,进一步验证航天员长期在轨驻留、再生生保等一系列关键技术。

要求

(1)把学生分成几个组相互讨论。

(2)讨论形成结论,每组派代表在课堂上发言,教师对讨论做总结。

(3)神舟十三号载人飞船的成功发射使用了哪些信息技术?要用到哪些性能的计算机?主要完成哪些工作?

实践任务

 芯片的发展之路

任务目标

通过对芯片相关资料的收集,学会信息的提取与整理,从而体会到信息的相关特征;充分认识我国芯片的发展历程以及现状,了解中国在芯片创新和制作上出现的短板,从而更加坚定青年一代科技强国、创新驱动高质量发展的决心;了解近些年我国在芯片的创新之路上所做的努力,感受到祖国的日益强大。

任务情境与要求

通过查阅资料,了解我国芯片发展历程以及现状,分析我国芯片目前所遇到的瓶颈,并根据我国在芯片创新之路上所做的努力,写出自己的感受。具体要求如下:

1. 分组进行此任务，要求学生完成资料的收集、整理，并形成文档，对文档进行编排，在答辩之前提交电子文档。

2. 制作 PPT，要求每位组员上台讲解芯片的发展以及现状，分析我国芯片当前所遇到的瓶颈，最后说说自己的感受。

课后习题1

一、选择题

1. 信息经过分析、加工、提炼后，可以增加信息的使用价值，这就是信息的可处理性。以下描述中，没有体现信息可处理性的是（　　）。
   A. 气象员观测卫星云图，将采集的数据与有关气象资料进行分析后发布天气预报
   B. 通过 Photoshop 软件对照片进行加工、合成，制作宣传海报
   C. 学校通过网站以图文、视频等形式发布校园新闻
   D. 超市每天收集各类商品的销售数据，及时了解商品销售情况
2. 目前，驾驶员培训学校采用计算机模拟让学员进行驾驶训练，这主要采用了（　　）。
   A. 语音识别技术和虚拟现实技术　　B. 密码识别技术
   C. 分布处理技术和触感技术　　　　D. 传感技术
3. 现代信息技术的组成有通信技术、计算机技术、传感技术和（　　）。
   A. 网络技术　　B. 缩微技术　　C. 3G 技术　　D. 微电子技术
4. 手机的触摸属于信息技术中的（　　）领域。
   A. 计算机技术　B. 通信技术　　C. 传感技术　　D. 微电子技术
5. 第一台计算机是 1946 年在美国研制的，该机英文缩写名为（　　）。
   A. EDSAC　　　B. EDVAC　　　C. ENIAC　　　D. MARK-II
6. 1946 年 ENIAC 问世后，冯·诺依曼在研制 EDVAC 计算机时，提出两个重要的改进，它们是（　　）。
   A. 引入 CPU 和内存储器的概念
   B. 采用机器语言和十六进制
   C. 采用二进制和存储程序控制的概念
   D. 采用 ASCII 编码系统
7. 计算机技术中，下列的英文缩写和中文名字的对照中，错误的是（　　）。
   A. CAD——计算机辅助制造　　　　B. MIS——管理信息系统
   C. CIMS——计算机集成制造系统　　D. DSS——决策支持系统
8. CPU 从内存读取指令后首先送入（　　），再通过指令译码（分析）确定应该进行什么操作，然后通过操作控制器，按确定的时序向相应的部件发出微操作控制信号。
   A. 指令寄存器　　　　　　　　　　B. 程序计数器
   C. 通用寄存器　　　　　　　　　　D. 控制器

9. CPU 可以对（　　）进行直接访问。
   A. 主存　　　　　B. 硬盘　　　　　C. 光盘　　　　　D. U盘
10. 给计算机的每一个物理存储单元分配一个编号，该编号被称为地址。一台计算机的最大存储空间为 32GB，它需要（　　）个二进制位编址，十六进制地址范围为（　　）。
   A. 16　　　　　B. 32　　　　　C. 35　　　　　D. 64
   E. 000000000 ~ FFFFFFFFF　　　　　F. 000000000 ~ 7FFFFFFFF
   G. 00000000 ~ FFFFFFFF
11. 下列（　　）存储器的读写速度最快。
   A. 主存　　　　　B. Cache　　　　　C. 寄存器　　　　　D. 硬盘
12. PCI-E 卡中的 PCI 是（　　）。
   A. 产品型号　　　B. 总线标准　　　C. 微机系统名称　　　D. 微处理器型号
13. 微处理器是把运算器和（　　）作为一个整体采用大规模集成电路集成在一块芯片上。
   A. 存储器　　　　B. 控制器　　　　C. 输出设备　　　　D. 地址总线
14. 计算机的主要性能指标不包括（　　）。
   A. 字长　　　　　B. 显示分辨率　　　C. 存储容量　　　　D. 主频
15. 现在的计算机使用的主流显卡是（　　）。
   A. 集成显卡　　　　　　　　　　　　B. 核心显卡
   C. 独立显卡　　　　　　　　　　　　D. 都是主流的，由用户自己决定

二、思考题

注意：认真参阅教材中有关内容，把这些题写在活页纸上上交。

1. 什么是信息技术？信息技术主要由哪些技术构成？
2. 目前，计算机主要应用在哪些方面？
3. 什么是物联网？什么是泛在网？它们有何特征？
5. 冯·诺依曼提出的现代计算机的理论思想有哪些？其思想的核心是什么？
6. 计算机的工作过程实质是什么？它是如何工作的？
7. 目前微机上的芯片主要有哪两个系列，从参数指标上分析其优缺点？
8. 什么是 Cache？它有何作用？

模块 2　计算机软件系统

一个完整的计算机系统不仅包括硬件系统，也包括软件系统。硬件是计算机工作的物质基础和被控制的对象，软件是计算机的灵魂，计算机只有在软件的控制下，才能按照软件开发者的意图工作。

学习目标

认知目标	情感目标	技能目标
认识计算机软件相关基本概念。 认识操作系统的作用及分类。 认识操作系统常见操作、故障处理及其管理功能。 认识其他系统软件。	通过计算机的操作充分感受计算机在操作系统管理下的工作过程与常见操作，从而理解计算机操作系统的"统筹协调"的重要性。	能对一般操作系统故障进行判断与排除，能安装操作系统。 能自行探索常用软件功能。

模块导学

单元知识	活动设计	实践任务	课后习题
计算机软件概述 操作系统 其他系统软件	U 盘启动盘的制作与 Windows 系统安装	设置计算机工作环境	选择题 思考题

单元 1　计算机软件概述

世界经济已经迈入数字经济时代。中国经济与科技实力快速提升，软件产业也因此得到了普及和推广，软件开发人才的需求量保持逐年持续增长。本单元帮助大家认识计算机软件，首先介绍软件的概念与分类，接着介绍软件的开发基础即程序设计语言的相关知识。

知识 1　软件概念

计算机软件（Computer Software）是计算机系统中与硬件相互依存的另一半，如果仅有硬件，计算机什么也干不了，但如果没有硬件的支持，软件也就没有了实现功能的物理载体，软件与硬件一起相辅相成，互为促进，计算机的功能才能最大限度的发挥。

计算机软件通常由计算机程序、数据及相关文档资料组成。程序是按照一定顺序执行的，并能够完成某一任务的指令或语句的集合，实现了人与机器之间的交互；数据是程序要处理的对象与处理的结果；文档是与软件开发、维护和使用有关的图文材料，它记录了软件开发的活动与阶段性成果，有利于软件开发过程的管理和运行阶段的维护。程序必须装入机器内部才能工作，数据必须调入计算机内存才能被处理，文档通常是给人看的，不一定装入机器。

知识2　软件的分类

软件如何分类？

计算机软件分为系统软件与应用软件。系统软件服务于计算机，是指控制和协调计算机及其外部设备，支持应用软件的开发和运行的软件。应用软件是服务于用户，为解决用户各种实际问题而编制的计算机应用程序及有关资料。

系统软件主要包括：

（1）操作系统软件，如 Mac OS、Windows 10、iOS、UNIX、Linux 等。

（2）各种语言的处理程序，如汇编程序、编译程序和解释程序等。

（3）各种服务性程序，如机器的调试、故障检查、诊断程序与杀毒程序等。

（4）各种数据库管理系统，如 SQL Server、Oracle、MySQL 等。

应用软件主要包括：

（1）用于科学计算方面的数学计算软件包与统计软件包等。

（2）文字处理软件，如金山文字处理软件、Office 办公软件等。

（3）图像处理软件，如 Photoshop、动画处理软件（3ds Max）等。

（4）各种管理软件，如税务管理软件、金融管理软件等。

知识3　程序设计语言

程序设计语言是人与计算机交流的工具，人们通过程序设计语言编写程序，从而将需要完成的任务告诉计算机。所以，要开发软件就必须掌握某种程序设计语言。

按照程序设计语言的发展过程通常可分为机器语言（Machine Language）、汇编语言（Assembly Language）和高级语言（High-level Language）。

1. 机器语言

机器语言是最早出现的程序设计语言，它由 0 与 1 二进制代码按一定的规则组成，是能被机器直接理解、执行的指令的集合。表 2-1 是一个机器语言程序的例子，该程序的功能是实现两数相乘并打印出结果。

表 2-1　机器语言程序

1	00000000	00000100	0000000000000000	
2	01011110	00001100	11000010	0000000000000010
3		11101111	00010110	0000000000000101
4		11101111	10011110	0000000000001011
5	11111000	10101101	11011111	0000000000010010
6		01100010	11011111	0000000000010101
7	11101111	00000010	11111011	0000000000010111
8	11110100	10101101	11011111	0000000000011110
9	00000011	10100000	11011111	0000000000100001
10	11101111	00000010	11111011	0000000000100100
11	01111110	11110100	10101101	

续表

12	11111000	10101110	11000101	0000000000101011
13	00000110	10100010	11111011	0000000000110001
14	11101111	00000010	11111011	0000000000110100
15			00000100	0000000000111101
16			00000100	0000000000111101

机器语言的优点是无须编译，计算机可直接执行，速度快，效率高。缺点是编程工作量大，难学，难记，难以维护。不同计算机的指令系统不同，机器语言通用性差。因此，计算机语言必须朝方便用户学习与使用的方向发展，这样就出现了第二代语言汇编语言。

2. 汇编语言

在 20 世纪 50 年代初期，数学家 Grace Hopper（美国的一位海军上将）发明了一种用符号或助记符来描述的语言，该语言用不同的助记符表示不同的机器指令。汇编语言也称为符号语言，也是面向机器的，也就是说不同的机器的汇编语言也是不同的。表 2-2 是一个符号语言程序的代码段的例子。在该例中，MOV 表示数据传送，ADD 表示两数相加。

表 2-2　符号语言程序

1	;设置代码段
2	CODE SEGMENT
3	ASSUME CS: CODE, DS:DATA
4	START:MOV AX, DATA
5	MOV DS, AX
6	MOV AX, X
7	ADD AX, Y
8	SAL AX, 1
9	MOV BX, AX
10	MOV CL, 2
11	SAL AX, CL
12	ADD AX, BX
13	MOV Y, AX
14	MOV AH, 4CH
15	INT 21H
16	CODE ENDS

汇编语言源程序不能直接被计算机识别，必须转换成机器语言程序才能被执行。汇编语言的优点是更易阅读，占据的存储空间小，执行速度较快，缺点是仍依赖于机器，通用性差。汇编语言适用于编写直接控制机器操作的低层程序，它与机器密切相关，一般人也较难书写与使用。因此，语言仍需发展，这样就出现了第三代语言高级语言。

3. 高级语言

汇编语言与机器语言十分接近，其书写格式在很大程度上取决于特定计算机的机器指令，因此它仍然是一种面向机器的语言，人们称机器语言和汇编语言为低级语言。由于这些语言对机器过分依赖，要求使用者对计算机的硬件结构及其工作原理有一定的认识，这对非计算机专业人员编写程序有一定的困难，对计算机的推广与应用极其不便。因此，就促使人们去寻求一种类似于"数学表达式"，接近于自然语言（如英语），能为机器所接受的程序设计语言，这样的语言就是高级语言。

高级语言并不是特指的某一种具体的语言，而是包括很多编程语言，如流行的 Java、C、C++、C#、Python 等，这些语言的语法、命令格式都不相同。下面就是用 C++语言编写的完成输入两个整数后输出乘积的源程序。

示例：C++语言的源程序

```
/*     This program reads two integer numbers from the
keyboard and prints their product. */
#include <iostream.h>
int main (void)
{
//    Local Declarations
    int number1;
    int number2;
    int result;
//     Statements
    cin >> number1;
    cin >> number2;
    result = number1 * number2;
    cout << result;
    return 0;
}    // main
```

高级语言与具体的计算机硬件关系不大，形式上接近于算术语言与自然语言，概念上接近人们通常使用的概念。用高级语言编写的程序不能直接被计算机识别，必须转换成机器语言程序才能被执行，但高级语言的一个命令可以代替几条、几十条，甚至几百条汇编语言的指令，因此，高级语言易学、易用，所写出来的程序可移植性好，重用率高，它使程序员能够避开计算机的复杂性，将精力集中在应用程序的编写上。

单元 2　操作系统

操作系统的出现是计算机发展史上的一个重大转折，同一种类型的裸机在配置了不同的操作系统之后就变成了大相径庭的计算机，功能与操作都将面目一新。

知识 1　操作系统的地位

操作系统为用户提供友好的界面，方便用户操作与使用计算机。

一个计算机系统的软硬件层次结构如图 2-1 所示。其中，每一层具有一组功能并提供相应的接口，接口层内掩盖了实现细节，对层外提供了使用约定。操作系统层是最靠近硬件的软件层，是对计算机硬件的首次扩充和改造，它既是计算机系统的"管家"，又是计算机系统用户的"服务员"。"管家"负责管理计算机系统这个家中的各种资源，以提高资源利用率为目标，

"服务员"以给用户提供尽可能多的服务项目和最大的方便为宗旨，管理与服务的功能用一组程序来描述，这组程序通过事件驱动以并发执行方式发挥作用。人们把这组程序称为操作系统，也就是我们说的 OS（Operating System），它是计算机系统极为重要的系统软件。

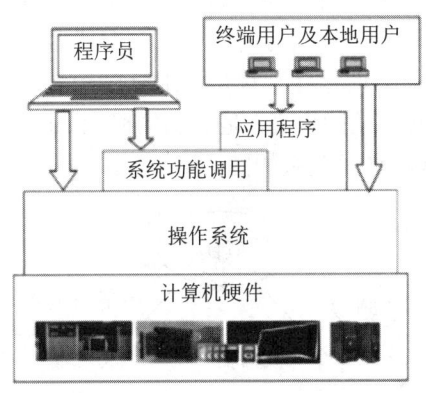

图 2-1　计算机系统软硬件层次结构图

按照操作系统的应用场景，目前主流操作系统可分为桌面操作系统，如 Windows、Linux 和 Mac OS；服务器端操作系统，如 Linux、Windows Server 和 Mac OS X 等；嵌入式操作系统，如 uC/OS-II、eCos、uClinux 等；移动终端操作系统，如 Android、iOS、Harmony OS、Symbian、Web OS 等。

目前国产的 PC 端操作系统多以 Linux 内核为基础进行的二次开发。如银河麒麟、deepin、红旗等。国产操作系统的易用性与 Windows XP 相当，但在软件生态环境方面还有很大的进步空间。2019 年发布的鸿蒙系统作为中国第一款手机操作系统，除了可以兼容手机安卓应用，更重要的意义是面向万物互联的全场景，实现手机、电脑、可穿戴设备、汽车等不同设备间的自由切换。

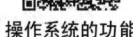
操作系统的功能

知识 2　操作系统的功能

操作系统的主要任务是为并发的多道程序的运行提供良好的运行环境，以保证多道程序能有条不紊、高效地运行，并能最大限度地提高系统中各种资源的利用率和方便用户的使用。为实现上述任务，操作系统应具有处理器管理、存储器管理、设备管理、文件管理和作业管理等功能，如图 2-2 所示。为了方便用户使用操作系统，还必须向用户提供方便的用户接口。

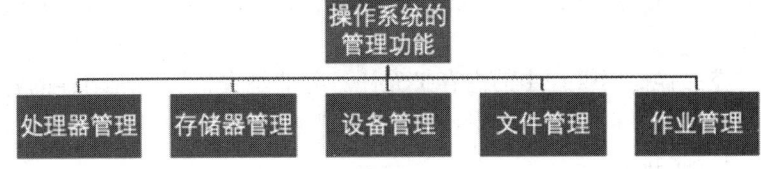

图 2-2　操作系统的管理功能

1. 处理器管理（CPU 管理）

处理器管理的主要任务是对 CPU 资源进行分配调度，并对处理器的运行进行有效的控制与管理。因为 CPU 是计算机系统中的核心硬件资源，充分发挥 CPU 的性能，才能提高计算机的效率。处理器管理的实质是进程管理。进程是系统进行资源分配与调度的一个独立单位，具有生命周期。

在未配置 OS 的系统中，程序的执行方式是顺序执行，即必须在一个程序执行完成后，才允许另外一个程序执行；在多道程序环境下，则允许多个程序并发执行。也正是程序的并发执行，才导致引入进程的概念。一个程序运行时，产生一个或多个进程。动态性是进程最基本的特性，进程实体有一个生命周期，而程序则只是一组有序指令或语句的集合，并存放在某种介质（如硬盘）上，其本身不具有运动的含义，是静态的概念。进程至少有三种状态：就绪状态、运行状态、等待状态，三种状态之间关系如图 2-3 所示。

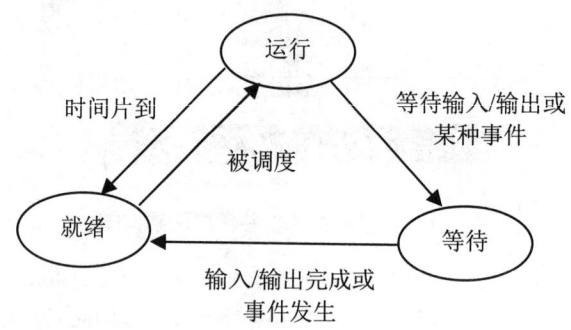

图 2-3　进程三种状态之间的转换

（1）就绪状态：一个进程获得了除 CPU 以外的一切所需资源，一旦得到 CPU 即可运行，则称此进程处于就绪状态。

（2）运行状态：当一个进程正在 CPU 上运行时，则称此进程处于运行状态。

（3）等待状态：一个进程正在等待输入/输出或等待某一事件发生而暂时停止运行，这时即使把 CPU 分配给该进程也无法运行，则称此进程处于等待状态。

2. 存储器管理（主要指内部存储器）

存储器管理的主要任务是为多道程序的运行提供良好的环境，方便用户使用存储器，提高存储器的利用率以及能从逻辑上扩充内存。为此，存储器管理应具有内存分配、内存保护和内存扩充等功能。

（1）内存分配：内存分配的主要任务是为每道程序分配内存空间，使它们"各得其所"；提高存储器的利用率，以减少不可用的内存空间；允许正在运行的程序申请附加的内存空间，以适应程序和数据动态增长的需要。

（2）内存保护：内存保护的主要任务是确保每道用户程序都只在自己的内存空间内运行，彼此互不干扰。

（3）内存扩充：存储器管理中的内存扩充任务并非是去扩大物理内存的容量，而是借助虚拟存储技术，从逻辑上去扩充内存容量,使用户所感觉到的内存容量比实际内存容量大得多，以便让更多的用户程序并发运行。

3. 设备管理

设备管理用于管理计算机系统中所有的外围设备，而设备管理的主要任务是：完成用户进程提出的 I/O 请求；为用户进程分配其所需的 I/O 设备；提高 CPU 和 I/O 设备的利用率；提高 I/O 速度；方便用户使用 I/O 设备。为实现上述任务，设备管理应具有缓冲管理、设备分配、设备驱动等功能。

（1）缓冲管理：为缓和处理机与外部设备之间速度不匹配的矛盾，提高处理机效率，现在操作系统中的设备管理都引入了缓存技术。

（2）设备分配：设备分配的基本任务是根据用户进程的 I/O 请求、系统的现有资源情况以及按照某种设备的分配策略，为之分配其所需的设备，记录设备的使用情况。

（3）设备驱动：对物理设备提供驱动程序或控制程序，以实现真正的 I/O 操作。设备驱动的主要任务：接收上层软件发来的抽象服务请求（如读写操作），再把它转化为具体要求，通过一系列的 I/O 指令，控制设备完成请求的操作；同时，设备驱动程序还将设备发来的有关信号传送给上层软件，例如设备是否已损坏等。

4. 文件管理

在现代计算机系统中，要用到大量的程序和数据，因内存容量有限，且不能长期保存，故而平时总是把它们以文件的形式存放在外存中，需要时再随时将它们调入内存。于是，在操作系统中又增加了文件管理功能，即构成一个文件系统，负责管理在外存上的文件，并把对文件的命名、存取、共享和保护等手段提供给用户。这不仅方便了用户，保证了文件的安全性，还可有效地提高系统资源的利用率。

我们可以把文件按性质和用途分为系统文件、库文件、用户文件，也可以按操作保护分为只读文件、可读可写文件、可执行文件。

5. 作业管理

用户交给计算机的工作称为作业，作业由程序+数据+作业说明 3 部分组成。用户向计算机提交作业后，系统将它放入外存中的作业等待队列中等待执行。进程是完成用户任务的执行实体，是向系统申请分配资源的基本单位。一个作业可由多个进程组成，且必须至少由一个进程组成，反过来则不成立。

用户提交作业，操作系统负责调度作业。操作系统作业分为：批处理作业和交互式作业，脱机是批处理作业的主要特征。脱机的意思是不由人再操作，交互式作业以联机为主要特征。

交互式作业管理中，交互式作业有一个输入（编辑）、编译、运行、调试、再编译、再运行的反复过程。

批处理作业中，作业状态分为：后备状态（处理前）—（作业调度）—运行状态（作业控制）—（作业撤离）—完成状态（处理后）。

知识 3　桌面操作系统的个性化设置

用户以操作系统为"桥梁"，使用计算机系统保存资料、解决问题、提供娱乐等。不同需求的用户对操作系统的功能要求也不尽相同，因此操作系统可以进行个性化设置与修改。下面，以 Windows 10 为例进行简单介绍。

操作系统的个性化设置

1. 修改桌面背景主题

（1）在桌面右击，右侧显示菜单栏，把鼠标移到"个性化"选项，如图 2-4 所示。

（2）单击"个性化"选项，进入个性化设置窗口，可选择系统自带的桌面背景主题，如图 2-5 所示。

图 2-4　桌面快捷菜单

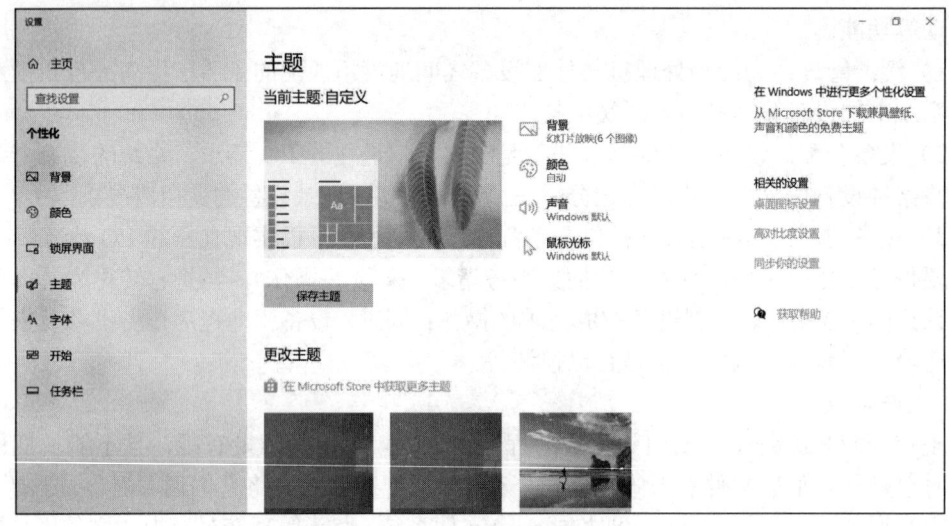

图 2-5 个性化设置窗口

2. 添加与删除输入法

在 Windows 操作系统的常见操作中,我们经常需要切换输入法来满足不同情况下的输入要求,如果计算机中安装的输入法过多,在选取和切换输入法时就会比较麻烦,为简化操作,通过在计算机桌面右下角单击输入法图标,然后单击"语言首选项",打开如图 2-6 所示界面,可借助此界面对不必要的输入法进行删除及设置自己常用的输入法为系统默认输入法。

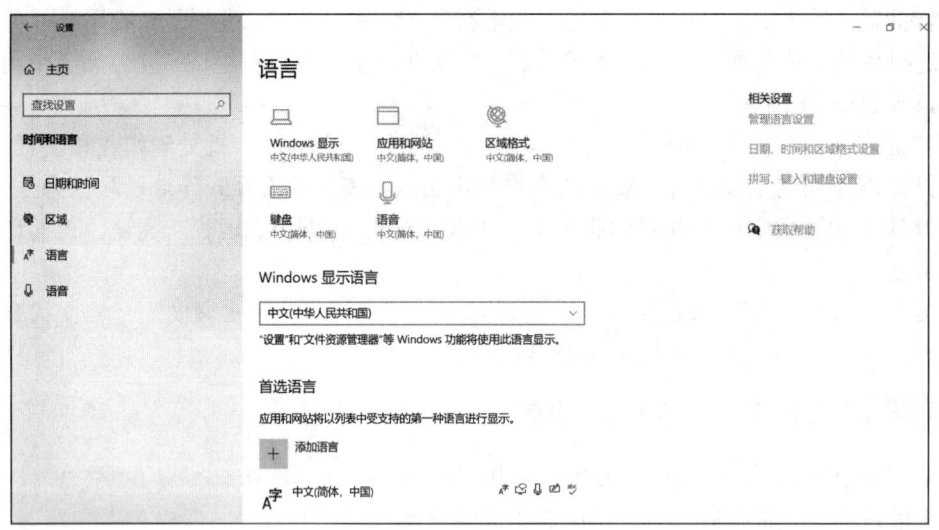

图 2-6 设置输入法界面

3. 卸载与更改程序

在 Windows 操作系统中安装程序或软件的时候,操作系统会自动在其核心数据库系统"注册表"中进行"注册登记",在我们不需要某些程序或软件的时候,仅仅删除程序或软件的安装目录无法彻底删除这些程序或软件在操作系统中留下的数据、文件等痕迹,因此需要通过设置面板中的"卸载程序"功能来完全清除掉这些程序或软件遗留下来的痕迹。

(1)单击屏幕左下角"开始"按钮→"设置",进入"设置"窗口,如图 2-7 所示。

图 2-7　设置面板选项

（2）单击"应用"选项，进入"应用和功能"窗口，如图 2-8 所示。

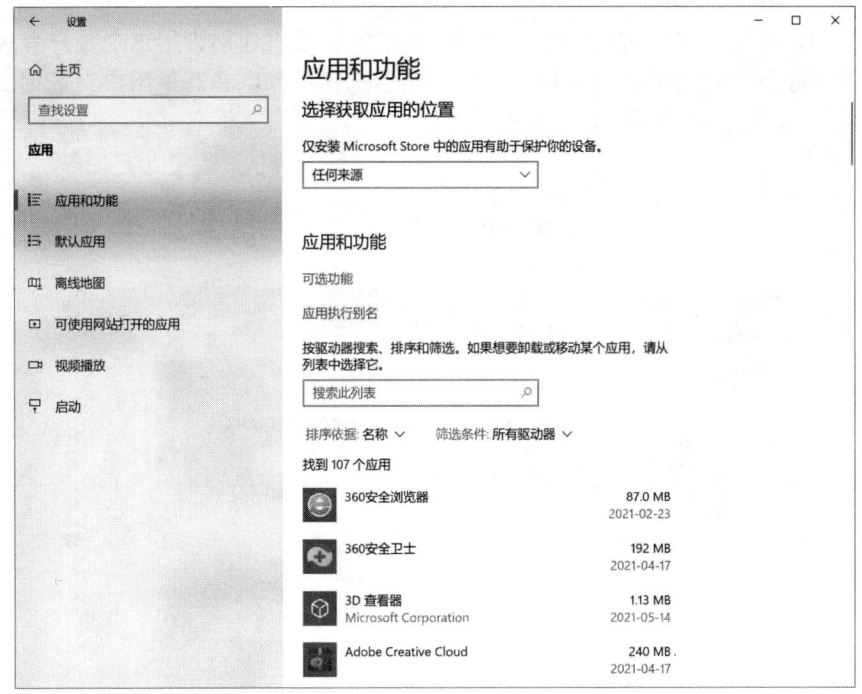

图 2-8　"应用和功能"窗口

（3）选择程序进行卸载或更改，如图 2-9 所示。

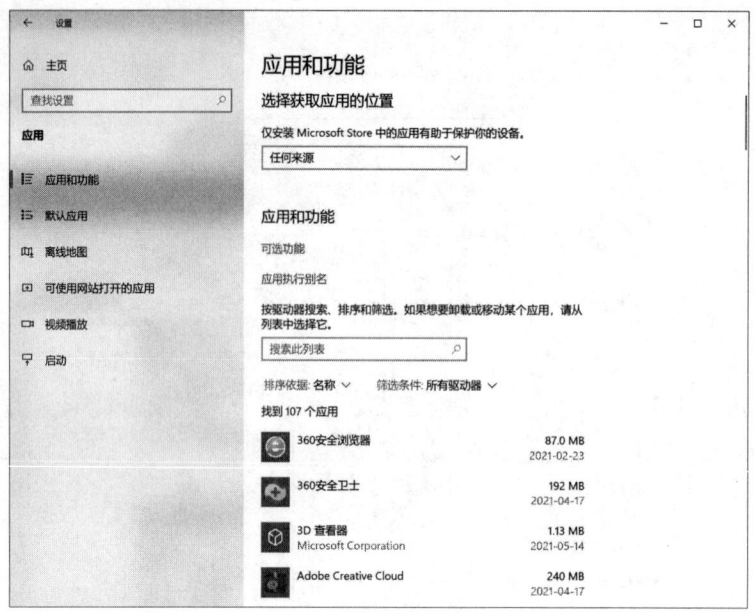

图 2-9　卸载或更改指定程序

4. 创建其他账户

当计算机经常需要被别人使用，但是又不希望别人看自己的某些重要文件或者不允许别人运行某些应用程序或者担心自己系统某些重要参数被修改时，我们可以先以管理员身份登录 Windows 操作系统，参照以下步骤开通来宾账户或者新建一个普通 User 账户（不是管理员，而是受限用户），并设置文件访问权限及程序安装卸载权限，让别人用这个账户登录系统。

（1）在"设置"窗口选择"账户"选项。然后选择"家庭和其他用户"选项，进入"其他用户"窗口，如图 2-10 所示。

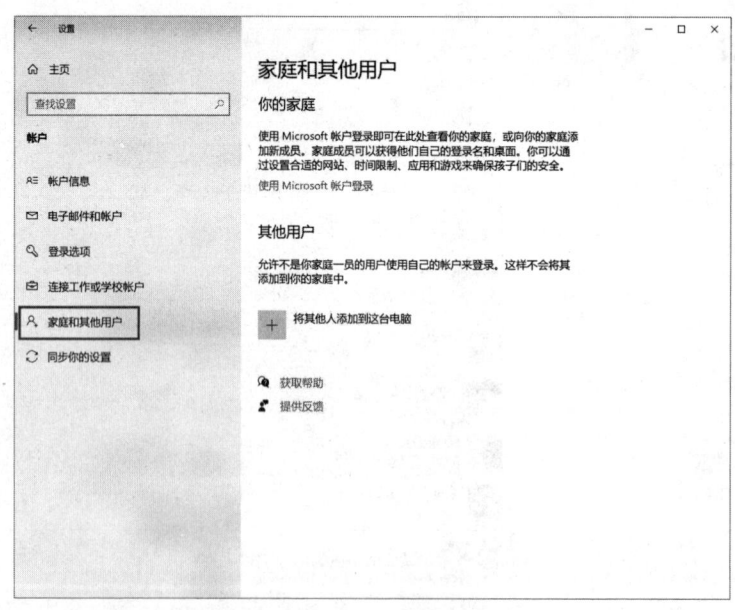

图 2-10　"家庭和其他用户"窗口

（2）单击"其他用户"选项下的"将其他人添加到这台电脑"，进入添加账户的界面，如图 2-11 所示。

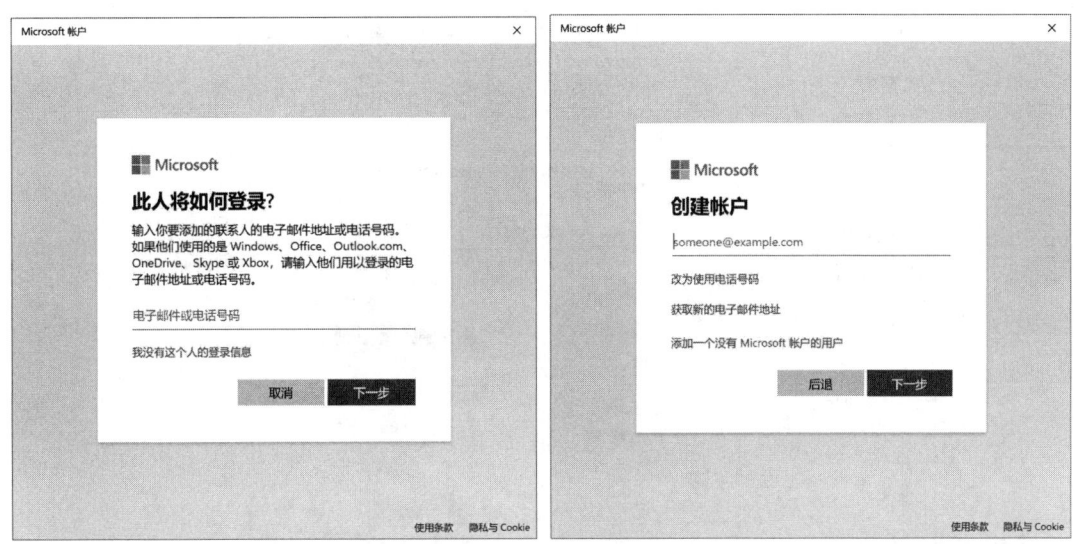

图 2-11　添加账户界面

（3）单击"我没有这个人的登录信息"，再单击"添加一个没有 Microsoft 账户的用户"，进入到创建用户的界面，如图 2-12 所示。

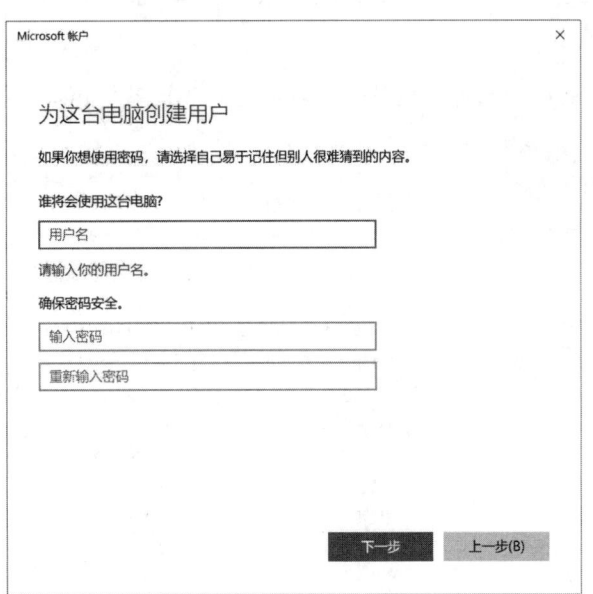

图 2-12　创建新用户界面

（4）按照提示输入用户名和密码，设置完成后，就创建好新用户了，可以通过"切换用户"进入到新用户的空间。

如果想删除该用户，只要在其他用户的列表中找到，单击"删除"按钮就可以删除。如图 2-13 所示。

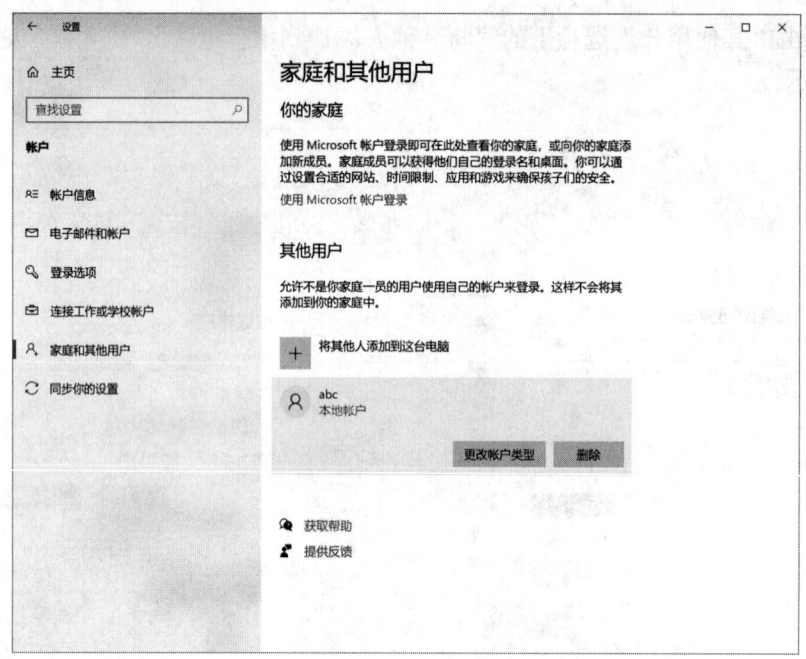

图 2-13 删除用户

5. 添加硬件设备

PCI 设备连接到计算机系统中时，一般情况下操作系统都没有自带 PCI 设备的驱动程序，系统也无法自动识别 PCI 设备。这时就需要我们通过"设置"窗口，手动添加该 PCI 硬件并安装驱动程序。

（1）在"设置"窗口中选择"设备"选项，打开"设备"窗口，如图 2-14 所示。

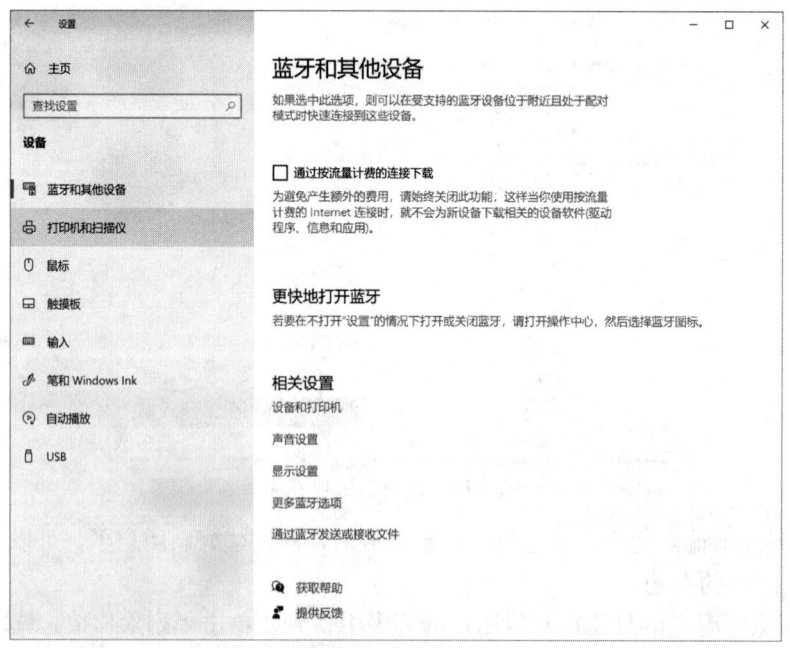

图 2-14 "设备"窗口

（2）在窗口中选择"打印机和扫描仪"选项，如图 2-15 所示。

图 2-15　添加打印机和扫描仪

（3）单击"我需要的打印机不在列表中"，就可以打开安装窗口，按照提示将打印机或扫描仪的驱动程序安装好。如图 2-16 所示。

图 2-16　添加硬件设备

6. 磁盘碎片整理

为保持系统性能一直处于最佳状态，定期地整理磁盘碎片也是一个关键的问题。在日常使用期间，Windows 操作系统总是不停地创建、删除、更新磁盘上的文件。随着时间的推移，硬盘上就会积累起越来越多的数据碎片。

Windows 操作系统知道每一个文件的位置并能准确无误地操作它们，但并不会自动地按照最好性能原则组织这些文件，这一部分工作由系统工具"磁盘碎片整理程序"完成。

（1）在任务栏上的搜索框中，输入"磁盘清理"，并从结果列表中选择"磁盘清理"，如图 2-17 所示。

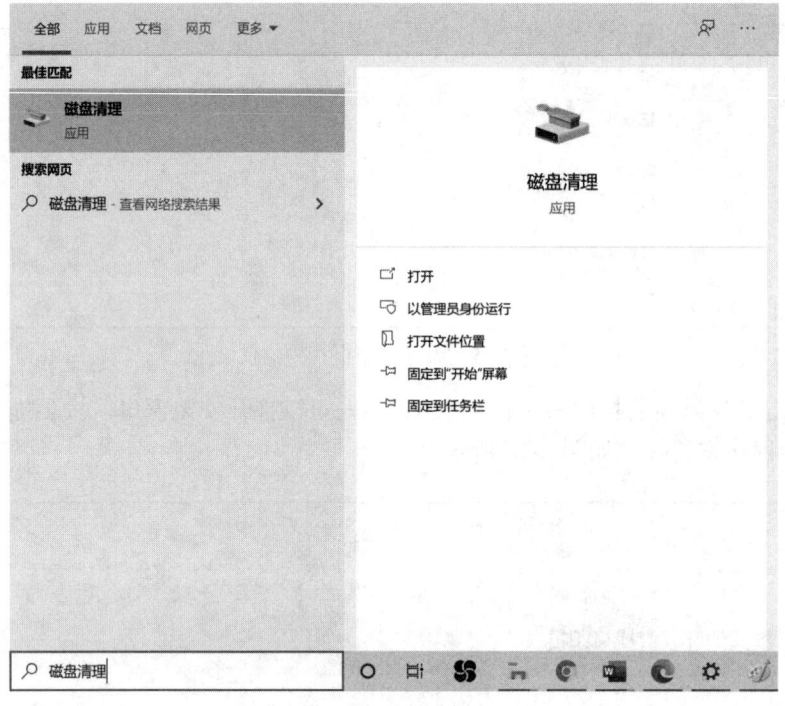

图 2-17 磁盘清理

（2）选择指定盘符，开始碎片整理，如图 2-18 所示。

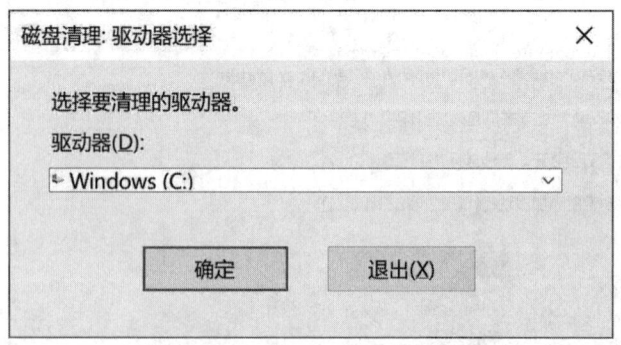

图 2-18 选择要清理的驱动器

（3）选择要删除的文件类型，打钩，然后单击"确定"按钮，如图 2-19 所示。

图 2-19　选择要删除的文件类型

知识 4　Windows操作系统常见故障检查

1. 查看任务管理器

计算机卡机、死机了怎么办？首先不要有任何操作，等数分钟以后，一般会恢复正常，如果还是卡机，调出任务管理器。任务管理器，是在 Windows 系统中管理应用程序和进程的工具。它可以查看当前运行的程序和进程及其对内存、CPU 的占用，并可以结束某些程序和进程，此外还可以监控系统资源的使用状况。

当计算机运行时出现卡顿，如果是由于某个程序占用的资源过多，这个时候可以用 Ctrl+Alt+Delete 组合键来调出任务管理器。计算机打开的程序都会在任务管理器的"进程"中显示，如图 2-20 所示。当系统陷入故障时，任务管理器最底下的 CPU 使用率将高达 100%，这时，我们右击未响应的程序，单击"结束任务"结束未响应程序后，可恢复正常。

2. 查看设备工作情况

在计算机中，我们经常会遇到一些设备无法工作，或者不能正常工作的情况，在确定是否硬件故障之前，我们可以先从软件层面判定故障原因是否是因为设备被禁用或设备驱动程序未正确安装，因此查看设备工作情况成为故障检查的一个重要手段。

（1）右击桌面图标"计算机"，选择"管理"选项，如图 2-21 所示。

（2）在打开的"计算机管理"窗口中选择设备管理器，查看设备工作情况，如图 2-22 所示。

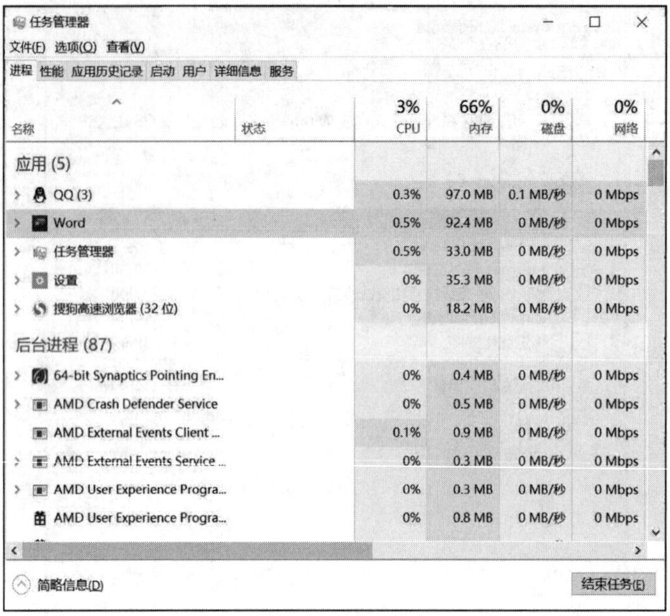

图 2-20 任务管理器

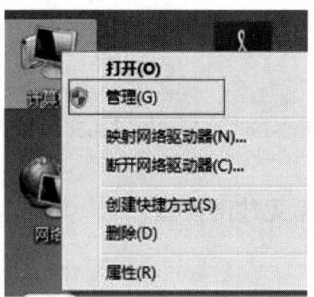

图 2-21 选择"管理"选项

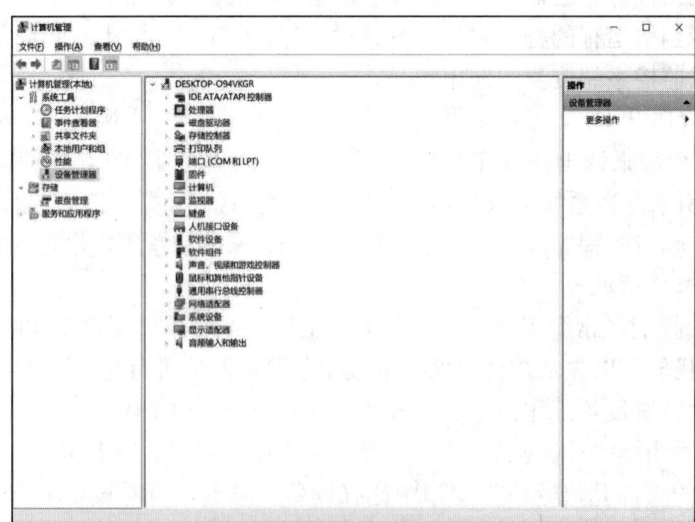

图 2-22 设备管理器

(3) 黄色惊叹号表示设备未正确安装驱动程序，如图 2-23 所示。

图 2-23　驱动程序未正确安装

(4) 黄色问号表示该设备驱动没有安装，不能被操作系统识别，如图 2-24 所示。

图 2-24　设备驱动程序未安装

(5) 红色的叉或向下的黑箭头，代表该设备被禁用或停用，如图 2-25 所示。

图 2-25　光驱被禁用

3. 查看与修改服务情况

除了查看设备工作情况之外，另外一个重要的软故障检查方法就是查看"计算机管理"功能中的服务启用与停用情况。Windows 操作系统中的很多程序或软件功能的实现都需要操作系统提供对应的服务才能完成，如果对应的支持服务被停用则功能也会受限或停用。按照下面的步骤，可以查看服务开启与停用情况。

（1）在"计算机管理"窗口选择"服务和应用程序"中的"服务"选项，如图 2-26 所示。

图 2-26　服务与应用程序

（2）在服务列表中双击指定服务，进行启用或停用，若某个服务被停用，则造成依赖该服务的设备和程序异常，如图 2-27 所示。

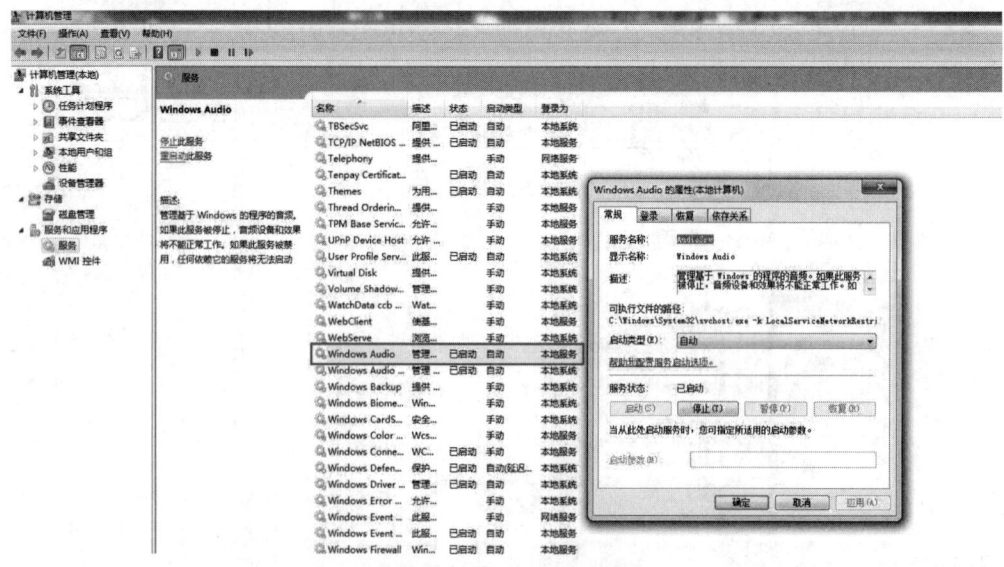

图 2-27　启用或停用服务

单元 3　其他系统软件

系统软件由两个重要部分构成：一部分负责人机之间的通信，如各种程序设计语言、语言的处理程序、数据库管理系统等；另一部分负责对计算机实施各种软硬件资源的管理控制，使计算机有条不紊地处理各种复杂局面，如各种服务性程序和操作系统。本单元对除程序设计语言与操作系统之外的其他系统软件进行介绍。

知识 1　语言处理程序

计算机只能理解由 0、1 序列构成的机器语言，用某种高级语言或汇编语言编写的程序称为源程序（Source Program），源程序不能直接在计算机上执行，需要翻译为二进制的机器指令，担负这一任务的程序称为"语言处理程序"。语言之间的翻译形式有多种，基本方式为汇编、解释和编译。

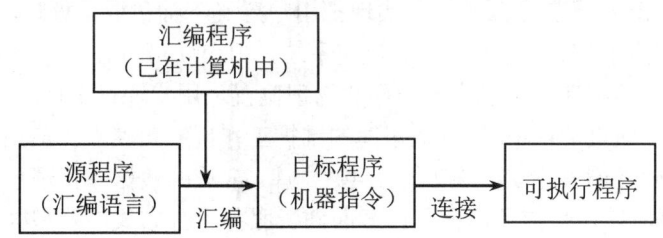

程序设计语言和语言处理程序

1. 汇编

汇编语言源程序在计算机上不能直接运行，需经过一种"翻译"程序将汇编语言程序翻译为机器语言程序，这种翻译程序被称为汇编程序。任何一种汇编语言都配有适用于自己的汇编程序，不管用户用何种汇编语言编写程序，编写完后都要通过该种汇编语言的汇编程序转化为机器语言程序才能在计算机上运行，汇编语言程序的执行方式如图 2-28 所示。

图 2-28　汇编语言程序的执行方式

2. 解释与编译

高级语言按转换方式可分为解释与编译两种方式。

解释类执行方式类似于我们日常生活中的同声翻译，应用程序源代码，一边由相应语言的解释器翻译成目标代码（机器语言），一边执行。这种执行方式导致程序的执行效率比较低，而且不能生成可独立执行的可执行文件，应用程序不能脱离其解释器。但这种方式比较灵活，可以动态地调整与修改应用程序，特别适合于人机对话。解释类执行方式如图 2-29（a）所示，如早期的 Basic 与现在比较流行的 Python 等。

编译类执行方式是指在执行程序之前，要将程序源代码翻译成目标程序（Object Program），再通过连接生成可执行程序。可执行程序是机器语言程序，它能脱离其语言环境独立执行，可反复使用，使用比较方便，效率较高。但应用程序一旦需要修改，必须先修改源代码，再重新编译与连接生成新的可执行程序才能执行，只有执行程序文件而没有源代码，修改很不方便，编译过程如图 2-29（b）所示。现在大多数的编程语言都是编译型的，如 C++、Delphi 等。

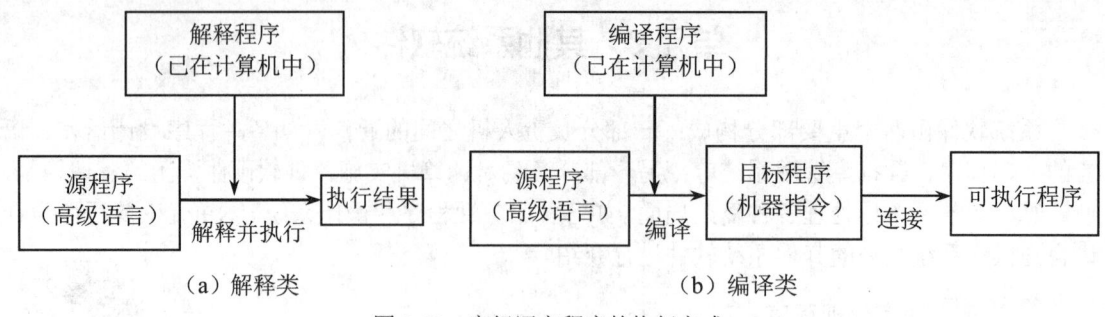

图 2-29 高级语言程序的执行方式

知识 2　数据库管理系统

计算机执行计算的对象是数据，在初期，计算机存储容量小，因而数据量也很少，一般只达 KB 级，随着计算机存储容量的增加，目前已可达 GB 级或 TB 级，因此计算机存储的数据量也很多。为方便用户使用这些数据，需要有专用的软件进行管理，这种软件就是数据库管理系统（Database Management System，DBMS）。DBMS 按照一定的数据模型科学地组织和存储数据，同时可以提供数据高效地获取和维护。它对数据库进行统一的管理和控制，以保证数据库的安全性和完整性。

从计算机软件系统的构成看，数据库管理系统是位于操作系统与用户之间的一种操纵和管理数据库的软件，数据库管理系统就是实现把用户意义下抽象数据处理，转换成为计算机中具体的物理数据处理的软件。有了数据库管理系统，用户就可以在抽象的逻辑意义下处理数据，而不必顾及这些数据在计算机中的布局和物理位置。用户通过 DBMS 访问数据库中的数据，数据库管理员也通过 DBMS 进行数据库的维护工作。它可使多个应用程序和用户用不同的方法在同时或不同时刻去建立、修改和询问数据库。常见的数据库管理系统有 MySQL、SQL Server、Oracle、DB2 等，目前还出现了很多面向云服务、分布式的新型数据库。

知识 3　各种服务性程序

服务于操作系统，且提供诊断系统故障、恢复系统或保护系统功能的程序软件都属于系统软件范畴。如杀毒软件、一键还原软件等。

1．杀毒软件

杀毒软件通常集成监控识别、病毒扫描和清除、自动升级、主动防御等功能，有的杀毒软件还带有数据恢复、防范黑客入侵、网络流量控制等功能，是计算机防御系统（包含杀毒软件，防火墙，特洛伊木马和恶意软件的查杀程序，入侵预防系统等）的重要组成部分。

杀毒软件是一种可以对病毒、木马等一切已知的对计算机有危害的程序代码进行清除的程序工具。任务是实时监控和扫描磁盘。杀毒软件的实时监控方式因软件而异。有的杀毒软件是通过在内存里划分一部分空间，将计算机里流过内存的数据与杀毒软件自身所带的病毒库（包含病毒定义）的特征码相比较，以判断是否为病毒。另一些杀毒软件则在所划分到的内存空间里面，虚拟执行系统或用户提交的程序，根据其行为或结果作出判断。而扫描磁盘的方式，则和上面提到的实时监控的第一种工作方式一样，只是在这里，杀毒软件会将磁盘上所有的文件（或者用户自定义的扫描范围内的文件）做一次检查。

2. 一键还原软件

一键还原软件一般不仅可以一键备份还原系统，还能安装镜像系统。如：深度一键还原工具内含 GHOST 工具箱，支持 F32/NTFS 分区，支持多系统及系统不在活动分区，支持 SATA 硬盘、多硬盘。主要功能有：

（1）一键还原。提供 DOS 及 Windows 两种环境的界面，用于对系统进行自动备份或还原。软件将对硬盘自动检测并找到活动分区（系统分区）及最后一个分区。备份文件放置于最后一个分区 GHOST 目录下，多个硬盘则为第一硬盘。多系统及系统不在活动分区的情况，软件会提示选择要备份哪个分区。

（2）镜像安装可在 Windows 下安装 GHO 镜像到活动分区（系统分区），首创支持 ISO，独家全自动加载 ISO，可将 ISO 加载为 B 盘或 V 盘并自动搜索 GHO 文件，当 GHO 镜像来自硬盘时，不需要重命名，也不需要复制即可重启安装。多系统及系统不在活动分区的情况，软件会提示选择要装到哪个分区。

活动 U 盘启动盘的制作与 Windows 10 系统安装

U 盘启动盘的制作与 Windows 10 系统安装

目标

掌握 U 盘启动盘的制作方法，掌握使用 U 盘安装 Windows 10 系统的方法。

场景

步入大学的李明同学，新购了一台用于学习的笔记本电脑。笔记本电脑随机配置的操作系统因某种原因出现了故障而无法修复，需要重新给该台电脑安装操作系统。请你使用 U 盘装系统软件制作 U 盘启动盘，为其完成 Windows 10 系统的安装。

要求

购买或官网下载 Windows 10 操作系统，准备 U 盘一个，下载 U 盘装系统软件工具（如"大白菜""老毛桃"等）。同时把学生分成几个组，每组互相讨论，完成活动。

第一步：用 U 盘装系统软件作启动盘（此处以"老毛桃"为例说明）。

（1）运行程序，Windows 10 系统则右击以管理员身份运行。如图 2-30 为"老毛桃"软件功能界面。

（2）插入 U 盘之后单击"一键制作成 USB 启动盘"按钮，程序会提示是否继续，制作启动盘会对 U 盘进行格式化操作，确认所选 U 盘无重要数据后开始制作。

注意：制作过程中不要进行其他操作以免造成制作失败，制作过程中可能会出现短时间的停顿，请耐心等待几秒钟，当提示制作完成时安全删除 U 盘并重新插拔 U 盘即可完成启动 U 盘的制作。

第二步：将 Windows 10 系统安装文件复制到 U 盘中。

将 Windows 10 的 ISO 系统安装文件复制到 U 盘 GHO 的文件夹中，如果只是重装系统盘不需要格式化计算机上的其他分区，也可以把文件放在硬盘系统盘之外的分区中。

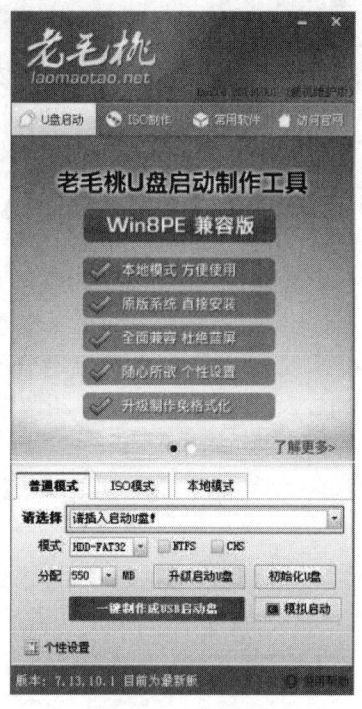

图 2-30　主界面

第三步：重启计算机进入 BIOS 设置程序，设置第一启动设备为 U 盘启动。下面列举两种进 BIOS 方法。

方法一：利用启动项按键选择 U 盘启动，如图 2-31 所示。

一般的品牌机，例如惠普电脑，开机的时候按 F9 键会出现启动项选择界面，从中可以选择计算机由什么介质启动。其余品牌机或者部分组装机也有按键选择启动项的功能，如联想和戴尔电脑是 F12 键，有一部分组装机是 F8 键。

方法二：启动时按 Delete 进入 BIOS 设置 U 盘启动，如图 2-32 所示。

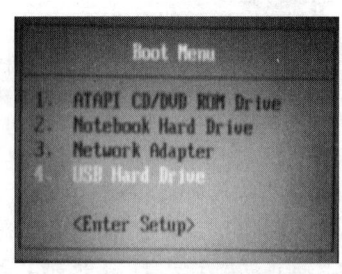

图 2-31　启动项选择界面

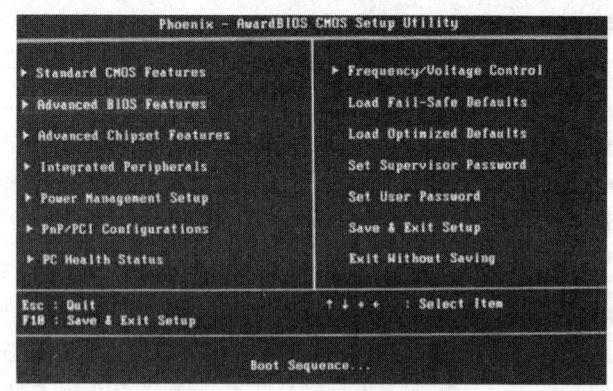

图 2-32　BIOS 设置主菜单

因为 BIOS 版本不同设置也不同，总的来说方法二也分两种：一种是没有硬盘启动优先级 "Hard Disk Boot Priority" 选项的情况，直接在第一启动设备 "First boot device" 里面选择从 U 盘启动；另一种是存在硬盘启动优先级 "Hard Disk Boot Priority" 选项的情况，必须选择 U

盘为优先启动的设备；然后，再在第一启动设备"First Boot Device"里面选择从硬盘"Hard Disk"或者从U盘启动。有的主板BIOS中，在"First Boot Device"里面没有U盘的"USB-HDD""USB-ZIP"之类的选项，选择"Hard Disk"就能启动电脑；而有的BIOS这里有U盘的"USB-HDD""USB-ZIP"之类的选项，这里既可以选择"Hard Disk"，也可以选择"USB-HDD"或"USB-ZIP"之类的选项来启动电脑。

第四步：安装操作系统。

方法一：进入Windows PE用智能装机工具安装。Windows PE（Microsoft Windows Preinstallation Environment，Windows PE或WinPE）是Windows预安装环境，是在Windows内核上构建的具有有限服务的最小子系统。

在Windows PE中，运行"老毛桃一键装机"，打开程序界面，如图2-33所示，在其中选择系统安装文件和系统安装的分区，确定后出现程序就绪提示，如图2-34所示，单击"是"按钮，将启动Ghost自动完成系统安装，如图2-35所示，完成后将提示重启计算机，如图2-36所示。

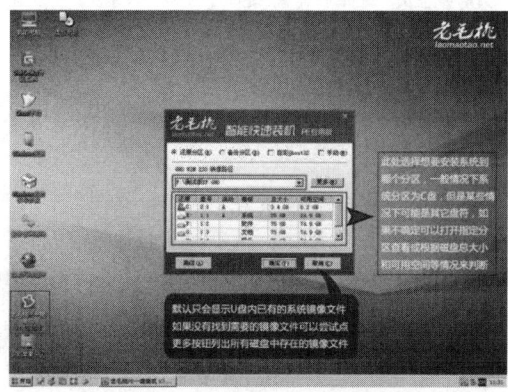

图2-33 一键装机运行界面

图2-34 一键装机确定提示

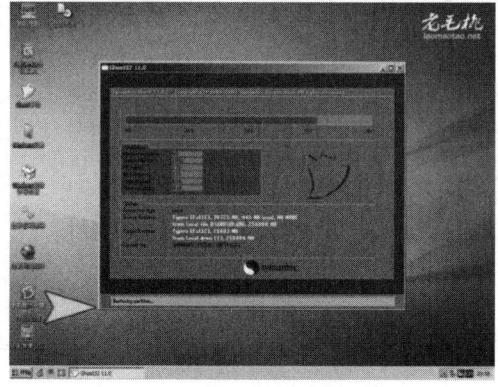

图2-35 Ghost运行界面

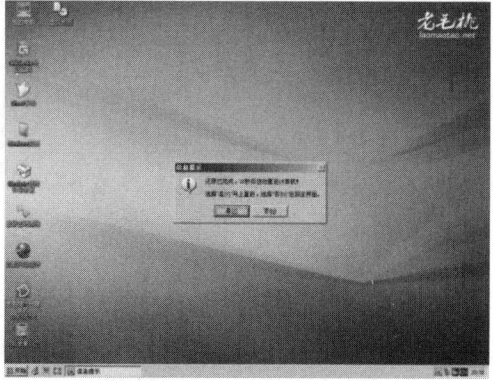

图2-36 Ghost运行完成提示

说明：Ghost，美国赛门铁克公司旗下的硬盘备份还原工具，支持将分区或硬盘直接备份到一个扩展名为.gho的文件（又称镜像文件），也支持.gho文件还原到分区或硬盘。它可避开操作系统原始完整安装的耗时和重装系统后驱动、应用程序再装的麻烦，使用户在需要重装系统时有效简便地完成系统快速重装。

方法二：不进 Windows PE 安装。

把 U 盘 GHO 文件夹中希望默认安装的 GHO 系统文件重命名为 LMT.gho。

插入 U 盘启动后，依次按图 2-37 与图 2-38 即可在不进入 Windows PE 情况下，将系统安装到硬盘第一分区。

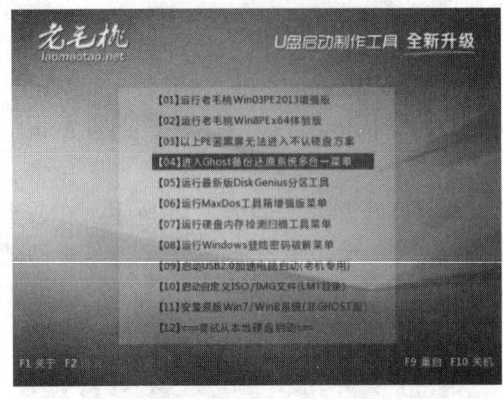 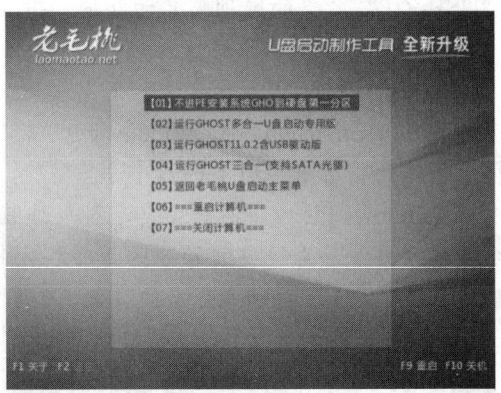

图 2-37　安装选择菜单界面一　　　　　图 2-38　安装选择菜单界面二

任务　设置计算机工作环境

任务目标

完成任务的要求，使学生掌握个性化设置计算机的工作环境，掌握新建不同权限级别的用户及添加删除程序的能力。

任务情境与要求

- 自行按个人喜好对计算机桌面进行个性化设置，如更换桌面背景等。
- 设置快捷方式，为画图程序创建桌面快捷方式，并将此程序锁定到任务栏。
- 创建文件和文件夹，在 D 盘根目录下创建以自己名字命名的文件夹。然后新建一个画图文件，保存在自己的文件夹中。
- 设置任务栏，使用小图标并自动隐藏，列出最近打开程序数目 5 个，不显示游戏项目，显示桌面工具栏，隐藏网络的图标与通知。
- 用户管理，创建标准用户 STU-1，设置密码"STU-1"，注销并切换到此用户，进入控制面板重置图标更改密码为"abc"。
- 程序管理，下载或直接安装教师提供的两款最新聊天工具软件，安装后在"所有程序"和"控制面板"中查看新安装内容，通过程序自带的卸载程序和"控制面板"分别卸载两程序文件。
- 管理硬盘，使用操作系统的工具对 D 盘执行"碎片整理"。

一、选择题

1. 关于计算机语言的描述，正确的是（　　）。
   A. 翻译高级语言源程序时，解释方式和编译方式并无太大差别
   B. 用高级语言编写的程序其代码效率比汇编语言编写的程序要高
   C. 源程序指可以被直接执行的程序
   D. 对于编译类计算机语言，源程序不能直接被执行
2. 卸载软件的方法最好使用（　　）。
   A. 直接删除安装后的文件与文件夹
   B. 不予理睬
   C. 删除快捷方式
   D. 利用软件的卸载程序
3. 下面（　　）不属于操作系统的管理功能。
   A. 存储器管理　　B. 设备管理　　C. 应用程序管理　　D. CPU 管理
4. 下面有关计算机语言描述正确的是（　　）。
   A. 用高级语言编写程序的软件比用低级语言编写程序的软件开发效率高
   B. 用高级语言编写程序的软件比用低级语言编写程序的软件开发效率低
   C. 用高级语言编写的程序比用机器语言编写的程序执行效率高
   D. 无论用高级语言还是低级语言开发软件，对机器而言执行效率是一样的
5. 用户使用计算机高级语言编写的程序通常称为（　　）。
   A. 源程序　　　　　　　　　　　B. 二进制代码程序
   C. 解释程序　　　　　　　　　　D. 目标程序
6. 下面列举的软件哪个不属于系统软件（　　）。
   A. 安卓　　　　B. iOS　　　　C. Windows 7　　　　D. 浏览器
7. （　　）语言是用助记符来代替二进制指令的面向机器的语言。
   A. 高级　　　　B. 汇编　　　　C. 机器　　　　　　D. FORTRAN
8. 通过控制面板不能进行下列哪项设置（　　）。
   A. 改桌面背景　　　　　　　　　B. 更改屏幕分辨率
   C. 调节鼠标双击速度　　　　　　D. 格式化系统盘
9. 下列的（　　）是系统软件。
   A. 编译程序　　　　　　　　　　B. 工资管理软件
   C. 绘图软件　　　　　　　　　　D. 制表软件
10. 下面哪项不属于操作系统特征（　　）。
    A. 并发性　　　B. 虚拟性　　　C. 共享性　　　　　D. 同步性

二、思考题

注意：认真参阅教材中有关内容，把这些题写在活页纸上上交。

1. 解释指令、程序与软件的概念，三者之间有什么关系？
2. 你接触过哪些软件？请把它们写下来，再将所有的软件进行归类（系统软件与应用软件两大类）。
3. 操作系统的功能有哪些？

模块 3　计算机网络技术

计算机网络是计算机技术与通信技术密切结合的产物，它已成为计算机应用中必不可少的重要组成部分。计算机网络技术的革新是 20 世纪最具创造性的发明，从二进制到电子计算机到网络媒介，这是一个从思维方式到生活方式乃至于到社会形态和伦理的革命，计算机网络技术改变了人类的交流方式，改变了人类的思维方式，也改变了人类的生存方式。

学习目标

认知目标	情感目标	技能目标
了解计算机网络的产生与发展过程。 掌握网络的定义、功能、OSI 模型与分类方法。 掌握计算机网络硬件的作用与连接方法。 掌握网络软件分类及功能。 了解互联网的功能以及 TCP/IP 的作用与配置方法。了解物联网和智慧地球。	提高学生学习网络的兴趣。 让学生充分感受网络给人们带来的好处，感受网络改变人类生活的方方面面。 感受物联网对未来生活的改变，智慧生活进入快速发展阶段。	能组建简单的局域网。 能完成 TCP/IP 协议的基本配置。 掌握互联网的接入方法。 能正确使用 Internet 提供的服务。

模块导学

单元知识	活动设计	实践任务	课后习题
计算机网络的基础知识 网络的构建模型和组成 互联网和 TCP/IP 协议 计算机网络的应用	局域网设计	网络配置与测试 发送电子邮件、网上搜索、下载素材和资料	选择题 思考题

单元 1　计算机网络基础知识

计算机网络是计算机技术与通信技术结合的产物，是信息交换和资源共享的技术基础。本单元介绍网络的产生与发展、网络的定义及功能、网络的分类等基础知识。

知识 1　计算机网络的产生与发展

计算机网络的发展经历了一个从简单到复杂、由低级到高级的发展过程。

1. 计算机网络的发展

计算机网络的发展过程大致可分为以下四个阶段：

第一阶段：面向终端的计算机通信网，构成面向终端的计算机通信网（20 世纪 50 年代）。

20 世纪 50 年代初，美国为了自身的安全，建立了一个半自动地面防空系统 SAGE（译成中文为：赛其系统），这种以单个计算机为中心的联机系统称为：面向终端的远程联机系统。如图 3-1 所示。

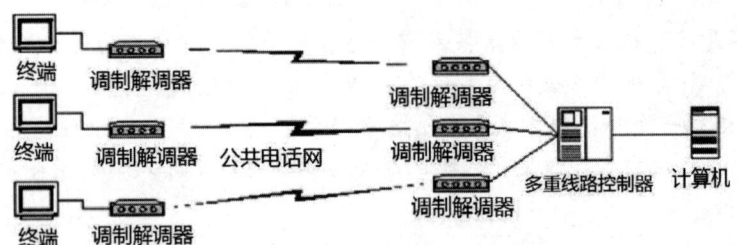

图 3-1　单机系统的典型结构示意

为减轻主机的负担，后改进为：具有通信功能的多机系统，如图 3-2 所示。

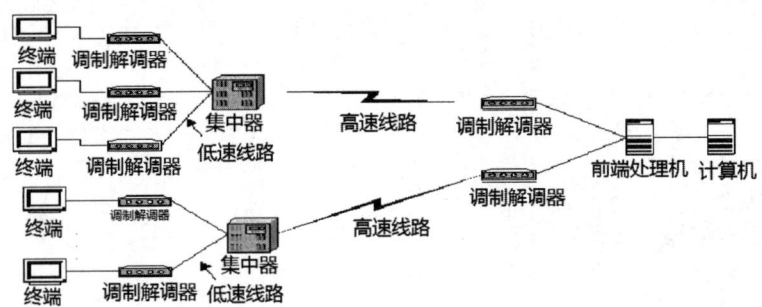

图 3-2　具有通信功能的多机系统示意

第二阶段：多个自主功能的主机通过通信线路互联的计算机，形成资源共享的计算机网络（20 世纪 60 年代末），如图 3-3 所示。

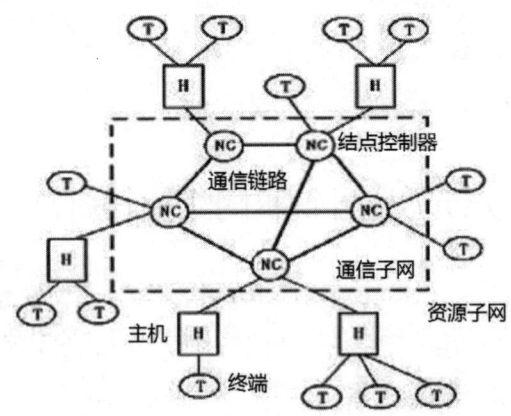

图 3-3　计算机互联网络的逻辑结构

第三阶段：形成遵循国际标准化协议的计算机网络（20 世纪 70 年代末）。

计算机网络发展的第三阶段是加速体系结构与协议国际标准化的研究与应用。

现存在两种占主导地位的网络体系结构：一种是 OSI RM（开放式系统互联参考模型）；

另一种是 Internet 的工业标准 TCP/IP RM（TCP/IP 参考模型）。

第四阶段：互联网络与高速网络，向互连、高速、智能化方向发展的计算机网络（始于 20 世纪 80 年代末）。

从 20 世纪 80 年代末开始，计算机网络技术进入新的发展阶段，其特点是：互联、高速和智能化。表现在：

（1）发展了以 Internet 为代表的互联网。

（2）发展高速网络。

（3）研究智能网络。

如图 3-4 所示，所有第一层骨干网间形成全网状网对等互联结构，互相提供免费信息传输。

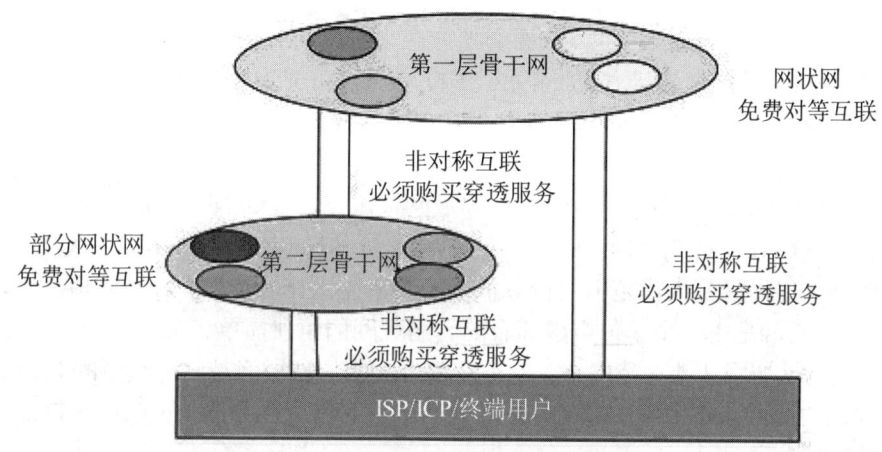

图 3-4 互联网层级结构

2. 计算机网络在中国的发展

（1）建立公用分组交换网 CHINAPAC。1989 年 11 月我国第一个公用分组交换网 CNPAC 建成运行；在此基础上，新的公用分组交换网 1993 年 9 月建成，并改称 CHINAPAC。

（2）"三金"工程，即金桥、金关、金卡工程。

（3）基于 Internet 技术的公用计算机网络。1996 年底建成四个全国性公用计算机网络，即：中国公用计算机互联网 CHINANET、中国金桥信息网 CHINAGBN、中国教育和科研计算机网 CERNET 和中国科学技术网 CSTNET。

知识 2　计算机网络的定义及功能

1. 计算机网络的定义

计算机网络是利用通信线路将地理位置分散、功能独立的多台计算机连接起来，按照协议实现数据通信与资源共享的系统。

计算机网络的主体是计算机（也称为主机 Host 或网络结点）。网络中的结点也可以是计算机的外部设备或通信设备（如交换机、路由器与网关等）。网络中各结点之间需要由传输介质（有线传输介质和无线传输介质）实现连接的通信线路。

当网络中各结点相互通信或交换信息时，需要某些约定和规则，这些约定和规则的集合构成了网络协议。计算机网络以实现计算机之间数据通信和网络资源(包括硬件资源、软件资源与数据资源)共享为目的。网络软件主要包括网络操作系统、通信协议、通信软件及网络应用软件等。

2. 计算机网络的功能

计算机网络的主要功能是数据通信和共享资源。此外计算机网络还提供如下功能:

(1) 提供信息的快捷交流。
(2) 提供分布式处理功能。
(3) 实现集中控制与管理。
(4) 提高系统的可靠性。

知识 3　计算机网络的分类

计算机网络的分类方式有多种。按数据交换方式来分,可分为线路交换网络、报文交换网络和分组交换网络;按物理连接方式(拓扑结构)来分,可分为星型网络、树型网络、总线型网络、环型网络和混合型网络等;按连接线路的介质来分,可分为有线网和无线网。

1. 按覆盖范围划分

按网络结点分布的地理范围来分,可分为局域网(Local Area Network,LAN)、城域网(Metropolitan Area Network,MAN)和广域网(Wide Area Network,WAN)三大类。

(1) 局域网。局域网是为小范围内计算机资源共享而设计的,限于较小的地理区域内,一般不超过 2km,通常是由一个单位组建拥有的。局域网的组建简单、灵活,使用方便。

(2) 城域网。城域网从地域范围来说它覆盖整个城市。城域网是一种大型的 LAN,通常使用与 LAN 相似的技术。它采用的标准是分布式队列双总线(Distributed Queue Dual Bus,DQDB),如图 3-5 所示。

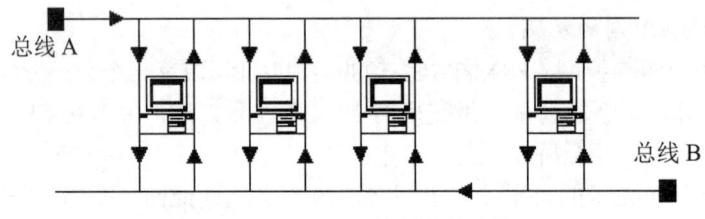

图 3-5　DQDB 城域网的结构

(3) 广域网。广域网也称远程网,它跨接的地理范围很大,所覆盖的范围从几十千米到几千千米,它能连接多个城市或国家,或横跨几个洲并能提供远距离通信。广域网结构如图 3-6 所示。

2. 按拓扑结构划分

按其连接的几何拓扑结构可分为总线型拓扑结构、星型拓扑结构、环型拓扑结构、分布式拓扑结构、树型拓扑结构、网状拓扑结构、蜂窝状拓扑结构等。

(1) 总线型拓扑结构。在总线型拓扑网络中,所有的结点都连在一条被称为总线的同轴电缆上,如图 3-7(a)所示,电缆两端加上一对终结器,防止信号的反射。当有两个或更多的结点在同一时刻发送数据时,在信道上就造成了帧的重叠,产生冲突。为了克服这种冲突,在总线 LAN 中常采用载波侦听多路访问/冲突检测方法协议。

模块 3　计算机网络技术

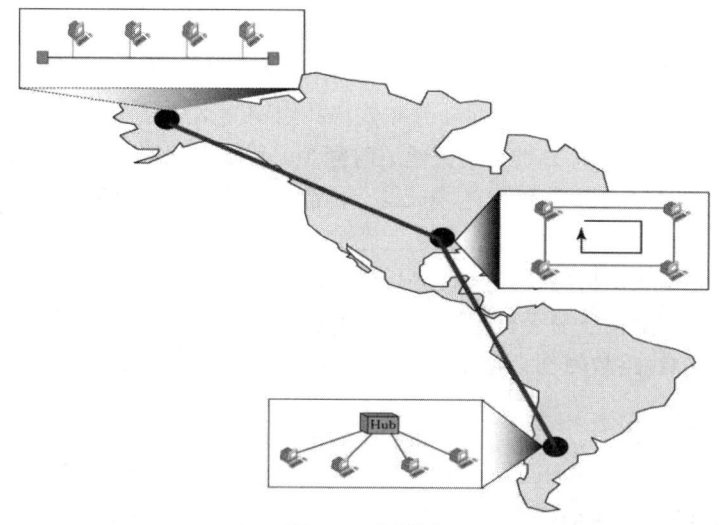

图 3-6　广域网

总线型拓扑结构的优点是连接形式简单，易于实现，组网灵活方便，所用的线缆短，增加和撤销结点灵活；缺点是传输能力低，安全性低，链路故障对网络的影响大，总线的故障会导致网络瘫痪，增加网络结点数会影响网络性能。

（2）星型拓扑结构。星型拓扑结构是局域网中最常用的物理拓扑结构，它采用一种集中控制式的结构，如图 3-7（b）所示，以集线器（Hub）或交换机（Switch）为中央结点，外围结点通过一条点到点的链路与中心结点相连，外围结点之间的通信都必须通过中央结点，中央结点负责信息的接收和转发。

星型拓扑结构的优点是：结构简单，实现容易，在网络中增加新的结点也方便，易于维护与管理，外围结点与中央结点的链路故障不影响其他结点之间的通信，缺点是该拓扑对中央结点的要求较高，如果中央结点发生故障，就会造成整个网络的瘫痪。

（3）环型拓扑结构。环型拓扑结构中的结点通过链路连接，形成一个首尾相接的闭合环路，信号顺着一个方向从一台设备传到另一台设备，每一台设备都配有一个收发器，如图 3-7（c）所示。信息在环中作单向流动，网络中的每一个结点共享通信线路。

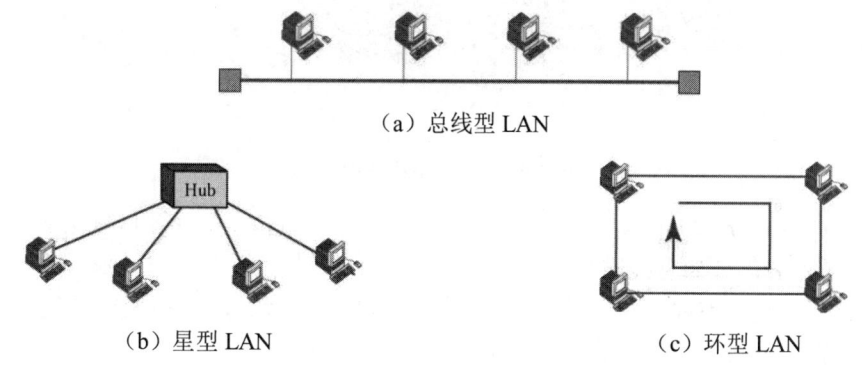

图 3-7　局域网常用拓扑结构

环型拓扑结构的优点是结构简单，容易实现，信息的传输延迟时间固定，且每个结点的通信机会相等。缺点是网络建成后，增加新的结点较困难，链路故障对网络的影响较大。为了提高通信效率和可靠性，有些环网采用了双环结构。

（4）分布式拓扑结构。分布式拓扑结构的网络是将分布在不同地点的计算机通过线路互连起来的一种网络形式，如图 3-8 所示。分布式拓扑结构的网络某个局部出现故障，也不会影响全网的操作，具有很高的可靠性；网上延迟时间少，传输速率高，但控制复杂；便于全网范围内的资源共享。缺点为连接线路用电缆长，造价高；网络管理软件复杂；在一般局域网中不采用这种结构。

（5）树型拓扑结构。树型拓扑结构是分级的集中控制式网络，与星型相比，它的通信线路总长度短，成本较低，结点易于扩充，寻找路径比较方便，但除了叶结点及其相连的线路外，任一结点或其相连的线路故障都会使系统受到影响，如图 3-9 所示。

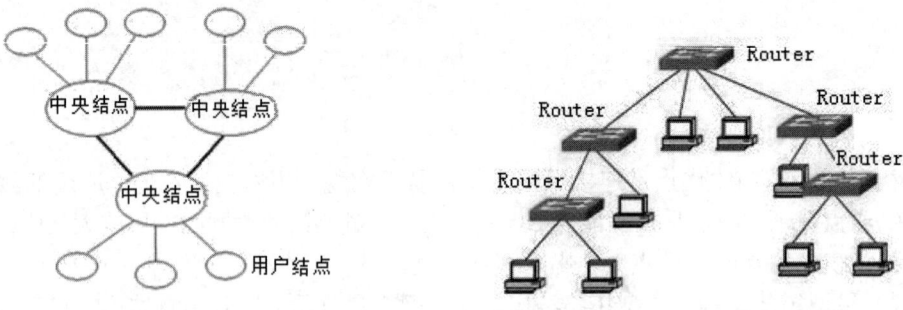

图 3-8　分布式拓扑结构　　　　　　图 3-9　树型拓扑结构

（6）网状拓扑结构。网状拓扑结构主要指各结点通过传输线相互连接起来，并且每一个结点至少与其他两个结点相连，如图 3-10 所示。网状拓扑结构具有较高的可靠性，但其结构复杂，实现起来费用较高，不易管理和维护，不常用于局域网。

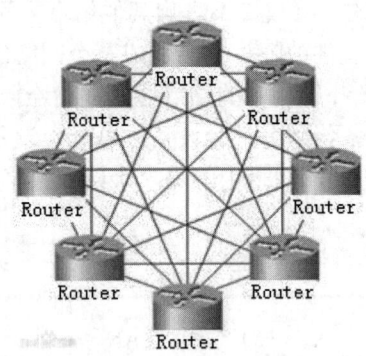

图 3-10　网状拓扑结构

3．按连接介质划分

按连接介质划分，分为有线网和无线网。

（1）有线网。通过有线设备连接，连接介质分别有双绞线、电缆和光纤等。

（2）无线网。通过无线电波、微波等无线介质传输信息。

无线网特别是无线局域网有很多优点，如易于安装和使用。但无线局域网也有许多不足之处：它的数据传输率一般比较低，远低于有线局域网；无线局域网的误码率也比较高，而且站点之间相互干扰比较厉害。

单元 2　计算机网络的构建模型及组成

知识 1　OSI 模型

为了描述网络或交互式网络的所有组件如何协调工作，国际标准化组织 ISO 设计了一个开放式系统互联（Open System Interconnection，OSI）模型来描述网络组件之间的关系和每个组件的功能。该模型理论上允许任意两个不同系统相互通信而无须考虑它们底层体系结构。

注意：该模型是用于说明任意两个不同系统如何进行通信的一个理论模型，它是学习与研究网络的基础。

1. OSI 参考模型结构

网络模型使用分层来简化网络的功能，将网络功能进行划分称为分层。OSI 模型是一个 7 层结构模型，如图 3-11 所示。每层完成特定的功能，功能独立且又相互联系。

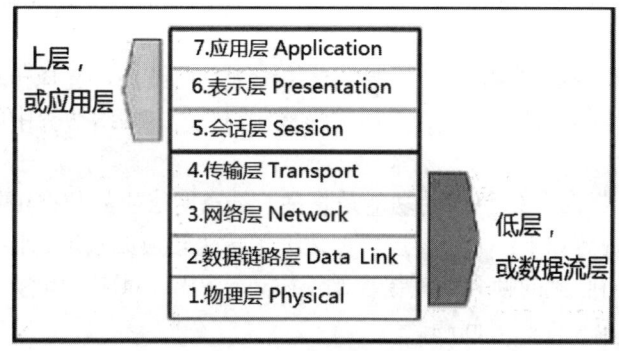

图 3-11　OSI 7 层参考模型

这 7 层结构是如何实现通信的呢？图 3-12 描述了这种 7 层结构中设备 A 向设备 B 传输信息的简单过程。

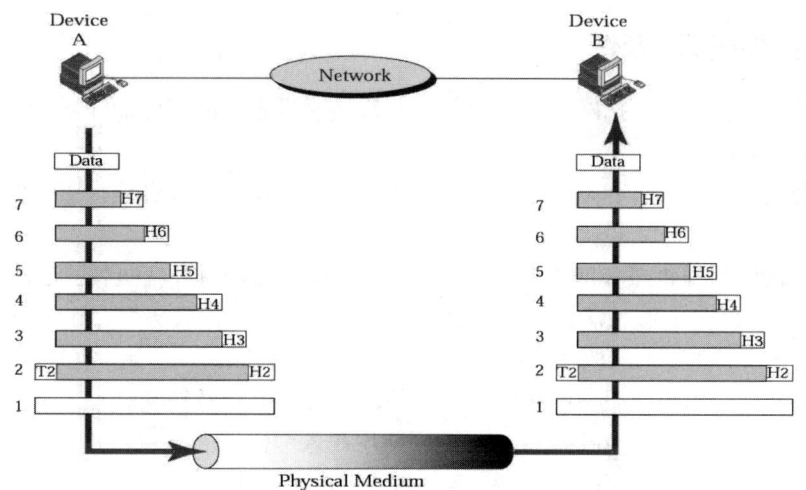

图 3-12　OSI 模型中设备之间通信

设备 A 的数据在送入传输介质之前，分成数据包，从高到低依次通过模型中的 7 层，且在每一层，控制信息以报头或报尾的形式加入到数据中。在接收方设备 B 上，数据从第 1 层传输到第 7 层的过程中则依次将报头、报尾去掉，还原数据。

2. 各层的功能

在 OSI 模型中，主机接收数据时，数据自下而上传输，主机发送数据时，数据自上而下传输，经过各层的处理，将数据从一个结点发送至另一个结点。

（1）应用层。应用层的主要功能是为用户的应用程序提供网络通信服务，识别并证实目标通信方的可用性，使协同工作的应用程序之间进行同步工作等。

（2）表示层。表示层提供数据表示、编码格式及数据传输语法的协商。它确保应用程序和网络传送的数据互传，还要完成数据的加密与解密，数据压缩与数据解压缩等工作。

（3）会话层。会话层在网络通信中负责建立、维护和管理应用程序之间的会话。进行文件传输会话时，会话层确保至少一个文件传输的正确性与完整性。

（4）传输层。传输层是网络体系结构的关键一层。它的主要功能是为源端主机到目的端主机提供可靠、透明和价格合理的数据传输服务。传输层还能实现信息流量控制，防止数据传输过载。

（5）网络层。网络层将数据信息从源结点传送到目标结点，选择传输的最佳路径。消除网络拥塞，进行流量控制和拥塞控制，实现差错检测与恢复。网络边界中的路由器就工作在网络层。

（6）数据链路层。数据链路层的功能是将某一结点网络层的数据可靠地传输到相邻结点的网络层。具体工作内容如下：①为物理层把数据帧转化转换成原始比特位。②为来自网络层的数据打包成帧。③对收到的帧利用差错控制编码进行校验。④解决帧频的格式、差错控制方法、重传的策略以及流量控制等问题。

网桥（Bridge）与网络接口卡（NIC）就工作在这一层。

（7）物理层。物理层是最底层，它以比特流进行传输。物理层主要解决的问题是如何在连接开放系统的各种传输媒介上传输各种数据的比特流，屏蔽不同物理设备、传输媒体、通信手段的差异。只负责将无结构的原始比特流在结点之间透明地传送，而不进行任何差错控制。

知识 2　计算机网络硬件

计算机网络硬件主要包括网络主体设备、网络连接设备与网络传输介质。

1. 网络主体设备

连接到网络中的计算机就是主体设备，网络中的主体设备一般可分为服务器（Server）与客户机（Client）。

服务器是为网络提供服务的基本设备，它是网络控制的核心，在它的上面运行网络操作系统及相应的服务程序。服务器按其提供服务的不同可分为文件服务器、打印服务器、数据库服务器与域名服务器等。网络服务器的作用是运行网络操作系统；存储、管理网络中的共享资源；为各工作站的应用程序服务；对各工作站的活动进行监视及控制。

客户机，也称工作站（Workstation），是网络用户入网操作的结点，拥有自己的操作系统。用户通过运行客户端软件共享网络资源，客户机通过向网络中的服务器发送请求，网络服务器获得请求后为客户机提供相应的服务。如图 3-13 所示的网络中有 1 个服务器和 3 个工作站。

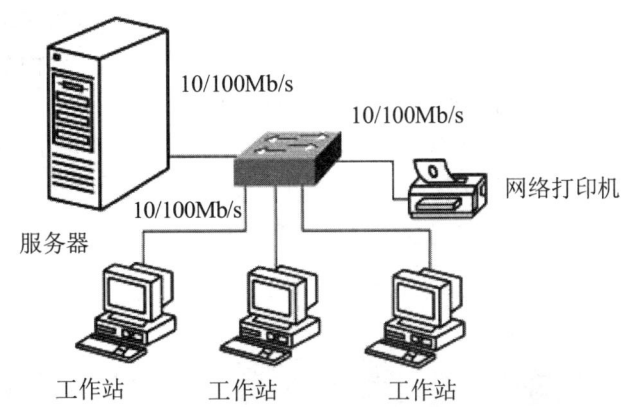

图 3-13 总线型 C/S 网络图

在网络服务器与客户机上都必须安装网卡，网卡也称为网络适配器，它的主要作用是在数据链路层接收与发送数据帧。网卡的作用：①实现主机与网络通信介质之间的连接；②将网络上传送过来的信息帧按照在网络上的信号编码要求和帧的格式接收进来，经过拆包，将其变成客户机或服务器可以识别的数据，然后送给主机进行处理；③将主机需要向外发送的数据按照网络传送的要求组装（打包）成帧格式，然后采用网络编码信号向网络上发送出去。

2. 网络连接设备

（1）中继器、集线器与交换机。中继器（Repeater）是网络物理层上面的连接设备。适用于完全相同的两类网络的互连，主要功能是对数据信号进行再生和还原，重新发送或者转发，扩大网络传输的距离。由于存在损耗，在线路上传输的信号功率会逐渐衰减，衰减到一定程度时将造成信号失真，因此会导致接收错误。中继器就是为解决这一问题而设计的，它完成物理线路的连接，对衰减的信号进行放大，保持与原数据相同。

集线器（Hub）是一种多端口的中继器，以广播方式对所有结点发送数据包，共享带宽，其带宽由它的端口平均分配。

交换机（Switch）是一种用于信号转发的网络设备。它以点对点的方式进行数据通信，每一端口都有其专用的带宽。图 3-14 是交换机（或集线器）在网络中的连接方式。交换机与集线器是一个两层网络设备，工作于数据链路层。

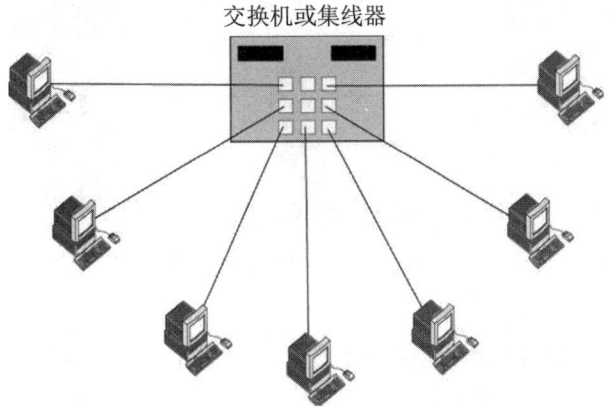

图 3-14 交换机（或集线器）在网络中的连接方式

（2）路由器。路由器（Router）是实现网络与网络连接的设备，是网络连接的枢纽。目前的互联网就是由路由器构成的基于 TCP/IP 协议的主体脉络，路由器构成了 Internet 的骨架。在当今的网络互联中，路由器始终处于核心地位。

网络路由器的基本功能是把数据（IP 数据包）传送到目标网络，路由器还进行 IP 数据包的差错处理及简单的拥塞控制，实现对 IP 数据包的过滤和存储等功能。图 3-15 显示了互联网中的路由器。通常所说的路由器是一个三层网络设备，也就是说它工作在网络层。

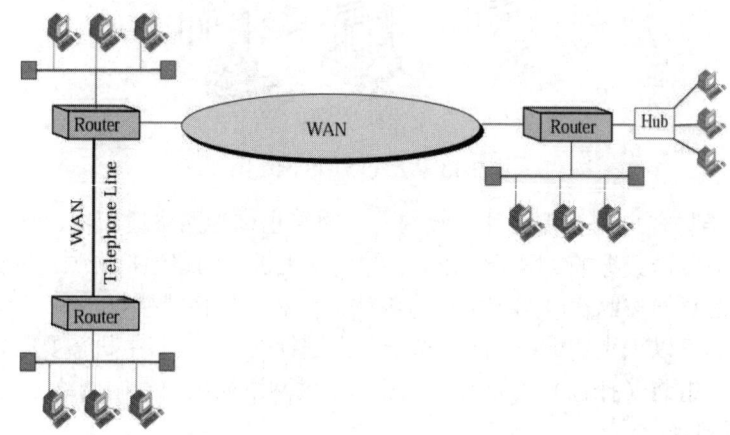

图 3-15 互联网中的路由器

（3）网关。网关（Gateway）是充当协议转换器的连接设备，用于连接两个协议不同的计算机网络。网关能理解连接的每个网络所使用的协议，且在两个网络之间实现协议的转换。

（4）防火墙。防火墙（Firewall）是一个位于计算机和它所连接的网络之间的软件或硬件（硬件防火墙将隔离程序直接固化到芯片上，因为价格昂贵，用的较少，如国防部以及大型机房等），它实际上是一种隔离技术。如图 3-16 所示，防火墙是在两个网络通信时执行的一种访问权限控制，它能将非法用户或数据拒之门外，最大限度地阻止网络上黑客的攻击，从而保护内部网免受入侵。防火墙主要由服务访问规则、验证工具、包过滤和应用网关 4 个部分组成。

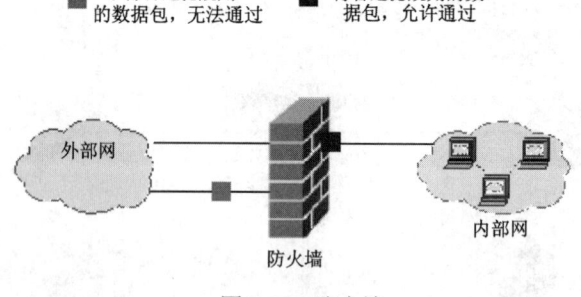

图 3-16 防火墙

3. 网络传输介质

所谓传输介质，是指网络数据通信中传送信息的载体。传输介质可分为有线介质和无线介质两大类。

（1）有线介质。有线介质是现代通信技术中最常用的且以有形线路作为传输媒体的传输介质。由于有线介质传输信号的性能好，价格便宜又易于安装与维护，因此，常用于短距离通信且容易架设的场合。目前，在网络布线工程中常用的有线介质有双绞线、同轴电缆与光纤等。

1）双绞线（Twisted Pair）。双绞线由两条相互绝缘的铜线组成，为了减少双绞线之间的电气干扰，双绞线的两根线像螺纹一样拧在一起。在组建星型局域网络时，双绞线的最大有效长度为100m。

双绞线分为屏蔽双绞线（Shielded Twisted-Pair，STP）与非屏蔽双绞线（Unshielded Twisted-Pair，UTP）两类，如图3-17所示。屏蔽双绞线在电磁屏蔽性能方面比非屏蔽的要好，但价格较贵。双绞线按电气性能又可分为三类、四类、五类、超五类、六类与七类双绞线等类型。

图3-17 非屏蔽双绞线与屏蔽双绞线

2）同轴电缆（Coaxial Cable）。同轴电缆分为基带同轴电缆（细缆）和宽带同轴电缆（粗缆）。基带同轴电缆在同一时间仅能传送一路信号，最大有效传输距离为185m。宽带同轴电缆最大有效传输距离为500m。同轴电缆与双绞线相比，抗干扰性好，传输速度快，但其布线困难且成本较高，同轴电缆适合总线型网络。

同轴电缆以硬铜线为芯，外包一层绝缘材料，绝缘材料用密织的网状导体环绕，网外又覆盖一层保护性材料，如图3-18所示。

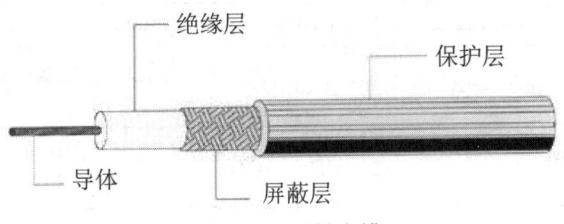

图3-18 同轴电缆

3）光纤。光纤是一种高质量的传输介质，在玻璃纤维中通过光信号进行传输。光纤具有传送速率高、通信容量大、传输损耗小、抗干扰性能强、安全性能好、抗腐蚀能力强等特点，适合长距离通信。光纤结构如图3-19所示。

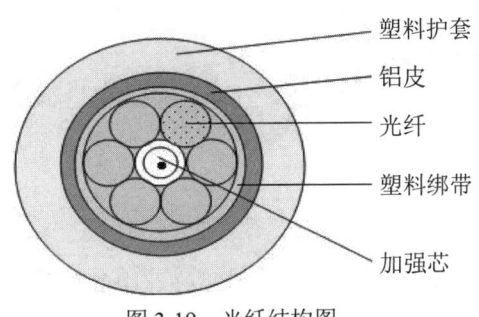

图3-19 光纤结构图

表 3-1 对常用有线传输介质在价格、抗电磁干扰、频带宽度、单段最大长度几方面进行了比较。

表 3-1 几种有线介质的比较

传输介质	价格	抗电磁干扰	频带宽度	单段最大长度
UTP	最便宜	高	低	100m
STP	一般	低	中等	100m
同轴电缆	一般	低	高	185m/500m
光纤	最高	没有	极高	几十千米

（2）无线介质。无线传输介质是指在两个通信设备之间不使用任何有形连接的传输介质。无线传输介质主要有无线电波、微波与红外线等。

1）无线电波。无线电波是指在自由空间（包括空气和真空）传播的电磁波。无线电频率的划分与主要通信应用见表 3-2。目前，卫星通信就是一种利用人造地球卫星作为中继站来转发微波信号而进行的两个或多个地球站之间的通信。图 3-20（a）为微波接力通信，图 3-20（b）为卫星通信示意图。

表 3-2 无线电频率的划分与主要通信应用

波段名称	波长	频率	主要用途	频段名称
长波（LW）	10000～1000m	30～300kHz	电报通信	低频（LF）
中波（MW）	1000～100m	300～3000kHz	广播	中频（MF）
短波（SW）	100～10m	3～30MHz	电报通信、广播	高频（HF）
超短波	10～1m	30～300MHz	雷达、电视、无线电导航	甚高频（VHF）
微波	1m 以下	300MHz～3GHz	电视、雷达导航、卫星通信	超高频（UHF）

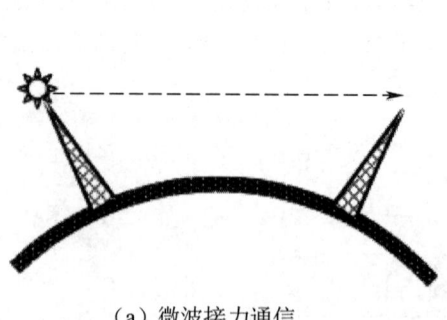

（a）微波接力通信　　　　（b）卫星通信

图 3-20 微波通信示意图

2）红外线。红外线是太阳光线中众多不可见光线中的一种。红外线通信是一种利用红外线传输信息的通信方式，可传输语言、文字、数据、图像等信息。红外线具有容量大，保密性强，抗电磁干扰性能好，设备结构简单、体积小、重量轻、价格低，但在大气信道中传输时易受气候影响的特点，如雨、雪、雾、云、灰尘和烟的微粒对红外线传输过程造成信号衰减。目前，红外线通信可用于沿海岛屿间的辅助通信，室内通信，近距离遥控，飞机内广播和航天飞机内宇航员间的通信等。

3）激光通信。利用激光作为传输信息的载体进行的通信称为激光通信。激光的频率成分比较单纯，容易进行调制，而且方向性极好，光束散开角很小，是一种很理想的光载波。

| 知识 3 | 计算机网络软件

按功能和作用来划分，网络软件分为网络系统软件和网络应用软件两大类。网络系统软件是控制和管理网络运行，提供网络通信，管理和维护共享资源的网络软件，包括网络操作系统、网络通信和协议软件、网络管理软件与网络编程软件等。

网络应用软件是指为某一应用目的而开发的网络软件，它为用户提供一些直接的服务。

1. 网络操作系统

网络操作系统（Network Operating System）是实施网络管理与网络通信的一种系统软件，是网络软件的核心与灵魂。它需负责管理和调度网络上的所有硬件和软件资源，使网络系统的各个部分能够协调一致地工作，为用户提供各种基本网络与通信服务，并为网络系统的安全提供保障。常用的有 Windows、NetWare、UNIX、Linux 等。

网络操作系统主要分为两大类：一类是 P2P（Peer to Peer）对等式网络操作系统；另一类是基于服务器/客户机（Server/Client）模式的网络操作系统。对等是指网络中的所有计算机都具有同等地位，没有主次之分，如图 3-21 所示。

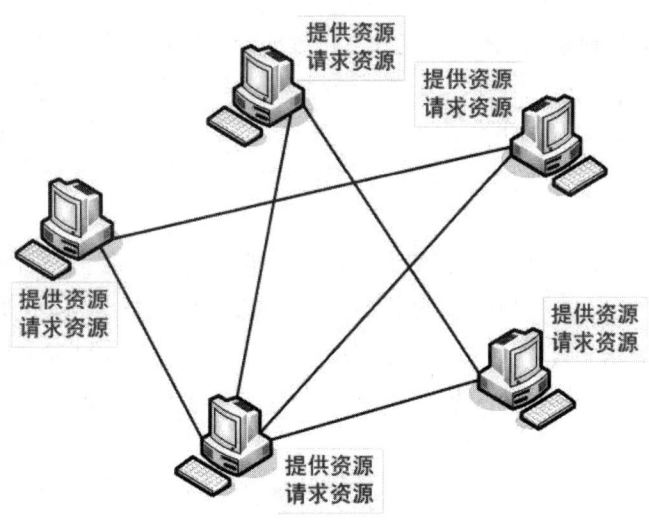

图 3-21　对等网

如果在网络中有专门的计算机充当服务器，为整个网络提供资源共享与服务，这样的网络称为服务器/客户机模式。在服务器/客户机模式中，客户机向服务器提出请求，由服务器提供服务并将结果返回给客户端客户机，服务器/客户机模式是一种主从结构的网络。图 3-22 是服务器/客户机模式的工作过程。

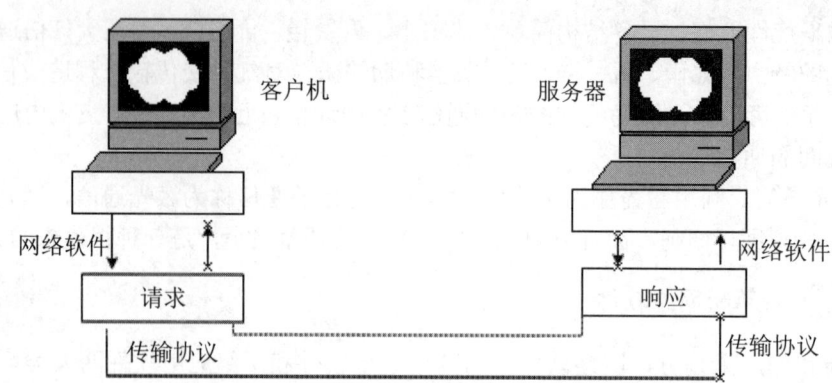

图 3-22 客户机/服务器模式的工作过程

2. 网络协议

计算机网络中不同的结点之间，如工作站与服务器之间、路由器之间能传输数据，源于协议的存在。在计算机网络中，为了使网络设备之间成功地发送和接收信息，必须制定互相能接受并遵守的语言和规范，这些规范的集合就形成网络协议。网络协议主要由以下三个要素组成：

（1）语法：即用户数据与控制信息的结构和格式。

（2）语义：即需要发出何种控制信息，以及完成相应控制所作出的响应。

（3）时序：即对事件实现顺序的详细说明。

当今网络中最常见的三个协议是 Microsoft 的 NetBEUI、Novell 的 IPX/SPX 和交叉平台 TCP/IP。

（1）NetBEUI 协议。网络基本输入/输出系统扩展用户接口（NetBIOS Extend User Interface，NetBEUI）协议是由 IBM 公司开发出来的，后来被 Microsoft 公司更新的非路由协议，用于携带 NetBIOS 通信。适用于只有单个网络或整个环境都桥接起来的小工作组环境。

（2）IPX/SPX 协议。IPX/SPX 协议是 Novell 公司在它的 NetWare 局域网上实现的通信协议。IPX（Internet Packet Exchange Protocol）是在网络层运行的包交换协议，该协议提供用户网络层数据报接口。

SPX（Sequenced Packet Protocol）是工作在网络传输层上的顺序包交换协议，SPX 提供了面向连接的传输服务，在通信用户之间建立并使用应答进行差错检测和数据恢复。

（3）TCP/IP 协议。传输控制协议/网络互联协议（TCP/IP）是针对 Internet 开发的一种体系结构的协议集，通常所说的 TCP/IP 协议实际由多个独立定义的协议组合在一起。

每种网络协议都有自己的优点，但是只有 TCP/IP（Transmission Control Protocol/Internet Protocol）允许与 Internet 完全地连接。Internet 公用化以后，人们开始发现全球网的强大功能。

3. 网络应用软件

网络应用软件是指能够为网络用户提供各种服务的软件，它用于提供或获取网络上的共享资源。网络应用软件的类别很广，较为常见的几类如下：

（1）网络浏览软件，如：谷歌浏览器、360 浏览器、QQ 浏览器等。

（2）网络传输软件，如：迅雷快传、WinSCP、FlashFXP 等。

（3）远程登录软件，如：TeamViewer、向日葵远程控制软件、Splashtop 等。

单元 3 互联网和 TCP/IP 协议

知识 1 互联网概述

Internet 是一个全球性的交互式网络，中文名有国际互联网、因特网等，它是通过连接独立的局域网、城域网与广域网而成的网络。互联网最初是由美国国防部高级研究计划署（ARPA）发起创建。图 3-23 为全球互联网示意图，该图中是 Internet 在美国的四个平台，即国家科学基金网（NSFNET）、国家宇航科学网（NASASI）、能源科学网（ESNET）和 Sprint Link。FIX_E、FIX_W 是联邦 Internet 交换机，GIX 与 CIX 是两个商用交换机。

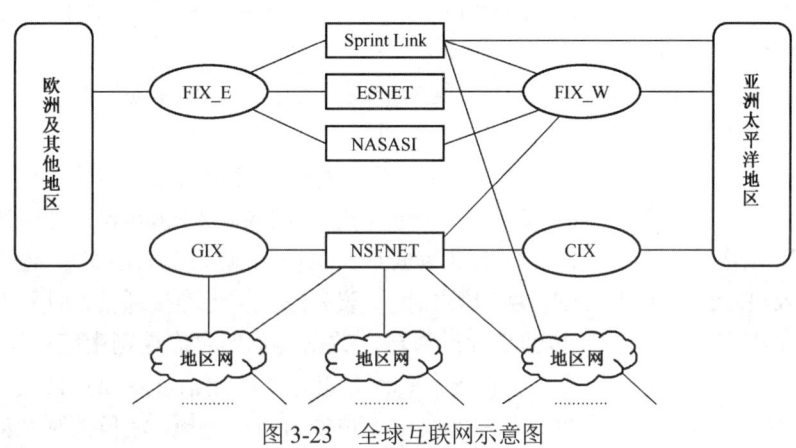

图 3-23 全球互联网示意图

知识 2 TCP/IP 协议

TCP/IP 是互联网上公用的协议，但 TCP/IP 协议的分层与 OSI 模型不同。TCP/IP 协议是一个 4 层结构，分别是应用层（Application Layer）、传输层（Transport Layer）、网络层（Internet Layer）与网络接口层（Network Interface Layer），如图 3-24 所示。每一层的作用与功能如下：

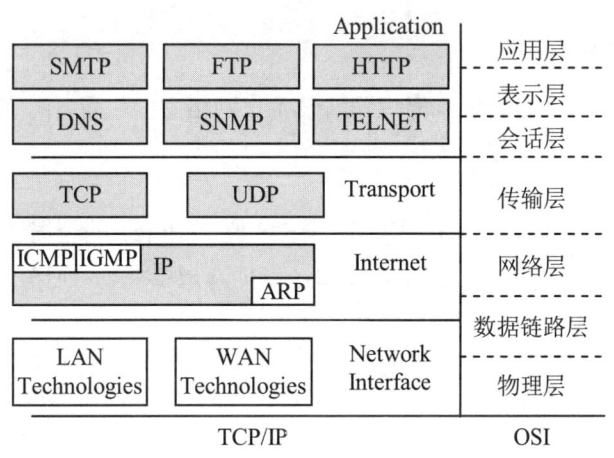

图 3-24 TCP/IP 模型与 OSI 模型对比

（1）应用层。TCP/IP 协议的应用层对应于 OSI 模型的会话层、表示层与应用层的组合。该层包括很多应用协议，支持 Internet 的应用服务。

SMTP（Simple Mail Transfer Protocol）是一组用于由源地址到目的地址传送邮件的规则，用于控制信件的中转方式，它帮助每台计算机在发送或中转信件时找到下一个目的地。

FTP（File Transfer Protocol）是在 TCP/IP 网络和 Internet 上最早使用的协议之一。FTP 客户机可以给服务器发出命令来下载文件、上传文件，创建或改变服务器上的目录。

Telnet 是 Internet 远程登录服务的标准协议和主要方式，为用户提供了在本地计算机上完成远程主机工作的能力。

HTTP（HyperText Transfer Protocol）是一种详细规定了浏览器和万维网服务器之间互相通信的规则，通过因特网传送万维网文档的数据传送协议。

SNMP（Simple Network Management Protocol）支持网络管理系统，用以监测连接到网络上的设备是否有任何引起管理上关注的情况。

DNS（Domain Name System）是因特网的一项核心服务，通过域名服务将域名转化为 IP 地址或将 IP 地址转化为域名，方便用户访问互联网。

（2）传输层。传输层依靠传输协议在计算机之间提供可靠通信。传输协议的选择根据数据传输方式而定。使用传输控制协议 TCP（Transmission Control Protocol）为应用程序提供可靠的通信连接，该协议适合于一次传输大批数据且要求得到响应的应用程序。使用用户数据报协议 UDP（User Datagram Protocol，用户数据报协议）提供了无连接通信，且不对传送包进行可靠的保证。该协议适合于一次传输小批量数据，数据传输的可靠性则由应用层来负责。

（3）网络层。网络层主要负责不同网络中计算机之间的通信，主要包括处理来自传输层的发送分组请求，检查并转发数据报，并处理与此相关的路径选择、流量控制及拥塞控制等问题。网络层的核心是 IP 协议。IP 是一种不可靠的协议，主要提供路由选择、无连接不可靠的数据传递、数据包的分段和重组。IP 协议中含有 ARP、ICMP 与 IGMP 等重要的子协议。地址解析协议（Address Resolution Protocol，ARP）的作用就是通过目标设备的 IP 地址，查询目标设备的 MAC 地址。

（4）网络接口层。网络接口层负责数据帧的发送和接收。帧是独立的网络信息传输单元，网络接口层将帧放在网上，或从网上把帧取下来。

知识 3　网络地址

在交互式网络中，用网络地址来标识网络设备在网络中的位置。网络地址有 MAC 地址与 IP 地址两类。

1. MAC 地址

计算机网络中的每台主机网卡都必须有一个 48 位（6Byte）的全局地址，该地址称为媒体访问控制（Media Access Control，MAC）地址，也称为物理地址。MAC 地址固化在网卡上，它是该主机在全球范围的唯一标识符，与其物理位置无关。当一台计算机插上一块网卡后，该计算机的物理地址就是该网卡的 MAC 地址。MAC 地址描述与显示用十六进制，用于局域网的主机访问，如"02·60·8C·67·05·A2"就是一块网卡的 MAC 地址。

2. IP 地址

IP 地址（Internet Protocol Address）依赖 IP 协议而存在，用于标识主机的地址。大家知道，一个网络是由若干台主机组成的,每台主机必须有一个全球唯一的网络地址,像我们生活中的电话号码一样,每部电话只能有一个全球唯一的电话号码。IP 地址用 32 位(IPv4 协议标准)二进制来描述。由于 Internet 是由许多网络构成的,而每个网络又由很多主机构成,因此,要识别一台主机,就要知道主机所在网络的编号(网络地址)与主机所在网络中的主机号(主机地址),因此,IP 地址由网络地址和主机地址组成,如图 3-25 所示,其中网络地址用来标识一个网络,主机地址用来标识网络上的一台主机。

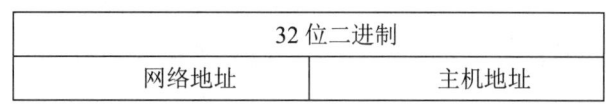

图 3-25 IP 地址结构

(1)IP 地址的格式。IP 地址使用二进制数来表示,长度为 32 位,以×××××××× .×××××××× .×××××××× .×××××××× 格式表示,即将其分为 4 组 8 位二进制数。例如,10000111.01101111.00000101.00011011 是某一个连接在 Internet 上计算机结点的 IP 地址,这种 IP 地址称为二进制格式 IP 地址。IP 地址通常把每个字节(8 位)转换为一个十进制数来描述,其值的范围为 0~255,同样以小数点分隔。上面的二进制用十进制格式可表示为:135.111.5.27。

(2)IP 地址分类。Internet 中的网络规模是有大小之分的,按网络规模大小的不同,IP 地址可以分为 A、B、C、D、E 五类,见表 3-3。

表 3-3 IP 地址分类表

位号	1	2	3	4	5	6	8		16		24		32
A 类	0	网络前缀						主机号					
B 类	1	0	网络前缀							主机号			
C 类	1	1	0	网络前缀								主机号	
D 类	1	1	1	0	组播地址 Multicast								
E 类	1	1	1	1	0	保留地址							

1)A 类 IP 地址。该类 IP 地址中的第一位为 0,网络地址长度占 7 位,主机地址长度占 24 位,网络号为 1~126,A 类地址范围为 1.0.0.0~126.255.255.255。由于网络地址长度为 7 位,因此,允许有 126 个不同的 A 类网络(网络地址 0 和 127 保留,用途特殊)。同时,由于主机地址长度为 24 位,因此,每个 A 类网络的主机地址数可达(2^{24}-2)个,即允许 16777214 台主机使用。这里减去 2 的原因是:主机地址全为 0 的地址为网络地址,主机地址全为 1 的地址为网络广播地址。A 类 IP 地址结构的特点是主机地址数大于网络数,A 类网络的网络数最少但网络规模最大,适用于拥有大量主机的大型网络。

2)B 类地址。B 类 IP 地址的前两位为 10,网络地址长度为 14 位,主机地址长度为 16 位,网络号十进制(前两个字节)为:128.0~191.255,B 类地址范围为 128.0.0.0~191.255.255.255。由于网络地址长度为 14 位,因此,允许有 2^{14} 个不同的 B 类网,即为 16384 个不同的 B 类网络。主机地址长度为 16 位,每个 B 类网络的主机地址数可达(2^{16}-2)台,即允许 65534 台主机使用。

B类IP地址结构的特点是网络地址数和主机地址数目差距不大，适用于一些大公司与政府等机构。

3）C类地址。C类IP地址中的前三位为110，网络地址长度为21位，主机地址长度为8位，网络号（前三个字节）为192.0.0～223.255.255，地址范围为192.0.0.0～223.255.255.255。由于网络地址长度为21位，因此，允许有2^{21}个C类网络，即为2097152个不同的C类网络。由于主机地址长度为8位，因此，每个C类网络的主机地址数只有（2^8-2）台，即允许最多254台主机。

C类IP地址结构的特点是主机地址数小于网络地址数，特别适用于一些小型公司与研究机构。

4）D类地址。D类IP地址格式中的前四位为1110，该地址范围为224.0.0.0～239.255.255.255，主要用作多点播送。

5）E类地址。E类IP地址格式中的前五位为11110，该地址范围为240.0.0.0～247.255.255.255，主要用于科学研究，同时也是为将来作备用。

（3）地址分配。在分配网络号和主机号时应遵守以下几条准则：

1）网络号不能为127。因为该标识号被保留作回路及诊断功能。

2）不能将网络号和主机号的各位均置1。如果每一位都是1的话，该地址会被解释为网内广播而不是一个主机号。

3）IP地址的主机号各位均不能置0，否则该地址被解释为"就是本网络"。

4）对于本网络来说，主机号应该唯一，否则会出现IP地址已分配或有冲突之类的错误。

5）对于每个网络以及广域连接，必须有唯一的网络号，主机号用于区分同一物理网络中的不同主机。如果网络由路由器连接，则每个广域连接都需要唯一的网络号。

6）分配主机号用于区分同一网络中不同的主机，并且主机号应该是唯一的。

（4）子网掩码。如果网络内的主机实际数远低于相应网络主机数，就可以把主机的一些地址按网段分成更小的子网，使网络的管理和通信更加方便。子网掩码是将IP地址格式中除了被指定为主机地址字段之外的所有二进制位均设置为1。

默认情况下，A、B、C三类网络的标准子网掩码如下：

A类地址：255.0.0.0；

B类地址：255.255.0.0；

C类地址：255.255.255.0。

（5）私有IP地址。在A类、B类、C类IP地址中分别保留一段地址用于企业内部网络（Intranet）。这些地址并不为互联网中的路由器所解析，通常被称为私有IP地址（保留地址），它们的地址范围如下：

A类：10.0.0.0～10.255.255.255；

B类：172.16.0.0～172.31.255.255；

C类：192.168.0.0～192.168.255.255。

在校园网、计算机网络机房和企业内部网等网络中，使用的IP地址通常就是这三类地址中的一类，这样，保证内部网地址与Internet中使用的IP地址不冲突。

（6）子网编址。对于一个中等大小的组织，比如有若干大楼的大学或公司，一般需要构建若干LAN来覆盖本地区域，可以考虑给这样的网点分配一个IP地址，再从主机号借用几比特来标识各个子网。

允许一个分类网络地址供多个物理网络使用,最广泛使用的技术称为子网编址(Subnet Addressing)。划分子网技术使得多个物理网络可以共用一个网络前缀。将 IP 地址的后缀分成 2 个字段,分别用于标识物理网络和网络上的主机,如图 3-26 所示。

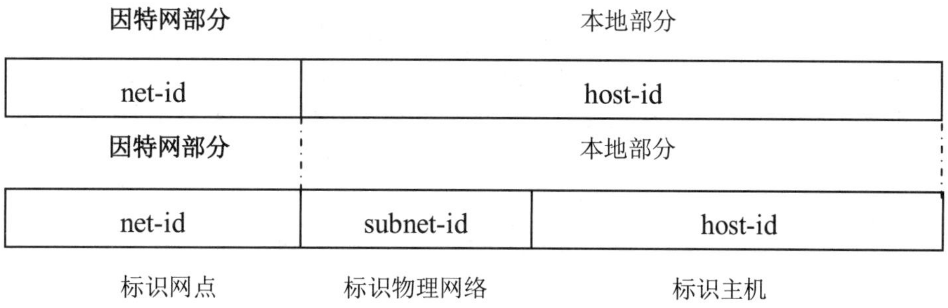

因特网部分	本地部分	
net-id	host-id	
因特网部分	本地部分	
net-id	subnet-id	host-id
标识网点	标识物理网络	标识主机

图 3-26 划分子网时 IP 地址结构

示例:一个包含 5 个物理网络的单位拥有一个 B 类网络地址 130.27.0.0,每个网络中主机不超过 1000 台,该如何划分 B 类 IP 地址的主机号部分呢?

解:B 类 IP 地址主机号有 16 位,在分类编址方案中,默认情况是不划分子网的,也可以说一个 B 类网络地址可用于 1 个子网,子网中的主机数最高可达 $2^{16}-2$。若从主机号字段划分出 3 比特作为子网号,则一个 B 类网络地址可用于 2^3-2 个子网,子网中的主机数最高可达 $2^{16-3}-2$。同理,假定各子网的子网长度一样,设子网号 x($x \geq 2$ 且 $x \leq 14$)比特,则最多允许有 2^x-2 个子网,每个子网最多有 $2^{16-x}-2$ 台主机。

注意:一般要求避免使用全 0 和全 1 的子网号和主机号,所以子网号位数至少为 2,以免没有可分配的子网号;子网号位数必须小于等于 14,即主机号大于等于 2,否则没有可分配的主机地址。

一个 B 类地址的所有定长子网划分方法见表 3-4。

表 3-4 一个 B 类地址的所有定长子网划分方案

子网号长度	子网数	每个子网的主机数	子网号长度	子网数	每个子网的主机数
0	1	65534	8	254	254
2	2	16382	9	510	126
3	6	8190	10	1022	62
4	14	4094	11	2046	30
5	30	2046	12	4096	14
6	62	1022	13	8190	6
7	126	510	14	16382	2

对于本例,查表 3-4 可知满足条件(能包含 5 个子网),且每个子网的主机数可达 1000 的共有 4 种选择(灰色阴影 4 行),即子网号字段占 3~6 位都可以满足条件。若选择子网号长度为 3,则子网号可以为 001、010、011、100、101、110 中的任意 5 个。

大多数划分子网的网点都采用定长的分配方案。TCP/IP 子网标准允许采用变长划分子网技术，允许为一个网点的各个物理网络挑选长度不一的子网号。采用这种方案分配地址比较困难，也容易出现地址二义性；优点是灵活，支持网点内大小网络的混合，并能够更充分利用地址空间。

（7）IPv6 地址。随着因特网的迅速发展，Internet 上的 32 位的 IPv4 地址已耗尽，IP 地址匮乏的现实促进了 IPv6 地址的诞生，IPv6 成为了 Internet 的网络地址协议。从 IPv4 升级到 IPv6 带来诸多改进，如简化路由，扩大地址范围，更好地支持互联网的商业运作。

IPv6 地址长度 128 位，最多提供 2^{128} 个地址。这样，所有加入网络的设备都能分配到 IP 地址。

单元 4　计算机网络的应用

知识 1　Internet 提供的服务

目前，Internet 已发展成为连接全球数以万计局域网的最大的计算机网络系统。在该网络上，用户可以尽享网络资源，享受 Internet 提供的服务。

1. 超文本传输服务

超文本传输服务通过应用层的超文本传输协议（HyperText Transfer Protocol，HTTP）来实现。HTTP 是用来在万维网上访问和传输文档的客户/服务程序，HTTP 客户向服务器（Web）发送请求，然后服务器再发送应答信息给客户。

在 Internet 中，各种服务资源的地址用统一资源定位器（Uniform Resource Locator，URL）表示，格式如图 3-27 所示。

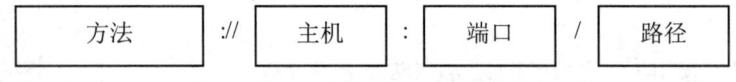

图 3-27　统一资源定位器的格式

统一资源定位器各项的含义如下：

方法是指用来传输文档的客户/服务程序，通过协议指定。如 file 表示访问本地主机资源，ftp 表示访问 FTP 服务器资源，http 表示访问 Web 服务器资源。

主机是指提供服务的计算机，可用 IP 地址或域名表示。如 www.163.com 是网易提供 Web 服务的一台主机，ftp.microsoft.com 是微软公司提供文件传输的主机。

端口是定义服务程序的一个数字编号，服务器端一般使用默认端口号，用户一般不用。如 Web 服务器的端口号默认为 80，FTP 服务器的端口号默认为 21。

2. 文件传输服务

文件传输服务实现计算机间的文件传输，通过文件传输协议（File Transfer Protocol，FTP）来实现。Internet 用户可以通过 FTP 连接到远程计算机，并在该计算机查看文件资源或将资源（如计算机应用软件、图像文件等）下载到用户计算机中。FTP 在通信的两台计算机之间建立两个连接，一个连接用于传输数据，另一个连接用于传输控制信息。控制连接出现在整个 FTP 会话过程，而数据连接则只有当数据传输时才会出现。FTP 的工作原理如图 3-28 所示。

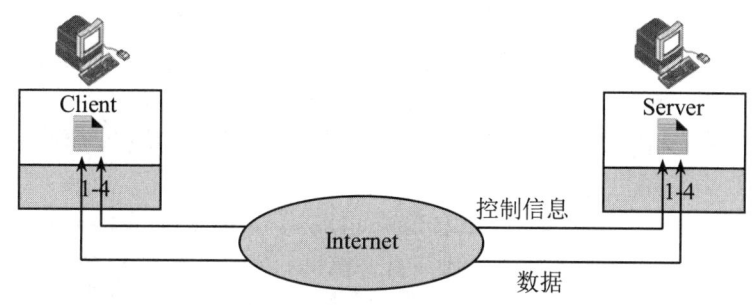

图 3-28 FTP 的工作原理

3. 电子邮件服务

电子邮件（E-mail）是人们在 Internet 上广泛使用的信息传递工具，是目前世界上最有效的信息交换手段之一。

（1）电子邮件的工作方式。电子邮件系统使用邮件发送与邮件接收协议（如 SMTP 和 POP3 等），并采用"存储-转发"的方式工作。邮件"存储-转发"工作方式是指：当用户向对方发送邮件时，邮件从该用户的计算机发出，通过网络中的发送服务器及路由器中转，最后到达目的服务器，并把该邮件存储在对方的邮箱中；当对方启用电子邮件软件进行联机接收时，邮件再从其邮箱中转发到他的计算机中。E-mail 工作过程如图 3-29 所示。

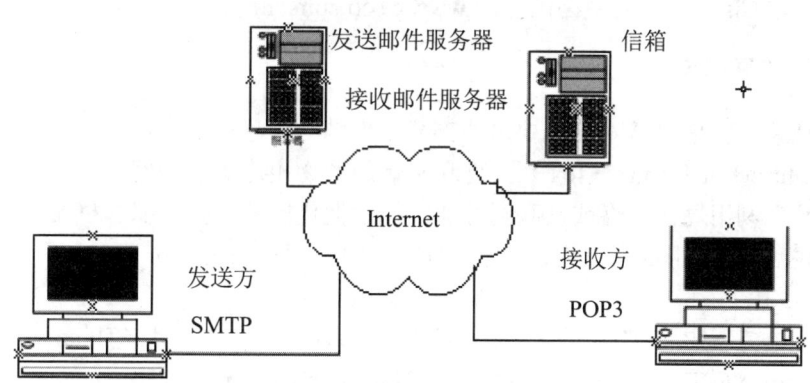

图 3-29 E-mail 工作过程

（2）电子邮件地址。与普通邮件一样，电子邮件也必须按地址发送。电子邮件地址标识用户邮箱在网络中的位置，其格式为：用户名@邮箱所在的电子邮件服务器的域名，如 XXX@163.com，其中@是"at"，中文意思是"在……的上面"。

4. 远程登录服务

远程登录（Telnet）指一台计算机远程连接到另一台计算机上，并在远程计算机上运行程序，从而共享计算机网络系统的软件和硬件资源。远程登录使登录到远程计算机的用户在自己计算机上操作，而在远程计算机上响应，并且将结果返回到自己的计算机上。当然，用户必须从欲登录主机的网络管理员那里申请账号并取得密码，才能成为该计算机资源的合法用户。

5. 域名服务

IP 地址是以数字形式表示计算机的地址，这样的地址人们记忆起来是非常困难的，因此，Internet 也采用域名来表示网络中的计算机。通过在域名服务器上为每台计算机建立 IP 地址与域名地址之间的映射关系，用户可以在网上避开难以记忆的 IP 地址，直接用域名地址来唯一标记标识网络上的计算机。要理解域名服务，必须先了解与域名有关的知识。

（1）域名系统。域名系统（Domain Name System，DNS）是因特网的一项核心服务，是一个将域名和 IP 地址相互映射的分布式数据库，通过域名服务将域名转化为 IP 地址或将 IP 地址转化为域名，方便用户访问互联网。

（2）域名管理系统。域名地址由域名系统（DNS）管理。连到 Internet 的网络中都有一个 DNS 服务器，该服务器中存有该网络中所有计算机的域名和对应的 IP 地址，通过对其他网络的 DNS 服务器的访问可以找到其他网络的计算机。域名管理系统的作用是域名解析服务，它在互联网中的作用是把域名转换成为网络可以识别的 IP 地址或把 IP 地址转换成域名。例如，在浏览器地址栏输入 www.chinaitlab.com，域名管理系统会自动把该域名转换成对应的 IP 地址 202.104.237.103。

（3）域名系统的结构。域名系统的结构采用层次型的分段表示方法。域名每段分别授权给不同的机构管理，各段之间用圆点（.）分隔，且各段自左至右级别越来越高。

Internet 对某些通用性的域名作了规定。例如，".com"是工商界域名，".edu"是教育界域名，".gov"是政府部门域名等。此外，国家和地区的域名常用两个字母表示。例如，"fr"表示法国，"jp"表示日本，"us"表示美国，"uk"表示英国，"cn"表示中国等。如一些国外单位在中国公司的网址，通常是在".com"后加上".cn"或者"/cn"，还有的是加上"/china"来表示中国站点，如 Cisco 公司的中国站点为 www.cisco.com.cn。

知识 2 物联网技术

物联网是新一代信息技术的重要组成部分，也是"信息化"时代的重要发展阶段。其英文名称是"Internet of Things（IoT）"。物联网就是物物相连的互联网。

"物联网"利用局部网络或互联网等通信技术把传感器、控制器、机器、人员和物等通过新的方式联在一起，形成人与物、物与物相连，实现信息化、远程管理控制和智能化的网络。

1. 基本信息

按照国际电信联盟（ITU）的定义，物联网主要解决物品与物品（Thing to Thing，T2T），人与物品（Human to Thing，H2T），人与人（Human to Human，H2H）之间的互联。

2. 物联网与互联网的区别

物联网与互联网的区别主要有：

（1）不同应用领域的专用性。互联网的主要目的是建构一个全球性的信息通信计算机网络，它在短时间实现了全球信息的互连、互通，但也带来了难以克服的安全性、移动性和服务质量等问题。而物联网从应用出发，利用互联网、无线通信网络资源进行业务信息的传送，是互联网、移动通信网络应用的延伸，也是自动化控制、遥控遥测及信息应用技术的综合发展。

（2）高度的稳定性和可靠性。物联网是与许多关键物理设备相关的网络，必须至少保证该网络是稳定和可靠的。比互联网的稳定性要更高、更严。

（3）严密的安全性和可控性。物联网绝大多数应用都涉及个人隐私或机构内部秘密，因而物联网必须提供严密的安全性和可控性。

尽管两者有很大的区别，但从信息化的角度出发，物联网和互联网的发展密不可分，而且和移动通信网络的发展、下一代网络及网络化物理系统、无线传感器网络等都有千丝万缕的关系。

3. 物联网的框架结构

物联网有 3 个层次，底层是用来感知数据的感知层，第二层是数据传输处理的网络层，第三层则是与行业需求结合的应用层，如图 3-30 所示。

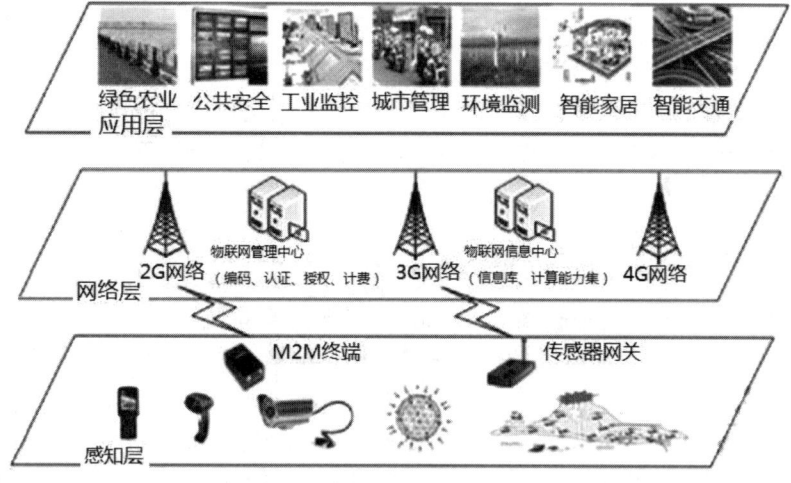

图 3-30　物联网层次结构

4. 物联网分类

（1）私有物联网：一般面向单一机构内部提供服务。

（2）公有物联网：基于互联网向公众或大型用户群体提供服务。

（3）社区物联网：向一个关联的"社区"或机构群体（如一个城市政府下属的各委办局：如公安局、交通局、环保局、城管局等）提供服务。

（4）混合物联网：是上述的两种或以上的物联网的组合，但后台有统一运维实体。

知识 3　5G 技术（第五代移动通信技术）

1. 发展背景

5G 作为一种新型移动通信网络，不仅要解决人与人通信，为用户提供增强现实、虚拟现实、超高清（3D）视频等更加身临其境的极致业务体验，更要解决人与物、物与物通信问题。最终，5G 将渗透到经济社会的各行业各领域，成为支撑经济社会数字化、网络化、智能化转型的关键新型基础设施。

2. 发展历程

2016 年 1 月，中国 5G 技术研发试验正式启动，2019 年 6 月 6 日，工信部正式向中国电信、中国移动、中国联通、中国广电发放 5G 商用牌照，中国正式进入 5G 商用元年。

3. 应用领域

（1）工业领域。5G 在工业领域的应用涵盖研发设计、生产制造、运营管理及产品服务 4 个大的工业环节，未来远程控制、设备预测性维护等场景预计将会产生较高的商业价值。5G 在工业领域丰富的融合应用场景将为工业体系变革带来极大潜力，助力工业智能化发展。

（2）车联网与自动驾驶。5G 车联网助力汽车、交通应用服务的智能化升级。5G 网络可支持港口岸桥区的自动远程控制、装卸区的自动码货以及港区的车辆无人驾驶，可使智能理货数据传输系统实现全天候全流程的实时在线监控。

（3）能源领域。煤矿利用 5G 技术的智能化改造能够有效减少井下作业人员，降低井下事故发生率，遏制重特大事故，实现煤矿的安全生产。当前取得的应用实践经验已逐步开始规模推广。

（4）医疗领域。5G 通过赋能现有智慧医疗服务体系，提升远程医疗、应急救护等服务能力和管理效率，并催生 5G+远程超声检查、重症监护等新型应用场景。

（5）文旅领域。5G 在文旅领域的创新应用将助力文化和旅游行业步入数字化转型的快车道。5G 云演播融合 4K/8K、VR/AR 等技术，实现传统曲目线上线下高清直播，支持多屏多角度沉浸式观赏体验。

知识 4　GIS 与数字地球

（1）GIS（Geographic Information System，地理信息系统），这是一种特定的十分重要的空间信息系统。它是在计算机硬、软件系统支持下，对整个或部分地球表层（包括大气层）空间中的有关地理分布数据进行采集、存储、管理、运算、分析、显示和描述的技术系统。

位置与地理信息既是 LBS（Location Based Services，基于位置的服务）的核心，也是 LBS 的基础。一个单纯的经纬度坐标只有置于特定的地理信息中，代表为某个地点、标志、方位后，才会被用户认识和理解。用户在通过相关技术获取到位置信息之后，还需要了解所处的地理环境，查询和分析环境信息，从而为用户活动提供信息支持与服务。

地理信息系统（GIS）与全球定位系统（GPS）、遥感系统（RS）合称 3S 系统。是一种具有信息系统空间专业形式的数据管理系统。在严格的意义上，这是一个具有集中、存储、操作、和显示地理参考信息的计算机系统。例如，根据在数据库中的位置对数据进行识别。

（2）数字地球。这是一种利用巨大地球空间数据对人类赖以生存的地球所做的三维、多级、多分辨率的数字化整体表达，它同时也为人类提供一个网络化的界面体系和超媒体的现实虚拟环境。数字地球概念的提出，是空间技术、信息技术及其应用技术发展到一定阶段的产物。要在电子计算机上实现数字地球不是一件简单的事，它需要诸多学科的支持，特别是信息科学技术。数字地球被应用在多个方面，比如精细农业、智能交通、专家服务和现代大战等方面。数字地球的提出是全球信息化的必然产物，它是一项长期的战略目标，需要经过全人类的共同努力才能实现。同时，数字地球的建设与发展将加快全球信息化的步伐，在很大程度上改变人们的生活方式，并创造出巨大的社会财富，为人类社会的发展作出巨大贡献。

 局域网设计

目标

利用所学的网络知识完成简单的局域网设计，且能利用现有技术把局域网连入互联网。

场景

蓝天公司的办公场所分布在1号、2号与3号三栋楼内，每栋楼直线距离在500米内。1号楼共三层，为行政办公楼，共20台计算机，分散分布。2号楼共五层，为产品研发部和供销部，共30台计算机。其中20台集中在三楼的研发部的设计室中，专设一个机房，其他10台分散分布。这里要求供销部的计算机能够联网，单位生产的产品的信息能向网上发布，其他计算机不能接入互联网。3号楼共五层，为生产车间，每层一个车间，每个车间3台计算机，共15台。

注意：提供了"蓝天公司局域网设计方案.docx"供读者参考。

要求

请把学生分成几个组，每组互相讨论，完成设计。从小组中选择较优秀的设计作品给学生展示，由设计者讲解设计思路与设计过程。

 网络配置与测试

网络配置与测试

任务目标

完成任务的要求，使学生认识星型网络的结构，掌握网络的基本配置方法，包括计算机命名、IP地址、子网掩码、默认网关与DNS的配置；掌握文件共享与文件共享权限的设置方法；掌握网络连通测试方法。

任务情境与要求

应用星型局域网的知识，组建机房局域网，并测试通过。然后结合任务完成过程回答以下问题。

（1）画出实验机房的网络结构图。
（2）你所在区域的域名服务器的IP地址是多少？
（3）ping与ipconfig/all的作用是什么？
（4）文件夹共享有哪些权限？这些权限的作用是什么？

任务解析

1. 教师向学生介绍机房网络（局域网的结构），介绍机房网络接入互联网的方法。
2. 计算机命名的方法是：右击"此电脑"图标，打开快捷菜单，单击"属性"命令，在打开的对话框中单击"重命名这台电脑"，如图3-31所示，此处可更改计算机在网络中的名字。

注意：教师要讲解计算机名的作用及命名的要点。

3. 掌握IP地址、子网掩码与DNS的设置方法。

单击"开始"→"Windows系统"→"控制面板"→"网络和Internet"→"网络和共享中心"命令，单击"以太网"，打开"以太网 状态"窗口，单击"属性"按钮，打开如图3-32所示的"以太网 属性"对话框。在"此连接使用下列项目"列表框中选择"Internet协议版本4（TCP/IPv4）"，单击"属性"按钮，打开如图3-33所示的"Internet协议版本4（TCP/IPv4）属性"对话框，选择"使用下面的IP地址"单选框，然后配置本机的IP地址、子网掩码与默认网关。在"使用下面的 DNS 服务器地址"栏中配置 DNS 服务器的 IP 地址。

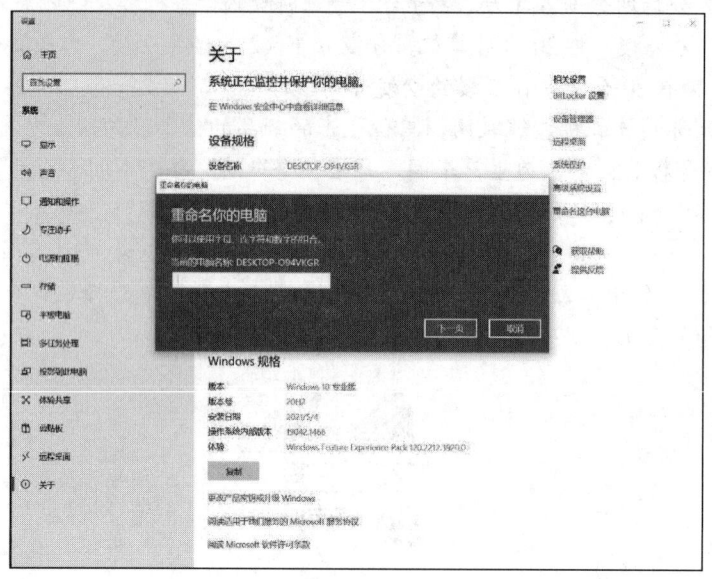

图 3-31 "重命名你的电脑"对话框

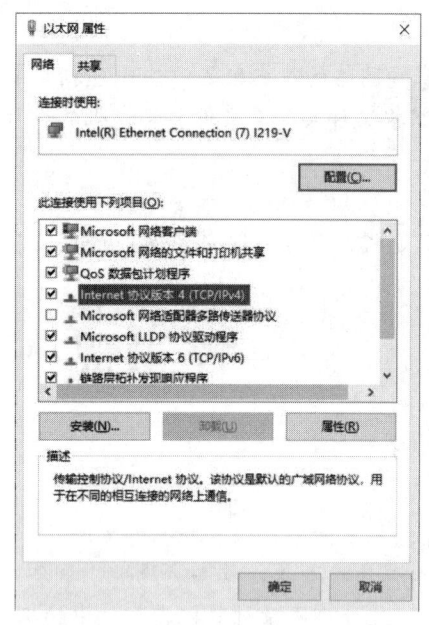
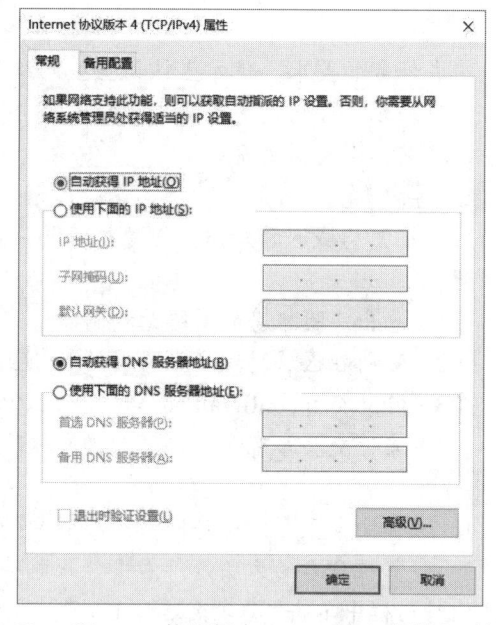

图 3-32 "以太网属性"对话框　　　　图 3-33 "Internet 协议版本 4（TCP/IP）属性"对话框

4. 掌握网络连通测试与 ipconfig/all 的作用。

单击"开始"→"Windows 系统"→"命令提示符"命令，切换到 MS-DOS 方式（此过程也可以通过右击"开始"→"运行"对话框中输入 CMD 命令来实现）。然后，在 DOS 提示符后输入"ping XXX.XXX.XXX.XXX"，了解命令的执行情况与提示信息。最后，在 DOS 提示符后输入 ipconfig/all，了解命令执行情况与提示信息。

注意：XXX.XXX.XXX.XXX 是本地网络域 Internet 中主机的 IP 地址。

5. 掌握共享的设置方法与共享权限的设置方法。

在本机非系统盘上，把一个文件夹设置为共享，且设置相应的权限，认识权限的作用。

任务 2　发送电子邮件、网上搜索、下载素材和资料

发送电子邮件、网上
搜索、下载素材和资料

任务目标

完成任务的要求，使学生掌握网上申请免费邮箱的方法，和利用免费邮箱发送电子邮件以及登录网页，搜索素材和资料，下载保存的方法与应用能力。

任务解析

1. 申请 163 免费邮箱

（1）请打开网址 www.163.com。

（2）单击登录界面上的"注册"按钮。

（3）根据情况，按注册的条件填写相关选项。

（4）填完后单击"提交"之类的按钮。至此就可以成功申请一个免费邮箱。要注意邮箱地址是不能重复的，填一个容易记的地址名。

2. 发送电子邮件

（1）首先登录你注册的免费邮箱，如图 3-34 所示。

图 3-34　登录网易免费邮箱

（2）进入邮箱后，单击"写信"按钮，即可开始写信，如图 3-35 所示。

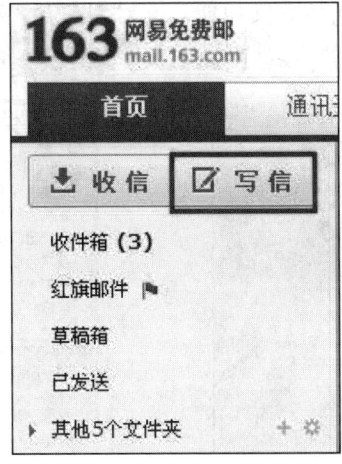

图 3-35　写信

（3）在右侧的"通讯录"里找到要写信的对象，或者直接在"收件人"那里输入收件人的邮箱。并在相应位置写上你邮件的主题和内容。若有图片或视频，单击"添加附件"按钮，选择好要上传的文件，邮箱就开始上传附件，如图 3-36 所示。

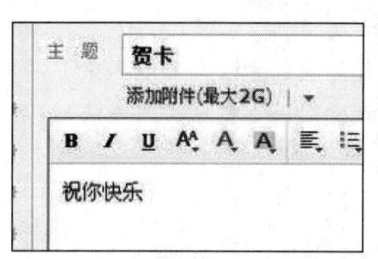 

图 3-36　编辑信件主题和内容（添加附件）

（4）当所有项目添加完毕，单击"发送"按钮，邮件发送成功将提示用户。并在已发邮件中显示。

3. 登录搜索网站，下载图片、保存

（1）首先登录搜索网站 www.baidu.com，单击"图片"分类。（PS：还可以登录谷歌、有道搜索）在图片分类下，根据类别快速定位需要的图片素材的类型，如图 3-37 所示。

图 3-37　登录百度并找到图片分类

（2）找到需要下载的图片，并在想要下载的图片上右击，从快捷菜单中选择"图片另存为"选项，如图 3-38 所示。

（3）在打开的"另存为"对话框中输入要保存的文件名，然后单击"确定"按钮即可。

（4）当然，有些网页禁用鼠标右键功能，此时无法使用"另存为"方法来存储图片。解决的办法是单击浏览器菜单栏中的"文件"→"另存为"选项，如图 3-39 所示。

图 3-38　图片另存为　　　　　　　图 3-39　网页另存为

（5）在打开的"保存网页"对话框中，将保存类型设置为"网页"，最后单击"保存"按钮。然后打开已保存的网页，发现图片可以利用鼠标右键"另存为"功能了。

（6）还可以利用截图工具将图片截取、保存。具体方法：打开QQ聊天程序，同时按下键盘Ctrl+Alt+A组合键，然后用鼠标拖动拉出一个选框，最后单击"保存"按钮即可。

课后习题3

一、选择题

1. 网络中任何一台计算机必须有一个地址，而且（　　）。
   A. 不同网络中的两台计算机的地址不允许重复
   B. 同一个网络中的两台计算机的地址不允许重复
   C. 同一个网络中的两台计算机的地址允许重复
   D. 其他

2. 在计算机网络中，LAN是指（　　）。
   A. 广域网　　　　　　　　　　　B. 局域网
   C. 城域网　　　　　　　　　　　D. 校园网

3. 从www.uste.edu.cn可以看出，它是中国（　　）的一个网站。
   A. 政府部门　　　　　　　　　　B. 教育部门
   C. 工商部门　　　　　　　　　　D. 军事部门

4. 在Internet上，一台主机的IP地址（IPv4）由（　　）个字节组成。
   A. 3　　　　B. 4　　　　C. 5　　　　D. 任意

5. 通常把计算机网络定义为（　　）。
   A. 多机物理互联，按协议相互通信，以共享资源为目标的计算机系统
   B. 把分布在不同地点的多台计算机互联起来组成的计算机系统
   C. 以共享资源为目标的计算机系统
   D. 能按网络协议实现通信的计算机系统

6. 在下列地址中，（　　）是正确的IP地址。
   A. 261.160.170.11　　　　　　　B. 234.14.1
   C. 25.32.10.256　　　　　　　　D. 180.188.81.1

7. 域名服务器上存放着Internet主机的（　　）。
   A. 域名　　　　　　　　　　　　B. IP地址
   C. 域名和IP地址　　　　　　　　D. 域名和IP地址的对照表

8. 衡量网络上数据传输速率单位是b/s，其含义是（　　）。
   A. 信号每秒传输多少千米　　　　B. 每秒传送多少个二进制位
   C. 信号每秒传输多少米　　　　　D. 每秒传送多少个数据

9. 下列传输介质中，抗干扰能力最强的是（ ）。
    A. 双绞线   B. 光缆
    C. 同轴电缆   D. 电话线
10. 在下列网络服务中，（ ）是远程登录服务，Internet 中域名与 IP 地址之间的翻译是由（ ）来完成的。
    A. Telnet   B. FTP
    C. 域名服务器   D. 代理服务器

二、思考题

1. 表 3-5 是网络 IP 地址与默认子网掩码的对照表，请为左边 IP 地址写出子网掩码。

表 3-5 IP 地址与默认子网掩码

IP 地址	默认子网掩码
202.103.96.112	
10.10.10.1	
192.168.1.1	
126.44.56.8	

2. TCP/IP 是一个四层结构的协议，且是由很多子协议构成的协议集。请把子协议 IP、TCP、UDP、HTTP、FTP、SMTP、DNS 填入表 3-6 相应的位置。

表 3-6 TCP/IP 的四层结构

协议	层
	应用层
	传输层
	网络层
	网络接口层

3. 什么是计算机网络？它有哪些主要功能？
4. OSI 模型是一个什么模型？在这模型中的各层的作用是什么？
5. 网络的主要硬件有哪些？主要软件有哪些？网络操作系统的功能是什么？
6. TCP/IP 协议模型是一个什么模型？该协议每层的功能是什么？
7. 目前 Internet 提供哪些主要的服务？
8. 目前 5G 的应用领域主要有哪些？

模块 4 数据库技术基础

数据库技术产生于 20 世纪 60 年代末,是数据管理的技术,是计算机科学的重要分支。数据库技术是现代信息系统的核心和基础,它的出现与应用极大地促进了计算机应用向各行各业的渗透。目前,数据库的建设规模、信息量的大小和使用频度已成为衡量一个国家信息化程度的重要标志。本模块介绍数据库技术的一些基本知识。

学习目标

认知目标	情感目标	技能目标
认识数据、数据处理、数据库、数据管理系统与数据库系统的概念。 了解数据库技术的发展,了解数据的模型。 认识关系数据库的基本术语、关系的基本要求与关系的运算。 了解关系数据库的设计方法与设计过程。 掌握 Access 2016 数据库的创建方法、数据表的创建和使用方法、数据表之间的关系创建方法及数据导入与导出。 了解 SQL 查询基础知识。	了解数据库对人类的影响,树立科学管理、正确使用信息资源的意识。	能够进行简单数据库的设计。 能在 Access 2016 中物理实现数据库的设计。 能使用 SQL 进行简单查询。

模块导学

单元知识	活动设计	实践任务	课后习题
数据库技术概论 关系数据库的基本知识 Access 2016 数据库入门	数据库设计——创建公司客户管理系统	数据库的物理实现	选择题 思考题

单元 1 数据库技术概论

知识 1 数据库基本知识

数据库技术是一门研究如何存储、使用和管理数据的技术,是计算机数据管理技术的最新发展阶段。数据库应用涉及数据、信息、数据处理和数据管理等基本概念。

1. 数据和数据处理

数据(Data)是用于描述现实世界中各种具体事物或抽象概念的、可存储并具有明确意义的符号,包括数字、文字、图形和声音等。数据处理是指对各种形式的数据进行收集、存储、加工和传播的一系列活动的总和。

2. 数据库

数据库(Database,DB)是存储在计算机辅助存储器中的、有组织的、可共享的相关数据集合。数据库具有如下特性。

(1)数据库是具有逻辑关系和确定意义的数据集合。

(2)数据库是针对明确的应用目标而设计、建立和加载的。每个数据库都有一组用户,并为这些用户的应用需求服务。

(3)一个数据库反映了客观事物的某些方面,而且需要与客观事物的状态始终保持一致。

3. 数据库管理系统

数据库管理系统(Database Management System,DBMS)是对数据库进行管理的系统软件,它的职能是有效地组织和存储数据,获取和管理数据,接受和完成用户提出的各种数据访问请求。数据库管理系统的基本功能包括以下4个方面。

(1)数据定义功能。DBMS提供了数据定义语言(Data Definition Language,DDL),利用DDL可以方便地对数据库中的相关内容进行定义。

(2)数据操纵功能。DBMS提供了数据操纵语言(Data Manipulation Language,DML),利用DML可以实现在数据库中插入、修改和删除数据等基本功能。

(3)数据查询功能。DBMS提供了数据查询语言(Data Query Language,DQL),利用DQL可以对数据库的数据进行查询。

(4)数据控制功能。DBMS提供了数据控制语言(Data Control Language,DCL),利用DCL可以实现数据库运行控制功能,包括并发控制(即处理多个用户同时使用某些数据时可能产生的问题)、安全性检查、完整性约束条件的检查和执行、数据库的内部维护(如索引的自动维护)等。

4. 数据库系统

数据库系统(Database System,DBS)是指拥有数据库技术支持的计算机系统。它可以实现有组织地、动态地存储大量相关数据,提供数据处理和信息资源共享服务的功能。广义地讲,它是由计算机硬件、操作系统、数据库管理系统,以及在它支持下建立起来的数据库、应用程序、用户和数据库管理员组成的一个整体。数据库系统可以用图4-1来描述,其中数据库管理系统是数据库系统的核心。

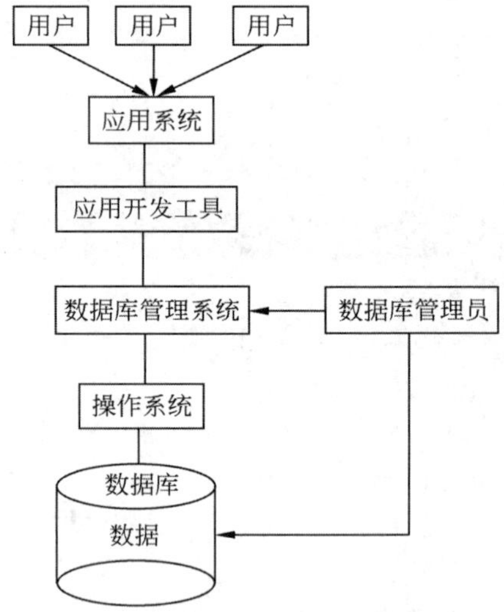

知识2 数据库技术的发展

图4-1 数据库系统

数据库系统的核心任务是数据管理,但并不是一开始就有数据库技术。计算机技术的发展和数据处理的现实需要,促使数据管理技术得到了很大发展,从而有效地提高了数据处理的应用水平。数据管理技术经历了人工管理、文件管理、数据库管理和新型数据库系统4个发展阶段。

1. 人工管理阶段

20 世纪 50 年代中期以前，计算机主要应用于科学计算，虽然当时也有数据管理的问题，但当时的数据管理是以人工管理方式进行的。在硬件方面，外存储器只有磁带、卡片和纸带灯，没有磁盘等直接存取的外存储器。在软件方面，只有汇编语言，没有操作系统，没有对数据进行管理的软件。数据处理方式基本是批处理。

2. 文件管理阶段

20 世纪 50 年代后期至 60 年代后期，计算机开始大量用于数据管理。硬件上出现了直接存取的大容量外存储器，如磁盘、磁鼓等，这为计算机数据管理提供了物质基础。软件方面，出现了高级语言和操作系统。操作系统中的文件系统专门用于管理数据，这又为数据管理提供了技术支持。数据处理方式不仅有批处理，而且有联机实时处理。

数据处理应用程序利用操作系统的文件管理功能，将相关数据按一定的规则构成文件，通过文件系统对文件中的数据进行存取和管理，实现数据的文件管理方式。

3. 数据库管理阶段

20 世纪 60 年代后期，计算机用于数据管理的规模更加庞大，数据量急剧增加，数据共享性要求更加强烈。同时，计算机硬件价格下降，而软件价格上升，编制和维护软件所需的成本相对增加，其中维护成本更高。这些成为数据管理技术在文件管理的基础上发展到数据库管理的原动力。

在数据库管理阶段，数据统一存放在数据库中，数据库面向整个应用系统，实现了数据共享，并且数据库和应用程序之间保持较高的独立性。

4. 新型数据库系统

数据库技术的发展先后经历了层次数据库、网状数据库和关系数据库。自 20 世纪 70 年代提出关系数据模型和关系数据库后，数据库技术也得到了蓬勃发展，应用也越来越广泛。但随着应用的不断深入，占主导地位的关系数据库系统已不能满足新的应用领域的需要。对于复杂数据，关系数据库无法实现对它们的管理。正是实际应用中涌现出的许多问题，促使数据库技术不断向前发展，出现了许多不同类型的新型数据库系统。下面概要性地做一些介绍。

（1）分布式数据库系统。分布式数据库系统（Distributed Database System，DDBS）是数据库技术与计算机网络技术、分布式处理技术相结合的产物。分布式数据库系统是系统中的数据地理上分布在计算机网络的不同结点，但逻辑上属于一个整体的数据库系统。

（2）面向对象数据库系统。面向对象数据库系统（Object-Oriented Database System，OODBS）是将面向对象的模型、方法和机制，与先进的数据库技术有机地结合而形成的新型数据库系统。它从关系模型中脱离出来，强调在数据库框架中的发展类型、数据抽象、继承和持久性。面向对象数据库系统首先是一个数据库系统，具备数据库系统的基本功能，其次是一个面向对象的系统，针对面向对象的程序设计语言的永久性对象存储管理而设计的，充分支持完整的面向对象概念和机制。

（3）多媒体数据库系统。多媒体数据库系统（Multimedia Database System，MDBS）是数据库技术与多媒体技术相结合的产物。随着信息技术的发展，数据库应用从传统的企业信息管理扩展到计算机辅助设计（CAD）、计算机辅助制造（CAM）、办公自动化（OA）、人工智能（AI）等多种应用领域。综合程序设计语言、人工智能和数据库领域的研究成果，设计支持多媒体数据管理的数据库管理系统已成为数据库领域中的一个新的重要研究方向。

（4）数据仓库技术。随着信息技术的高速发展，数据库应用规模、范围和深度的不断扩大，一般的事务处理已不能满足应用的需要，企业界需要在大量数据基础上的决策支持，数据仓库（Data Warehouse，DW）技术的兴起满足了这一需求。数据仓库作为决策支持系统（DSS）的有效解决方案，涉及3方面的技术内容：数据仓库技术、联机分析处理（On Line Analysis Processing，OLAP）技术和数据挖掘（Data Mining，DM）技术。

数据仓库、联机分析处理和数据挖掘是作为 3 种独立的数据处理技术出现的。数据仓库用于数据的存储和组织；联机分析处理集中于数据的分析；数据挖掘则致力于知识的自动发现。它们都可以分别应用到信息系统的设计和实现中，以提高相应部分的处理能力。但是，由于这3 种技术内在的联系性和互补性，将它们结合起来即是一种新的决策支持系统架构。这一架构以数据库中的大量数据为基础，系统由数据驱动。

知识3 数据模型

数据模型是具体问题的模拟和抽象，即针对实际问题，研究数据及其关系，利用概念或公式给出解决问题的方法和步骤。数据模型能够真实地模拟实际问题，抽象出其本质特征，容易理解，易于计算机实现。

数据模型的组成要素：数据结构、数据操作和数据完整性约束等。

（1）数据结构：对数据本质特性及其关系的静态描述。

（2）数据操作：对数据具体内容的动态描述，是对数据所执行的操作。

（3）数据完整性约束：为了保证数据的正确性和一致性，而约定的一系列约束规则。具体包括实体完整性、参照完整性和用户定义完整性等。

根据数据的特征及其描述方法，数据模型分为概念模型、逻辑模型和物理模型。

1. 概念模型

利用具有较强语义表达能力，且能够方便、直接地表达应用中的各种语义的专用描述工具（如实体—联系方法），按照统一的语法格式和描述方法，对实际问题进行抽象后，而建立的简单、整洁、清晰、易于理解的独立于 DBMS 的模型。

实体—联系（Entity-Relationship，E-R）模型是使用实体-联系方法建立的用于描述概念模型中实体及其关系的图形表示。即 E-R 图。

2. 逻辑模型

为了用 DBMS 实现用户需求，将其概念结构转化为适用于 DBMS 表示和实现的模型。即概念模型的 DBMS 表示。

常用的逻辑模型包括：层次模型、网状模型、关系模型和面向对象模型等。

（1）层次模型。在现实世界中，许多实体之间的联系就是一个自然的层次关系，如行政机构、家族关系等都是层次关系。如图4-2所示是学校中系的层次模型。

层次模型用一棵倒置的树来描述数据之间的关系，树的结点表示实体集（多条记录），结点之间的连线表示相连两实体集之间的关系，这种关系只能是"1 对 m（多）"的关系。层次模型的结构特点如下：

1）有且仅有一个根结点。

2）根结点以外的其他结点有且仅有一个父结点。

由此可见，层次模型只能表示"1:m（一对多）"关系，而不能直接表示"m:n（多对多）"关系。

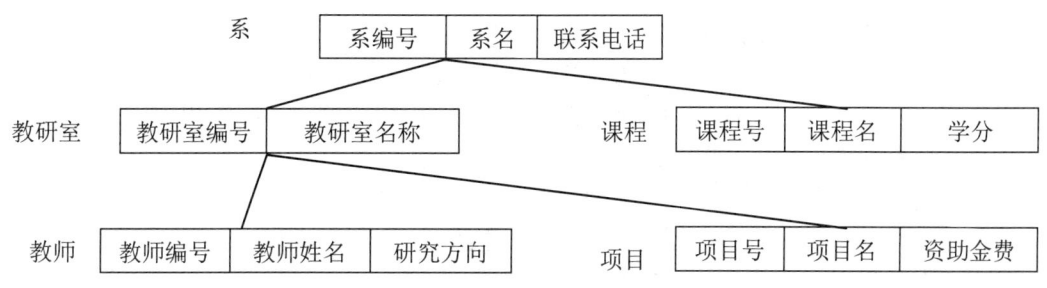

图 4-2 层次模型示例

层次模型的优点是数据结构类似金字塔,不同层次之间的关联直接而简单;缺点是由于数据纵向发展,横向关系难以建立,数据可能会重复出现,造成管理维护的不便。

(2)网状模型。网状模型是一种比层次模型更具普遍性的结构,虽然该模型也使用倒置树型结构,但该模型能克服层次模型的一些缺点。网状模型与层次结构不同的是,网状模型的结点间可以任意发生联系,能够表示各种复杂的联系。如图 4-3 所示是一个商品管理的网状模型数据库。网状模型的优点是可以更直接地描述现实世界,可以避免数据的重复性;缺点是关联性比较复杂,尤其是当数据库变得越来越大时,关联性维护的复杂度更高。

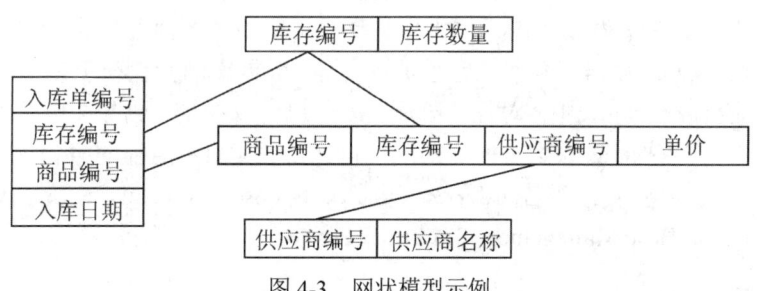

图 4-3 网状模型示例

(3)关系模型。用二维表结构来表示实体及实体间联系的数据模型称为关系数据模型,简称为关系模型。关系是指由行与列构成的二维表。在关系模型中,实体和实体间的联系都是用关系表示的。关系数据库是由若干关系组成的数据集合,如图 4-4 所示。关系模型是目前应用最广、理论最成熟的一种数据模型。

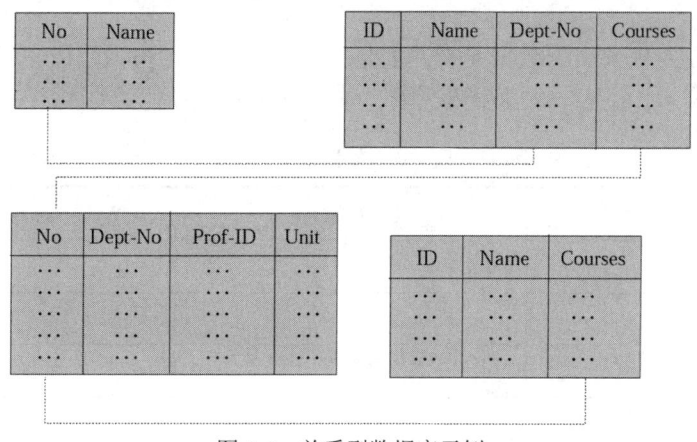

图 4-4 关系型数据库示例

(4) 面向对象模型。面向对象模型（Object Oriented Model，OO 模型）是用"面向对象"的观点来描述现实世界客观存在的事物的逻辑组织、对象间联系和约束的模型。它能完整地描述现实世界的数据结构，具有丰富的表达能力。由于该模型相对比较复杂，涉及的知识比较多，因此尚未达到关系模型的普及程度。

在上面提到的几种数据模型中，关系模型应该是重点掌握的数据模型。因为目前广泛使用的数据库系统基本都是关系数据库，或在关系数据库基础上增加了面向对象功能，Access 数据库系统也不例外。

3. 物理模型

用于描述数据在计算机内部的存储结构和存取方法的结构模型。

数据库技术的研究内容主要包括：数据库理论研究、数据库设计、数据库管理系统的开发和数据库应用系统（Management Info System，MIS）的开发等领域。

单元 2 关系数据库基本知识

关系数据库是采用关系模型作为数据组织方式的数据库。1970 年，IBM 公司的研究员 E.F.Codd（图灵奖获得者）发表了题为"大型共享数据库的关系模型"的论文，首次提出了数据库的关系模型，为关系数据库发展奠定了基础。关系数据库的特点在于它将每个具有相同属性的数据独立地存储在一个表中。对任一表而言，用户可以新增、删除和修改表中的数据，而不会影响表中的其他数据。关系数据库产品一问世，就以其简单清晰的概念、易懂易学的数据库语言，深受广大用户喜爱。著名的 DB2、Oracle、Sybase、Informix 等都是关系数据库管理系统（Relational DataBase Management System，RDBMS）。

知识 1 常用的术语

1. 实体

在数据库系统中，一个实体可以是一个人、一个地方、一个事件或一个将要为其收集数据的物体。例如，在学校中，实体可能是学生、教师员工、课程等。所有的学生可以组成一个实体集。

2. 关系

关系数据库使用表来组织数据元素。表是二维结构，由行与列组成。每一个表对应于一个应用实体集。表 4-1 就是一个学生情况表，包含一些相关的学生实体。

表 4-1 学生情况表

St_ID	St_Name	Class_No
970001	John	9501
……	……	……
……	……	……

3. 属性

关系中的一列称为一个属性。一个属性表示实体的一个特征,如学生实体可能包含以下属性:学生学号、姓名、性别、入学时间、专业方向等。每个属性必须恰当地命名,以便让用户能够知道它的内容,表 4-1 中的学生实体,属性学号可以存储为 St_ID 等。

4. 元组

表中的每一行称为一个元组,存放的是客观世界中的一个实体。如表 4-1 所示,表中每一行代表不同的学生。

5. 关系模式

关系模式是对关系结构的描述。一个关系模式对应一个关系的结构,关系模式简化表示的方法为:关系名(属性名 1,属性名 2,…,属性名 n)。如表 4-1 所示的关系模式也可以简化描述成 xsqk (St_ID, St_Name, Class_No)。

6. 域

在关系数据库中,域指属性域,是指属性(字段)的取值范围。例如,student 表中的"性别"字段的取值是"男"或"女",所以该字段的域是"男"和"女"两个值。但需注意,有些字段的域是很难描述的,如"出生年月"与"身高"等字段的域就很难描述。

7. 键码

键码(Key)是关系模型中的一个重要概念,在关系中用来标识行的一列或多列。在图 4-5 中,student 表的"学号""姓名""年龄"与"性别"都是键码,它们之间的组合也是键码。

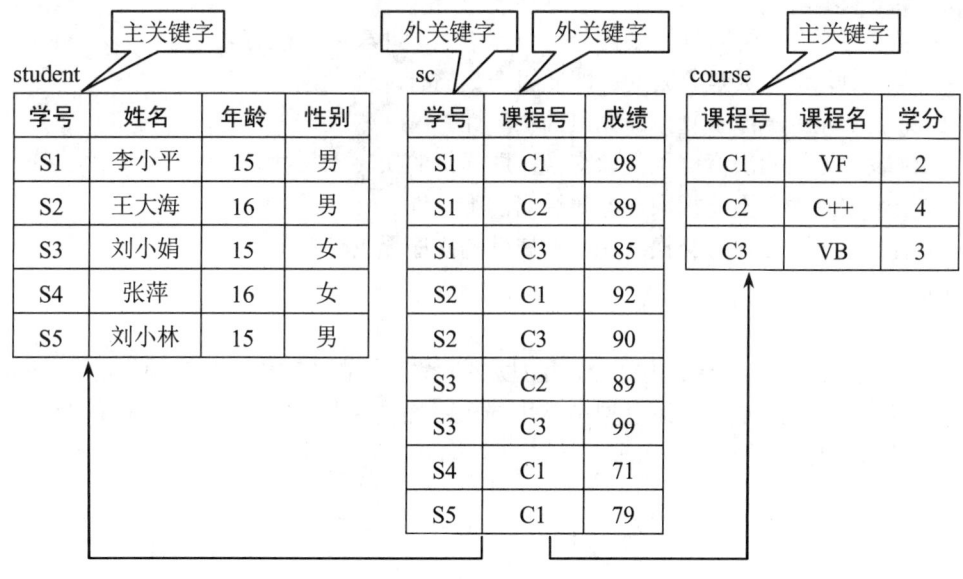

图 4-5 关系型数据库

8. 候选关键字

能够唯一确定记录的一个字段或几个字段的组合称为"超关键字"。"超关键字"虽然能唯一确定记录,但是它所包含的字段可能有多余的。如果一个超关键字去掉其中任何一个字段后不再能唯一地确定记录,则称它为"候选关键字(Candidate Key)"。候选关键字既能唯一地确定记录,它包含的字段又是最精炼的。也就是说候选关键字是最简单的超关键字。如图

4-5 中的"学号""课程号"就是候选关键字，如果表中没有姓名相同的记录，那姓名也可以作为候选关键字。候选关键字也称候选键。

9. 主关键字

主关键字（Primary Key）是被挑选出来作为表行的唯一标识的候选关键字。一个表只有一个主关键字，主关键字又称为主键。在图 4-5 中，student 表与 course 表分别有"学号"与"课程号"主关键字。

10. 公共关键字

在关系型数据库中，关系之间的联系是通过相容或相同的属性或属性组来表示的。如果两个关系中具有相容或相同的属性或属性组，那么这个属性或属性组被称为这两个关系的公共关键字（Common Key）。在图 4-5 中，student 表与 sc 表有公共关键字"学号"，sc 表与 course 表有公共关键字"课程号"。

11. 外关键字

如果公共关键字在一个关系中是主关键字，那么这个公共关键字被称为另一个关系的外关键字（Foreign Key），如图 4-5 所示。由此可见，外关键字表示了两个关系之间的联系。外关键字又称作外键。

知识 2　关系的基本要求

关系必须规范化。规范化是指关系模型中的每一个关系模式都必须符合关系的基本要求。关系有如下基本要求：

- 关系中的每个属性必须是不可分的数据单元，即表中不能有表。
- 二维表中元组个数是有限的，即元组个数的有限性。
- 二维表中元组不能重复，即元组的唯一性。
- 二维表中元组的次序可以任意交换，即元组的次序无关性。
- 二维表中属性名不能相同，即属性名的唯一性。
- 二维表中属性可任意交换次序，即属性的次序无关性。

知识 3　关系的运算

关系数据模型的理论基础是集合论，因此，关系操作是以集合运算为根据的集合操作，操作的对象和结果都是集合。关系模型中常用的关系操作包括选择（Select）、投影（Project）、连接（Join）等查询操作和插入（Insert）、更新（Update）及删除（Delete）等修改操作两大部分。

这里主要介绍插入、删除、更新、选择、投影与连接操作。

1. 插入

插入操作是应用于一个关系的操作，该操作是向二维表中插入一条记录。也就是向二维表中插入新的一行。

2. 删除

删除操作也是应用于一个关系的操作。该操作是根据要求删去表中相应的记录。也就是删除相对应的行。

3. 更新

更新也是应用于一个关系的操作，用于更新记录中部分属性的值。

4. 选择

选择是在关系中选择满足条件的元组。选择操作是从行的角度进行的运算。

5. 投影

关系 R 上的投影就是指从 R 中选择若干属性，然后组成新的关系。投影操作是从列的角度进行的运算。

6. 连接

连接是从两个关系的笛卡尔乘积中选取满足条件的元组。连接操作也是从行的角度进行的实体间的运算。

知识 4 关系数据库设计

数据库设计是建立数据库及其应用系统的技术，是企业信息系统开发的核心技术。数据库设计是指对于一个给定的应用环境，构造最优的数据库模式，建立数据库及其应用系统，有效地存储数据，满足用户的信息要求和处理要求。

1. 数据库的设计原则

数据库设计的目标是在 DBMS 的支持下，按照应用系统的要求，设计一个结构合理、使用方便、效率较高的数据库系统。

数据库的设计与应用系统设计相结合。数据库设计涉及两方面：数据库的结构设计和数据库的行为设计。数据库的设计应将结构设计和行为设计相结合。

数据库的结构设计是指应用的数据结构角度对数据库的设计。由于数据的结构是静态的，因此，数据库的结构设计又称为数据库静态结构设计。其设计过程是：先将现实世界中的事物、事物之间的联系用 E-R 图表示，再将各 E-R 图汇总，得出数据库的概念结构模型，再将概念结构模型转换为关系数据库的关系结构模型。

数据库的行为设计是指根据应用系统中用户的行为对数据库的设计，数据库的行为是指数据查询统计、事物处理等。数据库的设计应满足用户的行为要求。由于用户的行为是动态的，因此，数据库的行为设计又称为数据库的动态设计。其设计过程是：首先将现实世界中的数据及应用情况用数据流图和数据字典表示，并描述用户的数据操作要求，从而得出系统的功能结构和数据库结构。

2. 数据库设计步骤

数据库的设计分为六个阶段，如图 4-6 所示。

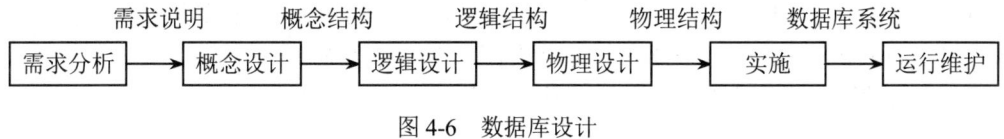

图 4-6 数据库设计

（1）需求分析。进行数据库系统的开发，必须首先了解与分析用户需求。需求分析是整个设计过程的基础，需求分析做得是否准确与充分，决定了数据库系统的开发速度和质量。它是数据库设计中十分重要的环节。

（2）概念设计。概念设计是整个数据库设计的关键，它通过对用户需求进行综合、归纳与抽象，形成一个独立于具体 DBMS 的概念模型，一般用 E-R 图表示。

（3）逻辑设计。逻辑设计是指将概念模型转换为选型的 DBMS 所支持的数据模型，并对该模型进行优化。

（4）物理设计。物理设计是指为逻辑设计模型选取一个最合适应用环境的物理结构（包括存储结构和存取方法等）。

（5）实施。在数据库实施阶段，设计人员运用 DBMS 所提供的语言和工具，根据逻辑设计和物理设计的结果建立数据库，编写与调试应用程序，组织数据入库，并进行试运行。

（6）运行维护。数据库应用系统在经过试运行后即可投入正式使用，在正式运行过程中必须对其进行不断地评价、调整与修改。

开发一个完善的数据库应用系统不可能一蹴而就，它往往是上述六个阶段的不断反复。需要指出的是这六个阶段不仅包括数据库的静态设计，还包括数据库的动态设计，在设计过程中，应把两者紧密结合起来，以完善系统设计。

单元 3　Access 2016 数据库入门

Access 2016 是微软公司最新发布的 Office 2016 办公软件的重要组件之一，是一款非常优秀的关系数据库产品。Access 是目前最流行的桌面数据库管理系统之一，它以其强大的功能和直观的操作界面，深受用户的喜爱。在此我们将介绍其相关基础知识。

知识 1　Access 2016 数据库的组成

Access 2016 将数据库定义为一个扩展名为 .accdb 的文件，并包括 6 种不同的对象，即表、查询、窗体、报表、宏和模块。不同的数据库对象在数据库中起着不同的作用，数据库可以看成是不同对象的容器。本单元介绍 Access 2016 的界面组成、数据库创建与维护、表的创建与使用、数据表之间联系的创建方法、SQL 查询等内容，其他相关的内容请参阅 Access 2016 有关书籍。

1. 表

表（Table）又称数据表，它是数据库的核心与基础，用于存放数据库中的全部数据。查询、窗体和报表都是从表中获得数据信息，以实现用户的某一特定的需求，如查找、计算统计、打印、编辑修改等。

2. 查询

查询（Query）是按照一定的条件从一个或多个表中筛选出所需要的数据而形成的一个动态数据集，并在一个虚拟的数据表窗口中显示出来。动态数据集虽然也是以二维表的形式显示出来，但它们不是基本表。每个查询只记录该查询的查询操作方式，这样，每进行一次查询操作，其结果集显示的都是基本表中当前存储的实际数据，它反映的是查询的那一时刻的数据表存储情况。

执行某个查询后，用户可以对查询的结果进行编辑或分析，并可将查询结果作为其他数据库对象的数据源。

3. 窗体

窗体（Form）是数据库和用户联系的界面。窗体可以提供一种良好的用户操作界面，通过它可以直接或间接地调用宏或模块，并执行查询、打印、预览、计算等功能，还可以对数据库进行编辑修改。窗体效果如图 4-7 所示，这是一个简单的新生入学信息窗体。

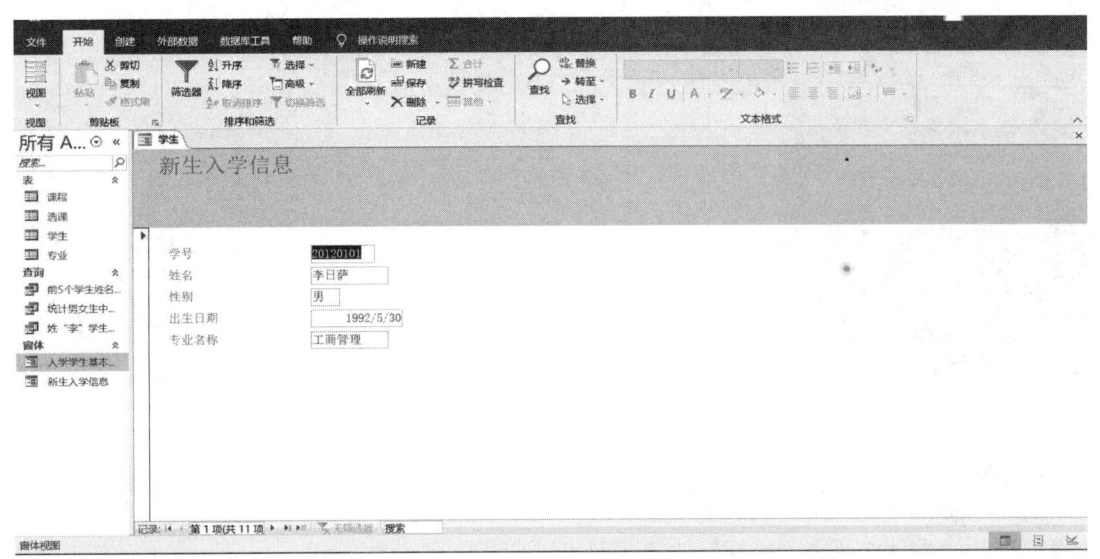

图 4-7 新生入学信息窗体视图

4. 报表

利用报表（Report）可以将数据库中需要的数据提取出来进行分析、整理和计算，并将数据以格式化的方式打印输出。

5. 宏

宏（Macro）是一系列操作命令的集合，其中每个操作命令都能实现特定的功能，如打开窗体、生成报表等。利用宏可以使大量的重复性操作自动完成，从而使管理和维护 Access 数据库更加简单。

6. 模块

模块（Module）是用 VBA 语言编写的程序段，使用模块对象可以完成宏不能完成的复杂任务。一般而言，使用 Access 不需编程就可以创建功能强大的数据库应用程序，但是通过在 Access 中编写 VBA 程序，用户可以编写出性能更好、运行效率更高的数据库应用程序。

知识 2 数据库的创建与维护

1. 数据库的创建

在 Access 2016 中创建数据库的方法有两种，方法一是先创建一个空白的数据库，然后添加数据库对象。方法二是利用模板建立一个数据库，再根据自己的需要进行修改。创建的操作过程如下：

（1）启动 Access 2016，打开如图 4-8 所示的界面。

（2）单击"空白桌面数据库"按钮，跳出"空白桌面数据库"对话框，在"文件名"文本框中输入数据库文件名，同时确定存放该数据库的位置，单击"创建"按钮可完成空数据库的创建任务，如图 4-8 所示。

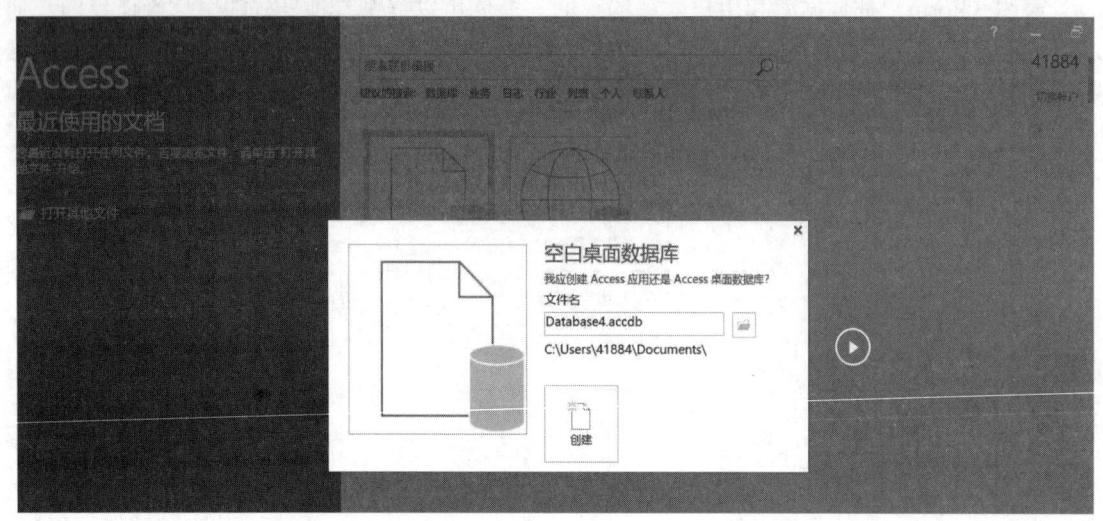

图 4-8 "开始使用 Microsoft Office Access"对话框

2. 数据库的打开

启动 Access 2016 后，单击功能区"文件"面板中的"打开"命令打开"打开"对话框，选择要打开的文件，单击"打开"按钮，即可以打开选择的数据库。

注意：Access 2016 能够自动记忆最近打开过的数据库，因此，对于最近使用过的数据库文件，只需要单击"文件"选项，并在打开的 Backstage 视图中选择"最近所用文件"命令，在右侧窗格中直接单击要打开的数据库名就能打开数据库。另外用户也可以使用 Ctrl+O 组合键打开 Access 2016 的数据库。

在 Access 2016 中，打开数据库有 4 种方式，可通过"打开"对话框右下角"打开"按钮的下拉列表来选择，如图 4-9 所示。

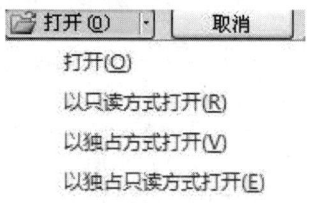

图 4-9 数据库"打开"方式下拉列表

3. 数据库的关闭

如果退出 Access 数据库管理系统，数据库会自动关闭。关闭数据库还可单击主窗口的"关闭"按钮，或单击"文件"菜单中的"关闭数据库"命令即可关闭数据库。

示例 1：建立"教学管理"数据库，并将建好的数据库保存在"D:\DB 教学"文件夹中。

操作步骤如下：

建数据库

（1）在 Access 2016 窗口中选择"文件"→"新建"菜单命令，单击"空白数据库"按钮。

（2）在弹出窗口的"文件名"区域中，输入数据库文件名，如输入"教学管理"，再单击文件夹按钮设置数据库的存放位置，然后单击"创建"按钮，将创建新的数据库，并且在数据表视图中将打开一个新表。

知识 3　数据表的创建与使用

在 Access 数据库中，表是最基本的对象，存放着数据库的全部数据信息。设计一个数据库的关键就集中体现在建立表上。

1. 建立表的步骤

首先确定表的结构，即确定表中各字段的名称、类型、属性等；输入表的记录。

2. 字段数据类型

数据类型决定了表中数据的存储形式和使用方式。

常用的数据类型有短文本、长文本、数字、日期/时间、货币、自动编号、是/否、超链接、OLE 对象、附件、计算、查阅向导。

3. 字段属性

不同的数据类型有不同的属性，常见的属性有字段大小、格式、默认值、标题、验证规则、验正文本、输入掩码等。

4. 表的建立

创建方法是单击"表设计器"命令，系统弹出表"设计器"对话框，如图 4-10 所示。表的创建分为表结构定义与记录的输入。其中，表结构定义包括字段名称、数据类型、说明以及字段常规属性的定义。

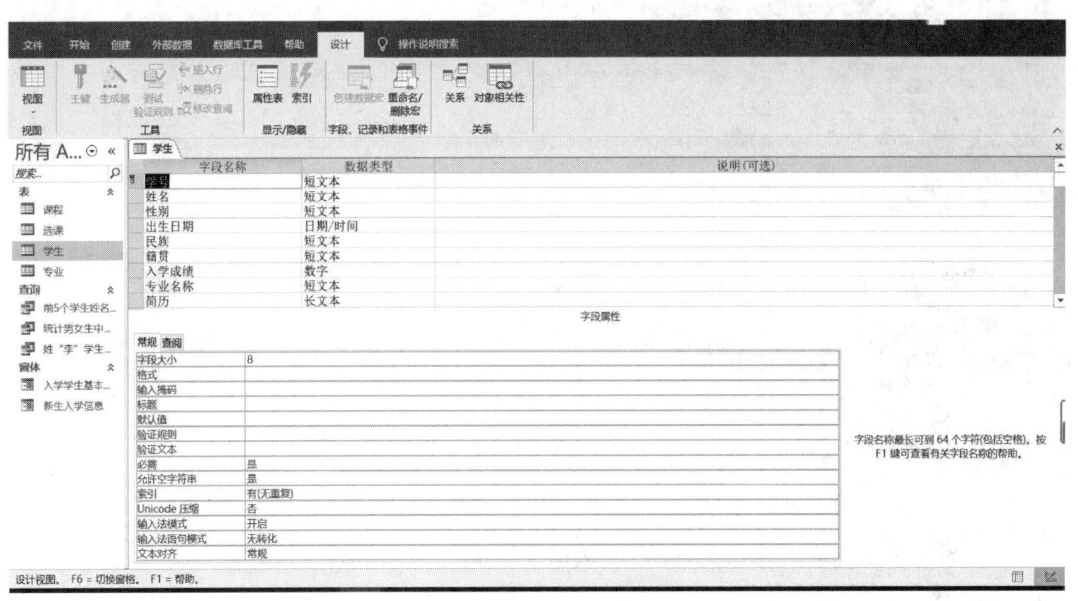

图 4-10　表的设计视图

5. 定义主键

设置主键的方法非常简单，在表设计视图中，首先选中要设为主键的字段或字段组（单击行选定器，可选定一个字段；先按 Ctrl 键，再依次单击行选定器，可选择多个字段），然后

建表

单击数据库工具栏中的图标（也可通过在选定的行上右击，在弹出的菜单中单击"主键"命令），即可将选定的字段设为主键。此时，字段行的选定器上出现钥匙符号。

示例 2：在"教学管理"数据库中创建"学生"表，表的结构见表 4-2。

表 4-2 "学生"表的结构

字段名称	字段类型	字段大小	字段名称	字段类型	字段大小
学号	短文本	8	姓名	短文本	10
性别	短文本	2	出生日期	日期/时间	
民族	短文本	10	籍贯	短文本	20
入学成绩	数字	单精度型	有否奖学金	是/否	
专业名称	短文本	10	主页	超级链接	
简历	长文本		吉祥物	OLE 对象	
代表性作品	附件				

操作步骤如下：

（1）打开"教学管理"数据库，单击"创建"选项卡，再在"表格"命令组中单击"表设计"命令按钮，打开表设计视图，如图 4-11 所示。

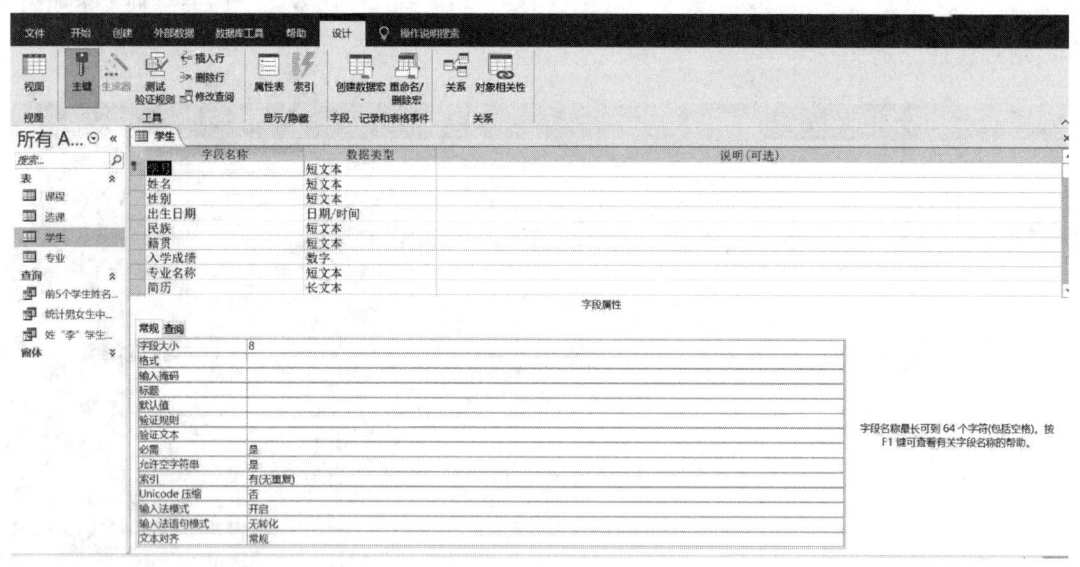

图 4-11 表的设计视图

（2）添加字段。在"字段名称列""数据类型列"和"常规属性窗格""字段大小"属性中分别填入表 4-2 所示的内容。添加字段后的"教学管理"表的设计视图如图 4-11 所示。

（3）将"学号"字段设置为标的主键。单击该字段行前的"字段选定器"以选中该字段，这时"字段选定器"背景为黑色。然后右击，在弹出的快捷菜单中选择"主键"命令，或者单击"表格工具"→"设计"选项卡，再在"工具"命令组单击"主键"命令按钮。设置完成后，在学号字段选定器上出现钥匙图标，表示该字段是主键，如图 4-11 中第 1 行所示。

6. 数据的导出和导入

其作用是与其他格式的数据相互转换。常用为.xls、.txt 文件等

导出：将表中数据以另一种文件格式保存。

导入：将外部数据导入到 Access 的表中。

示例 3：向"教学管理"数据库中导入"选课"表，将"课程"表导出成文本文件。

导入表

操作步骤如下：

（1）打开"教学管理"数据库，单击"外部数据"选项卡，再在"导入并链接"命令组中单击"新数据源"→"从文件"→"Excel"命令按钮，打开获取外部数据对话框，如图 4-12 所示。

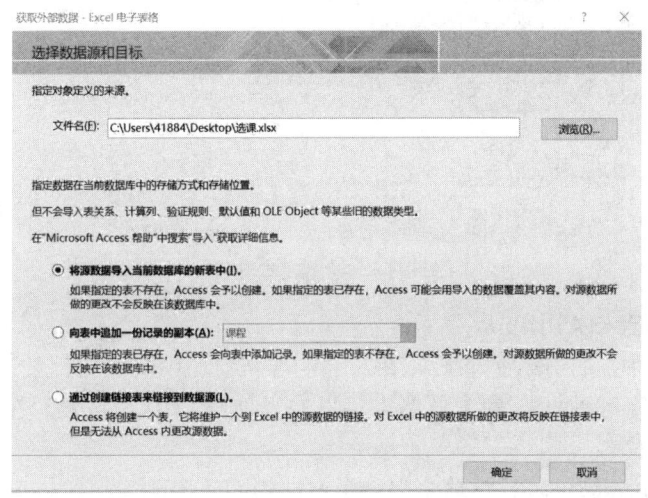

图 4-12　导入 Excel 数据

（2）选择"文件名"后面的"浏览"按钮，在打开的对话框中选择导入的文件，单击"打开"按钮，如图 4-13 所示。

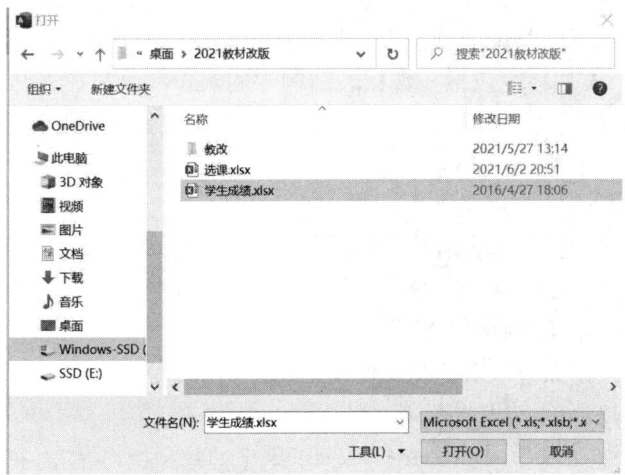

图 4-13　导入 Excel 数据打开界面

(3) 最后单击"确定"按钮,如图 4-12 所示。

(4) 单击选中 Access 视图右侧表里面的"课程表",在"外部数据"选项卡中选择"导出"→"文本文件",在打开的"导出"对话框中选择更改文件名和保存位置,最后单击"确定"按钮。如图 4-14 所示。

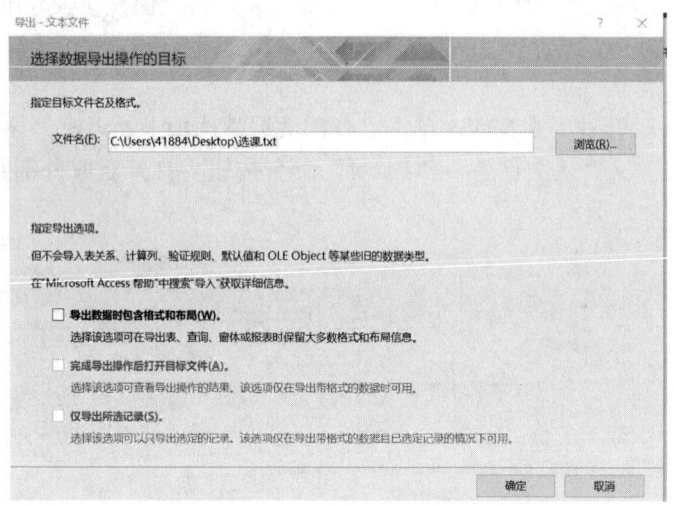

图 4-14　导出文本文件

7. 数据表的打开与关闭

在 Access 2016 中,打开数据库后,在左边的导航窗口中有数据库的表对象。直接在导航窗口中双击表名,就可以打开表。当然也可以在导航窗口中右击表,在弹出的菜单中单击"打开"命令来打开表。

表的关闭方法更为简单,只需单击表编辑窗口中的"关闭"按钮就可以。

8. 数据表的编辑

在实际应用中,数据表结构建立完成以后,有时要对数据表进行编辑,主要包括表结构的修改,在表中追加记录、修改与删除数据等操作。

(1) 修改字段。修改字段主要包括字段名、字段数据类型与字段属性的修改。修改过程与定义过程完全一致,可参照表的创建方法相关内容,在此不再赘述。

(2) 添加字段。添加字段包括在数据表结构中插入新字段和在表结构末尾追加新字段。插入字段的过程是选择要插入字段的后一个字段,右击,在弹出的快捷菜单中单击"插入行"命令,然后定义插入的字段。

追加字段的过程与表结构定义过程一致。

(3) 删除字段。要想删除表中的某个字段,可以先将鼠标移动到这个字段的标题处,这时鼠标变成向下的箭头,右击这个字段,整个字段都变成黑色并弹出一个菜单,单击菜单上的"删除列"命令,这时屏幕上弹出"是否确定要删除这个字段及其中的数据"的对话框。单击"是"按钮可以将字段删除。如果是在表设计视图中,选择字段,右击,弹出快捷菜单,单击"删除行"命令就可以删除字段。

注意:在删除一个字段的同时也会将这个字段中的数值全部删除,所以当执行这个操作时,一定要小心,以免造成因误删而使有用的数据丢失。

9. 输入数据

数据表结构定义好后，就可以在数据表视图中输入数据，但在输入数据之前先要打开数据表。

（1）输入文本、数字与货币型数据。这三种类型数据输入过程较简单，直接在单元格中输入数据即可。输入的数据要受到"有效性规则"等字段属性的限制。

（2）输入是/否型数据。如果字段的数据类型为是/否型，则在该字段中输入数据时会出现一个复选框。选中表示输入"是（-1）"，否则表示输入"否（0）"。应用查阅向导功能可直观地显示选择的结果，但存入数据库中仍是-1或0。

（3）输入日期/时间型数据。输入该类型数据时，要注意格式，如"2021-06-01"等，不能输入不存在格式的数据。

（4）输入OLE对象型数据。可以是声音、影像剪辑和特定图片等。

（5）输入超链接数据。完成后单击超链接的名称，系统就会调出Internet浏览器访问Web页面了。

（6）查阅向导的应用。在Access中，表字段的值可以直接输入，也可以通过从一组固定数据或其他表的字段中选择来实现数据的输入。在Access中，数据的选择输入，可以通过字段的查询功能来实现。

知识 4 建立数据表的关系

1. 表之间关系的概念

Access与其他DBMS一样，每个表都是数据库中一个独立的部分，但是每个表又不是完全孤立的部分，表与表之间可能存在着相互的联系。在Access中，可定义一对一关系与一对多关系。

2. 参照完整性

参照完整性是一个规则系统，能确保相关表行之间关系的有效性，并且确保不会在无意之中删除或更改相关数据。

当实施参照完整性时，必须遵守以下规则：

（1）如果在相关表的主键中没有某个值，则不能在相关表的外部键列中输入该值。但是，可以在外部键列中输入一个Null值。

（2）如果某行在相关表中存在相匹配的行，则不能从一个主键表中删除该行。

（3）如果主键表的行具有相关性，则不能更改主键表中的某个键的值。

当符合下列所有条件时，才可以设置参照完整性：

（1）主表中的匹配列是一个主键或者具有唯一约束。

（2）相关列具有相同的数据类型和大小。

（3）两个表属于相同的数据库。

3. 表之间的关系

当想让两个表共享数据时，可以创建两个表之间的关系。在数据库中为每个主题创建表后，必须为Access 2016提供在需要时将这些信息重新组合到一起的方法。具体方法是在相关的表中放置公共字段，并在表之间定义表关系，然后可以创建查询、窗体和报表，以同时显示几个表中的信息。

建立数据表关系

示例4：创建"教学管理"数据库中表之间的关系，操作步骤如下：

（1）打开"教学管理"数据库，单击"数据库工具"选项卡，在"关系"命令组中单击"关系"命令按钮，打开"关系"窗口。此时将出现"关系工具"|"设计"选项卡，在该选项卡的"关系"命令组中单击"显示表"命令按钮，打开"显示表"对话框，如图 4-15 所示。

（2）在"显示表"对话框中，单击"学生"表，然后单击"添加"按钮，将"学生"表添加到"关系"窗口中。用相同的操作将"课程"表、"选课"表和"专业"表添加到"关系"窗口中，然后单击"关闭"按钮，关闭"显示表"对话框。

（3）"学号"字段在"学生"表中是主键，而在"选课"表中是外键，两个表的联系就是通过这个字段实现的。选中"学生"表中的"学号"字段，然后按下鼠标左键并拖至"选课"表中的"学号"字段上，松开鼠标，这时弹出如图 4-16 所示的"编辑关系"对话框。

图 4-15 "显示表"对话框

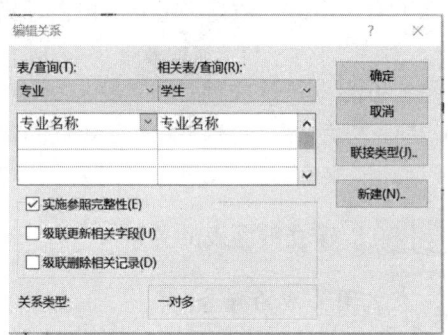

图 4-16 "编辑关系"对话框

在"编辑关系"对话框中的"表/查询"列表框中，列出了"学生"表的相关字段"学号"，在"相关表/查询"列表框中，列出了"选课"表的相关字段"学号"。可以验证显示的字段名称是否是关系的公共字段。如果字段名称不正确，可单击该字段名称并从列表中选择合适的字段。要对此关系实施参照完整性，可选中"实施参照完整性"复选框。

（4）用同样的方法，可以建立"课程"表与"选课"表，"专业"表与"学生"表的关系。表之间关联的结构如图 4-17 所示。

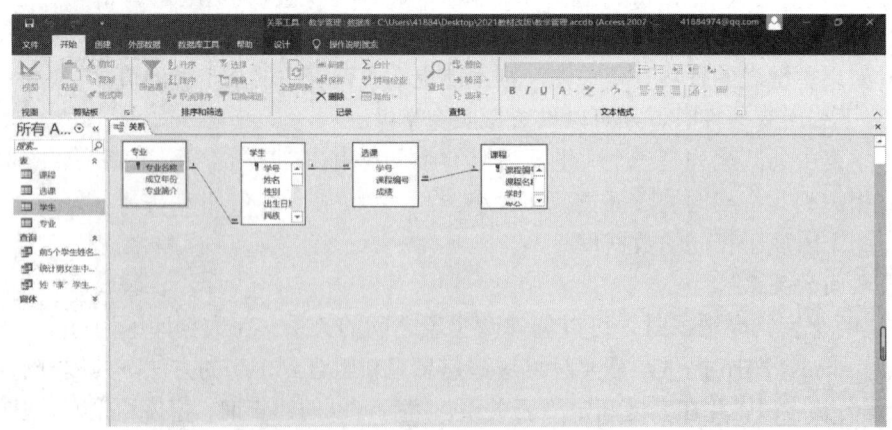

图 4-17 建立表之间的关系

（5）单击"关系"窗口的"关闭"按钮，这时 Access 询问是否保存布局的更改，单击"是"按钮。

注意：更改表关系的方法是在"关系"文档选项卡中选择表关系，然后对其进行编辑。编辑表关系的方法是移动鼠标指针指向关系线，双击该线，系统弹出"编辑关系"对话框，此时可以对关系进行编辑了。

知识 5　SQL 数据查询

查询有很多种类，本模块就不一一介绍了，感兴趣的读者请参阅 Access 2016 有关书籍。本知识点将着重介绍 SQL 查询。

在 Access 数据库中，查询对象本质上是一个用 SQL 语言编写的语句。当使用查询设计视图用可视化的方式创建一个查询对象后，系统变自动把它转换成相应的 SQL 语句保存起来。运行一个查询对象实质上就是执行该查询中的 SQL 语句。

1. SQL 概述

SQL 是结构化查询语言（Structured Query Language）的缩写，最早是在 20 世纪 70 年代由 IBM 公司开发出来的，并被应用在 DB2 关系数据库系统中，主要用于关系数据库中的信息检索。

目前流行的关系数据库管理系统，如 Access、SQL Server、Oracle、Sybase 等都采用了 SQL 标准，而且很多数据库都对 SQL 语句进行了再开发和扩展。

尽管设计 SQL 的最初目的是查询，数据查询也是其最重要的功能之一，但 SQL 绝不仅仅是一个查询工具，它可以独立完成数据库的全部操作。按照其实现的功能可以将 SQL 语句划分为 4 类。

（1）数据查询语言（DQL）：按一定的查询条件从数据库对象中检索符合条件的数据，如 SELECT 语句。

（2）数据定义语言（DDL）：用于定义数据的逻辑结构及数据项之间的关系，如 CREATE、DROP、ALTER 语句等。

（3）数据操纵语言（DML）：用于增加、修改、删除数据等，如 INSERT、UPDATE、DELETE 语句等。

（4）数据控制语言（DCL）：在数据库系统中，具有不同角色的用户执行不同的任务，并且应该被给予不同的权限。数据控制语言用于设置或更改用户的数据库操作权限，如 GRANT、REVOKE 语句等。

Access 支持 SQL 的数据定义、数据查询和数据操纵功能，但在具体实现上也存在一些差异。另外，由于 Access 自身在安全控制方面的缺陷，所以它没有提供数据控制功能。

2. SQL 数据查询

SQL 数据查询通过 SELECT 语句实现。SELECT 语句包含的子句很多，其语法格式为：
    SELECT [DISTINCT]目标列 FROM 表　基本语句选字段(行)
    [WHERE 条件表达式] 选满足条件的记录(行)
    [GROUP BY 列名1 HAVING 表达式] 分组统计并过滤
    [ORDER BY 列名2 [ASC|DESC]]　排序

注意：中括号内子句可以缺省。

功能：从表中产生所需的行、列内容，形成一个查询结果（虚表）结构，如图 4-18 所示。

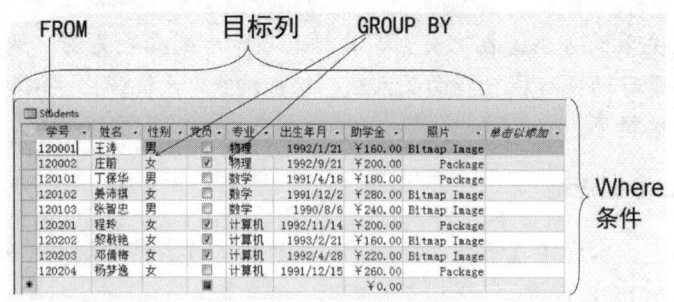

图 4-18　查询结果

3. 输入 SQL 命令和执行 SQL 命令方法

首先选择"创建"选项卡，单击"查询设计"命令按钮。然后创建一个空查询，显示"SQL 视图"按钮。切换到"SQL 视图"，输入 SQL 命令执行查询""，查看结果，最后在快速访问工具栏中单击"保存"按钮保存查询。

注意：输入命令、标点符号都是西文字符。

SQL 语句

示例 5：对"学生"表进行如下操作，写出操作步骤和 SQL 语句。

（1）列出全部学生信息。

（2）列出前 5 位学生的姓名和年龄。

操作 1 的操作步骤如下：

（1）打开"教学管理"数据库，单击"创建"选项卡，在"查询"命令组中单击"查询设计"命令按钮，打开查询设计视图窗口，再在"显示表"对话框中单击"关闭"按钮，不添加任何表或查询，进入空白的查询设计视图。

（2）在"查询工具"|"设计"选项卡的"结果"命令组中单击"视图"命令按钮，在下拉菜单中选择"SQL 视图"选项，此时进入 SQL 视图。

（3）在 SQL 视图中输入如下 SELECT 语句：

SELECT * FROM 学生

（4）在"查询工具"|"设计"选项卡的"结果"命令组中单击"运行"命令按钮，此时进入该查询的数据表视图，显示查询结果。

（5）将查询保存。

操作 2 的操作步骤与操作 1 类似，SELECT 语句如下：

SELECT TOP 5 姓名,Year(Date())-Year(出生日期) as 年龄 FROM 学生

"学生"表中没有"年龄"字段，要显示年龄，只能通过"出生日期"字段来求年龄，查询结果如图 4-19 所示。

图 4-19　显示前 5 个学生的姓名和年龄

示例 6：写出对"教学管理"数据库进行如下操作的语句。
（1）列出所有姓"李"的学生名单，显示学生的学号与姓名信息。
（2）分别统计男女生中少数民族学生人数，并按性别升序显示。

操作查询语句

操作 1：
    SELECT 学号,姓名 FROM 学生 WHERE 姓名 Like "李*"
查询结果如图 4-20 所示。

图 4-20 姓"李"学生名单

操作 2：
    SELECT Count(*) AS 人数, 性别 FROM 学生
    WHERE (民族<>"汉族") GROUP BY 性别 ORDER BY 性别
查询结果如图 4-21 所示。

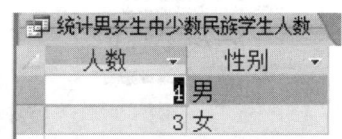

图 4-21 统计男女生中少数民族学生人数

4. 其他 SQL 语句

下面简单介绍下数据定义语言、数据操纵语言及数据控制语言。

（1）数据定义语言。有关数据定义的 SQL 语句分 3 组，它们是建立（CREATE）数据库对象、修改（ALTER）数据库对象和删除（DROP）数据库对象。每一组语句针对不同的数据库对象分别有不同的语句。例如，针对表对象的 3 个语句是建立表结构语句 CREATE TABLE、修改表结构语句 ALTER TABLE 和删除表语句 DROP TABLE。本单元以表对象为例介绍 SQL 数据定义功能。

1）CREATE 命令。

CREATE 命令用来创建表，其命令格式为：
    Create Table <表名> (<列名 1> <数据类型> [列完整性约束条件],
    <列名 2> <数据类型> [列完整性约束条件],
    ……)[表完整性约束条件];

2）DROP 命令。

DROP 命令用来删除表，其命令格式为：
    Drop Table <表名>;

3）ALTER 命令。
    Alter Table<表名>
    [ADD <字段名> <数据类型> [字段级完整性约束条件]]
    [DROP [<字段名>]…]
    [ALTER <字段名> <数据类型>]

（2）数据操纵语言。数据操纵语言是完成数据操作的语句，它是由 INSERT（插入）、UPDATE（更新）和 DELETE（删除）3 种语句组成。

1）UPDATE 命令。通过该命令可以修改数据表中的数据，其命令格式为：

Update <表名> set <字段名 1>=<表达式 1> [,<字段名 2>=<表达式 2>…]
[where <条件>];

2）DELETE 命令。通过该命令可以删除数据表中的数据，命令格式为：

Delete from <表名> [where <条件>];

3）INSERT 命令。

Insert Into <表名> [(<字段名 1> [,<字段名 2>…])]
Values(<字段值 1>[,<字段值 2>…])

（3）数据控制语言。数据控制语言是用来设置或者更改数据库用户或角色权限的语句，这些语句包括 GRANT、DENY、REVOKE 等语句，在默认状态下，只有 sysadmin、dbcreator、db_owner 或 db_securityadmin 等角色成员才有权利执行数据控制语言。由于 Access 没有提供数据控制功能，因此这里就不具体介绍了。

活动设计

活动 数据库设计——创建公司客户管理系统

目标

利用所学的数据库知识完成简单数据库的设计。

场景

有一家公司，旗下有餐饮中心、客房住宿中心与健身娱乐中心 3 个部门。为了客户的维系与管理，每个部门有多门业务经理，负责客户的维系和拓展，公司董事长想开发一个公司客户管理系统，该系统能够显示每个经理（也包括单位员工）维系与拓展客户情况以及客户在公司的消费情况来对全公司员工进行绩效考核。请设计这个管理系统中的数据库。

要求

以小组为单位完成下面的任务，每组交一份活动报告，并要求列出该组的成员及其分工，然后每组派一位代表做 PPT 进行介绍。

1. 公司客户管理数据库的需求分析，要求分析该主题数据管理的内容和功能，叙述该主题数据库有哪些实体，要开展哪些业务。

2. 设计公司客户管理数据库的实体—联系模型，查找相关知识或根据老师指导按规范要求画出实体—联系模块（E-R 模型）图。

3. 根据转换规则由公司客户管理数据库的 E-R 模型转化为关系模型，并标出关系的主码和外码。

4. 设计数据库，每个关系的表结构、确定主键。

数据库的物理实现

任务　数据库的物理实现

目标

完成任务的要求，使学生掌握数据库物理设计的过程；了解 Access 2016 组件的使用方法；认识数据库、表的创建方法及相关设置；认识并掌握 SQL 的使用。

任务情境与要求

请按照本模块图 4-5 创建一个"学生课程成绩"数据库，在该数据库中建立 student、sc、course 三个表并输入记录，然后为三个表创建关联。最后使用 SQL 查询表中所有男生的课程成绩，并保存为 Q1。

任务素材

参考图 4-5。

任务解析

1. 在 Access 2016 窗口中选择"文件"→"新建"菜单命令，单击"空白桌面数据库"按钮，跳出"空白桌面数据库"对话框。

2. 在"空白桌面数据库"对话框中"文件名"区域中，输入数据库文件名"学生课程成绩"，再单击文件夹按钮设置数据库的存放位置，然后单击"创建"按钮，将创建新的数据库。

3. 单击"创建"选项卡，再在"表格"命令组中单击"表设计"命令按钮，打开表的设计视图。

4. 添加字段。按照图 4-5 的内容，在字段名称中输入字段名称，在数据类型列中选择相应的数据类型。将"学号"字段设置为表的主键（具体可参考本模块单元 3 内容）。

添加字段后的"student"表的设计视图如图 4-22 所示。

字段名称	数据类型
学号	短文本
姓名	短文本
年龄	数字
性别	短文本

图 4-22　"student"表设计视图

5. 同样的方法建立"sc"表和"course"表，如图 4-23 所示。

字段名称	数据类型
学号	短文本
课程号	短文本
成绩	数字

字段名称	数据类型
课程号	短文本
课程名	短文本
学分	数字

图 4-23　"sc"表与"course"表设计视图

6. 在"导航窗格"中右击要输入数据的"student"表，进入数据表视图，参考图 4-5 输入数据。同样的方法向另外两张表中输入数据。

7. 单击"数据库工具"选项卡，再在"关系"命令组中单击"关系"命令按钮，打开"关系"窗口。此时将出现"关系工具"|"设计"选项卡，在该选项卡的"关系"命令组中单击"显示表"命令按钮，打开"显示表"对话框，依次添加三张表，并添加连线建立关系并保存（具体方法可参看本模块单元 3）。

8. SQL 语句。

SELECT student.姓名, course.课程名, sc.成绩, student.性别

FROM student INNER JOIN (course INNER JOIN sc ON course.课程号 = sc.课程号) ON student.学号 = sc.学号

WHERE (((student.性别)="男"));

查询结果如图 4-24 所示。

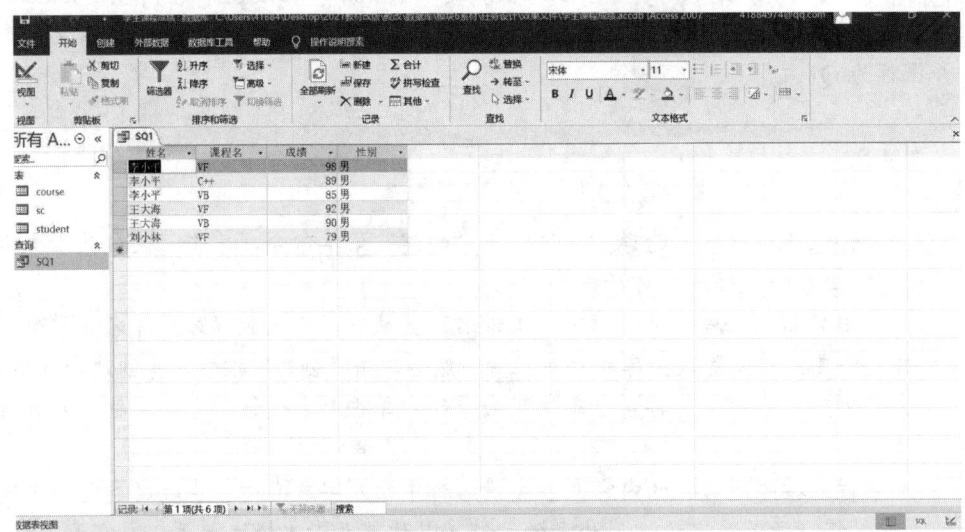

图 4-24　男生课程成绩

一、选择题

1. 数据库、数据库系统和数据库管理系统之间的关系是（　　）。

　　A. 数据库包括数据库系统和数据库管理系统

　　B. 数据库系统包括数据库和数据库管理系统

　　C. 数据库管理系统包括数据库和数据库系统

　　D. 三者没有明显的包含关系

2. 下述关于数据库系统的叙述中正确的是（　　）。
   A. 数据库系统减少了数据冗余
   B. 数据库系统避免了一切冗余
   C. 数据库系统中的一致性是指数据类型一致
   D. 数据库系统比文件系统管理更多的数据
3. 数据库系统的核心是（　　）。
   A. 数据库   B. 数据库管理系统
   C. 模拟模型   D. 软件工程
4. 在数据管理技术的发展过程中，经历了人工管理阶段、文件系统阶段和数据库系统阶段，其中数据独立性最高的阶段是（　　）。
   A. 数据库系统   B. 文件系统
   C. 人工管理   D. 数据项管理
5. 应用数据库的主要目的是（　　）。
   A. 解决数据保密问题   B. 解决数据完整性问题
   C. 解决数据共享问题   D. 解决数据量大的问题
6. 数据（Data）、数据库（DB）、数据库管理系统（DBMS）与数据库系统（DBS）之间是一种包含关系，下面（　　）能正确描述这种包含关系。
   A. DBMS\DBS\DB\Data   B. DBS\DBMS\DB\Data
   C. Data\DBMS\DBS\DB   D. DBMS\Data\DB\DBS
7. 下列（　　）对数据库特征的描述是错误的。
   A. 数据具有独立性   B. 可共享
   C. 消除了冗余   D. 便于数据集中控制
8. 由于数据库是为多用户共享，因此，就需要特殊的用户对数据库进行规划、设计、协调、维护和管理。这个特殊用户被称为（　　）。
   A. 用户   B. 程序员
   C. 工程师   D. 数据库管理员
9. 在数据管理技术发展过程中，文件系统与数据库系统的主要区别是数据库系统具有（　　）。
   A. 数据无冗余   B. 数据可共享
   C. 专门的数据管理软件   D. 特定的数据模型
10. 下列数据模型中，具有坚实理论基础的是（　　）。
    A. 层次模型   B. 网状模型
    C. 关系模型   D. 以上三个都是
11. 二维表的一行对应（　　），二维表的一列对应（　　）。
    A. 字段   B. 记录   C. 关系   D. 主键
12. 关系数据模型（　　）。
    A. 只能表示实体间 1:1 联系   B. 只能表示实体间 n:m 联系
    C. 只能表示实体间 1:m 联系   D. 可以表示实体间的上述三种联系

13. 在数据库中,数据模型是( )的集合。
    A. 文件　　　　B. 记录　　　　C. 数据　　　　D. 记录及其联系
14. 对表进行垂直方向的分割用的运算是( )。
    A. 连接　　　　B. 选择　　　　C. 交　　　　　D. 投影
15. 将 E-R 图转换到关系模式时,实体与联系都可以表示成( )。
    A. 属性　　　　B. 关系　　　　C. 键　　　　　D. 域

二、思考题

1. 何为 Data、DB、DBMS 与 DBS?它们之间有什么关系?
2. 在数据库设计发展过程中,曾使用过哪三种模型?每种模型有何特点?
3. 关系的基本特点有哪些?关系有哪些基本操作?
4. 数据库的设计包括哪六个阶段?前四个阶段产生的主要文档是什么?

模块 5　计算机信息安全

随着计算机网络的发展，信息通过网络在计算机之间相互传递，这就需要相应的安全机制来保证计算机系统与网络传输数据的安全性。信息安全是任何国家、政府、部门、行业都十分重视的问题，现已成为了一个不容忽视的国家安全战略问题。本模块介绍计算机信息安全的相关内容。

学习目标

认知目标	情感目标	技能目标
认识信息安全的五大特征。 认识密码的作用以及加密与解密的过程。认识数字签名的含义、功能与实现过程。 掌握病毒的基本知识与病毒的防治方法。了解计算机有关安全的法律法规。预防网络诈骗。	提高计算机安全与信息安全意识。 充分认识与遵守国家计算机安全的法律重要性与法规。	能正确安装与使用杀毒软件。 能正确申请、安装与使用数字证书。

模块导学

单元知识	活动设计	实践任务	课后习题
信息安全的要素 密码技术 数字签名技术 病毒保护与防治技术 计算机有关安全法律法规	360 安全中心的使用	制作并使用数字证书防止宏病毒 电子数字证书申请与安装	选择题 思考题

单元 1　信息安全的要素

信息安全可分为狭义安全与广义安全两个层次，狭义安全是建立在以密码论为基础的计算机安全领域，早期中国信息安全专业通常以此为基准，辅以计算机技术、通信网络技术与编程等方面的内容；广义信息安全是一门综合性学科，从传统的计算机安全到信息安全，不但是名称的变更也是对安全发展的延伸，安全不再是单纯的技术问题，而是将管理、技术、法律等问题相结合的产物。在此模块我们主要介绍狭义信息安全。

知识 1　计算机安全与信息安全

国际标准化委员会对计算机安全的定义是"为数据处理系统采取的技术和管理的安全保护，保护计算机硬件、软件、数据不因偶然或恶意的原因而遭到破坏、更改、显露"，中国公安部计算机管理监察司的定义是"计算机安全是指计算机资产安全,即计算机信息系统资源和信息资源不受自然和人为有害因素的威胁和危害。"根据国家计算机安全规范,计算机的安全大致包括实体安全(如机房、线路与主机等的安全)、网络与信息安全(如网络的畅通、准确及网上信息的安全)及应用安全(如程序开发运行、I/O、数据库等的安全)3 类,其中信息安全是计算机安全的核心内容。

知识 2　信息安全的五大特征

信息安全的五大特征是:保密性、完整性、可用性、可控性和不可否认性,如图 5-1 所示。

图 5-1　信息安全的五大特征

1. 保密性

保密性是指采用技术手段确保信息不被泄露给非授权的用户、实体或过程,或供其利用的特性,即防止信息泄漏给非授权个人或实体,信息仅为授权用户使用的特性。保密性是在可靠性和可用性基础之上,保障网络信息安全的重要手段之一。常用的保密技术包括:

(1)防侦听。使对手侦听不到有用的信息。

(2)防辐射。防止有用信息以各种途径辐射出去。

(3)信息加密。在密钥的控制下,用加密算法对信息进行加密处理,即使非授权用户得到了加密后的信息,也会因为没有密钥而无法理解有效信息。

(4)物理保密。利用各种物理方法,如限制、隔离、隐蔽与控制等措施,保护信息不被泄露。

2. 完整性

完整性指网络信息未经授权不能改变的特性,即网络信息在存储或传输过程中保持不被偶然或蓄意地删除、修改、伪造、乱序、重放、插入等破坏或丢失的特性。完整性要求保持信息的原样,即信息的正确生成、正确存储和正确传输。

保障网络信息完整性的主要方法如下:

(1)协议。通过各种安全协议可以有效地检测出被复制的信息、被删除的字段、失效的字段和被修改的字段。

(2)纠错编码方法。采用纠错编码方法实现信息的检错和纠错,如奇偶校验法就是一种最简单和常用的纠错编码方法。

(3)数字签名。保障信息的真实性。

(4)公证。请求网络管理或中介机构验证信息的真实性。

3. 可用性

可用性是指网络信息可被授权实体正确访问,并按要求能正常使用或在非正常情况下能恢复使用的特征,即在系统运行时能正确存取所需信息,当系统遭受攻击或破坏时,能迅速恢复并能投入使用。可用性是衡量网络信息系统面向用户的一种安全性能。

4. 可控性

可控性是指对流通在网络系统中的信息传播及具体内容能够实现有效控制的特性，即网络系统中的任何信息要在一定传输范围和存放空间内可控。常规有传播站点和传播内容监控这两种形式，最典型的如密码的托管政策，当加密算法交由第三方管理时，必须严格按规定可控执行。

5. 不可否认性

在网络系统的信息交互过程中，确信参与者的真实与同一性，即所有参与者都不可能否认或抵赖曾经完成的操作和承诺。利用信息源证据可以防止发信方否认已发送信息，利用递交接证据可以防止收信方事后否认已经接收的信息。

单元 2　密码技术

信息的保密性是信息安全的基本要求，是指消息不被泄露给非授权的用户、实体或过程，消息只为授权用户使用，主要通过密码技术来实现。

知识 1　密码技术定义

在安全通信中，保密技术是保障信息安全的重要手段。密码技术用于解决信息的保密以及信息即使被窃取或泄漏也不易识别的问题。

信息加密的主要机制就是伪装信息，使授权方明白其中的含义，而非授权人无法理解。加密技术由明文、密文、算法和密钥四要素构成。明文（Plaintext）就是原始信息，密文（Ciphertext）是明文变换后的信息，算法是明文与密文之间的变换法则，密钥是用以控制算法实现的关键信息。因此，加密技术的核心是密码算法和密钥。密码算法通常是一些公式、法则、运算关系；密钥可看作是算法中的可变参数，改变了密钥也就改变了明文与密文之间的数据关系。加密过程（Encryption）是通过密钥把明文变成密文的过程，解密过程（Decryption）则是把密文恢复成明文的过程。

知识 2　加密/解密的主要方法

加密与解密技术

按密码算法所用的加、解密密钥的不同，可分为密钥相同的常规密码体制（又称对称加密机制）和密钥不相同的公开密码体制（又称非对称加密机制）。

1. 对称加密

对称加密是数据发送方与接收方使用相同的密钥。发送方使用这个密钥和加密算法来加密数据，接收方使用同样的密钥和对应的解密算法来解密，如图 5-2 所示。加密与解密的密钥（Secret Key）完全相同，且算法互逆。

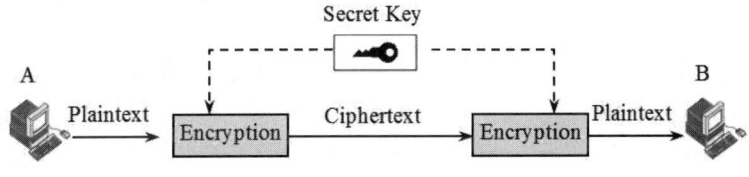

图 5-2　对称加密

密钥加密体系使用已经超过了两千年，算法简单，密钥与算法很容易被猜出。现在，这种对称加密使用了非常复杂的算法，最常用的一种是 DES（Data Encryption Standard，数据加密标准），该标准是经长时间征集和筛选，于 1977 年由美国国家标准局颁布的一种加密算法。它主要用于民用敏感信息的加密，后来被国际标准化组织接受作为国际标准。

2. 非对称加密

非对称加密是一种公开密钥加密的方法，该加密算法使用加密密钥和解密密钥两个不同的密钥，前者公开，又称公开密钥（简称公钥），后者保密，也称私有密钥（简称私钥）。这两个密钥是数学相关的，某用户用加密密钥加密后所得的信息只能用该用户的解密密钥才能解密。使用公钥加密过程如图 5-3 所示。公钥和私钥都是两个大素数（大于 100 个十进制位）的函数。

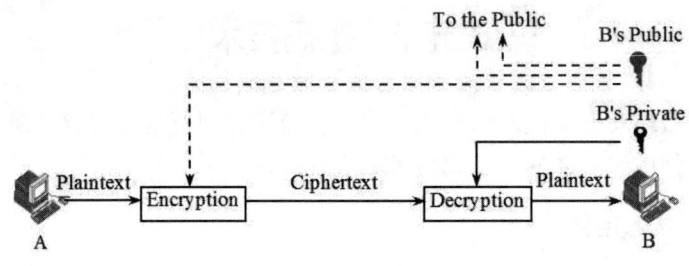

图 5-3　公钥加密

该公钥加密算法就是 RSA 算法，该算法由发明者 Rivest、Shmir 和 Adleman 提出。与对称密钥加密相比，优点在于无须共享密钥，解密的私钥不发往任何用户。即使公钥在网上被截获，如果没有与其匹配的私钥，也无法解密，所截获的公钥是没有任何用处的。

单元 3　数字签名技术

数字签名（又称公钥数字签名）是只有信息的发送者才能产生的别人无法伪造的一段数字串，这段数字串同时也是对信息的发送者发送信息真实性的一个有效证明。它是一种类似写在纸上的普通的物理签名，但是在使用了公钥加密领域的技术来实现的，用于鉴别数字信息的方法。一套数字签名通常定义两种互补的运算，一个用于签名，另一个用于验证。数字签名是非对称密钥加密技术与数字摘要技术的应用。

知识 1　数字签名功能

数字签名

数字签名机制作为保障网络信息安全的手段之一，可以解决伪造、抵赖、冒充和篡改问题。数字签名的目的之一就是在网络环境中代替传统的手工签名与印章，有着如下重要作用：

（1）防冒充（伪造）。私有密钥只有签名者自己知道，所以其他人不可能构造出正确的。

（2）可鉴别身份。由于传统的手工签名一般是双方直接见面的，身份自可一清二楚。在网络环境中，接收方必须能够鉴别发送方所宣称的身份。

（3）防篡改（防破坏信息的完整性）。对于传统的手工签名，假如要签署一份 200 页的合同，是仅仅在合同末尾签名呢？还是对每一页都签名？如果仅在合同末尾签名，对方会不会偷换其中的几页？而对于数字签名，签名与原有文件已经形成了一个混合的整体数据，不可能被篡改，从而保证了数据的完整性。

（4）防重放。如在日常生活中，A 向 B 借了钱，同时写了一张借条给 B，当 A 还钱的时候，肯定要向 B 索回他写的借条撕毁，不然，他可能会再次用借条要求 A 还钱。在数字签名中，如果采用了对签名报文添加流水号、时间戳等技术，可以防止重放攻击。

（5）防抵赖。如前所述，数字签名可以鉴别身份，不可能冒充伪造，那么，只要保好签名的报文，就好似保存好了手工签署的合同文本，也就是保留了证据，签名者就无法抵赖。那如果接收者确已收到对方的签名报文，却抵赖没有收到呢？要预防接收者的抵赖。在数字签名体制中，要求接收者返回一个自己的签名表示收到的报文，给对方或者第三方或者引入第三方机制。如此操作，双方均不可抵赖。

（6）机密性（保密性）。有了机密性保证，截收攻击也就失效了。手工签名的文件（如同文本）是不具备保密性的，文件一旦丢失，其中的信息就极可能泄露。数字签名可以加密要签名的消息，当然，如果签名的报名不要求机密性，也可以不用加密。

知识 2　数字签名的实现方法

目前，实现数字签名的方法主要有三种：一是用公开密钥技术；二是利用传统密码技术；三是利用单向校验和函数进行压缩签名。1991 年，美国颁布了数字签名标准（Digital Signature Standard，DSS）。数字签名一方面可以证明这条信息确实是此发信者发出的，而且事后未经过他人的改动（因为只有发信者才知道自己的私人钥匙）；另一方面也确保发信者对自己发出的信息负责，信息一旦发出且进行了签名，它就无法再否认这一事实。

实现数字签名方法有很多，目前数字签名采用较多的是公钥加密技术。此方法使用公开密钥（Public Key）和私有密钥（Private Key），分别用于对数据的加密和解密，即如果用公开密钥对数据进行加密，只有用对应的私有密钥才能进行解密；如果用私有密钥对数据进行加密，则只有用对应的公开密钥才能解密。

数字签名是个加密的过程，数字签名验证是个解密的过程。

知识 3　签名和验证过程

数字签名的实现过程是首先发送方用公开的哈希函数对报文进行一次变换，得到数字签名，然后利用私有密钥对数字签名进行加密后附在报文之后一同发出，如图 5-4 所示。

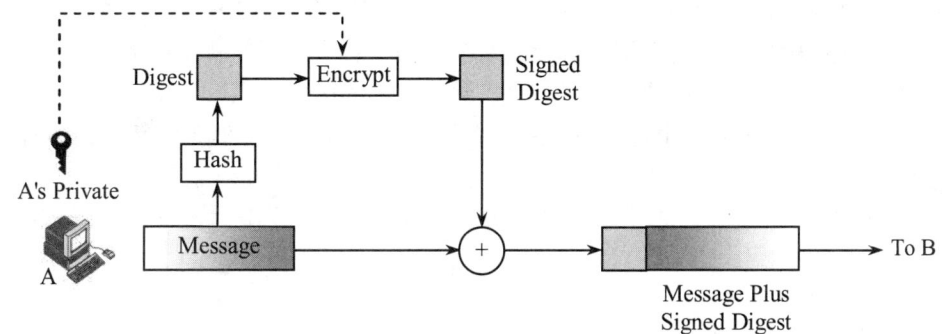

图 5-4　数字签名的发送方

其次，接收方用发送方的公开密钥对数字签名进行解密变换，得到一个数字签名的明文。发送方的公钥是由一个可信赖的技术管理机构即验证机构（Certification Authority，CA）发布的。

接收方将得到的明文通过哈希函数进行计算，同样得到一个数字签名，再将两个数字签名进行对比，如果相同，则说明数据在传输过程中没有被修改过，这就证明了数据的完整性。这种方法使任何拥有发送方公开密钥的人都可以验证数字签名的正确性。由于发送方私有密钥的保密性，使得接收方既可以根据验证结果来拒收该报文，也能使其无法伪造报文签名及对报文进行修改，原因是数字签名是对整个报文进行的，是一组代表报文特征的定长代码，同一个人对不同的报文将产生不同的数字签名。

单元4 病毒保护与防治技术

知识1 计算机病毒

计算机病毒（Computer Virus）由美国加利福尼亚大学的 Fred Cohen 博士于1983年11月3日在美国计算机安全学术会议上首次提出。从此之后，一些别有用心的人为了达到种种不同的目的，故意制造了形形色色的计算机病毒。早期的计算机病毒破坏性有一定的局限性。但随着计算机网络的普及，病毒的破坏力越来越大。目前，网络环境下病毒防治已成为计算机防毒领域的研究重点。

1. 计算机病毒的概念

1994年2月18日，我国正式颁布实施了《中华人民共和国计算机信息系统安全保护条例》，在《条例》第二十八条中明确指出："计算机病毒是指编制或者在计算机程序中插入的破坏计算机功能或者毁坏数据，影响计算机使用，并能自我复制的一组计算机指令或者程序代码。"

2. 计算机病毒的分类

按照依附的媒体类型分，可分为网络病毒、文件病毒和引导型病毒三类。

（1）网络病毒：通过计算机网络感染可执行文件的计算机病毒。

（2）文件病毒：主攻计算机内文件的病毒。

（3）引导型病毒：是一种主攻感染驱动扇区和硬盘系统引导扇区的病毒。

依照计算机特定算法分，可分为附带型病毒、蠕虫病毒和可变病毒三类。

（1）附带型病毒：通常附带于一个 EXE 文件上，其名称与 EXE 文件名相同，但扩展是不同的，一般不会破坏更改文件本身，但在 DOS 读取时首先激活的就是这类病毒。

（2）蠕虫病毒：它不会损害计算机文件和数据，它的破坏性主要取决于计算机网络的部署，可以使用计算机网络从一个计算机存储切换到另一个计算机存储来计算网络地址来感染病毒。

（3）可变病毒：可以自行应用复杂的算法，很难发现，因为在另一个地方表现的内容和长度是不同的。

3. 计算机病毒的特点

计算机病毒有很多的特征，主要特征如下：

（1）非授权可执行性。用户在调用一个可执行程序时，系统把控制权交给该程序，并分配给它相应系统资源，如内存、CPU 的工作时间，从而使之能够完成用户的需求。计算机病毒是非法程序，正常用户不会明知是病毒程序，而故意调用执行。但由于计算机病毒具有正常程序的可存储性与可执行性的特性。它会隐藏在合法的程序或数据中，当用户运行正常程序时，伺机窃取到系统的控制权，运行病毒程序代码。

（2）隐蔽性。计算机病毒是一种编程技术含量高、短小精悍的可执行程序。它通常粘附在正常程序之中或磁盘引导扇区中，或者磁盘上标为坏簇的扇区中，以及一些空闲概率较大的扇区中，为了防止用户察觉，想方设法隐藏自己，欺骗计算机用户。

（3）传染性。传染性是计算机病毒最重要的特征，是判断一段程序代码是否为计算机病毒的依据。病毒程序一旦侵入计算机系统就开始搜索可以传染的程序或者存储介质，然后通过自我复制迅速传播。计算机病毒可以在极短的时间内，通过 Internet 传遍整个世界。

（4）潜伏性。计算机病毒具有依附于其他媒介而寄生的能力，这种媒体称为计算机病毒的宿主。依靠病毒的寄生能力，病毒传染合法的程序和系统后，不会立即发作，在用户没有觉察的情况下进行传染。病毒的潜伏性越好，病毒传染的范围也越广，其危害性也越大。

（5）表现性或破坏性。无论何种病毒程序一旦侵入系统都会对系统的运行造成不同程度的影响，即使不直接产生破坏作用也要占用系统资源（如占用内存空间、占用磁盘存储空间及系统运行时间等）。病毒程序的作用轻者降低系统的性能，重者导致系统崩溃与数据丢失。

（6）可触发性。计算机病毒一般都有一个或者几个触发条件。满足其触发条件或者激活病毒的传染机制，使之进行传染，或者激活病毒的表现部分或破坏部分，使病毒实现其破坏行为。触发的实质是一种条件的控制，病毒程序可以依据设计者的要求，在一定条件下实施攻击。

知识2 恶意代码

恶意代码是指故意编制或设置的、对网络或系统会产生威胁或潜在威胁的计算机代码。这些代码的威胁可以分成两类：一类是需要宿主程序的威胁，另一类是彼此独立的威胁。前者基本上是不能独立于某个实际的应用程序、实用程序或系统程序的程序片段；后者是可以被操作系统调度和运行的自包含程序。

恶意代码除了计算机病毒外，还有陷门（Trapdoor）、逻辑炸弹（Logic Bomb）、特洛伊木马（Trojan Horse）、细菌（Bacteria）、蠕虫（Worm）等都属于恶意代码。其中，陷门、逻辑炸弹和特洛伊木马与病毒一样属于需要宿主程序的威胁，细菌和蠕虫属于彼此独立的威胁。

1. 陷门

如果一个登录处理系统允许一个特定的用户识别码，通过该识别码可以绕过通常的口令检查，直观的理解就是可以通过一个特殊的用户名和密码登录进行修改等操作。这种安全危险称为陷门，又称为非授权访问。

计算机操作的陷门设置是指进入程序的秘密入口，它使得知道陷门的人可以不经过通常的安全检查访问过程而获得访问。程序员为了进行调试和测试程序，已经合法地使用了很多年的陷门技术。当陷门被无所顾忌的程序员用来获得非授权访问时，陷门就变成了威胁。对陷门进行操作系统的控制是困难的，必须将安全测量集中在程序开发和软件更新的行为上才能更好地避免这类攻击。

2. 逻辑炸弹

在病毒和蠕虫之前最古老的程序威胁之一是逻辑炸弹。逻辑炸弹是嵌入在某个合法程序内的一段代码,被设置成当满足特定条件时就会发作,也可理解为"爆炸",它具有计算机病毒明显的潜伏性。但与病毒相比,它强调破坏作用本身,而实施破坏的程序不具有传染性。逻辑炸弹被激活触发,其危害性可能改变或删除数据或文件,引起机器关机或某种特定的破坏工作。

3. 特洛伊木马

特洛伊木马其名称取自希腊神话的特洛伊木马记。如今黑客程序借用其名,有"一经潜入,后患无穷"之意。它是一种基于远程控制的黑客工具,具有隐蔽性和非授权性的特点。隐蔽性是指木马的设计者为了防止木马被发现,会采用多种手段隐藏木马,这样服务端即使发现感染了木马,也不能确定其具体位置。非授权性是指一旦控制端与服务端连接后,控制端将享有服务端的大部分操作权限。木马的主要危害体现在三个方面:一是发送QQ、MSN尾巴,骗取更多人访问恶意网站,下载木马;二是盗取用户账号,通过盗取的账号和密码达到非法获取虚拟财产和转移网上资金的目的;三是监控用户行为,获取用户重要资料。

4. 蠕虫

网络蠕虫程序是一种使用网络连接从一个系统传播到另一个系统的感染病毒程序。一旦这种程序在系统中被激活,网络蠕虫可以表现得像计算机病毒或细菌,或者可以注入特洛伊木马程序,或者进行任何次数的破坏或毁灭行动。为了演化复制功能,网络蠕虫传播主要靠网络载体实现。网络蠕虫程序依靠新的复制品作用接着就在远程系统中运行,除了在那个系统中执行非法功能外,其他继续以同样的方式进行恶意传播和扩散。

网络蠕虫表现出与计算机病毒同样的特征,潜伏、繁殖、触发和执行期。繁殖阶段一般完成3个功能:一是通过检查主机表或类似的存储中的远程系统地址来搜索要感染的其他系统;二是建立与远程系统的连接;三是将自身复制到远程系统并引起该复制运行。

5. 细菌

计算机中的细菌是一些并不明显破坏文件的程序,它们的唯一目的就是繁殖自己。一个典型的细菌程序可能什么也不做,除了在多道程序系统中同时执行自己的两个副本,或者可能创建两个新的文件外,每一个细菌都在重复地复制自己,并以指数级地增加,最终耗尽了所有的系统资源(如CPU、RAM、硬盘等),从而拒绝用户访问这些可用的系统资源。

知识3 计算机病毒的防治

计算机病毒的防治要从防毒、查毒和杀毒三个方面进行,计算机系统对计算机病毒的实际防治能力和效果也要从防毒能力、查毒能力和杀毒能力三个方面来评判。从技术上来讲,对计算机病毒的防治可以通过如下途径进行:

(1)使用正版软件。虽然盗版软件及破解软件在网上到处可见,但是殊不知很多盗版软件中都有潜在的木马程序,会给你的计算机带来感染病毒的潜在机会。因此,建议使用正版操作系统及正版的应用软件。

(2)及时升级操作系统补丁。虽然用户使用了正版的操作系统与应用软件,但是软件仍旧会有一些小的bug需要修复,而正是这些bug可以给病毒和黑客有可乘之机,所以要及时升级操作系统补丁。

(3)安装杀毒软件。在使用正版软件的基础上,用户要为计算机及时安装杀毒软件,并及时查杀病毒,减少感染病毒的机会。

(4)安装防火墙软件。有些用户仅仅只安装杀毒软件,但是千万别忘了还要安装防火墙软件，因为用户的计算机无论是上因特网还是上内网，都有被黑客入侵的机会，有了防火墙就好像给计算机系统装了一道门。

（5）及时升级杀毒软件及防火墙。也许用户计算机安装了杀毒软件和防火墙，但是要知道计算机病毒每天都在不断增加和变异，新的系统 bug 也在不断被发现，因此，安装的杀毒软件、防火墙和病毒特征码也必须及时升级。

（6）使用移动存储时先查杀病毒。如非必要，不要使用 U 盘、移动硬盘等移动存储设备。在必须要使用的场合，则建议先用杀毒软件进行病毒查杀，确保其干净后，方能使用。

（7）不接收陌生人的文件。无论是使用 QQ 还是使用邮件，都不要接收陌生人发送的文件，特别是后缀名为.exe、.com、.bat 等可以执行的文件，更不要在下载后立即双击它。

（8）不上不熟悉的网站。不要上一些不正规或者自己也不熟悉的网站，因为这些网站上往往会隐藏了木马程序，在用户浏览或者下载程序时，就会不知不觉地被种下木马。特别注意，不要通过网络收藏夹来登录网站，因为有的时候木马程序会修改网络收藏夹，让用户登录钓鱼网站骗取你的用户名和密码。

单元 5　计算机有关的安全法律与法规

一个国家进行计算机安全立法的重要性主要表现在两方面：一方面，随着社会信息化程度的提高，大量关系到国计民生与国家安全的重要数据信息集中到计算机系统中；另一方面，计算机系统处在非法的乃至敌对的渗透、窃取、篡改或破坏的复杂环境中，面临着计算机犯罪、黑客攻击和计算机故障的威胁，因此，为了保护计算机系统的安全，许多国家都纷纷采取技术或制定行政和法律措施，加强对计算机的安全保护，至今已有许多国家制定了计算机安全法律与法规，成立了计算机安全管理、检查和审计机构。

知识 1　信息安全法律与法规

我国关于计算机信息系统安全方面的法规较多，主要有：

（1）《信息技术设备的无线电干扰极限值和测量方法》。中华人民共和国国家标准 GB9254－88。这个方法是国家标准局 1988 年 6 月 6 日批准，1988 年 11 月 1 日实施的。

（2）《计算机软件保护条例》。这个条例是 1991 年 5 月 24 日国务院第八十三次常务会议通过，1991 年 6 月 4 日中华人民共和国国务院令第 84 号发布的。

（3）《军队通用计算机系统使用安全要求》。中华人民共和国国家军用标准 GJB1295－91。这个要求是 1991 年 12 月 23 日国防科学技术委员会发布的，1992 年 9 月 1 日实施。

（4）《中华人民共和国计算机信息系统安全保护条例》。这个条例是 1994 年 2 月 18 日中华人民共和国国务院令第 147 号发布的，分五章共三十一条。该条例规定了计算机信息系统安全保护的主管机关、安全保护制度、安全监管等，是我国计算机信息系统安全保护的基本法规。目的是保护信息系统的安全，促进计算机的应用和发展。

（5）《中华人民共和国计算机信息网络国际联网管理暂行规定》。这是国务院于 1996 年 2 月 1 日发布的，并根据 1997 年 5 月 20 日《国务院关于修改〈中华人民共和国计算机信息网络国际联网管理暂行规定〉的决定》进行了修正，共十七条。它体现了国家对国际联网实行统筹规划、统一标准、分级管理、促进发展的原则。

(6)《中华人民共和国计算机信息网络国际联网管理暂行规定实施办法》。这是国务院信息化工作领导小组于 1997 年 12 月 8 日发布的,共二十五条。它是根据《中华人民共和国计算机信息网络国际联网管理暂行规定》而制定的具体实施办法。

(7)《计算机病毒防治管理办法》。此法是在 2000 年 3 月 30 日公安部部长办公会议通过,并于 2000 年 4 月 26 日由公安部颁布实施。

知识 2　预防网络诈骗

网络诈骗是指以非法占有为目的,利用互联网采用虚构事实或者隐瞒真相的方法,骗取数额较大的公私财物的行为。其花样繁多,行骗手法日新月异,常用手段有假冒好友、网络钓鱼、网银升级诈骗等,主要特点有空间虚拟化、行为隐蔽化等。

1. 常见诈骗行为

(1)网络购物诈骗。犯罪分子开设虚假购物网站或淘宝店铺,一旦事主下单购买商品,便称系统故障需要重新激活。随后,通过 QQ 发送虚假激活网址实施诈骗。

(2)低价购物诈骗。犯罪分子通过互联网、手机短信发布二手车、二手电脑、海关没收的物品等转让信息,一旦事主与其联系,即以"缴纳定金""交易税手续费"等方式骗取钱财。

(3)犯罪分子在微信朋友圈以优惠、打折、海外代购等为诱饵,待买家付款后,又以"商品被海关扣下,要加缴关税"等为由要求加付款项,一旦获取购货款则失去联系。

(4)刷网评信誉诈骗。犯罪分子以开网店需快速刷新交易量、网上好评、信誉度为由,招募网络兼职刷单,承诺在交易后返还购物费用并额外提成,要求受害人在指定的网店高价购买商品或缴纳定金的方式骗取受害人钱款。

(5)招聘诈骗。犯罪分子通过网络、短信或者传统媒体发布虚假招聘信息,进而以缴纳服装费、押金、保证金、定金等名义,让受害人向其提供的账户上汇款。

(6)招商加盟。犯罪分子通过网络或传统媒体发布虚假招商、加盟信息,以高额利润为诱饵,骗取受害人定金、加盟费、货款等费用。

2. 防范方法

(1)不要随意拨打网上的电话。有些诈骗网站会留下自己的联系方式让您拨打,这个时候就一定要提高警惕了,必须先做一个全方位的了解,再考虑进行下一步的行动,万不可自以为是。

(2)去正规的官方网站,注意防范"钓鱼网站"。所谓"钓鱼网站"指不法分子利用各种手段,仿冒真实网站的 URL 地址以及页面内容,或者利用真实网站服务器程序上的漏洞在站点的某些网页中插入危险的 HTML 代码,以此来骗取用户的银行卡账号、密码等私人资料。

(3)购物尽量使用第三方支付平台交易。在网站购物时,消费者要尽量避免直接汇款给对方,可以采用支付宝等第三方支付平台交易,一旦发现对方是诈骗,应立即通知支付平台冻结货款。即使采用货到付款方式,也要约定先验货再付款,防止不法商家偷梁换柱。此外,一定要在市场上认可度比较高的购物网站上购物,在支付过程中最好选择支付宝、网银等较为安全的支付方式,切记不可现金转账。

(4)保管好自己的私人信息,不要随便告诉陌生人。注意保管好自己的电子邮箱、QQ

号等相关私人资料,尽量少在网吧上网等。尤其在汇款给别人之前,务必要向朋友或客户核实情况,以免上当受骗。在上网购物接到退款电话时,一定要提高警惕,特别是对方要求你提供身份证、手机号以及支付宝、银行卡的相关信息,千万不要轻易将账号和密码告诉给陌生人。

(5)账号密码要及时更换。不要嫌麻烦、年复一年的用一个密码,如银行账户、QQ、邮箱一定要做到不定期地修改密码,建议最好与自己不离身的手机进行捆绑,以便在第一时间掌握自己网上的信息。

(6)若发生诈骗,我们要做的事情。一旦发现自己进入了诈骗圈,第一时间应该去网络官方举报(网络违法犯罪举报网站:http://cyberpolice.mps.gov.cn/wfjb/),然后保留好证据,比如聊天记录等,若有钱财流失,就要马上报警,不能试图自己解决。

信息安全防范工作是一项综合性、系统性较强的工程,涉及方方面面、各行各业。国内外信息安全问题越来越突出。要增强国民的信息安全意识,提高国民信息安全的自觉性,必须要开展全民性的信息安全教育,只有全民的信息安全意识增强了,国家的信息安全才会有充分的保证。

活动 计算机防病毒软件使用

目标

认识360、火绒等计算机防病毒软件,全面了解360、火绒等安全卫士的功能与作用,学会正确使用防病毒软件的方法。

场景

信息网络化时代,查阅下载资料、收发邮件、线上办公以及其他娱乐操作等都需要上网,上网后经常遇到计算机出现这样那样的问题。而360、火绒等是当前使用量较大的免费使用与免费升级的防病毒软件。因此,公司一般都要求员工熟悉并使用此类防病毒软件并经常针对员工开展一些计算机防病毒软件使用的培训。基于此,请你准备好360、火绒等防病毒软件使用讲解培训资料。

要求

要求学生以小组为单位,每组开展有关360、火绒等防病毒软件资料的搜集以及相关软件的安装使用。每组派一个代表在课堂上为学生讲解与演示。

要求讲解时,至少要讲清如下问题:

(1)360、火绒等防病毒软件组成、作用以及优点。

(2)360、火绒等防病毒软件的功能与作用,如果介绍中有些概念比较难理解请做相关的说明。

(3)360、火绒等防病毒软件的使用方法。

制作并使用数字证书防止宏病毒

实践任务

任务 制作并使用数字证书防止宏病毒

任务目标

完成任务的要求，使学生掌握数字证书的创建方法、查看方法与使用方法。

任务情境与要求

企业的人力资源部门经常需要用 Microsoft Office 创建文档、幻灯片、电子表等，但这些文件都很容易遭到宏病毒的破坏，为了防止宏病毒，该部门主管李经理将宏的安全性的安全级别设置为了中或者高。但是设立了宏安全性之后，虽然阻止了病毒，却也让正常宏文件不能使用。现在需要你帮助她添加数字证书，即避免了宏病毒的危害又发挥了宏的作用。宏上的数字签名确保宏源自为其签名的开发者，当数字证书被用户认可时，也就具有证明宏安全性的作用。

任务素材

安装办公软件时安装了 VBA 项目的数字证书（97—2003 版）或 VBA 工程的数字证书（2007 版以上），此任务以 Windows 10 操作系统为例。

任务解析

1. 在桌面左下角鼠标单击"开始"菜单，在弹出的程序项目中找到 Microsoft Office 文件夹，单击展开，找到其组件"VBA 工程的数字证书"。要注意的是，虽然不同的操作系统进入方法会稍有不同，但 VBA 工程的数字证书是 Microsoft Office 的一个组件，只要正常安装了办公软件就可以找到它，如图 5-5 所示。

2. 进入 VBA 工程的数字证书软件界面如图 5-6 所示。在"您的证书名称(Y)"文本框中输入证书名称，譬如：rlzyb。

图 5-5　VBA 工程的数字证书启动

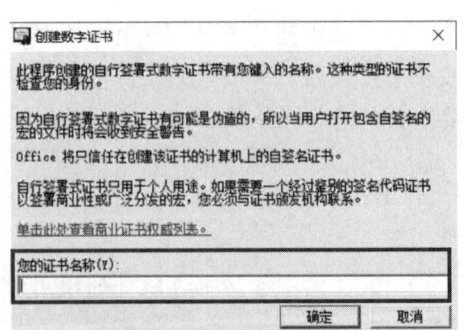

图 5-6　创建数字证书

3. 单击"确定"按钮之后,就已经创建了一个名称为 rlzyb 的证书了,并且 rlzyb 证书在 Microsoft Office 系列软件中都可以使用,如图 5-7 所示。

4. "开始"菜单旁的搜索文本框输入"certmgr.msc"并按 Enter 键运行,即可进入查看证书界面,如图 5-8 所示。

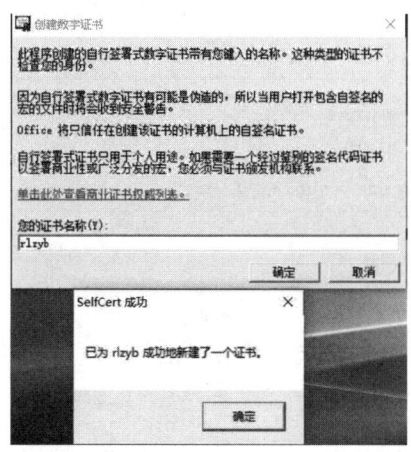
图 5-7　证书名称录入

图 5-8　查看证书界面

5. 在 certmgr 窗口选择个人文件夹,在左边对象类型下单击"证书",即可看到创建的"rlzyb"证书,如图 5-9 所示。需注意的是,创建的数字证书有效期为 6 年,过期将会失效。

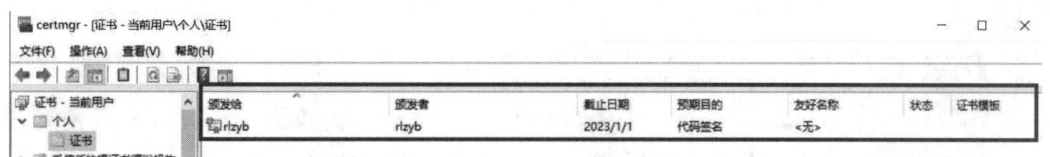
图 5-9　个人证书相关信息

6. 双击该证书可以查看该证书详细信息,如图 5-10 所示。

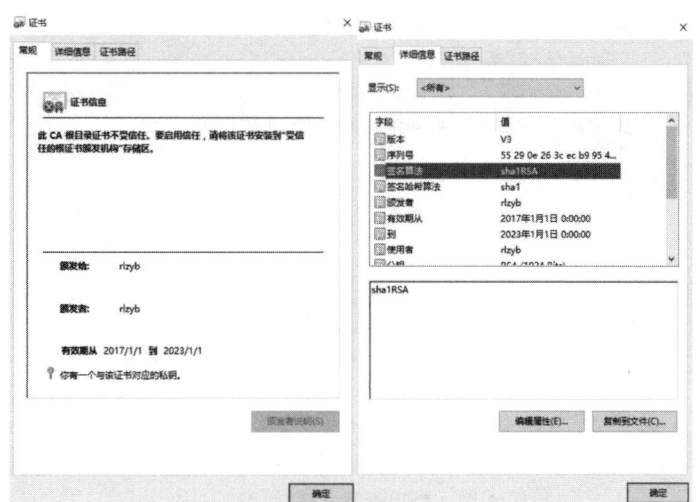
图 5-10　证书详细信息

7. 打开 Word、Excel、PowerPoint、Access、Outlook、Publisher 任一软件，按 Alt+F11 组合键，即可进入 VBA 界面。在此界面中单击菜单："工具(T)→数字签名(D)"，如图 5-11 所示。

8. 单击选择，选择创建好的证书，单击"确定"按钮，如图 5-12 所示。这样 rlzyb 证书在创建它的计算机上就可以直接使用了，它还可以随使用了它的文件一起到其他计算机上使用，但需要安装证书，在其他计算机上遇到有证书的文件，计算机会给出安装提示，数字证书可以保证，在文档带宏时，安全性为中、高时正常使用宏。

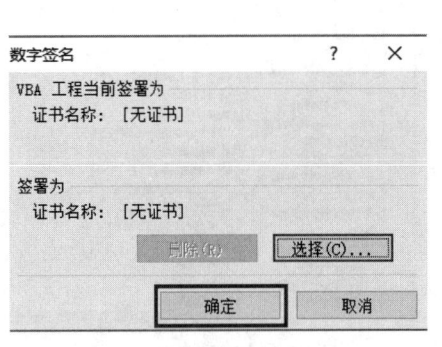 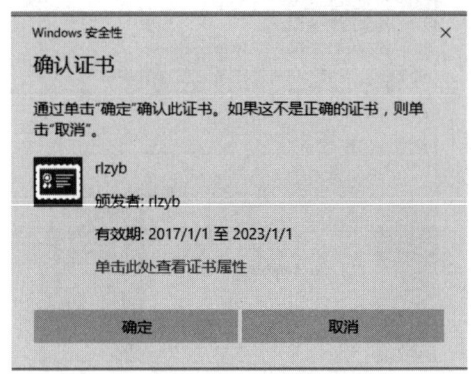

图 5-11　VBA 数字签名界面　　　　图 5-12　使用证书

9. 最后在使用前必须通过"文件"→"选项"→"信任中心"→"宏设置"→"禁用无数字签署的所有宏"，来保障宏的正常使用，又可以保证不受宏病毒的影响，如图 5-13 所示。

图 5-13　禁用无数字签署的所有宏

一、选择题

1. 在加密/解密中,(   )是公开的。
   A. 密钥　　　　B. 私钥　　　　C. 公钥　　　　D. 万能钥
2. (   )是通过加密/解密实现的。
   A. 身份验证　　B. 信息完整　　C. 信息保密　　D. 不可抵赖
3. 在对称加密体系中,(   )拥有密钥。
   A. 仅发送者　　B. 仅接收者　　C. 发送者与接收者　D. 公众
4. RSA算法是(   )加密算法的基础。
   A. 密钥　　　　B. 私钥　　　　C. 公钥　　　　D. 以上都是
5. 数字签名又称为(   )。
   A. 密钥技术　　B. 私钥技术　　C. 加密签名　　D. 公钥数字签名
6. 数字签名不保证(   )。
   A. 保密　　　　B. 验证　　　　C. 完整　　　　D. 不可否认
7. 下列关于计算机病毒的叙述中,错误的是(   )。
   A. 计算机病毒是一个标记或一个命令
   B. 计算机病毒是人为制造的一种程序
   C. 计算机病毒是一种通过磁盘、网络等媒介传播、扩散,并能传染其他程序的程序
   D. 计算机病毒是能够实现自身复制,并借助一定的媒介存在的具有潜伏性、传染性和破坏性的程序
8. 计算机病毒是指(   )。
   A. 编制有错误的计算机程序　　　B. 设计不完善的计算机程序
   C. 计算机的程序已被破坏　　　　D. 以危害系统为目的的特殊的计算机程序
9. 防止移动存储设备感染病毒的有效方法是(   )。
   A. 机房定期药物消毒　　　　　　B. 加上写保护
   C. 定期对软盘格式化　　　　　　D. 把有毒盘销毁
10. 下列关于计算机病毒的叙述中,错误的是(   )。
    A. 反病毒软件可以查、杀任何种类的病毒
    B. 计算机病毒是人为制造的、企图破坏计算机功能或计算机数据的一段小程序
    C. 反病毒软件必须随着新病毒的出现而升级,提高查、杀病毒的功能
    D. 计算机病毒具有传染性
11. 下列说法正确的是(   )。
    A. 可以随意访问未加证实的购物网站
    B. 网络上招商信息、加盟信息、高额利润可以相信

C. 网上招聘的信息，不加分辨随意泄露个人信息
D. 不参与网络刷单或刷网评行为

二、思考题

1. 早期的一种密钥算法叫单字母替换法（亦称恺撒密码）。在这种算法中，明文中的每个字母用该字符后的第 N 个字符代替，若到字母表的末尾，就转到字母表的开头。例如，若取 N=5，字母 A 就变成了 F，B 就变成了 G。请问，这里的密钥是什么？加密算法是什么？解密算法是什么？
2. 如何保证数据的完整性？
3. 什么是计算机病毒？病毒有哪些特征？
4. 目前，我国关于计算机安全立法主要有哪些？

第二篇 思维篇

模块 6 信息编码思维

现实世界的事物如果需要计算机系统进行处理,就须先将其转换成一些特定的符号表达式,再进行基于符号表达式的特定运算。计算机中信息编码思维的本质就是将现实世界中的事物和数据语义符号化为 0 和 1,再采用基于二进制的算术运算和逻辑运算进行数字计算,进而用硬件和软件实现信息的处理。本模块主要介绍计算机中的数制、进制之间的转换及运算、信息的编码及处理过程等知识,进一步提高对计算机内部信息处理过程的认识,培养良好的信息编码思维。

学习目标

认知目标	情感目标	技能目标
了解计算机中的数制 熟悉进制之间的转换规则 熟悉二进制之间的运算规则 熟悉计算机中各种数据的表示及处理过程	了解信息编码的历史渊源,领略中华文明的智慧 培养学生的信息编码思维 培养学生的团队合作能力	能熟练对各种进制进行相互转换 能熟练进行二进制的算术、逻辑运算 能对文本信息的各种编码进行转换

模块导学

单元知识	活动设计	实践任务	课后习题
计算机中的数制 计算机中数据的表示	信息编码与中国传统文化	汉字二进制编码的应用	选择题 简答题

单元 1 计算机中的数制

计算机是实现数据处理的机器。这些数据在计算机中如何表示?1940 年,美国著名的数学家与控制论学者维纳(Norbert Wiener,1894-1964 年)首先提出使用二进制编码(0 和 1)表示数据。1949 年,英国剑桥大学的 M.V.Wikes 教授和他的学生采用存储程序原理研制了电子自动延迟存储计算机(Electronic Delayed Storage Automatic Computer,EDSAC),在该计算机中首次采用二进制编码解决了数据在计算机中的表示问题,且验证了这种计算机工作可靠、稳定与高速。

在计算机内部为什么采用二进制表示数据?主要原因是构成计算机的电子元件有两种稳

定状态，如晶体管工作时的导通与截止，磁芯磁化的两个方向，电容器的充电和放电，开关的开启与关闭，脉冲电位的高与低。如果用 0 与 1 来描述这两种状态，在技术上实现较为容易，同时二进制的运算较简单，这样的运算电路设计也容易实现。

那么，计算机内部的二进制与我们日常使用的十进制之间又如何转换呢？二进制之间又能进行哪些基本运算呢？本单元将对这些问题进行讨论。

知识 1　信息的计量

在计算机中，0 与 1 是组成信息的两个基本符号，通常称二进制的一位为比特（bit）。例如，信息 10101100 10010101 为 16 比特。比特作为信息的计量单位显得太小，在计算机中，稍大一点的二进制计量单位是字节（Byte），是信息存储的基本单位，一般用大写"B"表示。八位二进制合称为 1 字节，存储一个西文字符需要一个字节存储空间。在存储器中，还用到 KB（千字节）、MB（兆字节）、GB（吉字节）与 TB（太字节）、PB（拍字节）、EB（艾字节）、ZB（泽字节）与 YB（尧字节）等单位，它们之间的换算关系是：

千字节（KiloByte，KB），$1KB=2^{10}$ 字节=1024B

兆字节（MegaByte，MB），$1MB=2^{20}$ 字节=1024KB

吉字节（GigaByte，GB），$1GB=2^{30}$ 字节=1024MB

太字节（TeraByte，TB），$1TB=2^{40}$ 字节=1024GB

拍字节（PetaByte，PB），$1PB=2^{50}$ 字节=1024TB

艾字节（ExaByte，EB），$1EB=2^{60}$ 字节=1024PB

泽字节（ZettaByte，ZB），$1ZB=2^{70}$ 字节=1024EB

尧字节（YottaByte，YB），$1YB=2^{80}$ 字节=1024ZB

知识 2　进位计数制

进位计数制是一种数的表示方法，它按进位的方式来计数，简称为进制。在计算机中使用的数制有十进制（Decimal）、二进制（Binary）、八进制（Octal）与十六进制（Hexadecimal）。各种进制数据有共同的特征。

1. 十进制数
- 十进制所采用的计数符号有十个，即数码有：0、1、2、3、4、5、6、7、8、9。
- 十进制的基数为 10，计数的规则：逢 10 进 1，借 1 当 10。
- 数码处在的位置不同，则数值的大小不同。例如：

<pre>
     1   2   3   4 .   5   7
    千位 百位 十位 个位   十分位 百分位
</pre>

每个数码分别代表的数值为：

千位：$1×10^3$　　　　百位：$2×10^2$　　　　十位：$3×10^1$

个位：$4×10^0$　　　　十分位：$5×10^{-1}$　　百分位：$7×10^{-2}$

这里把 10^{-1}、10^0、10^1、10^2 称作位权，简称"权"。那么十进制数 1234.57 可以表示成 $1×10^3+2×10^2+3×10^1+4×10^0+5×10^{-1}+7×10^{-2}$ 的按"权"展开的多项式。一般地，任意一个十进制数

$$a_n a_{n-1} a_{n-2} \ldots a_0 \,.\, b_1 b_2 \ldots b_m$$

　　　　　　整数部分　　　小数部分

都可以看作是下面多项式的组合求和式：

$a_n a_{n-1} a_{n-2} \ldots a_0.b_1 \ldots b_m = a_n \times 10^n + a_{n-1} \times 10^{n-1} + a_{n-2} \times 10^{n-2} + \ldots + a_0 \times 10^0 + b_1 \times 10^{-1} + b_2 \times 10^{-2} + \ldots b_m \times 10^{-m}$

2. 二进制数
- 二进制有两个数码：0、1，基数 N=2，权为 2^n。
- 二进制的计数规则：逢2进1，借1当2。
- 任一个二进制数可写成多项式表示形式。

如：$(1101)_2 = 1 \times 2^3 + 1 \times 2^2 + 0 \times 2^1 + 1 \times 2^0$。

其中：2^3、2^2、2^1、2^0 表示各位的权，即标明对应二进制数码所在的位。

3. 八进制数
- 八进制有八个数码：0、1、2、3、4、5、6、7，基数 N=8，权为 8^n。
- 八进制的计数规则：逢8进1，借1当8。
- 任一个八进制数都可写成多项式的表示形式。

如：$(563)_8 = 5 \times 8^2 + 6 \times 8^1 + 3 \times 8^0$。

其中：8^2、8^1、8^0 为八进制中各位的权。

4. 十六进制数
- 十六进制有十六个数码：0~9、A、B、C、D、E、F，基数 N=16，权为 16^n。
- 十六进制的计数规则：逢16进1，借1当16。
- 任一个十六进制数都可写成多项式表示形式。

如：$(FA5)_{16} = F \times 16^2 + A \times 16^1 + 5 \times 16^0$。

注意：十六进制数 A、B、C、D、E、F 分别对应于十进制的 10、11、12、13、14、15。

为了区分进制数据，在书写时有习惯的表示方法。如：

二进制 101101.101 写成 $(101101.101)_2$ 或 101101.101B；

八进制 37.6 写成 $(37.6)_8$ 或 37.6O；

十进制 205.8 写成 $(205.8)_{10}$ 或 205.8D，也可以直接写成 205.8；

十六进制 3FC.6D 写成 $(3FC.6D)_{16}$ 或 3FC.6DH。如果十六进制数第一个数字是字母，书写时在前面加一个数字"0"，如 FFFEH 写成 0FFFEH。

其中，B(binary)、O(octonary)、D(decimal)、H(hexadecimal)分别表示二进制、八进制、十进制和十六进制。如省略则默认为十进制。

知识3　数制之间的转换

1. 非十进制数转换成十进制数

非十进制数转换成十进制数的方法是根据进制数的第三个特点，即按权展开求和。

示例 6.1　将 $(1011.101)_2$ 转换成十进制数。

$(1011.101)_2 = 1 \times 2^3 + 0 \times 2^2 + 1 \times 2^1 + 1 \times 2^0 + 1 \times 2^{-1} + 0 \times 2^{-2} + 1 \times 2^{-3} = 8 + 2 + 1 + 0.5 + 0.125 = (11.625)_{10}$。

示例 6.2　将 $(A3.2C)_{16}$ 转换成十进制数。

$$\begin{aligned}(A3.2C)_{16} &= A \times 16^1 + 3 \times 16^0 + 2 \times 16^{-1} + C \times 16^{-2} \\ &= 10 \times 16^1 + 3 \times 16^0 + 2 \times 16^{-1} + 12 \times 16^{-2} \\ &= 160 + 3 + 1/8 + 3/64 = (163.172)_{10}\end{aligned}$$

示例 6.3 将$(1657)_8$转换成十进制数。

$$(1657)_8 = 1\times 8^3 + 6\times 8^2 + 5\times 8^1 + 7\times 8^0 = (943)_{10}$$

2. 十进制数转换成非十进制数

十进制数转换成非十进制数

十进制数转换成非十进制数分为两种情况：一种是十进制整数转化为非十进制数；另一种是十进制小数（纯小数）转化为非十进制数。

十进制整数转化为非十进制数的方法是除基取余法；十进制小数转换为非十进制数则采用乘基取整法。具体转化过程如下所示。

示例 6.4 将$(25)_{10}$转换成二进制数。

```
2 | 25 …… 1  ↑
2 | 12 …… 0
2 |  6 …… 0
2 |  3 …… 1
2 |  1 …… 1
    0
```

$$(25)_{10} = (11001)_2$$

示例 6.5 将$(125)_{10}$转换成八进制数。

```
8 | 125 …… 5  ↑
8 |  15 …… 7
8 |   1 …… 1
     0
```

$$(125)_{10} = (175)_8$$

示例 6.6 将$(0.125)_{10}$转换成二进制数。

```
     0.125
  ×      2
     0.250 …… 0
  ×      2
     0.500 …… 0
  ×      2
     1.000 …… 1  ↓
```

$$(0.125)_{10} = (0.001)_2$$

示例 6.7 将$(0.625)_{10}$转换成十六进制数。

```
     0.625
  ×    16
     3750
      625
    10.000 …… 10
```

$$(0.625)_{10} = (0.A)_{16}$$

注意：有些十进制小数在转换为非十进制数的时候，使用乘基取整法无法得到精确值。

示例 6.8 将十进制小数 0.6 转换成二进制数。

```
         0.6
       ×  2
       ─────
         1.2  ······ 1
       ×  2
       ─────
         0.4  ······ 0
       ×  2
       ─────
         0.8  ······ 0
       ×  2
       ─────
         1.6  ······ 1
       ×  2
       ─────
          ⋮      ⋮
```

因此，十进制数 0.6 转化为二进制数近似等于 0.1001B。

另外，如果一个十进制数既有整数部分又有小数部分，转化为非十进制，采用的转化方法就是整数采用整数转化方法，小数采用小数转化方法，然后把两部分合并。

示例 6.9　把十进制数 25.125 转化为二进制数。转化时先把整数 25 按示例 6.4 的方法转化为二进制 11001，小数 0.125 按示例 6.6 的方法转化为 0.001，然后，把整数部分与小数部分合并得到 $(11001.001)_2$。

3. 非十进制数之间的相互转换

（1）二进制数转换成八进制数。

规则：以小数点为中心，分别向左、向右每三位为一组，首尾组不足三位时，首尾用 0 补足，再将每组二进制数转换成一位八进制数，此方法也称为三位分组法。

示例 6.10　将 $(1010011.01011)_2$ 转换成八进制数。

$$
\begin{array}{cccccc}
001 & 010 & 011 & . & 010 & 110 \\
1 & 2 & 3 & . & 2 & 6
\end{array}
$$

即 $(1010011.01011)_2 = (123.26)_8$。

（2）八进制数转换成二进制数。

规则：将每位八进制数用三位二进制数表示即可。

示例 6.11　将 $(617.34)_8$ 转换成二进制数。

$$
\begin{array}{ccccc}
6 & 1 & 7 & . & 3 & 4 \\
110 & 001 & 111 & . & 011 & 100
\end{array}
$$

即 $(617.34)_8 = (110001111.011100)_2$

（3）二进制数转换成十六进制数。

规则：以小数点为中心，分别向左、向右每四位为一组，首尾组不足四位时，首尾用 0 补足，再将每组二进制数转换成一位十六进制数，此方法也被称为四位分组法。

示例 6.12　将 $(1101111100111.1001111101)_2$ 转换成十六进制数。

$$
\begin{array}{cccccccc}
0001 & 1011 & 1110 & 0111 & . & 1001 & 1111 & 0100 \\
1 & B & E & 7 & . & 9 & F & 4
\end{array}
$$

即 $(1101111100111.1001111101)_2 = (1BE7.9F4)_{16}$。

（4）十六进制数转换成二进制数。

规则：将每位十六进制数用四位二进制数表示即可。

示例 6.13 将十六进制 B6E.9 转换成二进制数。

$$\begin{array}{cccc} B & 6 & E & . & 9 \\ 1011 & 0110 & 1110 & . & 1001 \end{array}$$

即$(B6E.9)_{16} = (1011\ 0110\ 1110.1001)_2$。

各进制之间的相互转换关系如图 6-1 所示。

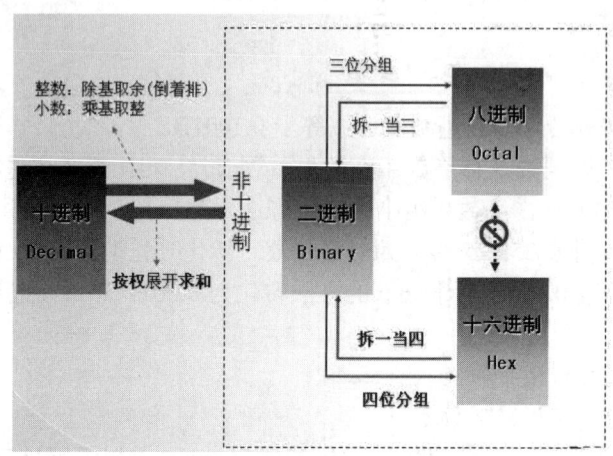

图 6-1　进制之间的转换关系

知识 4　二进制数的运算

在计算机中，二进制数之间可进行算术运算和逻辑运算，因为只包含 0 和 1 两个数码，因此运算规则非常简单。

1. 算术运算

（1）加、减法运算规则。

0＋0＝0　　　　　0＋1＝1　　　　　1＋0＝1　　　　1＋1＝0（产生进位）
0－0＝0　　　　　0－1＝1（产生借位）　1－0＝1　　　　1－1＝0

（2）乘、除法运算规则。

0×0＝0　　　　　0×1＝0　　　　　1×0＝0　　　　1×1＝1
1÷1＝1　　　　　0÷1＝0，除数不能为 0

示例 6.14 完成二进制数 1101 与 1001 之间的加法、减法与乘法运算。

```
    1101              1101                  1 1 0 1
   +1001             -1001                ×  1 0 0 1
   ─────             ─────               ──────────
  结果:1011         结果:0100              1 1 0 1
                                          0 0 0 0
                                        0 0 0 0
                                      1 1 0 1
                                    ──────────────
                                   结果: 1 1 1 0 1 0 1
```

扩展知识：在做二进制减法运算时，由于二进制的每一位上的数符最大是 1，因此经常要借位。为了避免频繁借位，在计算中二进制的减法运算其实是通过加法运算来实现的，即在计算机中减数（负数）二进制采用补码表示（详见单元 2）。这样计算机中的加、减法运算只要一个加法器即可。同样，计算机中的乘法和除法，实际上是通过被乘数左移和右移实现的。

2. 逻辑运算

生活中处处存在着逻辑，逻辑就是思维的规律和客观规则，表现为命题和推理。命题是指能判断为真假的陈述句，推理则是由已知命题（前提/假设）得到新命题（结论）的过程。现实世界中的命题和推理可以符号化为二进制的 0 和 1（0 表示假，1 表示真），则各种逻辑运算可转变为 0 和 1 之间的逻辑运算，计算机也就能进行逻辑推理了。基本逻辑运算有"与"(AND)、"或"(OR)、"非"(NOT) 和"异或"(XOR) 四种。运算规则如下：

（1）"与"运算（也叫逻辑乘）：$0 \wedge 0 = 0 \quad 0 \wedge 1 = 0 \quad 1 \wedge 0 = 0 \quad 1 \wedge 1 = 1$。

（2）"或"运算（也叫逻辑加）：$0 \vee 0 = 0 \quad 0 \vee 1 = 1 \quad 1 \vee 0 = 1 \quad 1 \vee 1 = 1$。

（3）"非"运算（也叫逻辑反）：$\overline{0} = 1, \overline{1} = 0$。实质意义就是取反。

（4）"异或"运算：$0 \oplus 0 = 0 \quad 0 \oplus 1 = 1 \quad 1 \oplus 0 = 1 \quad 1 \oplus 1 = 0$。

示例 6.15 分别求 10111001 和 11110011 的"与""或""异或"运算结果。

```
       10111001              10111001              10111001
   ∧   11110011          ∨   11110011          ⊕   11110011
       10110001              11111011              01001010
```

3. 逻辑运算的实现

1938 年，香农在发表的论文中提出了用布尔代数进行开关电路分析，并证明布尔代数的逻辑运算可以通过继电器电路来实现。任何复杂的逻辑函数都可以通过"与""或""非"三种基本的逻辑运算组合实现，图 6-2 所示为用开关电路实现三种基本逻辑运算的方式。

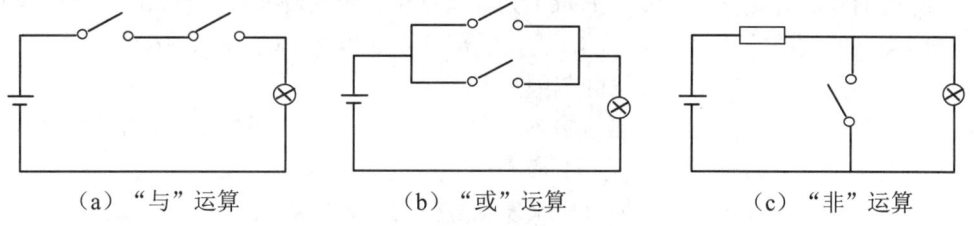

（a）"与"运算　　　（b）"或"运算　　　（c）"非"运算

图 6-2　用开关电路实现基本逻辑运算

单元 2　计算机中数据的表示

计算机中各种数据都是用二进制表示的，那么这些数据都采用哪些规则或标准来表示呢？目前，计算机能处理的数据包括数值（Number）、文本（Text）、图像（Image）、音频（Audio）和视频（Video）。用计算机求圆周率就是处理数值数据，用文字处理软件进行文字录入、编辑、打印等工作就是处理文本数据，用 Photoshop、CorelDRAW 等软件对图像进行编辑就是处理图像数据，用计算机播放音乐就是处理音频数据，用计算机编辑视频和播放电影就是处理视频数据。在 IT 行业中，用术语"多媒体（Multimedia）"来定义包含数值、文本、图像、音频和视频等形式的信息。

知识 1 计算机中数据的处理

计算机进行各种数据处理时，首先把所有计算机外部数据按照某种规则或格式转换成二进制数据，即编码（Coding）。经过编码后的数据存入计算机中，由计算机的中央处理器完成处理，当数据需从计算机输出时再还原，还原过程称为解码（Decoding）。计算机处理各种数据的过程如图 6-3 所示。

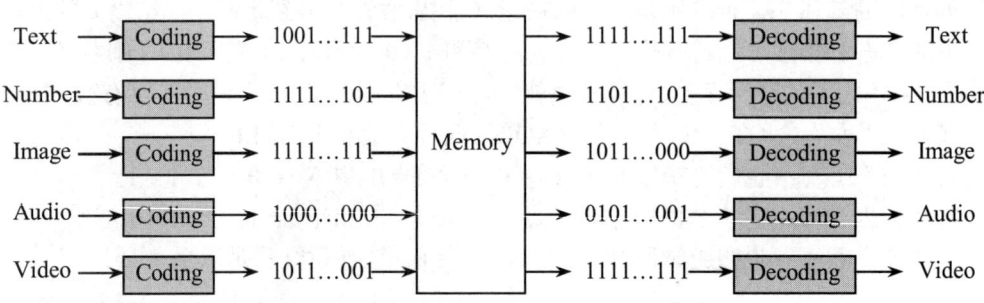

图 6-3 计算机处理各种数据的过程

知识 2 数据的表示方法

1. 数值

在计算机中，数值型数据是指可以参与算术运算的数据。数值不仅有整数和实数之分，还有正负之分。因此，描述一个数值型数据，需考虑数的长度、数的符号以及小数点三个问题。

- **数的长度**。在数学中，数的长度是指它用十进制表示时所占用的实际位数，如十进制数 3456 的长度是 4。但在计算机中，数的长度按"比特"来计算。同时，由于计算机的存储容量以"字节"（Byte）为计量单位，所以数据长度也以字节为单位计算，同类型的数据的长度是统一的，不足的部分用 0 填充。如 8 位、16 位、32 位、64 位等，不同位长所表示的数据的范围是不同的。
- **数的符号**。数分为无符号数和有符号数，无符号数指二进制数的所有位全部用来表示数值大小，如一个 8 位无符号整数表示数的范围为 0～255；有符号数指二进制数的最高位表示符号位，其他位用来表示数值大小。日常我们用"+"表示正，用"-"表示负（称真值），在计算机中约定用"0"表示正，用"1"表示负（称机器数），则一个 8 位有符号整数表示数的范围为-127～+127。机器数有原码、反码和补码三种表示法。

数值的表示——原码、反码、补码

（1）原码。原码是机器数的一种简单表示法，最高位为符号位，其余位为数值。用[X]_原表示数 X 的原码。

例 6.16 写出 8 位二进制表示的 1，-1，127，-127 的原码。

[+1]_原=00000001　　　　　　[-1]_原=10000001
[+127]_原=01111111　　　　　[-127]_原=11111111

0 的原码有两种：00000000 和 10000000。8 位二进制表示范围为[-127，+127]。

原码表示法简单易懂，但用原码进行运算，若符号位和数值同时参与运算，有时会出现运算错误。如计算[+1]_原+[-2]_原=00000001+10000010=10000011，结果是-3 显然错误。原码运算如果要正确，符号位需单独处理。同号数相加符号位不变，数值位相加；异号数相加，则需先比较两个数的绝对值，符号取绝对值大的符号，数值用大的绝对值减去小的绝对值。这样运算就复杂化了，而且用到了减法，计算机的运算器设计也会变得更复杂，为了避免这种情况，引入了反码和补码表示法。

（2）反码。机器数的反码可由原码得到，正数的反码与原码相同，负数的反码符号位为1，其余位为原码取反。用$[X]_{反}$表示数 X 的反码。

示例 6.17　写出 8 位二进制表示的 1，-1，127，-127 的反码。

$[+1]_{反}$=00000001　　　　　　　　$[-1]_{反}$=11111110

$[+127]_{反}$=01111111　　　　　　　$[-127]_{反}$=10000000

0 的反码有两种：00000000 和 11111111。8 位二进制表示反码范围为[-127,+127]。反码的运算也不方便，一般用作求补码的中间码。

（3）补码。机器数的补码可由原码得到，正数的补码与原码相同，负数的补码为反码最后一位加 1。用$[X]_{补}$表示数 X 的补码。

示例 6.18　写出 8 位二进制表示的 1，-1，127，-127 的补码。

$[+1]_{补}$=00000001　　　　　　　　$[-1]_{补}$=11111111

$[+127]_{补}$=01111111　　　　　　　$[-127]_{补}$=10000001

0 的补码唯一：00000000。多出来的 10000000 可以作为-128 的补码，因此 8 位二进制表示补码范围为[-128,+127]。

补码运算优点：①减法可以用加法实现，如 1-2=(+1)+(-2)；

　　　　　　　②数的符号位参与运算；

　　　　　　　③两数补码之和等于两数和的补码，两数补码之差等于两数差的补码。

（4）原码、反码与补码关系总结。

正数：$[X]_{原}=[X]_{反}=[X]_{补}$

负数：符号位保持不变，数值位的原码取反为其反码，反码加 1 为其补码；补码取反加 1 为其原码。三者转换关系如图6-4所示。

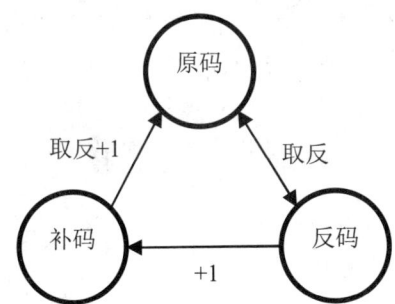

图 6-4　负数原码、反码与补码的转换关系

- **小数点**。在现实记数中，我们使用"."来表示小数点。在计算机中表示数值型数据，其小数点的位置是隐含的，即约定小数点的位置。分为定点格式与浮点格式两种。一般来说，定点格式允许的数值范围有限，处理定点数的硬件比较简单，而浮点格式表示的数的范围较大，但要求的硬件比较复杂。

（1）定点数的表示方法。定点数是各种数据中最简单、最基本的表示，用以表示二进制形式具有固定比例换算的量，即小数点的位置一旦约定，就不再改变。常用的定点数表示方法有定点整数（也称纯整数）和定点小数（也称纯小数）两种。

1）定点整数。定点整数的小数点的位置约定在最低数值位的后面。数据存放的格式如下：

S	a_n	a_{n-1}	a_{n-2}	...	a_2	a_1	a_0
符号	量值部分							

如用 16 位存储单元存放整数 −193 的格式如下：

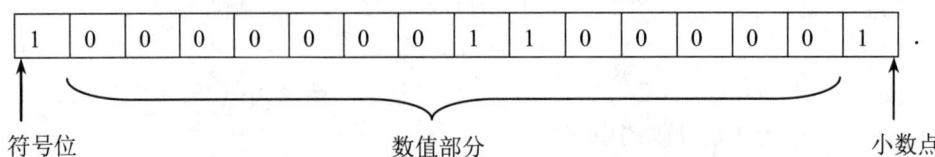

2）定点小数。定点小数的小数点位置约定在符号位和数值部分的最高位之间，用以表示小于 1 的纯小数。数据存放的格式如下：

S	b_1	b_2	b_3	...	b_{m-2}	b_{m-1}	b_m
符号	量值部分							

如十进制小数 0.6876 在计算机内用定点小数表示的形式如下：

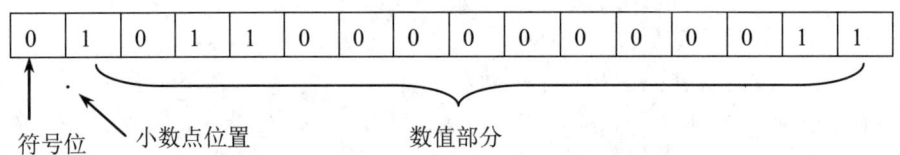

（2）浮点数的表示方法。浮点表示法，就是把一个数的有效数字和数的范围在计算机的存储单元中分别予以表示，而数的小数点位置会随比例因子的不同而在一定范围内自由浮动的表示法。大家在学物理学时就已经知道，电子的质量很小，为 $9×10^{-28}$ 克，太阳的质量很大，为 $2×10^{33}$ 克。而在计算机中用定点数来直接存储这些很小的数或很大的数非常困难。因此，必须寻找另一种数的表示方法，可以在某个固定长度的存储空间表示定点数无法表示的更大范围的数，这就是浮点表示法，基本原理来源于十进制数中使用的科学计数法（Scientific Notation）。

大家也知道：任意一个十进制数 N 可以写成 $N = sm × 10^e$，同样，在计算机中任意一个二进制数 N 也可以写成

$$N = s(1.m) × 2^e$$

其中，s 为数符，m 为尾数（mantissa），是一个纯小数；e 为指数（exponent），在计算机中称作阶码。

为了在计算机中存储这样的一个数，只需存储这个数的阶符、阶码、数符与尾数就可以实现这个浮点数的存储。存储格式如下：

e_s	$e_1 e_2 e_3 ... e_m$	m_s	$m_1 m_2 m_3 ... m_n$

其中，e_s 为阶符，m_s 为数符。这种表示方法存在一个问题，一个数要识别两次符号，给数据的处理带来了很大的不便。

为了规范浮点数的存储，同时也便于软件移植，电气与电子工程师协会（Institute of Electrical and Electronics Engineers，IEEE）制定了标准 IEEE 754，在该标准中定义了 32 位与 64 位浮点数的存储格式。一种是单精度浮点数，用 32 位存储；另一种是双精度浮点数，用 64 位存储。且规定基数为 2，阶码 e 用移码表示（所谓移码是为了避开阶码的符号，对每个阶码都加上一个正的常数，称为偏移常数 Excess），尾数 m 用原码表示，根据原码的规格化要求最高位总是 1，则将 1 省略存储。

32 位浮点数和 64 位浮点数的标准格式分别为：

单精度：	s(1bit)	e(8bit)（Excess_127）	m(23bit)

双精度：	s(1bit)	e(11bit)（Excess_1023）	m(52bit)

其中，s 为符号，m 为尾数，e 为阶码（移码），小数点放在尾数域的最前面。

示例 6.19　分别用单精度和双精度浮点数表示十进制数 71.25。

首先将 71.25 转换为二进制数：1000111.01。

规范化表示成 $+1.00011101 \times 2^{+6}$。

则符号位 s 为 0，尾数为 00011101，e 为 00000110，但这里阶码不是存储 6 而是 6+127，即 10000101。这样，十进制数 71.25 以单精度浮点数存储格式为：

0	10000101	00011101000000000000000
符号	阶码（Excess_127）	尾数

注意：m 前的 1 省略存储。

同理，十进制数 71.25 以双精度浮点数存储格式为：

0	10000000101	0001110100000000000...0000000000000000000000000
符号	阶码（Excess_1023）	尾数

2. 文本

在任何语言中，文本的片断是用来表示该语言中某个意义的一系列符号。例如，在英文中使用 26 个符号（A、B、C、…、Z）表示大写字母，使用 26 个符号（a、b、c、…、z）表示小写字母，使用 10 个符号（0、1、2、…、9）表示数字符号（非数值数字），以及使用符号（,、!、…、?、"）表示标点，另外还有空格、换行符、制表符等。

那么在一种语言中，一个符号到底用多少位二进制来表示？这个问题取决于该语言集中有多少个不同的符号。例如，某种语言有 16 个符号，用二进制来表示这些符号必须能够区分这 16 个符号。语言的符号数与二进制数位数的关系不是线性关系，而是对数关系。如果某种语言的符号仅有 2 个，用 1（$\log_2 2=1$）位二进制数就能区分；如果某种语言需要 8 个符号，就要用 3（$\log_2 8=3$）位二进制数来表示，有 8 种不同的形式：000、001、010、011、100、101、110 和 111。从表 6-1 中可以很容易地看出语言符号数与二进制位数之间的关系。

表 6-1 语言符号数与二进制位数的关系

符号数量	二进制位数
2	1
4	2
8	3
16	4
…	…
65536	16

（1）ASCII 码。ASCII 码即美国标准信息交换码（American Standard Code for Information Interchange，ASCII），由美国国家标准局（American National Standards Institute，ANSI）发布的用于表示英文字符集的代码集，国际标准化组织（International Organization for Standardization，ISO）批准其为国际字符标准。ASCII 码采用 7 位二进制数表示 128 个不同的符号，见表 6-2。编码的二进制数排列顺序为 $b_7b_6b_5b_4b_3b_2b_1$。

表 6-2 ASCII 字符与编码对照表

$b_4b_3b_2b_1$ \ $b_7b_6b_5$	000	001	010	011	100	101	110	111
0000	NUL	DLE	SP	0	@	P	`	p
0001	SOH	DC1	!	1	A	Q	a	q
0010	STX	DC2	"	2	B	R	b	r
0011	EXT	DC3	#	3	C	S	c	s
0100	EOT	DC4	$	4	D	T	d	t
0101	ENQ	NAK	%	5	E	U	e	u
0110	ACK	SYN	&	6	F	V	f	v
0111	BEL	ETB	'	7	G	W	g	w
1000	BS	CAN	(	8	H	X	h	x
1001	HT	EM	)	9	I	Y	i	y
1010	LF	SUB	*	:	J	Z	j	z
1011	VT	ESC	+	;	K	[	k	{
1100	FF	FS	,	<	L	\	l	|
1101	CR	GS	-	=	M	]	m	}
1110	SO	RS	.	>	N	↑	n	~
1111	SI	US	/	?	O	↓	o	DEL

基本的 ASCII 字符集共有 128 个字符，其中有 94 个可打印字符，包括字母、数字、标点、运算符号等，另外还有 34 个控制字符，也称非打印字符。如英文单词"BYTE"在计算机中表示方法如图 6-5 所示。

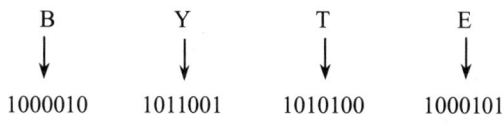

图 6-5 用 ASCII 码表示英文单词 "BYTE"

（2）扩展 ASCII 码。在计算机中，为了使 7 位 ASCII 码统一成为一个字节（Byte，8 位二进制），采用在 ASCII 码左边增加额外的 0 来进行扩充，得到的代码就是扩展 ASCII 码，范围从 00000000～01111111。英文字符的处理过程如图 6-6 所示。

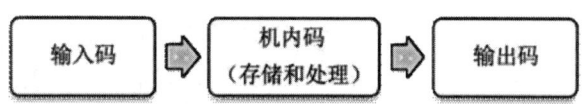

图 6-6 英文字符处理过程

（3）区位码、国标码与机内码。为了使每一个汉字有一个全国统一的代码，1980 年，我国颁布了第一个汉字编码的国家标准：《信息交换用汉字编码字符集》（GB 2312－80）基本集，这个字符集是我国中文信息处理技术的发展基础，也是目前国内所有汉字系统的统一标准，简称国标码。如 "中" 的国标码为 5650H。

由于国标码用四位十六进制表示不便交流，大家日常用的是四位十进制的区位码。即将所有的国标汉字与符号组成一个 94×94 的矩阵。在此矩阵中，每一行称为一个 "区"，每一列称为一个 "位"，实际上组成了一个有 94 个区（区号分别为 01 到 94）、每个区内有 94 个位（位号分别为 01 到 94）的汉字字符集。一个汉字所在的区号和位号组合在一起就构成了区位码。其中，01～09 区为 682 个特殊字符，16～87 区包含 6763 个汉字（其中一级最常用汉字 3755 个，按拼音字母的次序排列，二级汉字 3008 个，按部首次序排列），10～15 区、88～94 区为用户自定义区。如 "中" 在第 54 区 48 位，即区位码为 5448。

在计算机处理过程中，为便于与 ASCII 码兼容，GB 2312－80 汉字国标码采用了扩充编码的办法，使用两个字节表示一个汉字的编码。如果已知一个汉字的区位码，稍作转换可得到其国标码。如图 6-7 所示。

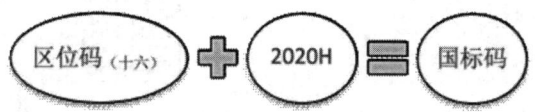

图 6-7 汉字区位码与国标码之间的转换

但由于 8 位扩展 ASCII 码最高位为 0，为避免汉字每个字节的编码与扩展 ASCII 码混淆，将 GB2312-80 编码标准中汉字的每个字节的最高位置为 1，作为汉字在计算机内部存储、交换、检索等操作的代码，称为汉字机内码。如图 6-8 所示。

图 6-8 汉字国标码与机内码之间的转换

汉字处理过程如图 6-9 所示。汉字的输入码不是唯一的，主要分为数码，音码和形码，但机内码是唯一的。

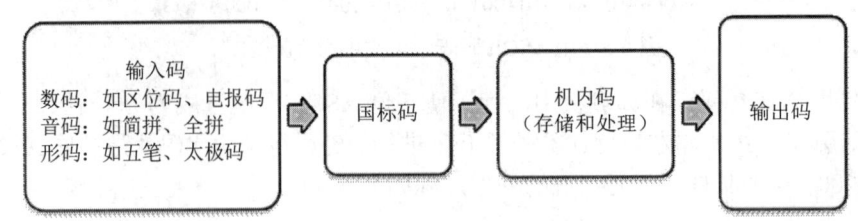

图 6-9　汉字字符处理过程

（4）Unicode 码。随着计算机的发展与广泛使用，人们要求计算机处理的语言符号越来越多，为了确保世界上不同语言符号编码的统一性与唯一性，一些国际知名硬件和软件商联合设计了一种名为 Unicode（Universal Code）的编码。这种编码使用 16 位二进制表示一个符号，最多能表示 65536（2^{16}）个符号，代码的不同部分被分配用于表示世界上的不同语言符号。Java 语言便使用这种代码来表示字符。Unicode 编码就像它的名字一样，是一种世界通用的符号编码。

（5）ISO 码。ISO 码是由国际标准化组织设计的一种使用 32 位二进制表示一个语言符号的编码，如 ISO10646。这种代码最多能表示 4294967296（2^{32}）个符号，足以表示当今世界上的所有的语言符号。

（6）二维码。二维码又称二维条码（2-Dimensional Bar Code），是近年来流行的一种编码方式。二维条码使用黑白矩形图案表示二进制数据，通过图像输入设备或光电设备扫描后可获取其中所包含的信息。原一维条码只有宽度记载着数据，而二维条码的长度、宽度均记载着数据，具有一维条码没有的"定位点"和"容错机制"。容错机制在即使没有辨识到全部的条码、或是条码有污损时，也可以正确地还原条码上的信息。二维条码主要分为堆叠式/行排式和矩阵式，如图 6-10 所示。

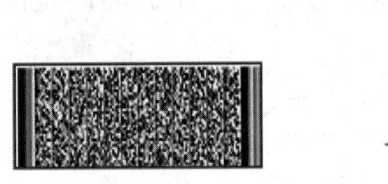

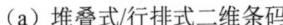

（a）堆叠式/行排式二维条码　　　　（b）矩阵式结构二维条码

图 6-10　常见的二维条码

3. 图像

目前，图像在计算机中有位图与矢量图两种。位图是通过图像获取设备获得现实景物/对象的映像，矢量图是使用矢量绘图/设计软件以交互方式制作而成。

（1）位图图像。在位图图像中，图像被分为像素（Pixel）矩阵，每一个像素对应图像上的一个点。像素的大小取决于分辨率。分辨率是一个表示平面图像精细程度的概念，通常它是以横向和纵向点的数量来衡量的，表示成"水平点数×垂直点数"的形式。图 6-11（a）的分辨率为 8×8，图 6-11（b）分辨率为 16×16。

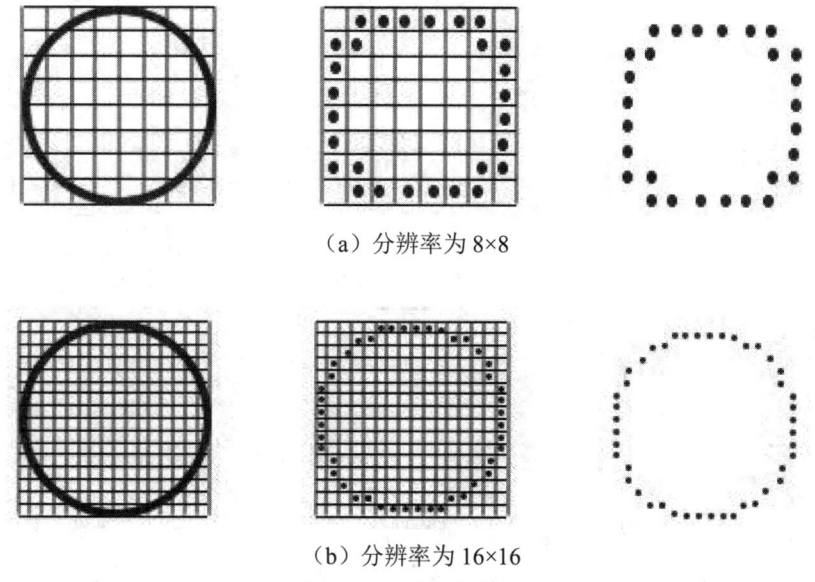

（a）分辨率为 8×8

（b）分辨率为 16×16

图 6-11　图像分辨率

在一个固定的平面内，分辨率越高，意味着可使用的点数越多，像素越高，图像越细致。位图是像素的集合，把图像分成像素之后，每一个像素点就用一定的二进制位来描述。例如，对于仅由黑白点组成的图像，1 位二进制就足够描述一个像素，用 1 表示黑色像素点，用 0 表示白色像素点。图像中的每个像素点被一个一个记录下来存储在计算机中。图 6-12 显示了这种黑白图像以及它的表示方法。

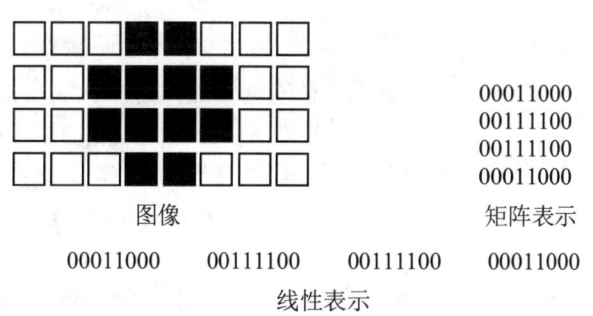

图 6-12　黑白图像的位图图形表示方法

如果一幅图像不单由纯黑、纯白像素组成，还包括黑白过渡的灰度，就可以通过增加每个像素点的二进制位来表示灰色度。例如，可以分别使用 2 位二进制 00（表示黑色像素）、01（表示深灰度像素）、10（表示浅灰度像素）、11（表示白色像素）来显示四重灰度级。如果图像是彩色图像，位图用红、绿、蓝三原色的光学强度来表示像素的颜色，具体的处理方法是：每一种彩色像素被分解成红、绿、蓝三种主色（通常称为 RGB 图像），然后测出每个像素点三种颜色的强度，每种颜色的强度分配固定的二进制位（通常为 8 位）。也就是说，每一个像素用 24 位二进制描述它的颜色成分的强度。图 6-13 显示了四种颜色的像素点的二进制的表示方法。

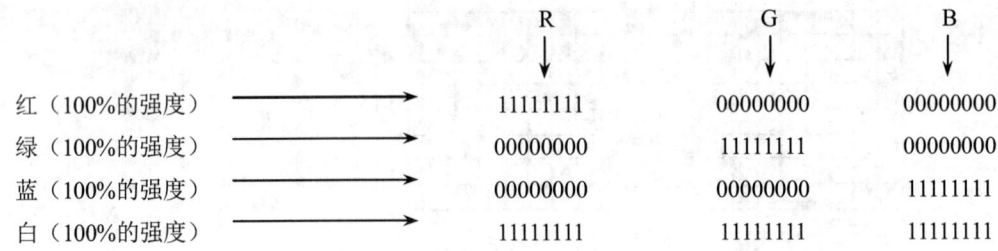

图 6-13 彩色图像中的红色、绿色、蓝色、白色像素点的表示

完成了上述学习内容后，大家思考这样一个问题：假如有一个分辨率为 320×240 的位图图像，如果是 256 级灰度图或 RGB 彩色图像，存储这样的图像分别需要多大存储空间？

如果是 256 级灰度，保存一个像素点需要 8 位二进制；如果是 RGB 彩色图像，保存一个像素点则需要 24 位二进制。位图图像文件的大小可以通过以下方法计算得出：

文件的字节数=图像分辨率×图像位深度/8

其中，图像位深度是二进制颜色位数。

（2）矢量图。由上可知，位图图像表示法存在的问题之一是一幅图像采用精确的二进制数表示后存储在计算机中，由于需要存储每个像素点的值，存储这样的图像需要较大的存储空间；问题二是如果想重新调整图像的大小，就必须改变像素的大小，这将产生波纹状或颗粒状图像。而矢量图很好地解决了这些问题，矢量图形的元素是一些点、线、矩形、多边形、圆和弧线等，它们都是通过存储在计算机中的数学公式计算获得的，所以矢量图形文件容量一般较小。同时，由于矢量图形放大、缩小或旋转后的图形也是通过计算公式重新生成，因此矢量图放大、缩小或旋转后不会失真。但矢量图最大的缺点就是难以表现色彩层次丰富的图像效果。

4. 音频

音频是多媒体技术的重要元素，是携带信息的重要媒体之一。大家知道，声波是随时间而连续变化的物理量，通过能量转换装置，可用随声波变化而改变的电压或电流信号来模拟。假设以模拟电压的幅度来表示声音的强弱。为使计算机能处理音频，必须对声音信号数字化。音频信号的数字化过程包括采样（Sampling）、量化（Quantization）、编码（Coding）等过程。具体转化过程如下：

（1）首先是采样。采样（或称取样、抽样）是把如图 6-14（a）所示的时间连续的模拟信号转换成如图 6-14（b）所示的时间离散、幅度连续的采样信号。每隔一个时间间隔在模拟音频波形上取一个幅度值，这样，由一个连续的模拟音频波形产生了一组离散的数值序列。其中，时间间隔被称为采样周期，单位时间采样的次数就是采样频率。在多媒体中，对于音频信号，最常用的有三种采样频率：44.1kHz、22.05kHz、11.025kHz。

（2）其次是量化。量化是将时间离散、幅度连续的采样信号转换成时间离散、幅度离散的数字信号，如图 6-14（c）所示。将模拟音频信号的电压幅度值划分为若干个级数，每个级数对应一个二进制数字；将各个采样结果提升或下降到级数值，形成一组二进制数字序列。例如量化位数采用 16 位，它对应 65536 个量化级。

（3）然后是编码，将量化值转化为计算机可存储的二进制数。

（4）最后是存储，就是将编码后的二进制数存储到计算机中。

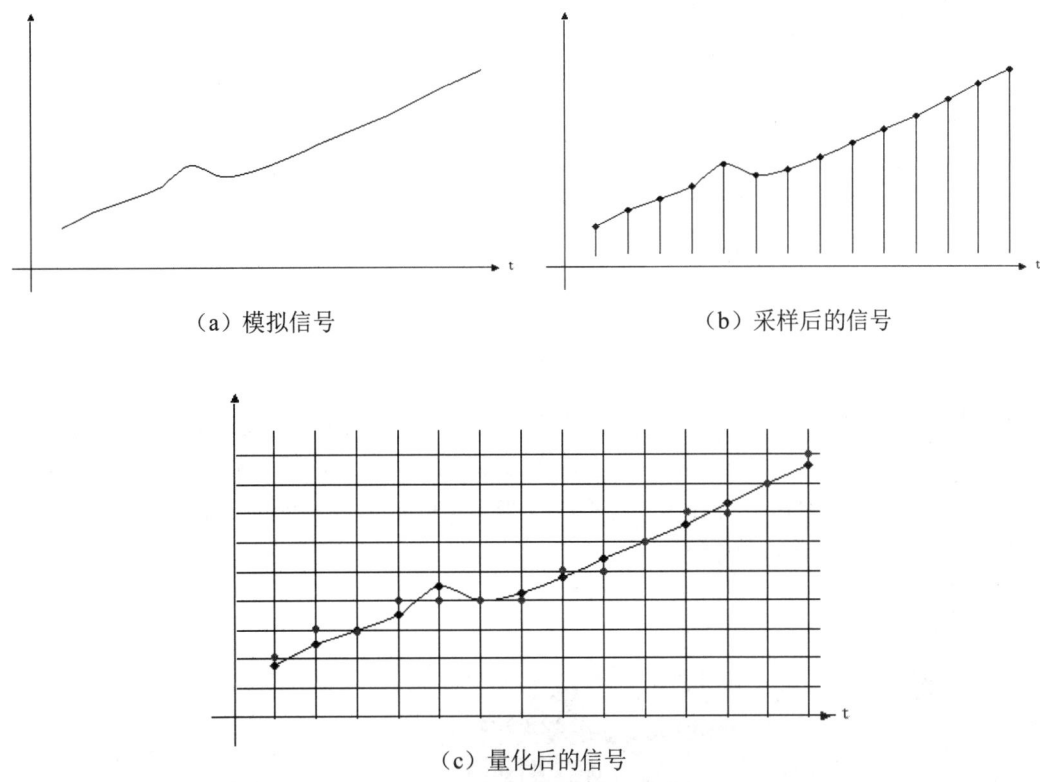

(a)模拟信号　　　　　　　　　(b)采样后的信号

(c)量化后的信号

图 6-14　音频的采样与量化

一般来说，要求声音的质量越高，则量化级数和采样频率越高，保存这一段声音的相应文件也就越大。

声音文件存储空间（字节）=采样频率×量化位×声道×时间/8

例如，采样频率为 44.1kHz，量化位是 16 位的立体声 1 分钟声音所需字节是：

$$44.1×1000×16×2×60/8 ≈ 10MB$$

根据采样原理，采样的频率至少高于信号最高频率的 2 倍，采样的频率越高，声音"回放"出来的质量也越高，但是要求的存储容量也越大。

从上述可见，数字化音频的信息量是比较大的，为了使音频信息能更有效地存储和传输，就必须对它进行压缩处理，音频压缩标准比较成熟的有"MPEG 音频"。

音频信号的另一种处理方法是分析与合成，即按一定的协议标准，采用音乐符号记录方法来记录和解释乐谱，并合成相应的音乐信号，这也就是 MIDI（Musical Instrument Digital Interface）方式。用合成的方式计算机也能制造出音频信号，人们可以使用计算机进行作曲，或能按照人的要求发出人所需要的声音。

5. 视频

视频是图像（帧）在时间上的表示，如图 6-15 所示。电影就是一系列的帧，通过播放软件一张一张地播放而形成运动图像。如果知道如何将图像数据存储在计算机中，也就知道了如何存储视频数据：每一幅图像或帧被转化成二进制数并存储，这些图像组合起来可表示视频。由于视频数据较大，通常被压缩存储。压缩方法分为无损压缩与有损压缩。

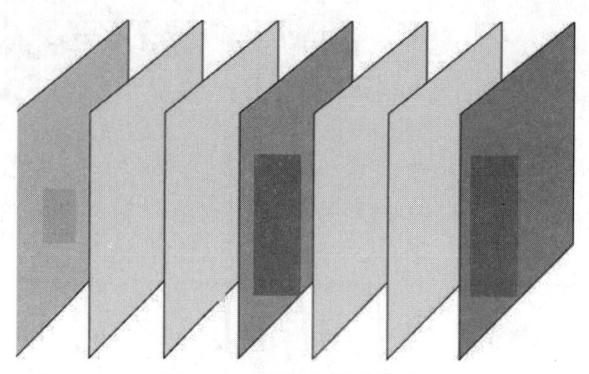

图 6-15　视频的图像构成

无损压缩是将相同的或相似的数据归类，使用较少的数据量描述原始数据，压缩率不高，一般为 2:1 到 5:1，例如哈夫曼编码。有损压缩是利用人类视觉和听觉感观对图像或声音中某些频率成分不敏感的特性，允许在压缩过程中损失一定的信息以减少数据量，压缩比可达 100:1 到 200:1。目前人们常混用这两种压缩方法。

注：关于图像、音频和视频的处理技术及应用，将在后续课程《多媒体技术与应用》中进行详细的介绍。

活动设计

活动　信息编码与中国传统文化

目标

充分认识信息编码的魅力，从中国传统文化的编码故事中认识与理解信息编码的历史渊源，了解人类不断深化认知世界的发展过程，并从信息编码的早期发展及不断进步中领略中华文明的智慧。

场景

《易经》中的二进制思想

1694 年，德国数学家莱布尼茨更上一层楼，发明了世界上第一台能进行加减乘除运算的机械计算器。在数学史上，莱布尼茨还以发明现代电子计算机二进制概念而闻名，他最先提出了二进制的加、减、乘、除运算。谈到这一成就时，莱布尼茨曾经激动地说："我的这种不可思议的新发明，……是因为我发现了一位圣人的古代文字的秘密，这位古代圣人就是 3000 多年前的君王伏羲氏。"他对伏羲发明的太极八卦图尤为赞赏，称赞它是"流传在宇宙间科学中的最古老的纪念物"。

我国上古伏羲时代就有了《易经》，《易经》是研究日月之间变化的一门科学，通过卦爻来说明天地之间、日月系以内人生与事物变化的大法则。究其研究方法，就是借助二进制手段来实现的。

爻是《易经》中组成卦的符号，"—"为阳爻，"- -"为阴爻。爻是二进制的位，卦是通过爻组合而成的二进制数。每三爻合成一卦，可得八卦；两卦（六爻）相重，则得六十四卦，称为别卦。

我们对比二进制的组成：二进制的位用 0 和 1 表示，3 位二进制可组合成 8 种状态，即可表示为 0~7 这 8 个数，而 2 个 3 位二进制组合，即变为 6 位二进制数，即：$2^6 = 64$，即 64 种状态。

将八卦按照 0~7 这 8 个数字排列为：

0——坤（地）　1——艮（山）　2——坎（水）　3——巽（风）
4——震（雷）　5——离（火）　6——兑（泽）　7——乾（天）

如果对八卦进一步分析可发现，八卦里面有二进制的算术运算与逻辑运算。如：

乾坤、离坎、艮兑、震巽它们之间的二进制的逻辑运算是一种反码关系，从哲学上来说它们之间是对立的关系。再由八卦可组合为六十四卦，例如六十四卦中的"谦卦"是坤卦艮卦组成，坤在上艮在下，此卦是地中有山，是"谦卦"的现象，君子们效法它的精神，以减损多余的而增益缺少的。六十四卦如果再进一步演变，有 64×64 = 4096 种状态，如此，可得出天地之间的各种状态。也即通过卦便可以进行天地万物的研究了。

《易经》系辞上说：

"是故，易有太极，是生两仪，两仪生四象，四象生八卦，八卦定吉凶，吉凶生大业。"

"乾之策，二百一十有六。坤之策，百四十有四。凡三百有六十，当期之日。二篇之策，万有一千五百二十，当万物之数也。"

这里的太极是说宇宙混沌一起的大气之气，两仪即二进制的位 0 与 1，四象即两位二进制组合的 4 种状态，八卦即 3 位二进制组合的 8 种状态。"万有一千五百二十，当万物之数也"是二进制通过运算后所得的一个数，此数总计一万一千五百二十，相当于万物的数字。

其次，我国老子是将二进制数深化运用的一位大圣人。老子将二进制数运用于"道德"的研究，形成了我国浓厚的、朴素的唯物主义和辩证法。老子认为："道"是宇宙万物的本源，道生一、一生二、二生三、三生万物，万物负阴而抱阳，中气以为和。这就是二进制的深化运用。

"混沌初开，乾坤始奠。气之轻清上浮者为天，气之重浊下凝者为地。"这句话与我们现在的模拟电子与数字电子很是吻合。

在混沌初开，乾坤始奠时，为模糊状态，即我们所说的模拟状态，气之轻清上浮者为天，气之重浊下凝者为地，是说通过转化将模拟状态转换为了数字状态，于是就有了数字电子，就类似我们所说的 A/D 转换。当有了数字状态（即二进制数）万物就产生了。于是，老子总结道："天下皆知美之为美，斯恶已。皆知善之为善，斯不善已。有无相生，难易相成，长短相形，高下相盈，音声相和，前后相随。恒也"。这就是二进制的求反逻辑，是二进制的典型应用。

由此可见，二进制的运用在我国古代就已显现得淋漓尽致。古代将二进制运用于天地、人事、哲学研究，而现代的信息系统领域将二进制运用于电子数字化研究。

要求

（1）把学生分成几个组相互讨论。每组派代表在课堂上发言，教师对讨论做总结。

（2）易经是如何体现二进制编码规则的？对中华民族认知世界有什么样的影响？

（3）你能找到我们生活、生产中还用到了哪些编码？请举例。

实践任务

 国庆献礼——汉字二进制编码的应用

任务目标

运用汉字二进制编码表达爱国思想向国庆献礼,通过设计、实现该任务进一步理解汉字在计算机中的表示方式和原理,了解信息编码的魅力。

任务情境与要求

国庆节到了,各班级都要准备一个节目给国庆献礼。同学们纷纷献计献策。准备一份什么样的礼物,既能表达对祖国的热爱,又能有创意且与众不同呢?班长联系最近计算机课程中所学的信息编码知识,想到了一个独特的点子——用二进制鲜花阵写一封信向祖国告白。

任务素材

完整 GB2312 简体中文编码表可在下列网站中查找:http://tools.jb51.net/table/gb2312。GB2312 简体中文编码表的部分汉字编码见下表:

汉字	GB2312	汉字	GB2312	汉字	GB2312	汉字	GB2312	汉字	GB2312
中	D6D0	你	C4E3	万	CDF2	献	CFD7		
国	B9FA	奋	B7DC	岁	CBEA	美	C3C0		
祖	D7E0	斗	B6B7	繁	B7B1	丽	C0F6		
我	CED2	歌	B8E9	荣	C8D9	颂	CBCC		
爱	B0AE	为	CEAA	奉	B7EE	而	B6F8		
保	B1AB	卫	CEC0	人	C8CB	民	C3F1		

任务解析

1. 写下要表达的文字:

 "我爱你,中国"

2. 查找汉字编码表,并将编码表中的编码转化成二进制,见下表。

汉字	GB2312	二进制编码
中	D6D0	1101011011010000
国	B9FA	1011100111111010
我	CED2	1100111011010010
爱	B0AE	1011000010101110
你	C4E3	1100010011100011

3. 1用♥表示，0用✿表示，形成我们的特色鲜花阵，向祖国献花！

你也动手写一封独特的信，做成鲜花爱心阵献给祖国吧！当然你也可以将爱心和鲜花换成你喜欢的其他形式，比如闪闪红星、双色霓虹灯，不断闪耀着你的爱国热情。

课后习题6

一、选择题

1. 十进制数是56对应的二进制数是（　　）。
   A. 00110111　　B. 00111001　　C. 00111000　　D. 00111010
2. 用8个二进制位能表示的最大的无符号整数等于十进制整数（　　）。
   A. 127　　　　B. 128　　　　C. 255　　　　D. 256
3. 微机中采用的标准ASCII编码用（　　）位二进制数表示一个字符。
   A. 6　　　　　B. 7　　　　　C. 8　　　　　D. 16
4. 计算机内部，一切信息的存取、处理和传送都是以（　　）进行的。
   A. 二进制　　B. ASCII码　　C. 十六进制　　D. EBCDIC码
5. 1KB的存储空间能存储（　　）个汉字国标（GB2312-80）码。
   A. 1024　　　B. 512　　　　C. 256　　　　D. 128
6. 存储一个48×48点的汉字字形码，需要（　　）字节。
   A. 72　　　　B. 256　　　　C. 288　　　　D. 512
7. 某汉字的区位码是1614，它的机内码是（　　）。
   A. B0AEH　　B. BD02H　　C. 302EH　　　D. 908EH
8. 已知英文字母m的ASCII码值为6DH，那么码值为4DH的字母是（　　）。
   A. N　　　　B. M　　　　　C. P　　　　　D. L
9. 已知三个字符为：A、X和5，按它们的ASCII码值升序排序，结果是（　　）。
   A. 5，a，X　　B. a，5，X　　C. X，a，5　　D. 5，X，a
10. 已知"装"的音码是"zhuang"，"大"的音码是"da"，则存储它们内码分别需要的字节个数是（　　）。
    A. 6，2　　　B. 3，1　　　C. 2，2　　　D. 1，1
11. 下列两个二进制数进行算术加运算，10100+111=（　　）。
    A. 10211　　B. 110011　　C. 11011　　　D. 10011
12. 在计算机中采用二进制，是因为（　　）。
    A. 可降低硬件成本　　　　　B. 两个状态的系统具有稳定性
    C、二进制的运算法则简单　　D. 上述三个原因
13. 存储一个汉字的机内码需2个字节。其前后两个字节的最高位二进制值依次分别是（　　）。
    A. 1和1　　　B. 1和0　　　C. 0和1　　　D. 0和0

14. 计算机中的数据是指（　　）。
    A. 数字和文本　　　　　　　　B. 图片和动画
    C. 声音和视频　　　　　　　　D. 以上全是
15. 图像在计算机中的表示方法有（　　）。
    A. 面和点　　　　　　　　　　B. 彩色和非彩色
    C. 位图和矢量图　　　　　　　D. 不确定
16. 在计算机中，一个浮点数由两个部分组成，分别是（　　）。
    A. 基数和阶码　　　　　　　　B. 阶码和尾数
    C. 基数和尾数　　　　　　　　D. 整数和小数
17. 计算机中能实现的运算有（　　）。
    A. 加法　　　　　　　　　　　B. 算术与逻辑运算
    C. 乘法　　　　　　　　　　　D. 减法
18. 音频信号的数字化过程包括（　　）。
    A. 采样、量化和编码等过程　　B. 量化、编码和采样等过程
    C. 编码、量化和采样等过程　　D. 采样、编码和量化等过程

二、简答题

1. 在计算机中保存分辨率为 477×365 的 RGB 彩色位图图像，需要存储空间是多少？
2. 什么是进制？各种进制间有何共同特征？
3. 何谓定点数？定点数分为哪几种？何谓浮点数？
4. 把下列十进制数转化为二进制数。
    A. 23　　　　　B. 119　　　　　C. 0.625　　　　　D. 136.125
5. 把下列二进制数分别转化为十六进制数与八进制数。
    A. 1010101　　B. 1001　　　　C. 110110110110　　D. 1110101001.11011
6. 把下列二进制数转化为十进制数。
    A. 10101011　　B. 11011　　　C. 1010101.101　　　D. 0.1101
7. 请完成下列二进制数的计算。
    A. 1010+1001　　B. 1111-1010　　C. 1111+1111　　D. 1010-1111

模块 7　数据结构与算法思维

随着计算机硬件技术的发展，计算机软件技术也获得了飞速的发展。本模块所学的数据结构与算法思维均属于计算机软件的重要组成部分。本模块主要介绍数据结构、算法及其相关的基础知识，进一步提高对计算机软件的认识，为后续软件编程课程的学习打好基础。

学习目标

认知目标	情感目标	技能目标
了解算法的概念、算法的基本特征、设计原则、算法的复杂度、算法的基本结构。了解线性表、堆栈、队列、树等基本概念与特征。了解一些常用查找算法和排序算法。	培养学生的逻辑思维能力和实践能力，认识算法思维的重要性，提高今后学习相应课程的兴趣。	通过本模块的学习，能实现二叉树的遍历运算处理，能够进行基本算法实现的描述。

模块导学

单元知识	活动设计	实践任务	课后习题
数据结构 算法	认识堆栈与队列数据结构 看视频，分析排序算法的效率	编写加法运算程序	选择题 思考题

单元 1　数据结构

知识 1　数据结构基本概念

在现实社会中，很多的非数值计算问题无法用数学方程加以描述。例如，图书馆的书目检索系统自动化问题，这类数学模型可称为线性的数据结构；计算机和人对弈问题，这类数学模型是一种称为"树"的数据结构；多岔路口交通灯的管制问题，这类数学模型是一种称为"图"的数据结构。综上三个例子可见，描述这类非数值计算问题的数学模型不再是数学方程，而是诸如表、树和图之类的数据结构。因此，简单说来，数据结构是一门研究非数值计算的程序设计问题中计算机的操作对象以及它们之间的关系和操作等的学科。

数据结构是相互之间存在一种或多种特定关系的数据元素的集合。其中的"关系"描述的是数据元素之间的逻辑关系，又称为数据的逻辑结构。数据结构在计算机中的表示称为数据的物理结构，又称存储结构。任何一个算法的设计取决于选定的数据（逻辑）结构，而算法的实现依赖于采用的存储结构。数据结构作为一门学科，研究的内容主要包括数据的逻辑结构、数据的物理存储结构及对数据的操作（或算法）3 个方面。

知识2　线性表

线性表是一个列表，具有顺序结构，线性表的顺序性如图7-1所示。从图中可以看出：
- 线性表中必存在唯一的一个"第一元素（Element 1）"。
- 集合中必存在唯一的一个"最后元素（Element 4）"。
- 除最后一个元素之外，均有唯一的后继。
- 除第一个元素之外，均有唯一的前驱。

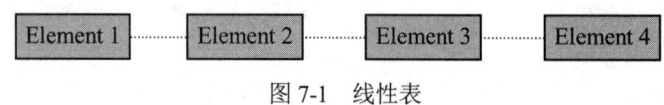

图7-1　线性表

1. 线性表的逻辑结构

线性表是最基本、最简单，也是最常用的一种数据结构。线性表由一组数据元素构成。数据元素的含义很广泛，在不同的情况下，它可以有不同的含义。例如英文字母表(a,b,c,...,z)是一个长度为26的线性表，其中每个小写字母就是一个数据元素。又如表7-1也是一个线性表，该表中一条记录就是一个数据元素。

表7-1　学生情况表

学号	姓名	性别	出生日期	专业
1001	刘锐	男	1985年3月8日	计算机科学与技术
1002	吴敏	女	1986年7月9日	市场营销
......	......	......	......	......
1009	李朝阳	男	1987年3月1日	室内设计

线性表是一个线性结构，它是一个含有 n≥0 个结点的有限序列，对于其中的结点，有且仅有一个开始结点（没有前驱但有一个后继结点），有且仅有一个终端结点（没有后继但有一个前驱结点），其他的结点都有且仅有一个前驱和一个后继结点。一般地，一个线性表可以表示成一个线性序列：$K_1,K_2,...,K_n$，其中 K_1 是开始结点，K_n 是终端结点。在由 n（n≥0）个数据元素（结点）$K_1,K_2,...,K_n$ 组成的有限序列中，数据元素的个数 n 定义为表的长度。当 n=0 时称为空表。

线性表具有均匀性与有序性的特点。均匀性是指不同数据表的数据元素可以是各种各样的，对于同一线性表的各数据元素必定具有相同的数据长度。有序性是指各数据元素在线性表中的位置只取决于它们的顺序，数据元素之前的相对位置是线性的。

2. 线性表的顺序存储结构

在计算机中存放线性表，一种最简单的方法是顺序存储，也称为顺序分配。线性表的顺序存储结构具有如下两个基本特点：

（1）线性表中所有元素所占的存储空间是连续的。

（2）线性表中各元素所占的存储空间是连续的。

由此可见，在线性表的顺序存储结构中，其前后两个元素在存储空间中是紧邻的，且前一个元素一定存储在后一个元素之前。

在线性表中的顺序存储结构中，如果线性表中的各元素所占的存储空间（字节）相等，则在该线性表中查找某一数据元素非常方便。假设线性表中的第一个元素的存储地址（指第一个字节的地址，即首地址）为 ADDR1，每一个数据元素占 K 个字节，则线性表中第 i 个元素在计算机中的存储地址为：ADDR1+(i-1)*K。

3. 线性表的链式存储结构

线性表的顺序存储结构具有简单、操作方便等优点，但在对其做插入和删除操作时，需要移动大量的元素。因此，对于大的线性表，特别是元素变动频繁的大线性表不宜采用顺序存储结构，而是通常采用链式存储结构。在链式存储结构中，存储数据的存储空间可以不连续，该数据结点的存储顺序和数据元素之间的逻辑关系可以不一致。链式存储方式既可用于表示线性结构，也可用于表示非线性结构。

为了表示每个数据元素 a_i 与其直接后继数据元素 a_{i+1} 之间的逻辑关系，对数据元素 a_i 来说，除了存储本身的信息之外，还需存储一个指示其直接后继的信息（即直接后继的存储位置）。这两部分信息组成数据元素的存储映像，称为结点。它包括两个域：其中存储数据元素信息的域称为数据域；存储直接后继存储位置的域称为指针域。

4. 线性表的基本操作

本文以顺序线性表的插入与删除操作为例，介绍顺序线性表的操作过程。

如图 7-2（a）是一个长度为 7 的线性表顺序存储在长度为 10 的存储空间中。现要求在第 2 个元素之前插入一个新元素 77。插入过程如下：

首先，从最后一个元素 88 开始直到第二个元素 23，将每一个元素依次往后移动一个位置，然后将新元素 77 插入到第二个元素。插入一个新元素后，线性表的长度变成了 8，如图 7-2（b）所示。如果要在线性表的第 7 个元素 64 之前插入一个新元素 33，则采用类似的方法，将第 7 个元素与第 8 个元素往后移动一个位置，然后将新元素 33 插入到第 7 个位置。插入后，线性表的长度变成了 9，如图 7-2（c）所示。

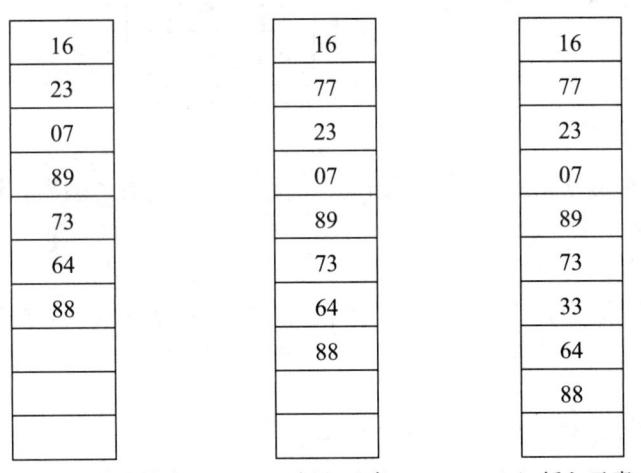

图 7-2　线性顺序表的插入操作

注意：如果线性表开辟的存储空间已满，就不能再插入新元素。如果继续插入，则会产生溢出问题。

对线性顺序表进行删除操作过程与插入操作相反。在此，仍以图 7-2（a）为例，现要求删除线性表的第 1 个元素。删除过程：从最后一个元素开始直到第 2 个元素，将其中的每一个元素依次往前移动一个位置。此时线性表的长度变成了 6。如果要删除线性表的第 5 个元素，则采用类似方法：将第 6 个元素往前移动 1 个位置。此时，线性表的长度变成了 5。

注意：如果线性表为空，就不能再删除元素。如果继续删除，将会产生错误。

知识 3　栈和队列

1. 堆栈

堆栈是一种限制性线性表，该列表数据元素的添加与删除只能在列表的一端完成，这一端被称为栈顶。堆栈中的数据元素具有一个特性，最后一个放入堆栈中的物体总是被最先拿出来，这个特性通常称为后进先出（Last In First Out，LIFO）。

堆栈就是一种执行"后进先出"算法的数据结构，它在内存中开辟一个存储区域，数据一个一个顺序地存入（也就是压入，push）这个区域之中，且用一个地址指针指向最后一个压入堆栈的数据所在的单元，存放这个地址指针的寄存器就叫作堆栈指示器。开始放入数据的单元叫作"栈底"。数据一个一个地存入，这个过程叫做"入栈"。在入栈过程中，每有一个数据压入堆栈，就放在和前一个单元相连的后面一个单元中，堆栈指示器中的地址自动加 1。读取这些数据时，按照堆栈指示器中的地址读取数据，堆栈指示器中的地址数自动减 1。这个过程叫作 pop（弹出），如此就实现了后进先出的原则。堆栈示意图如图 7-3 所示。

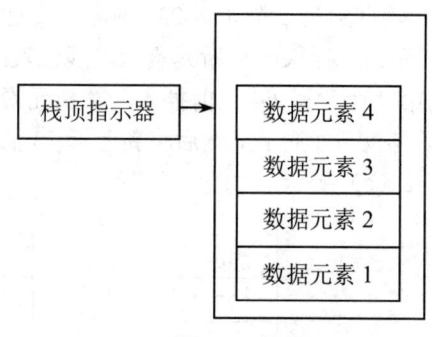

图 7-3　堆栈

堆栈是计算机中最常用的一种数据结构，高级语言中函数的调用在计算机中就是用堆栈来实现的。

堆栈的操作很多，其中基本操作有入栈、出栈和空测试三种。

入栈是指在栈顶添加新的数据元素。入栈后，新的数据元素成为栈顶元素。入栈潜在的唯一问题是栈内没有空间容纳新的数据元素。如果没有足够空间，栈处于溢出状态，不能添加新元素。

出栈是指将栈顶数据元素移出。当堆栈最后一个元素被移出后，栈必须设为空状态。当栈为空时使用出栈操作，栈处于下溢状态。

空操作用于检验堆栈是否为空。

2. 队列

队列可以看作是一种限制线性表，队列列表只允许在数据表的前端进行删除操作，而在数据列表的后端进行插入操作。大家设想在火车站售票窗口购票列，如果要买票，请进入购票队列，从尾端进入队列，买完票的旅客从队列前端出列。队列就是类似于这样的一种数据结构。在队列中，进行插入操作的端称为队尾（rear），进行删除操作的端称为队头（front）。队列中没有元素时，称为空队列。队列具有先进先出（First In First Out，FIFO）的特点。如图7-4所示为计算机的队列。

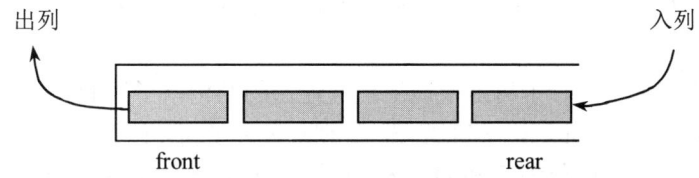

图7-4 计算机队列

队列的操作也很多，这里只介绍入列（enqueue）、出列（dequeue）和空测试三种基本操作。

队列的插入操作为入列。在数据元素插入队列后，新元素成为队尾。就像栈一样，队列唯一潜在的问题也是没有足够空间容纳数据。如果没有足够的空间给新数据元素，那么队列就处于溢出状态。

队列的删除操作称为出列。队列的数据从队列中移出，然后返回给用户，如果队列中没有数据时进行出列操作，那么队列就处于下溢状态。

空测试操作用于检验队列是否为空。

知识4 树和二叉树

树作为一种有效的数据结构被广泛应用于计算机科学领域中，主要用于大型、动态列表的数据搜索，以及各种不同的应用程序，如人工智能系统和编码算法中。

1. 树的基本概念

树是一种数据结构，它是由 n（n≥0）个有限结点组成一个具有层次关系的数据集合。之所以把这样的数据结构称为"树"，是因为它看起来像一棵倒置的树，也就是说它是根朝上，而叶朝下的，如图7-5所示。在树中，用一组有限的有向线段来连接结点，这种线段被称为分支。与结点相连的分支数目称为结点的度。指向结点的分支称为入度分支，离开结点的分支称为出度分支。入度与出度分支的总和就是结点的度。图7-5中B结点的度为3，其入度为1，出度为2。

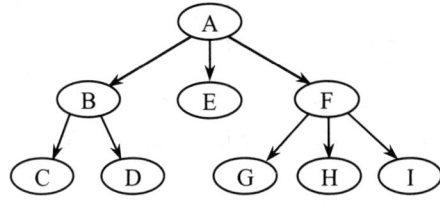

图7-5 树的示意图

如果树是非空的，那么第一个结点为根，根的入度为0。在树中，除了根以外的所有结点的入度为1。出度为零的结点称为叶结点。树具有如下的特点：

(1) 每个结点有零个或多个子结点。
(2) 每一个子结点只有一个父结点。
(3) 没有前驱的结点为根结点。
(4) 除了根结点外，每个子结点可以分为多棵不相交的子树。

除了根与叶等外，还有许多不同术语用来描述树的属性。例如，含有孩子的结点被称为孩子结点的双亲结点。一个结点子树的根结点称为孩子结点，具有相同双亲结点的结点互称为兄弟结点等。

一棵树可分成若干子树。子树是根以下任何连通的结构。子树的第一个结点称为子树的根，同时被用来命名子树。而且，子树还可以继续划分为子树。注意，根据定义，单独的结点也是子树，因此，子树 B 可分为 C 和 D 两棵子树。同样，子树 F 包含子树 G、H、I。

树的高度是距离根最远的叶结点的层数。由定义可知，图 7-5 中树的高度为 3。

树的种类很多，如无序树、有序树、二叉树与完全二叉树等。在计算机科学中，二叉树是使用最多的一种树结构。

2. 二叉树

（1）二叉树的概念。在计算机科学中，二叉树是每个结点最多有两个子树的有序树，这两个子树通常被称作"左子树"（left subtree）和"右子树"（right subtree）。图 7-6 为二叉树的例子。注意：二叉树的每一棵子树又是二叉树。

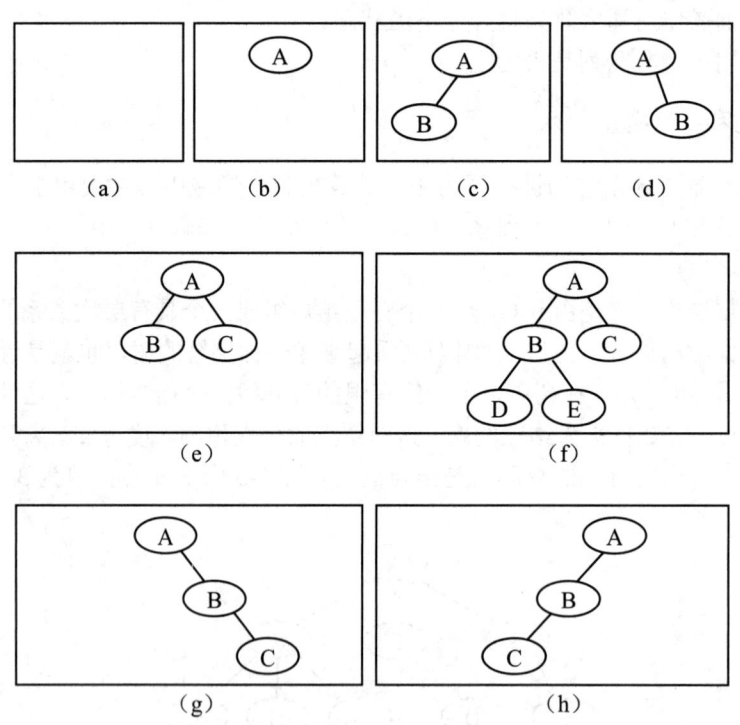

图 7-6 二叉树示例

（2）二叉树的特点。二叉树的主要特点是每个结点至多只有两棵子树，并且二叉树的子树有左右之分，次序不能颠倒；非空的二叉树只有一个根结点。

由以上特点可以看出，第一个结点的度最大为 2，即有子树（左子树或右子树）也均为二叉树。另外，二叉树中的每一个结点的子树被明显地分为左子树与右子树，当然可以只有左子树而没有右子树，也可以只有右子树而没有左子树。当一个结点既没有左子树也没有右子树时，该结点是叶子结点。

（3）二叉树的性质。二叉树有以下性质：

1）在二叉树的第 i 层至多有 $2^{(i-1)}$（i≥1）个结点。根据二叉树的特点，这个性质是显然的。深度为 H 的二叉树至多有 2^H-1 个结点（H>1）。

由前一性质可知，深度为 H 的二叉树的最大结点数为 $2^{1-1}+2^{2-1}+2^{3-1}+\cdots+2^{H-1}=2^H-1$。此时，称该二叉树为满二叉树；而当一棵二叉树只有最底层有空缺结点且空缺在右边时，又称为完全二叉树。

2）假定需要在二叉树中存储 N 个结点，树的最大高度为 N，树的最小高度为 $[\log_2 N]+1$。树的最小高度可以通过如下方式证明：

给定一棵二叉树的结点数为 N，高度为 H，根据上述性质得 $2^{H-1}-1<N\leq2^H-1$，即 $2^{H-1}\leq N<2^H$，则 $H-1\leq\log_2 N<H$，由于 H 是整数，所以有 $H=[\log_2 N]+1$。

（4）二叉树的遍历。所谓遍历（Traversal）是指沿着某条搜索路线，依次对树中每个结点均做一次且仅做一次访问。访问结点所做的操作依赖于具体的应用问题。遍历是二叉树上最重要的运算之一，是二叉树上进行其他运算的基础。

1）遍历方案。从二叉树的定义可知，一棵非空的二叉树由根结点及左、右子树这三个基本部分组成。因此，在任一个给定的结点上，可以按某种次序执行访问结点本身（N），遍历该结点的左子树（L），遍历该结点的右子树（R）三个操作。

这三种操作有 NLR、LNR、LRN、NRL、RNL、RLN 六种执行次序。

注意：前三种次序与后三种次序对称，故只讨论先左后右的前三种次序。

2）三种遍历的命名。根据访问结点操作的位置命名：

① NLR：前序遍历（Preorder Traversal，亦称先序遍历）：访问结点的操作发生在遍历其左右子树之前。

② LNR：中序遍历（Inorder Traversal）：访问结点的操作发生在遍历其左右子树的中间。

③ LRN：后序遍历（Postorder Traversal）：访问结点的操作发生在遍历其左右子树之后。

注意：由于被访问的结点必定是某子树的根，所以 N（Node）、L（Left subtree）和 R（Right subtree）又可解释为根、根的左子树与根的右子树。NLR、LNR 和 LRN 分别又称为先根遍历、中根遍历和后根遍历。

3）遍历算法。

前序遍历的递归算法定义：若二叉树非空，则依次执行访问根结点，遍历左子树，遍历右子树。如图 7-7 所示为二叉树的前序遍历过程，遍历的结点次序为 ABCDEF。

也可用填空法求得前序遍历的结点次序，步骤如下：

A （　　　A左　　　）（　　　A右　　　）

A B （ B左 ）（ B右 ） E （ E左 ）（ E右 ）

A B C D E F

由此可得该二叉树的前序遍历的结点次序为 ABCDEF。

二叉树前序遍历

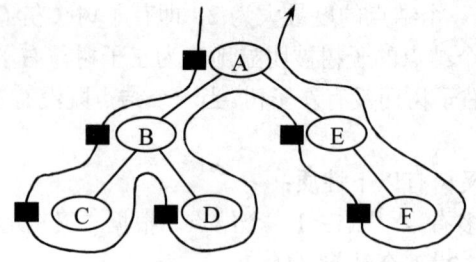

图 7-7　二叉树的前序遍历

中序遍历的递归算法定义：若二叉树非空，则依次执行遍历左子树，访问根结点，遍历右子树。如图 7-8 所示为二叉树的中序遍历过程，遍历的结点次序为 CBDAEF。

二叉树中序遍历

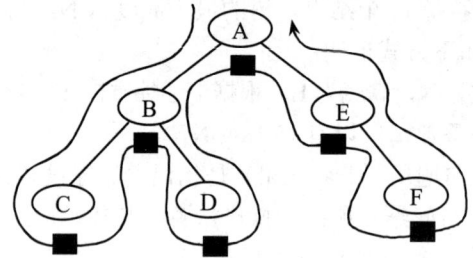

图 7-8　二叉树的中序遍历

用填空法求得中序遍历结点次序的步骤如下：

```
(         A左        ) A (         A右         )
( B左 ) B ( B右 ) A ( E左 ) E ( E右 )
   C    B    D    A    E    E    F
```

由此可得该二叉树的中序遍历的结点次序为 CBDAEF。

后序遍历的递归算法定义：若二叉树非空，则依次执行遍历左子树，遍历右子树，访问根结点。图 7-9 为二叉树的后序遍历过程，遍历的结点次序为 CDBFEA。

二叉树后序遍历

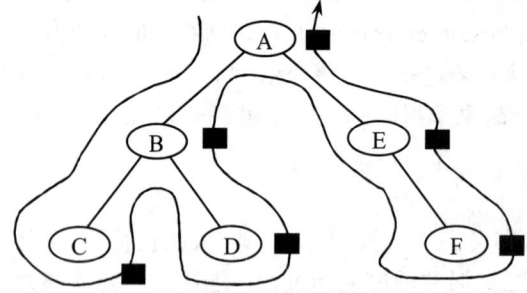

图 7-9　二叉树的后序遍历

用填空法求得后序遍历结点次序的步骤如下：

```
(         A左         ) (         A右         ) A
( B左 ) ( B右 ) B ( E左 ) ( E右 ) E A
   C       D    B       F       E A
```

由此可得该二叉树的中序遍历的结点次序为 CDBFEA。

二叉树的一个有趣的应用是构成表达式树。表达式树是遵循描述规则的一系列记号。记号可以是操作数或运算符。现在只考虑操作数、运算符、操作数这种形式的二元算术运算。为了简化讨论，仅讨论加、减、乘和除四种运算符。表达式树具有的属性有：每个叶子结点是一个操作数；根结点和内部结点是运算符；子树是表达式树，根是运算符。

对于表达式树来说，三种遍历代表三种不同格式的表达式。中序遍历产生中序表达式，先序遍历产生先序表达式，后序遍历产生后序表达式。图 7-10 是一个中序表达式与它的表达式树。

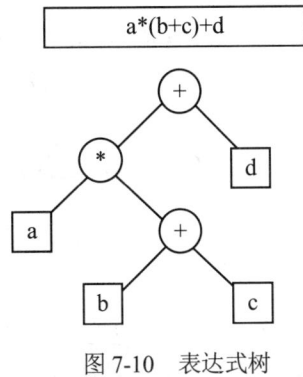

图 7-10　表达式树

单元 2　算法基础知识

计算机系统中的任何软件都是由各种大大小小的组件构成，这些组件各自按照特定的算法实现其功能。算法的好坏直接影响到软件性能的优劣。人们在开发一个软件时，用什么方法来设计算法，算法需要哪些资源（运行时间与存储空间），如何判定一个算法的好坏，都必须予以充分考虑。计算机系统中的操作系统、语言编译系统、数据库管理系统及各式各样的软件，都是按一个个具体的算法来实现的。因此，算法分析与设计是计算机科学与技术的核心内容。美国著名计算机科学家克努特教授（D.E.Knuth）曾提出了"计算机科学就是研究算法的科学"的著名论断，这一论断充分肯定了算法在计算机科学与应用中的地位与作用。

知识 1　算法基本概念

算法是指解决问题的方法与步骤，是对解决某一问题方案的准确描述。通俗地说，算法就是计算机解题的过程。例如，求圆的周长与面积问题，大家知道圆的周长与面积公式分别是 L=2*PI*r 与 S=PI*r^2，如果把这个问题交给计算机来处理，过程就是先输入圆的半径，然后按照周长与面积计算公式计算，最后输出计算结果。这样，可以把计算机处理这一问题的过程描述如下：

```
Dim r As Integer
Dim L, S As Double
r = InputBox("请输入圆的半径：")        '输入圆的半径
L = 2 * 3.14 * r                        '计算圆的周长
S = 3.14 * r * r                        '计算圆的面积
MsgBox "圆的周长是" & L & ",面积为" & S  '输出圆的周长与面积
```

该描述就是一个算法。本书采用 VBA（Visual Basic for Application）语言作为描述工具。在计算机中，对于一个实际问题，通过一个程序，如果在有限的存储空间、有限的时间内得到正确的运行结果，就称问题是可解的。但算法不等于程序，也不等于计算方法，程序可以理解为用程序设计语言对算法的一种描述。只是程序设计还需考虑很多与方法和分析无关的细节问题，如存储空间的分配、程序的异常处理等问题。但无论怎么说，程序的编制不可能优于程序设计的算法。

知识 2　算法的基本特征与设计原则

算法具有可行性、确定性、有穷性、输入与输出 5 个基本特征。

（1）算法可行性是指算法中要实现的运算都是基本的，至少在原理上能由人用纸和笔在有限的时间内完成。

（2）算法确定性是指算法的每一种运算必须有确定的意义，执行的操作无二义性，目的明确。

（3）算法有穷性是指一个算法在执行有限步骤后运算能正常终止。例如，数学中的无穷级数，利用计算机来处理时，只能取有限项。

（4）输入作为算法加工对象的量值，通常体现为算法中的一组变量。在计算机程序中，虽然有些算法的表面上可能没有输入，但实际上已被嵌入在算法中。

（5）输出是一组与输入有确定关系的值，是算法进行信息处理后得到的结果值，这种确定关系就是算法要实现的功能。

严格地说，算法是一组严谨地定义运算顺序与规则描述，并且每一个规则是有效的且是明确的，能在有限的执行次数下完成。

在设计算法时，通常应考虑算法的正确性、可读性、健壮性、高效率与低存储量。

（1）正确性。所谓算法的正确性是指除了应该满足算法说明中写明的功能之外，应对各组典型的带有苛刻条件的输入数据能够得出满足规格说明要求的结果。

（2）可读性。在算法正确的前提下，算法的可读性通常被摆在第一位，主要原因是在两个方面，一方面是当今大型软件需要众多人合作完成，合作者之间要进行交流，另一方面是晦涩难读的程序容易隐藏错误而难以调试。

（3）健壮性。算法的健壮性是指算法应对非法输入的数据作出恰当反应或进行相应的非法输入处理。例如，一个求凸多边形面积的算法，是采用求各三角形面积之和的策略来解决问题的。当输入的坐标集合表示的是一个凹多边形时，不应继续计算，而应报告输入出错。并且，处理出错的方法应是返回一个表示错误或错误性质的值，而不是打印错误或异常，并中止程序的执行，以便在更高的抽象层次上进行处理。

（4）高效率与低存储量。算法的效率是指算法的执行时间，算法的存储量是指算法执行过程中所需最大存储空间。在设计算法时，尽量让算法执行的时间短些，占用的存储空间要少些。这两者都与问题的规模有关。求 100 个人的平均分与求 1000 个人的平均分所花的执行时间或运行空间显然有一定的差别。

知识 3　算法复杂度

算法的复杂度有时间复杂度和空间复杂度之分。时间复杂度是指算法需要消耗的时间资源，空间复杂度是指算法需要消耗的空间资源。

（1）时间复杂度。通常来说，一个算法花费的时间与算法中语句的执行次数成正比例，哪个算法中语句执行次数多，它花费时间就多。一个算法中的语句执行次数称为语句频度或时间频度，记为 T(n)。T(n)的计算方法是：

1）一般情况下，算法的基本操作重复执行的次数是模块 n 的某一个函数 f(n)，因此，算法的时间复杂度记为 T(n)=O(f(n))，O(f(n))被称为算法的渐进时间复杂度，简称时间复杂度。随着模块 n 的增大，算法执行的时间的增长率和 f(n)的增长率成正比，所以 f(n)越小，算法的时间复杂度越低，算法的效率越高。

在下列三个程序段中，

①x = x + 1

②For i = 1 To n Step 1
　　x = x + 1
　Next i

③For j = 1 To n Step 1
　　For k = 1 To n Step 1
　　　x = x + 1
　　Next k
　Next j

含基本操作"x 增 1"的语句 x=x+1 的频度分别为 1、n 和 n^2，则这三个程序段的时间复杂度分别为 O(1)，O(n)和 O(n^2)，分别称为常量阶、线性阶与平方阶。

在有 n 个记录的学生文件中查找学号为 0008 的学生，如果该学生是文件中的第一个学生，则所用的查找时间为 1；如果是第二个学生，则所用的时间为 2……依次类推，如果是第 n 个学生，则所用的时间为 n。所以平均查找时间为(1+2+…+n)/n=(n+1)/2，是 n 的一个线性表达式，因而算法的复杂度为 O(n)。

```
For i = 1 To n Step 1
    For j = 1 To n Step 1
        c(i,j)=0                    '该步骤属于基本操作，执行次数：n² 次
        For k = 1 To n Step 1
            c(i,j) = c(i,j)+a(i,k)*b(k,j)  '该步骤属于基本操作，执行次数：n³ 次
        Next k
    Next j
Next i
```

则有 T(n)= n^2 + n^3，根据上面括号里的同数量级，可以确定 n^3 为 T(n)的同数量级，则有 f(n)= n^3，然后根据 T(n)/f(n)求极限可得到常数 c，则该算法的时间复杂度 T(n)=O(n^3)。

2）在时间频度不相同时，时间复杂度有可能相同，如 T(n)=n^2+3n+4 与 T(n)=4n^2+2n+1，它们的频度不同，但时间复杂度相同，都为 O(n^2)。按数量级递增排列，常见的时间复杂度有：常数阶 O(1)、对数阶 O($\log_2 n$)、线性阶 O(n)、线性对数阶 O(n$\log_2 n$)、平方阶 O(n^2)、立方阶 O(n^3)……k 次方阶 O(n^k)、指数阶 O(2^n)。随着问题规模 n 的不断增大，上述时间复杂度不断增大，算法的执行效率降低。

（2）空间复杂度。空间复杂度是对一个算法在运行过程中临时占用存储空间大小的量度。

一个算法在计算机存储器上所占用的存储空间包括存储算法本身所占用的存储空间,算法输入输出数据所占用的存储空间和算法在运行过程中临时占用的存储空间。例如,交换变量 x 和 y 的值,需要 1 个辅助存储空间。有些算法需要占用的临时工作单元数与解决问题的规模 n 有关,它随着 n 的增大而增大。

对于任意给定的问题,设计出复杂度尽可能低的算法是在设计算法时必须考虑的一个重要因素。另外,当给定的问题有多种算法存在时,选择其中复杂度最低的算法是设计算法时应遵循的一个重要准则。当然,算法时间复杂度与空间复杂度往往是对立方,一个算法时间复杂度越低,则要求空间复杂度高,而空间复杂度越低,时间复杂度越高,因此,在设计算法时要予以平衡。算法的复杂度分析在算法设计或选用时有重要的指导意义和实用价值。

知识 4　算法的基本结构

计算机科学家们为算法定义了顺序、分支与循环三种结构,这三种结构是结构化程序设计的基本方法。1966 年,Boehm 和 Jacopini 证明了程序设计语言仅仅使用这三种基本控制结构就足以表达出各种其他形式结构的程序设计方法。

不管算法是什么结构,算法可使用自然语言、图形(如 N-S 图、流程图)、算法语言(程序设计语言、伪代码)等来描述。不管用何种描述方式,所描述的原理是一致的,实现的功能也是一样的。在此,仅介绍用流程图描述算法。流程图的使用目的是为了交流,其采用的符号由美国国家标准化学会统一编制。常用的几种符号如图 7-11 所示。

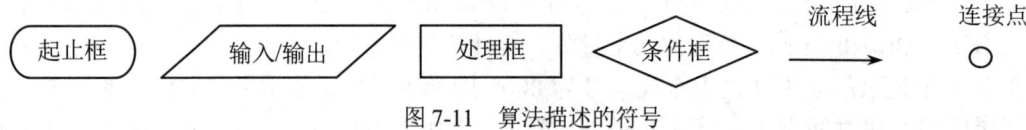

图 7-11　算法描述的符号

圆角矩形用于描述算法的起止;平行四边形用于描述算法的输入与输出;矩形用于描述算法数据的处理;菱形框用于描述算法的判断;有向箭头用于描述算法的流程指示;连接点用于标识流程图两个部分的连接位置,连接点内要标识字符或数字,且图形中相同连接点标识的字母与数字要相同,以此表示算法中的同一个点。

算法的基本结构有顺序、选择(分支)与循环三种结构。

(1)顺序结构。顺序结构是指算法顺序执行的结构,所谓顺序执行,就是按照程序语句行的编写顺序,逐条执行。

示例 1　计算 c=a+b 的算法可用如图 7-12 所示的流程图来描述。

```
Sub int_add()
    Dim a as integer
    Dim b as integer
    Dim c as integer
    a=inputbox("请输入一个整数: ")
    b=inputbox("请再输入一个整数: ")
    c=a+b
    msgbox "两个整数的和为: "&c
End Sub
```

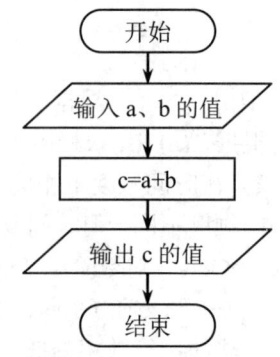

图 7-12　算法 c=a+b 的算法描述

注意：计算机执行该算法时，将在内存中定义 a、b 与 c 三个变量，且分三个变量分配存储空间，a、b 用于存放键盘输入的两个值，c 用于存放加法运算后的结果值。

又如，在计算机中要交换两个变量的值，可以用如图 7-13 所示的流程图来描述该算法。

```
Sub int_swap()
    Dim a, b, t As Integer
    a = InputBox("请输入一个整数：")
    b = InputBox("请再输入一个整数：")
    MsgBox "交换前：a=" & a & " b=" & b
    t = a
    a = b
    b = t
    MsgBox "交换后：a=" & a & " b=" & b
End Sub
```

（2）选择（分支）结构。分支结构也称为选择结构，包括简单分支与选择分支结构。选择分支结构可以根据设定的条件，判断应该选择哪一条分支来执行相应的语句序列。图 7-14 是简单分支的算法描述，图 7-15 列出了包含两个分支的选择结构。

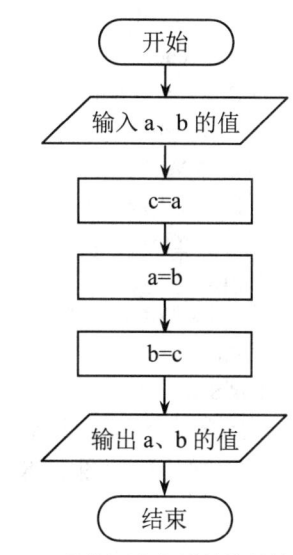

图 7-13　交换两个变量的值的算法描述

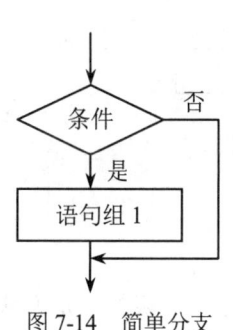

图 7-14　简单分支

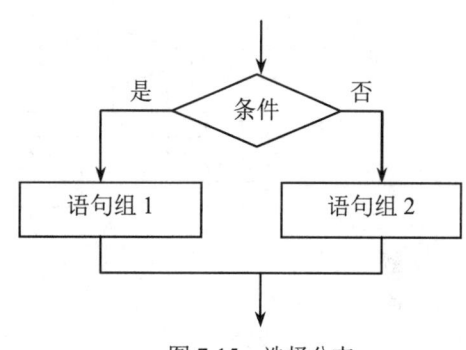

图 7-15　选择分支

示例 2：输入两个数，然后按从大到小的顺序输出这两个数，算法描述如图 7-16 所示。

```
Sub int_sort()
    Dim a, b As Integer
    a = InputBox("请输入一个整数：")
    b = InputBox("请再输入一个整数：")
    MsgBox "排序前：a=" & a & " b=" & b
    If a > b Then
        MsgBox "从大到小排序：a=" & a & " b=" & b
    Else
        MsgBox "从大到小排序：b=" & b & " a=" & a
    End If
End Sub
```

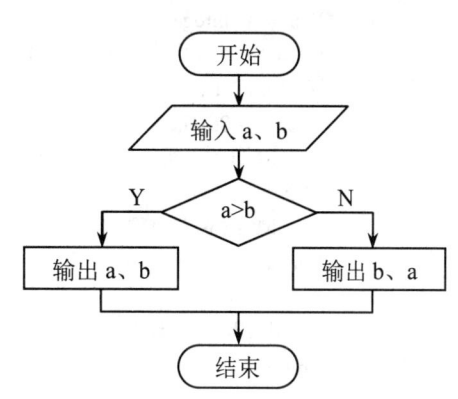

图 7-16　由大到小输出两个数的算法描述

示例 3：判断输入的自然数 x 的奇偶性（提示：偶数除以 2 的余数为 0，而奇数除以 2 的余数为 1），算法描述如图 7-17 所示。

```
Sub int_odevity()
    Dim x, y As Integer
    x = InputBox("请输入一个整数：")
    y = x Mod 2
    If y = 0 Then
        MsgBox  x & "是偶数。"
    Else
        MsgBox  x & "是奇数。"
    End If
End Sub
```

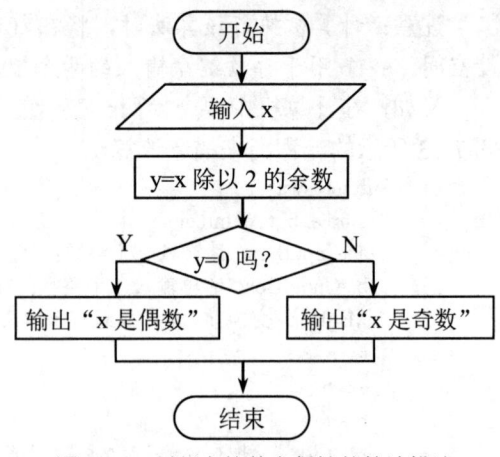

图 7-17　判断自然数奇偶性的算法描述

当分支结构程序运行到某一阶段，一路分支要分成多路，这种结构称为多路分支结构。多路分支的算法描述如图 7-18 所示。

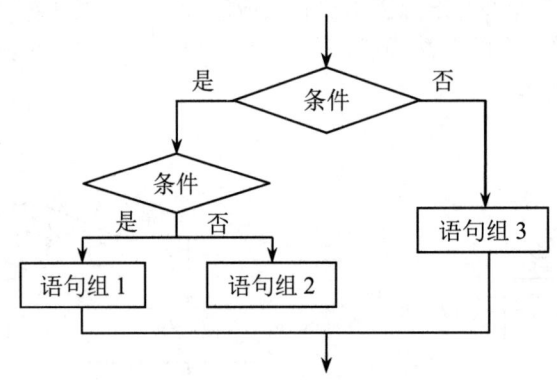

图 7-18　多路分支的算法描述

示例 4：为学生的成绩评定等级的算法描述，如图 7-19 所示。等级的评定方法是：成绩在 85 分以上的为"优秀"，成绩在 60 分以上的为"合格"，成绩在 60 分以下的为"不合格"。

```
Sub score_grade1()
    Dim a As Integer
    a = InputBox("请输入成绩：")
    If a >= 60 Then
        If a >= 85 Then
            MsgBox "优秀"
        Else
            MsgBox "合格"
        End If
    Else
        MsgBox "不合格"
    End If
End Sub
```

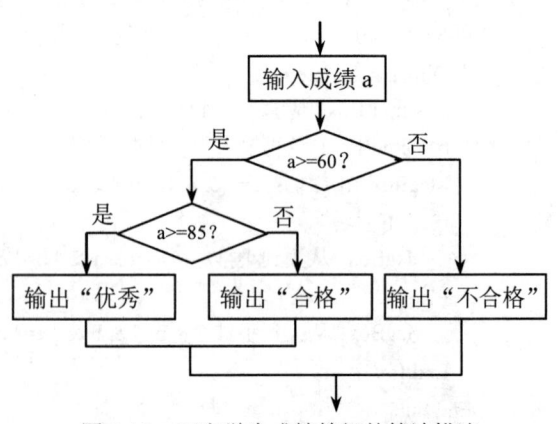

图 7-19　评定学生成绩等级的算法描述

本例的流程图也可以描述成图 7-20 所示，其结果与前面的描述一样。

```
Sub score_grade2()
    Dim a As Integer
    a = InputBox("请输入成绩：")
    If a >= 85 Then
        MsgBox "优秀"
    Else
        If a >= 60 Then
            MsgBox "合格"
        Else
            MsgBox "不合格"
        End If
    End If
End Sub
```

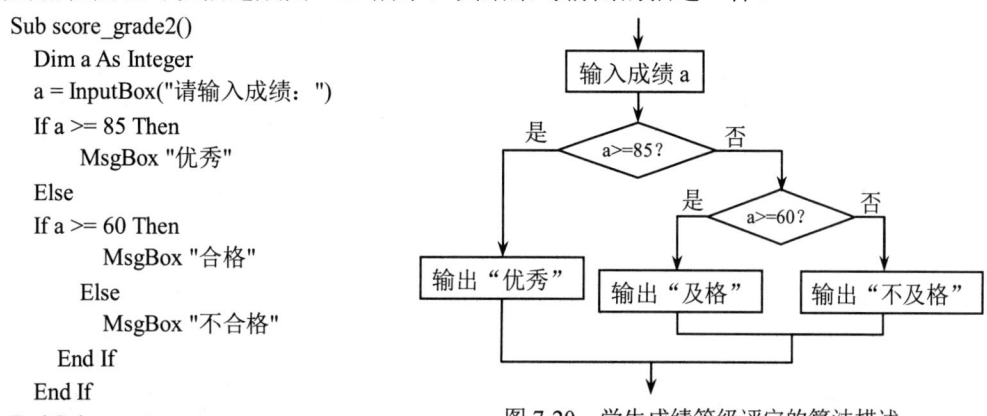

图 7-20　学生成绩等级评定的算法描述

示例 5：输出三个数中的最大数的算法描述，如图 7-21 所示。

```
Sub int_max()
    Dim a, b, c As Integer
    a = InputBox("请输入第一个整数：")
    b = InputBox("请输入第二个整数：")
    c = InputBox("请输入第三个整数：")
    If a > b Then
        If a > c Then
            MsgBox "最大数为：" & a
        Else
            MsgBox "最大数为：" & c
        End If
    ElseIf b > c Then
        MsgBox "最大数为：" & b
    Else
        MsgBox "最大数为：" & c
    End If
End Sub
```

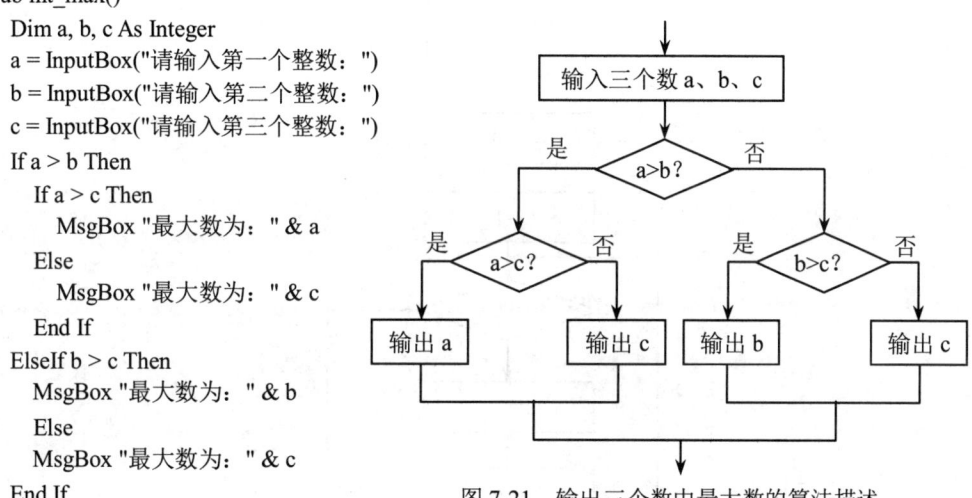

图 7-21　输出三个数中最大数的算法描述

（3）循环结构。循环结构是指从算法中某处开始，按照一定的条件反复执行某一或某些处理步骤的结构，也就是说，它是根据给定的条件，判断是否需要重复执行某一（某些）相同的或类似的程序段。在程序设计中，循环结构对应两种循环语句：一种是先判断条件再执行循环体的结构称为当型循环结构，如图 7-22 所示；另一种是先执行循环体后判断条件的结构称为直到型循环结构，如图 7-23 所示。

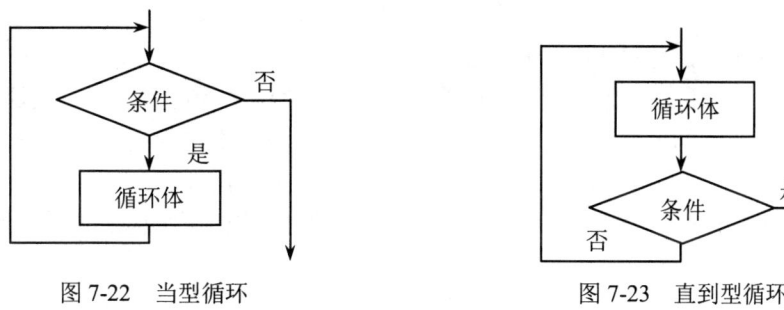

图 7-22　当型循环　　　　　　　　　　图 7-23　直到型循环

当型循环结构表示"当条件满足时，反复执行循环体，直到条件不成立时才停止循环"；直到型循环结构表示"先执行循环体，再判断给定的条件是否成立，若条件不成立，则执行循环体，如此反复，直到条件成立为止"。直到型循环的特点是至少执行一次操作，当事先不能确定是否至少执行一次循环的情况下，用当型循环较好。两类循环结构是可以相互转化的。

示例 6：计算 1+3+5+7+…+99 的当型循环算法，如图 7-24 所示。

```
Sub sum_while()
    Dim s, i As Integer
    s = 0: i = 1
    Do While i <= 99
        s = s + i
        i = i + 2
    Loop
    MsgBox "1+3+5+7+…+99=" & s
End Sub
```

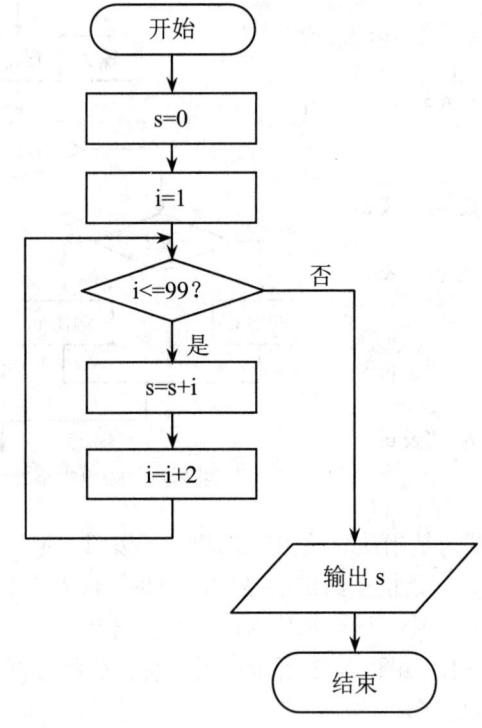

图 7-24　当型循环

设计循环算法时须注意以下几个问题：

（1）循环前，循环变量要初始化。循环变量是指在算法执行过程中，被反复赋值修改的变量，初始化即为其赋初值。例如，在上述两类循环结构中，都先给变量 s、i 分别赋初值 0、1，当然也可以给变量 s、i 分别赋初值 1、3，只要控制好条件就可以。

（2）循环体就是在循环结构中反复执行的操作步骤。下述循环结构中的循环体是"s=s+i, i=i+2"两条语句。

示例 7：计算 1+3+5+7+…+99 的直到型循环，如图 7-25 所示。

```
Sub sum_until()
    Dim s, i As Integer
    s = 0: i = 1
    Do
        s = s + i
        i = i + 2
    Loop Until i > 99
    MsgBox "1+3+5+7+…+99=" & s
End Sub
```

示例 8：计算 1+3+5+7+…+99 的 for 循环。

```
Sub sum_for()
    Dim s, i As Integer
    s = 0
    For i = 1 To 99 Step 2
        s = s + i
    Next i
    MsgBox "1+3+5+7+…+99=" & s
End Sub
```

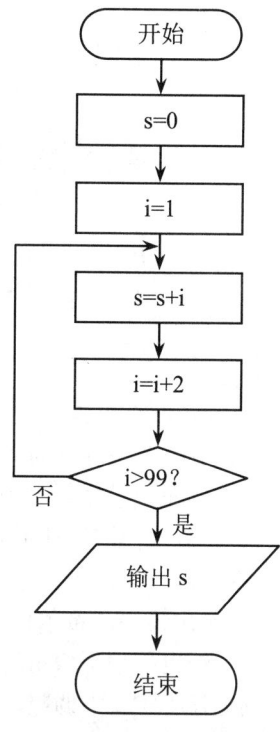

图 7-25 直到型循环

（3）循环结构必须是有穷的，一定要能在某个条件下终止循环，这就需要条件结构来作出判断。因此，循环结构中一定包含条件结构。例如，上述循环结构中的"i<=99""i>99"都是终止条件。

知识 5 常用算法介绍

在计算机科学中有一些算法应用非常普遍，被称为基本算法。在此，介绍一些最常用的算法，由于现在大家还缺乏一些计算机语言的知识，因此这里仅限介绍算法的实现思想，不涉及算法具体语言的实现。

1. 排序算法

对数据排序是计算机中经常进行的一种算法，其目的是将一组"无序"的数据序列调整为"有序"的序列，在排序算法中，排序所依据的数据项被称为排序码或关键码。在计算机科学中，先辈们已研究过很多的排序算法，如插入排序、交换排序与选择排序等。

（1）插入排序。插入排序的基本思想是每次将一个待排序的元素按其关键字的大小插入到前面已经排好序的子序列中的适当位置，直到全部记录插入完为止。主要有直接插入排序与希尔排序。

1）直接插入排序。直接插入排序是最常用的排序方法之一，人们在扑克牌游戏中使用的排序就是直接插入排序。游戏人将每张拿到的牌插入到手中合适的位置，以便手中的牌以一定的次序排列。

直接插入排序

在直接插入排序中，数据列表被分为已排序和未排序两个子序列，两个子序列通过假想的一堵墙分开。每次扫描过程中，未排序子列表中的第一个元素被取出，然后被插入到已排序的子序列中。在插入到已排序列前，要进行数据比较，找到合适的位置插入。图 7-26 为直接插入排序的过程。

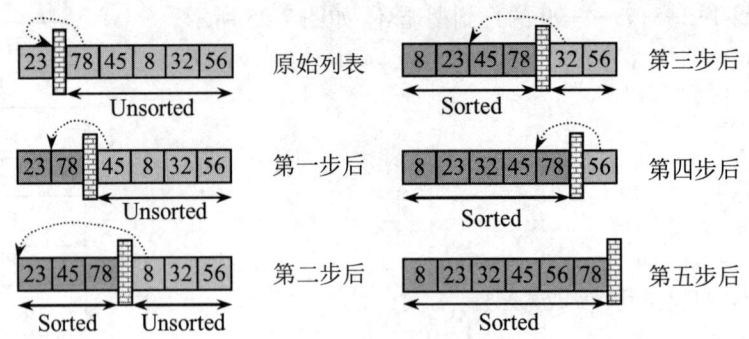

图 7-26 直接插入排序示例

假如有 n 个元素，我们来分析一下该算法的效率。实现排序的基本操作有两个：①"比较"序列中两个关键字的大小；②"移动"记录。对于有 n 个元素直接插入排序，最好的情况下（关键字在记录序列中顺序有序），"比较"的次数为 n-1，移动的次数为 0。最坏的情况下（关键字在记录序列中逆序有序），"比较"的次数为 (n+2)*(n-1)/2，移动的次数为 (n+4)*(n-1)/2。所以此排序算法的时间复杂度为 $O(n^2)$。

2）希尔排序。希尔排序（Shell Sort）是插入排序的一种，是针对直接插入排序算法的改进。该方法也称缩小增量排序，由 DL.Shell 于 1959 年提出而得名。其基本思路为先对待排记录序列先作"宏观"调整，再作"微观"调整，所谓"宏观"调整，是指"跳跃式"的插入排序，即将记录序列分成若干子序列，分别对每个子序列进行插入排序。

例如，将 n 个记录分成 d 个子序列：

{ R[1]，R[1+d]，R[1+2d]，…，R[1+kd] }

{ R[2]，R[2+d]，R[2+2d]，…，R[2+kd] }

…

{ R[d]，R[2d]，R[3d]，…，R[kd]，R[(k+1)d] }

其中，d 称为增量，它的值在排序过程中从大到小逐渐缩小，直至最后一趟排序减为 1。

示例 9：有如下待排序序列 49，38，65，97，76，13，27，49*，55，04，采用希尔排序过程描述如下：

首先，设增量 d=5，得到子序列{49，13}，{38，27}，{65，49*}，{97，55}，{76，04}。

第一趟希尔排序的结果为 13，27，49*，55，04，49，38，65，97，76。

再设增量 d=3，得到子序列{13，55，38，76}，{27，04，65}，{49*，49，97}。

第二趟希尔排序的结果为 13，04，49*，38，27，49，55，65，97，76。

最后设增量 d=1，得到的排序结果为 04，13，27，38，49*，49，55，65，76，97。

注意：希尔排序的执行时间依赖于增量序列。理想的增量序列的共同特征是最后一个增量必须为 1，同时应该尽量避免序列中的值（尤其是相邻的值）互为倍数的情况。

希尔排序的时间性能优于直接插入排序，原因是：①当文件初态基本有序时直接插入排序所需的比较和移动次数均较少；②当 n 值较小时，n 和 n^2 的差别也较小，即直接插入排序的最好时间复杂度 O(n)和最坏时间复杂度 $O(n^2)$差别不大；③在希尔排序开始时增量较大，分组较多，每组的记录数目少，故各组内直接插入较快，后来增量 d_i 逐渐缩小，分组数逐渐减少，而各组的记录数目逐渐增多，但由于已经按 d_{i-1} 作为距离排过序，使文件较接近于有序状态，所以新的一趟排序过程也较快。因此，希尔排序在效率上较直接插入排序有较大的改进。

（2）交换排序。交换排序主要是通过排序表中两个记录关键码的比较，若与排序要求相逆（不符合升序或降序），则将两个数据交换。主要的交换排序方法有冒泡排序与快速排序。

1）冒泡排序。冒泡排序类似于水泡从水中往上冒的过程。具体的方法是先将第一个记录的键值和第二个的键值相比较，如果 R[0]>R[1]，那么进行交换。然后比较第二个和第三个的键值，依次进行类推直到 R[n-2]和 R[n-1]记录进行比较完成，这个过程就可以形象地称为冒泡。这样一次冒泡之后，那么最大的数据第 n 大的传到第 n 个位置，然后对前面 n-1 个数据继续冒泡。第 n-1 大的数据排到 n-1 个位置，重复以上的过程，每次排好一个数据，最多需要 n-1 次，就相当于把 n 个数据排序。

示例 10：初始化数据为 98 45 13 47 58 34 09 73，请详细述说从小到大的排序过程。

第一趟冒泡的过程为：

[45 98] 13 47 58 34 09 73   //98 和 45 比较，交换；
45 [13 98] 47 58 34 09 73   //98 和 13 比较，交换；
45 13 [47 98] 58 34 09 73   //98 和 47 比较，交换；
45 13 47 [58 98] 34 09 73   //98 和 58 比较，交换；
45 13 47 58 [34 98] 09 73   //98 和 34 比较，交换；
45 13 47 58 34 [09 98] 73   //98 和 09 比较，交换；
45 13 47 58 34 09 [73 98]   //98 和 73 比较，交换。

这样最大的 98 被交换到最后，接下来继续进行冒泡，每趟的结果如下：

第二趟：13,45,47,34,9,58,73,98
第三趟：13,45,34,9,47,58,73,98
第四趟：13,34,9,45,47,58,73,98
第五趟：13,9,34,45,47,58,73,98
第六趟：9,13,34,45,47,58,73,98
第七趟：9,13,34,45,47,58,73,98

注意：冒泡排序中，通常会设置一个是否交换的标志变量，用于标志冒泡过程中是否存在数据交换位置。如果在一次排序过程中，从来没有数据交换过位置，说明原数据已完成排序，排序就可以不再进行，以此来进一步提高算法的效率。冒泡算法的时间复杂度为 $O(n^2)$。

2）快速排序。快速排序（Quicksort）是对冒泡排序的一种改进，由 C. A. R. Hoare 在 1962 年提出。它的基本思想是通过一趟排序将要排序的数据分割成独立的两部分，其中一部分的所有数据都比另外一部分的所有数据都要小，然后再按此方法对这两部分数据分别进行快速排序，整个排序过程是以递归方式进行，以此达到整个数据变成有序序列的目的。

一趟快速排序的算法是：

① 设置两个变量 i、j，排序开始的时候：i=0，j=n-1；

② 以第一个数组元素作为关键数据，赋值给 key，即 key=R[0]；

③ 从 j 开始向前搜索，即由后开始向前搜索（j=j-1 即 j--），找到第一个小于 key 的值 R[j]，R[j]与 R[i]交换；

④ 从 i 开始向后搜索，即由前开始向后搜索（i=i+1 即 i++），找到第一个大于 key 的 R[i]，R[i]与 R[j]交换；

⑤ 重复第③、④步，直到 i=j（③、④步是在程序中没找到时 j=j-1，i=i+1，直至找到为止。找到并交换的时候 i，j 指针位置不变。另外当 i=j 这过程一定正好是 i+或 j-完成的最后循环）。

示例 11： 已知待排序的数组 R 的值 R[0]至 R[6]分别是 49，38，65，97，76，13，27，请用快速排序排序。

设初始关键数据 key=49。注意：key 永远不变，永远是和 key 进行比较，无论在什么位置，最后的目的就是把 key 放在中间，小的放前面，大的放后面。

进行第一次交换后：27 38 65 97 76 13 49

（按照算法的第三步从后面开始找）

进行第二次交换后：27 38 49 97 76 13 65

（按照算法的第四步从前面开始找>key 的值，65>49，两者交换，此时：i=3）

进行第三次交换后：27 38 13 97 76 49 65

（按照算法的第五步将又一次执行算法的第三步从后开始找）

进行第四次交换后：27 38 13 49 76 97 65

（按照算法的第四步从前面开始找大于 key 的值，97>49，两者交换，此时：i=4，j=6）

此时再执行第三步的时候就发现 i=j=5，从而结束一趟快速排序，那么经过一趟快速排序之后的结果是：27 38 13 49 76 97 65，即所有大于 key（49）的数全部在 49 的后面，所有小于 key（49）的数全部在 key（49）的前面。

再以 49 为中点分割这个数据序列，分别对前面一部分和后面一部分进行类似的快速排序，从而完成全部数据序列的快速排序，最后把此数据序列变成一个有序的序列。该序列的初始状态{49 38 65 97 76 13 27}，进行一次快速排序之后划分为{27 38 13} 49 {76 97 65}。然后分别对前后两部分进行快速排序{27 38 13}，经第三步和第四步交换后变成{13 27 38}，完成排序。{76 97 65}经第三步和第四步交换后变成{65 76 97}，完成排序。

快速排序的时间复杂度为 O(nlogn)。

（3）选择排序。选择排序的方法是对一个数据序列（如数组）的数据进行排序，每一趟从待排序的数据元素中选出最小的一个元素，顺序放在已排好序的数列的最后，直到全部待排序的数据元素排完。

简单选择排序

1）简单选择排序。数据序列被分为已排序和未排序的两个子序列，两个子序列通过假想的一堵墙分开。具体排序方法是从未排序子列表中找到最小的元素并把它和未排序数据中的第一个元素进行交换。每次经过选择和交换，两个子序列中假想的墙向前移动一个位置，这样每次排序列表中将增加一个元素而未排序列表中将减少一个元素。每次把一个元素从未排序列表移到已排序列表就完成了一次排序扫描。一个含有 n 个元素的列表需要扫描 n-1 次来完成数据的排序。简单选择排序的过程如图 7-27 所示。

简单选择排序的时间复杂度为 $O(n^2)$。

2）堆排序。

① 堆的定义如下：

具有 n 个元素的序列{$R_1,R_2,...,R_n$}，当且仅当满足下列关系之一时，称之为堆。

情形 1：$R_i <= R_{2i}$ 且 $R_i <= R_{2i+1}$ （i=1,2,...,n/2，最小化堆或小顶堆）

情形 2：$R_i >= R_{2i}$ 且 $R_i >= R_{2i+1}$ （i=1,2,...,n/2，最大化堆或大顶堆）

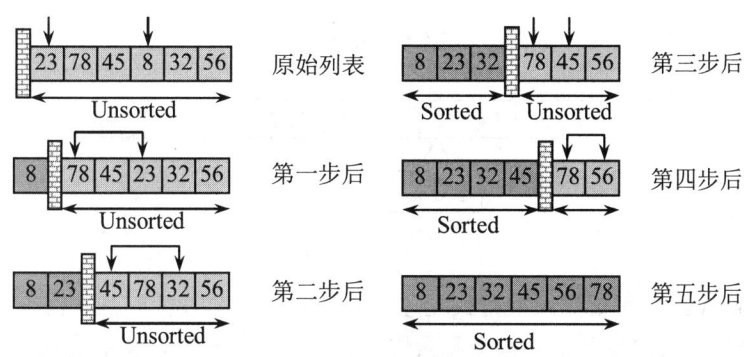

图 7-27 简单选择排序算法示例

② 堆排序方法如下：

（a）将初始待排序关键字序列（$R_1,R_2,...,R_n$）构建成大顶堆（或小顶堆），此堆为初始的无序区。

（b）将堆顶元素 R[1]与最后一个元素 R[n]交换，此时得到新的无序区（$R_1,R_2,...,R_{n-1}$）和新的有序区（R_n），且满足 R[1,2,...,n-1]<=R[n]（或 R[1,2,...,n-1]>=R[n]）。

（c）由于交换后新的堆顶 R[1]可能违反堆的性质，因此需要对当前无序区（$R_1,R_2,...,R_{n-1}$）调整为新堆，然后再次将 R[1]与无序区最后一个元素交换，得到新的无序区（$R_1,R_2,...,R_{n-2}$）和新的有序区（R_{n-1},R_n）。不断重复此过程直到有序区的元素个数为 n-1，则整个排序过程完成。

堆排序的方法一般应用于较大规模的线性表，堆排序的时间复杂度为 O(nlogn)。

（4）各种排序算法的特点

如表 7-2 所示，在各排序方法中，没有哪一种是绝对最优的。因此，在实用时需根据不同情况适当选用，甚至可以多种方法结合起来使用。

表 7-2 常见算法复杂度对比表

类别	排序法	平均时间	最差情形	稳定度	额外空间	备注
插入排序	直接插入	$O(n^2)$	$O(n^2)$	稳定	$O(1)$	大部分已排序时较好
	希尔排序	O	O	不稳定	$O(1)$	n 值小较好
交换排序	冒泡排序	$O(n^2)$	$O(n^2)$	稳定	$O(1)$	n 值小较好
	快速排序	$O(nlogn)$	$O(n^2)$	不稳定	$O(logn)$	n 值大较好
选择排序	简单选择	$O(n^2)$	$O(n^2)$	不稳定	$O(1)$	n 值小较好
	堆排序	$O(nlogn)$	$O(nlogn)$	不稳定	$O(1)$	n 值大较好

2. 查找算法

在计算机科学中还有一种常用的算法叫数据查找。查找是一种在列表中确定目标所在的位置的算法。在列表中，查找意为给定一个值，并在包含该值的列表中找到具有该值的第一个元素的位置（索引）。图 7-28 给出了查找的概念。

对于列表的查找方法有顺序查找和折半查找两种基本方法。顺序查找可以在任何列表中查找，折半查找则要求数据列表是有序的。

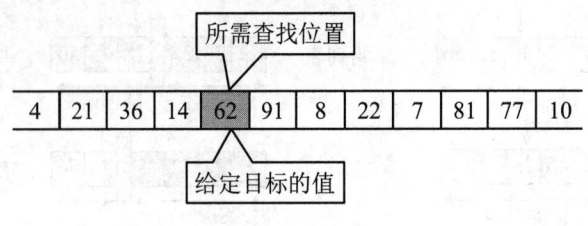

图 7-28 查找的概念

（1）顺序查找。顺序查找用于查找无序列表或数据元素较少的列表。查找方法是从列表的第一个元素开始，依次与列表的每个元素进行比较，如果相等，表示找到了该元素。如果到了数据列表的末尾还没有找到该元素，说明列表中没有该元素。图 7-29 显示了查找数据元素 62 的过程。

此查找时间复杂度为 O(n)。

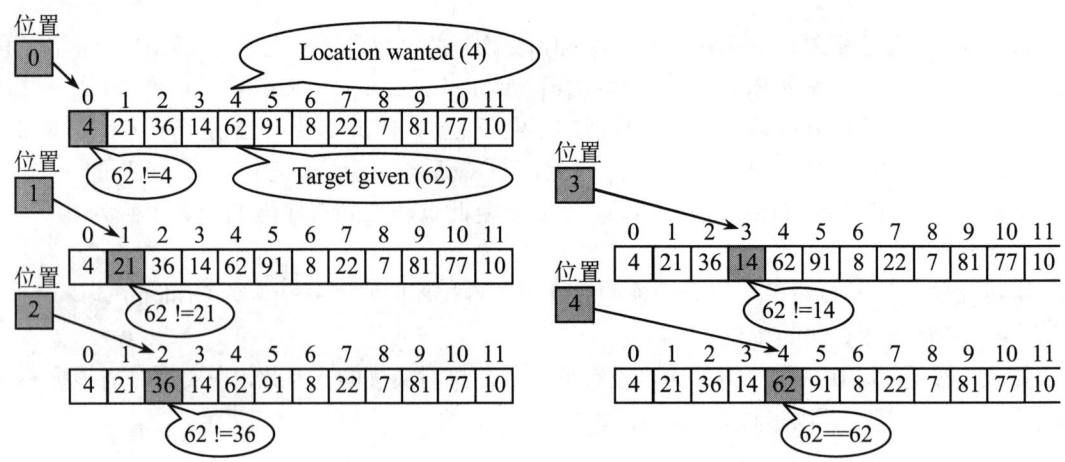

图 7-29 顺序查找示例

（2）折半查找。折半查找要求将数据列表按有序化（递增或递减）排列，查找过程中采用跳跃式方式查找，即先以有序数列的中点位置为比较对象，如果要找的元素值小于该中点元素，则将待查序列缩小为左半部分，否则为右半部分。通过一次比较，将查找区间缩小一半。折半查找是一种高效的查找方法。它可以明显减少比较次数，提高查找效率。但是，折半查找的先决条件是查找表中的数据元素必须有序。

折半查找的算法如下：

1）确定整个查找区间的中间位置，中间位置为 mid =(first+last)/2。

2）用待查关键字值与中间位置的关键字值进行比较。

① 若相等，则查找成功。

② 若大于，则在后 mid 与 last（右半个）区域继续进行折半查找。

③ 若小于，则在前 first 与 mid（左半个）区域继续进行折半查找。

3）对确定的缩小区域再按折半公式，重复上述步骤，最后得到结果，查找结果要么成功，要么失败。图 7-30 显示了折半查找的过程。

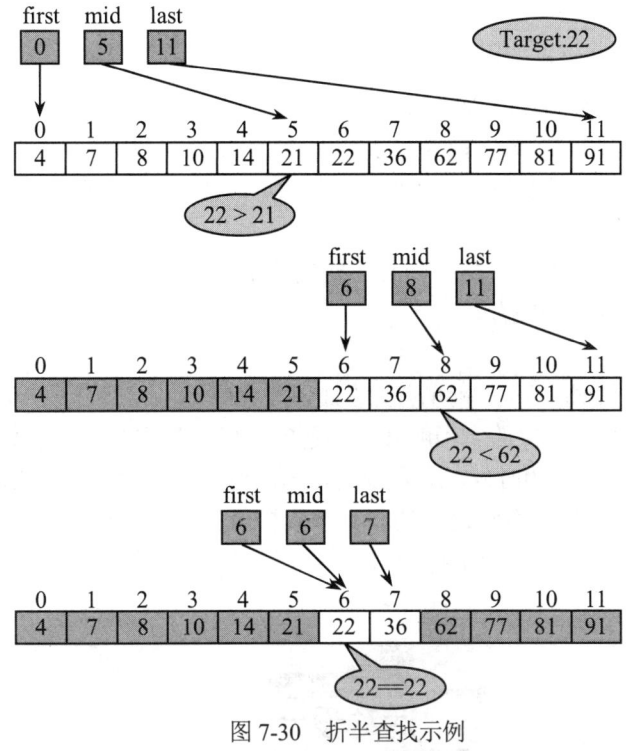

图 7-30　折半查找示例

递归算法

3. 递归算法

递归算法也是一种特别有用的算法，不仅在数学中广泛应用，在日常生活中也常常遇到。在此，我们从阶乘的数学定义出发，介绍递归算法。阶乘的递归定义如下：

$$\text{Factorial}(n) = \begin{bmatrix} 1 & \text{if } n = 0 \\ n \times \text{Factorial}(n-1) & \text{if } n > 0 \end{bmatrix}$$

要实现递归算法需经过递推和回归两个过程。递推就是为了得到问题的解，将它推到比原问题更简单的问题求解。

例如：n!=f(n)，为了计算 f(n)，将它推到比原问题更简单的问题 f(n-1)，即 f(n)=f(n-1)*n，而计算 f(n-1)比计算 f(n)简单，因为 f(n-1)比 f(n)更加接近已知解 0!=1。同理，为了计算 f(n-1)，将它推到比原问题更简单的问题 f(n-2)，即 f(n-1)=f(n-2)*(n-1)…f(2)=f(1)*2，f(1)=f(0)*1。从算法可知 f(0)=1，因此，按回归的方法依次计算出 f(1)、f(2)、f(3)、…、f(n-2)、f(n-1)、f(n)。如图 7-31 为递归算法的过程。

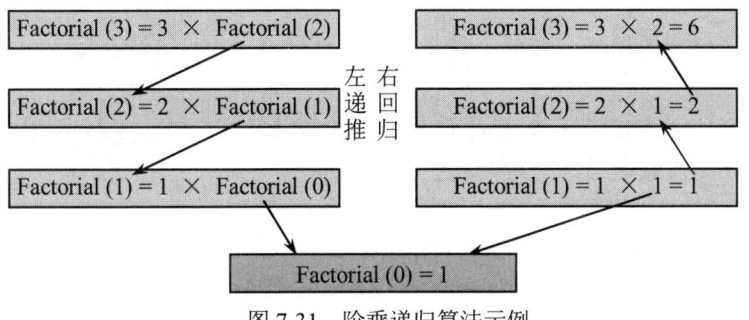

图 7-31　阶乘递归算法示例

使用递推要注意：

（1）递推应有终止的时候，例如当 n=0 时，0!=1 为递推终止条件，所谓终止条件就是指在此条件下问题的解是明确的，缺少终止条件会使递归算法失败。

（2）所谓简单问题是表示离递推终止条件更接近的问题。简单的问题与原问题求解的算法是一致的，差别主要反映在参数上，例如，计算 f(n-1)比计算 f(n)简单，因为 f(n-1)比 f(n)参数少 1。参数变化使问题递推到有明确解。

回归是指当简单问题得到解后，回归到原问题的求解的过程。例如，当计算完(n-1)!后，回归计算 n*(n-1)!，即得到 n!的解。

使用回归要注意：

当回归到原问题的解时，算法中所涉及的处理对象都是当前问题的，即递归算法所涉及的参数与局部处理对象是有层次的。当解某一问题的时候，有它的一套参数与局部处理对象，当递推进入一个"简单问题"的时候，这套参数与局部对象便隐藏起来（通常保存在计算机的堆栈中），因为"简单问题"又有它自己的一套参数与局部对象。当回归时，原问题的参数与局部处理对象又从堆栈中弹出来，如回归到原问题时能得到问题的解，回归就结束。

活动设计

活动 1　认识堆栈与队列数据结构

目标

认识堆栈与队列的构造方法与基本操作的实现过程。

场景

在教室利用一排座位组织一个堆栈与队列，演示堆栈与队列的基本操作。

要求

活动完成后，由教师进行总结。

活动 2　看视频，分析排序算法的效率

目标

认识排序算法的实现过程，分析各种排序算法的效率（参考表 7-2）。

场景

在教材资源文件夹下有模块 7 排序视频，请看相应排序视频，了解各种排序算法的实现过程，对各种排序算法效率进行分析比较。

要求

看完后，每组派一位代表做 PPT 进行讲解。

实践任务

任务 编写加法运算程序

编写加法运算程序

任务目标

掌握结构化程序设计和面向对象程序设计的概念、特点和基本方法,使用常用的算法解决实际问题。

任务情境与要求

由随机函数产生10道整数(0~999)与整数(0~999)相加的加法题,产生的加法题依次显示在窗体上,每产生一道题后,由用户输入答案,如果答案正确,记10分;如果答案错误,记0分。中途可以放弃答题,最后给出总得分。窗体中各控件要求大小适中,布局合理。

任务素材

在"教材资源"文件夹的"模块7"文件夹的"任务设计"中提供了"软件技术.accdb",其中包含了"加法运算程序"窗体。

任务解析

1. 打开素材"软件技术.accdb",右键选择设计视图模式打开"加法运算程序"窗体。

2. 在窗体中加入4个文本框,分别命名为text1、Text2、text3和Text4,两个命令按钮开始答题和退出,分别命名为Command1和Command2,打开"属性表",调整各控件的高度、宽度、边框样式、边框颜色、字体、字号、前景色和背景色等属性,窗体如图7-32所示。

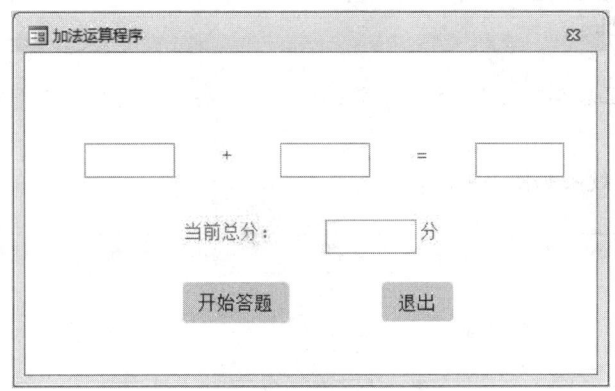

图7-32 "加法运算程序"窗体

3. 右击开始答题命令按钮Command1,在快捷菜单中选择"事件生成器…"→"代码生成器",进入 Visual Basic 编辑器,在 Command1_Click() 事件中编写如下代码:

```
Private Sub Command1_Click()
    Dim a, b, c, i, sum As Integer
    For i = 1 To 10
        text1 = ""    '清空数据
```

```
        Text2 = ""
        text3 = ""
        Text4 = sum
        a = Int(Rnd * 1000)              '产生 0~999 之间的随机整数
        text1 = a
        b = Int(Rnd * 1000)
        Text2 = b
        c = Val(InputBox("请输入答案：", "回答"))     '输入答案
        text3 = c
        If c = a + b Then                '如果答案正确加 10 分
            sum = sum + 10
            Text4 = sum                              '显示当前分数
            MsgBox "回答正确，加 10 分。", "0", "结果"
        Else
            MsgBox "回答错误！", "0", "结果"
        End If
        If i < 10 Then
            If MsgBox("你还有" & 10 - i & "题未答，是否继续答题？", vbYesNo) = _
    vbNo Then         '_为续行符
                Exit For
            End If
        End If
    Next i
    MsgBox "答题完毕，最后得分：" & sum & "分。"
End Sub
```

4. 同上一步骤，编写退出命令按钮 Command2 的单击事件代码，代码如下：
```
Private Sub Command2_Click()
    DoCmd.Close
End Sub
```

5. 将"加法运算程序"窗体切换到窗体视图，单击"开始答题"按钮，开始运行程序。

任务完成效果

任务完成的最终效果如图 7-33 所示。

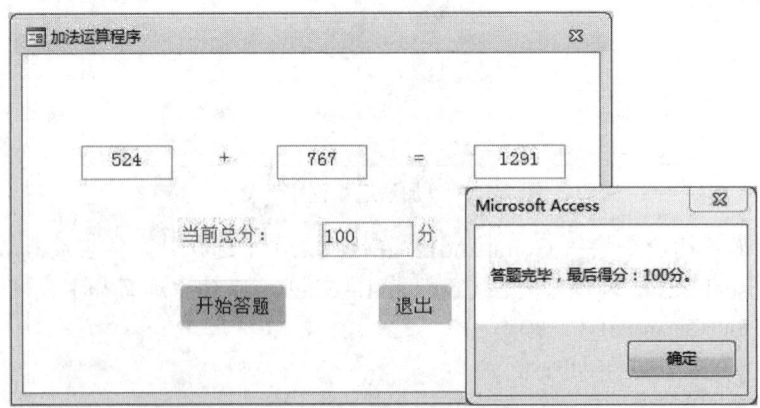

图 7-33　"加法运算程序"运行结果图

一、选择题

1. 最简单的交换排序方法是（　　）。
   A. 快速排序　　　　　　　B. 选择排序
   C. 堆排序　　　　　　　　D. 冒泡排序
2. 算法的时间复杂度是指（　　）。
   A. 执行算法程序所需的时间
   B. 算法程序的长度
   C. 算法执行过程中所需要的基本运算次数
   D. 算法程序中指令的条数
3. 算法的空间复杂度是指（　　）。
   A. 执行算法程序所需的时间
   B. 算法程序的长度
   C. 算法执行过程中所需要的存储空间
   D. 算法程序中指令的条数
4. 下面叙述正确的是（　　）。
   A. 算法的执行效率与数据的存储结构无关
   B. 算法的空间复杂度是指算法程序中指令（或语句）的条数
   C. 算法的有穷性是指算法必须能在执行有限个步骤之后终止
   D. 以上三种描述都不对
5. 算法一般都可以用哪几种控制结构组合而成（　　）。
   A. 循环、分支、递归　　　B. 顺序、循环、嵌套
   C. 循环、递归、选择　　　D. 顺序、选择、循环
6. 在下列选项中，（　　）不是一个算法一般应该具有的基本特征。
   A. 确定性　　　　　　　　B. 可行性
   C. 无穷性　　　　　　　　D. 拥有输入与输出
7. 假设线性表的长度为 n，则在最坏的情况下，冒泡排序需要的比较次数为（　　）。
   A. $\log_2 n$　　　　　　　B. n^2
   C. $O(n^{1.5})$　　　　　　D. $n(n-1)/2$
8. 下列关于堆栈的说法正确的是（　　）。
   A. 在堆栈的任何位置都可以插入与删除数据
   B. 堆栈空间有无限性
   C. 堆栈是一种先进后出的数据结构
   D. 堆栈是一种先进先出的数据结构

9. 下列关于队列的说法正确的是（　　）。
   A. 在队列的任何位置都可以插入与删除数据
   B. 队列空间有无限性
   C. 队列是一种先进后出的数据结构
   D. 队列是一种先进先出的数据结构
10. 在二叉树中，每个结点有（　　）两个子树。
    A. 多于   B. 少于   C. 至多   D. 至少
11. 一棵二叉树的高度为5，那么它的结点数最少为（　　）。
    A. 31   B. 15   C. 5   D. 无法确定
12. 在前序遍历中，（　　）首先被处理。
    A. 根   B. 左子树   C. 右子树   D. 依据具体情况而定
13. 在一棵二叉树上第5层的结点数最多是（　　）。
    A. 8   B. 16   C. 32   D. 15
14. 设一棵完全二叉树共有699个结点，则在该二叉树中的叶子结点数为（　　）。
    A. 349   B. 350   C. 255   D. 351
15. 希尔排序法属于哪一种类型的排序法（　　）。
    A. 交换类排序法   B. 插入类排序法
    C. 选择类排序法   D. 建堆排序法
16. 对长度为N的线性表进行顺序查找，在最坏情况下所需要的比较次数为（　　）。
    A. N+1   B. N   C. (N+1)/2   D. N/2
17. 堆栈和队列的共同点是（　　）。
    A. 都是先进后出
    B. 都是先进先出
    C. 只允许在端点处插入和删除元素
    D. 没有共同点
18. 已知二叉树后序遍历序列是dabec，中序遍历序列是debac，那么它的前序遍历序列是（　　）。
    A. cedba   B. acbed   C. decab   D. deabc
19. 栈底至栈顶依次存放元素A、B、C、D，在第五个元素E入栈前，栈中元素可以出栈，则出栈序列可能是（　　）。
    A. ABCED   B. DBCEA
    C. CDABE   D. DCBEA
20. 线性表的顺序存储结构和线性表的链式存储结构分别是（　　）。
    A. 顺序存取的存储结构、顺序存取的存储结构
    B. 随机存取的存储结构、顺序存取的存储结构
    C. 随机存取的存储结构、随机存取的存储结构
    D. 任意存取的存储结构、任意存取的存储结构
21. 下列数据结构中，按先进后出原则组织数据的是（　　）。
    A. 线性链表   B. 栈   C. 循环链表   D. 顺序表

22. 树是结点的集合,它的根结点数目是( )。
    A. 有且只有 1   B. 1 或多于 1   C. 0 或 1   D. 至少 2
23. 具有 3 个结点的二叉树有( )。
    A. 2 种形态   B. 4 种形态   C. 7 种形态   D. 5 种形态
24. 设一棵二叉树中有 3 个叶子结点,有 8 个度为 1 的结点,则该二叉树中总的结点数为( )。
    A. 12   B. 13   C. 14   D. 15
25. 如果进栈序列为 e_1,e_2,e_3,e_4,则可能的出栈序列是( )。
    A. e_3,e_1,e_4,e_2 B. e_2,e_4,e_3,e_1 C. e_3,e_4,e_1,e_2 D. 任意顺序

二、思考题

1. 找出下列二叉树的根。
    A. 后序遍历:FCBDG
    B. 前序遍历:IBCDFEN
    C. 后序遍历:CBIDFGE
2. 一棵二叉树有 10 个结点。树的中序遍历和前序遍历如下,请画出这棵树。
    前序:JCBADEFIGH
    中序:ABCEDFJGIH
3. 一棵二叉树有 8 个结点。树的中序遍历和后序遍历如下,请画出这棵树。
    后序:FECHGDBA
    中序:FECABHDG
4. 画出由三个结点组成的所有可能的二叉树。
5. 有一组数据 1、2、3、4、5、6。如果想要这些数据倒排,用哪种数据结构处理较好?
6. 什么是算法?算法等于程序吗?
7. 算法具有哪些基本的特征?如何评价一个算法的优劣?
8. 1966 年,Boehm 和 Jacopini 证明了程序设计语言仅仅使用哪三种基本控制结构就足以表达出各种其他形式结构的程序设计方法?
9. 基本的排序算法有哪些?请简述算法的思想。
10. 数据结构研究的内容主要包括哪些?

模块 8　程序设计方法思维

本模块由浅入深地介绍程序设计的基本概念、控制结构、程序设计语言 Python 等知识，并通过 Python 程序设计的应用实例帮助理解程序设计的基本方法和步骤。通过本模块学习，能够了解程序设计方法思维以及程序设计的基本控制结构，并对程序设计的基本方法和步骤有一个初步的认识。

学习目标

认知目标	情感目标	技能目标
了解程序设计的基本概念。了解结构化程序设计的基本原则。了解程序设计基本控制结构和方法。熟悉 Python 语言基本语法。理解 Python 程序实例，并掌握 Python 程序设计语言的应用。	培养学生的逻辑思维能力和程序设计方法思维能力，认识程序设计语言的重要性，提高今后学习相应课程的兴趣。	通过本模块的学习，能运用程序设计方法思维，在结构化程序设计原则及三种基本控制结构下，使用 Python 实现普通的应用程序设计。掌握结构化程序设计、Python 程序设计的基本思路与方法。

模块导学

单元知识	活动设计	实践任务	课后习题
程序设计概述 Python 程序设计应用	了解使用 Python 进行程序设计的基本步骤 观看视频，理解与熟悉使用 Python 编写应用程序	使用 Python 库编绘制图形的程序	选择题 Python 程序设计题

单元 1　程序设计概述

知识 1　程序的基本概念

程序可以看作是一系列操作（程序语句）在计算机上执行过程（算法）的描述。

计算机程序是为了得到某种结构而由计算机等具有信息处理能力的装置执行的代码化指令序列。即程序就是由一条条代码组成的，这样的一条条代码分别代表不同的操作命令，这些命令结合起来，就组成一个完整的工作系统。

程序为计算机规定了计算的步骤。为了更好使用计算机，我们先来了解程序的几个特点：

(1) 目的性:程序必须有一个明确的目的。
(2) 分步性:程序给出了解决问题的步骤。
(3) 有限性:解决问题的步骤和时间必须是有限的,如果需要无穷多个步骤和无限时间,那么在计算机上就无法实现。
(4) 可操作性:程序实施的各种操作对于某些对象,必须是可操作的。
(5) 有序性:解题步骤不是杂乱无章地堆积,而是按一定顺序排列的。

知识 2 程序设计过程

冯氏计算机还不能直接接受任务,只能按照人们事先确定的方案执行规定好的操作步骤。通常,计算机处理一个问题,需要经过以下几个步骤:

(1) 分析问题,确定解决方案。一个实际问题提出后,先对问题进行详细分析。这些分析包括:需要提供哪些原始数据,即程序的输入;需要对其进行什么处理,即算法与控制结构;在处理时需要什么样的软硬件环境,即运行环境;需要以哪种形式输出处理结果,即程序的输出。在这些分析的基础上,确定相应的处理方案。在解决同一问题上的解决方案往往有多个,这就要根据实际需求进行方案选择,选择注重时间效率的方案还是注重空间效率的方案。

(2) 数学建模。对问题进行全面分析后,需要建立数学模型。数学建模就是把问题数学化、公式化的过程。有些问题比较直观,可以不用去讨论和分析数学模型的问题,有些问题符合某些公式或有固定数学模型可以直接利用,但是多数问题都没有对应的数学模型可以利用,就需要数学建模和模型优化。

(3) 确定算法。数学建模完成后,将优化后的模型转换为适合计算机运算的算法。在众多可行算法中,优先选取逻辑简单、运算速度快、精度高、编程容易的算法用于程序设计,即选择复杂度低、可实现性好的算法。

(4) 编写源程序。要让计算机完成某项工作,必须将设计好的操作步骤使用计算机语言进行描述,以若干条指令组成的程序的形式书写出来,才能让计算机按要求一步步执行。用高级计算机语言编写的程序就称为源程序。

(5) 程序调试。程序调试的目的是为了发现程序设计中出现的语法错误,即不符合相应计算机语言规定的错误。这些错误会导致程序无法执行。程序员在编写完程序后都需要调试,以保证程序能正常执行。

(6) 整理资料,编写文档。为使用户能够了解程序具体功能,掌握程序运行操作,有利于程序的修改、阅读和交流,需要编写程序说明书,其内容包括:程序名称,完成任务使用的算法,程序流程图,源程序清单,程序调试及运行结果,运行环境要求,操作说明等。

整个程序设计过程中,上述步骤可能反复进行,一旦发现问题就进行回溯排错,严重的情况,需要重新认识问题和设计算法。

知识 3 结构化程序设计基本原则

程序设计的方法主要有面向过程的结构化程序设计、面向对象的程序设计、面向主体的程序设计。在结构化程序设计中,任何复杂的算法都由顺序结构、分支(选择)结构、循环结构三种基本结构组成,基本结构之间可以互相包含,但不允许交叉。实现结构化程序设计的一种基本思路或设计策略称为模块化设计。把一个大规模的软件,按照功能划分成一些小的部分，这些较小的部分就叫模块。

结构化程序设计的概念由 E.W.Dijkstra 提出，以模块化设计为中心，将大规模的软件进行功能分解，自顶向下逐步细化求精，直至得到能够编程实现的基本功能模块。模块内部联系紧密（高内聚性），模块之间的依赖程度低（低耦合性）。结构化程序设计需遵循以下基本原则：

（1）自顶向下。程序设计时，先考虑总体，后考虑细节；先考虑全局目标，后考虑局部目标。把软件功能逐步向下分解成各功能模块。

（2）逐步求精。若分解后的模块依然比较复杂，则继续分解，直至简单到能够直接使用程序的三种基本结构表达为止。

（3）模块化。一个复杂问题，肯定是由若干个简单问题构成。模块化就是把程序要解决的总目标分解为子目标，再进一步分解为具体的小目标。我们可以把一个小目标叫一个模块，对应每一个小问题或子问题编写出一个功能上相对独立的程序块，最后再统一组装。从而将对一个复杂问题的求解变成了对若干个简单问题的求解。

（4）限制使用 goto 语句。goto 语句属于无条件跳转语句，容易对程序整体结构造成破坏。程序的质量与 goto 语句的数量成反比，应在所有的高级程序设计语言中限制 goto 语句的使用。

知识 4　面向对象程序设计的特点

面向对象的程序设计是在结构化程序设计的基础上，以更接近人们通常思维的方式来解决问题的一种软件开发技术。

面向对象的程序设计以对象为核心，强调对象的"抽象性""封装性"和"多态性"。其本质就是主张从客观世界固有的事物出发来构造系统，提倡用人类在现实生活中常用的思维方法来认识、理解和描述客观事物，强调最终建立的系统能够映射问题域。也就是说，系统中的对象以及对象之间的关系能够如实地反映问题域中固有的事物及其关系。

面向对象程序设计方法有以下的特点：

（1）与人类习惯的思维方法一致。
（2）稳定性好。
（3）可重用性好。
（4）易于开发大型软件产品。
（5）可维护性好。

知识 5　面向主体程序设计

面向主体设计技术的核心是人工智能，但用当前的硬件技术和知识表达方式开发人工智能始终缺少突破。人工智能的发展亟待硬件技术和知识表达方式的彻底变革，变革后的硬件，引用《骇客帝国》里的名词，称之为母体，它是孕育智慧和生命的摇篮。

主体具有自主性、反应性、社会性与学习能力等特征。自主性是指主体是位于某一环境中的一个计算实体，它有能力在该环境中自主地采取行动，即在没有人直接干预下能够采取行动，并能控制自己的行为和内部状态。反应性是指主体能够感知它们的环境，如客观世界、用户、其他主体等，并以实时方式响应环境中发生的变化。社会性是指主体在履行其自身职能的同时，还能够根据其求解状态和技能，在适当的时候与其他主体交互，以提高自己的问题求解能力或帮助其他主体的问题求解活动。学习能力是指主体在运行过程中，通过学习以往的经验不断改善自己对同一问题的求解能力，而对象的方法却是一成不变的。假如主体 M 和对象 N 都可以求解 sin(x)和 cos(y)，主体 M 可以通过自主学习求解出 sin(x)+cos(y)，而对象 N 则不会，必须人工加入 sin(x)+cos(y)函数。

单元 2　Python 程序设计应用

知识 1　Python 语言概述

Python 是一种面向对象的解释型计算机程序设计语言。它由荷兰人吉多·范罗苏姆（Guido van Rossum）于 1989 年发明，第一个公开发行版于 1991 年发行。2019 年度 IEEE Spectrum 编程语言排行中，Python 稳居榜首，且已经连续三年夺冠。

（1）Python 语言的特点。由于 Python 语言的间接性、易读性、可扩展性，用 Python 做科学计算以及应用开发的研究机构日益增多，越来越多的大学使用 Python 语言讲授程序设计课程。众多开源的科学计算软件包都提供了 Python 的调用接口，如：计算机视觉库 OpenCV、三维可视化库 VTK、医学图形处理库 ITK。Python 专用的科学计算机扩展库就更多了，如：三大经典科学计算机扩展库 NumPy、SciPy 和 Matplotlib。它们分别为 Python 提供了快速数组处理、数值运算以及绘图功能。因此，Python 语言及其众多的扩展库所构成的开发环境十分适合工程技术人员和科研人员处理实验数据、制作图表、开发科学计算应用程序。

Python 语言特点

（2）Python 语言开发环境的安装。由于 Python 是开源软件，Python 解释器可以由网络获得。在其官方网站的下载页面下载合适的安装程序进行安装即可。以 64 位 Windows 操作系统为例，可选择"Windows x86-64 executable installer"。下载完成后，运行该文件，界面如图 8-1 所示。

Python 语言开发环境安装

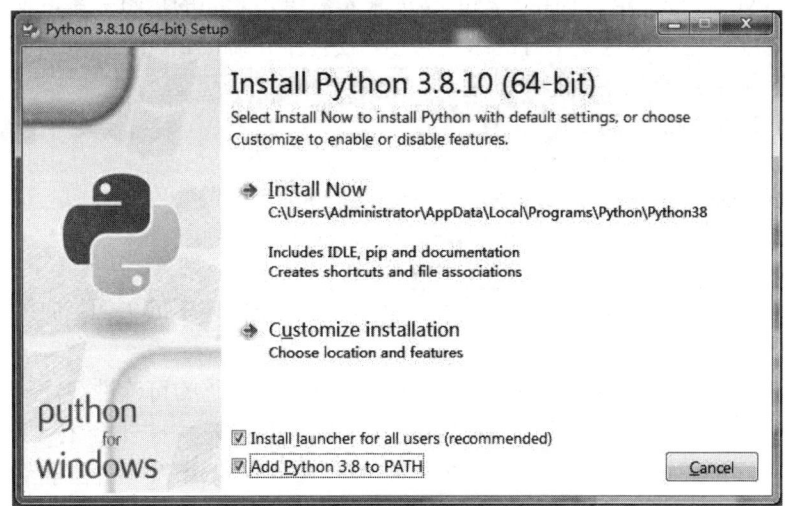

图 8-1　安装 Python IDLE

在"所有程序"里选择 "Python 3.8"打开图 8-2 所示的列表。在这个列表中列出了安装的程序组件,选择"IDLE(Python 3.8 64-bit)"命令即可打开 Python 的交互环境。

">>>"是 Python 语句的输入提示符,在这个符号之后就可以输入 Python 语句了。

在">>>"符号之后输入 quit()或 exit(),即可退出 Python 运行环境。

在">>>"符号之后输入代码:print("Hello World!"),按 Enter 键之后即可运行第一个小程序,如图 8-3 所示。

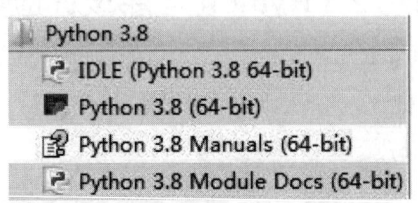

图 8-2　Python 程序列表

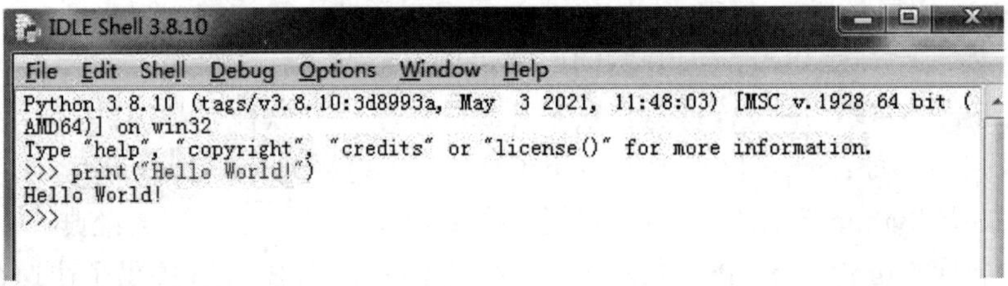

图 8-3　Hello World! 程序

Python 的交互环境可以即时反馈运行结果,输入一行代码后按 Enter 键,即可得到运行结果。

(3)Python 程序的格式。在书写 Python 程序时,要遵循其规定的格式,主要格式要求有以下 3 点:

1)大小写。Python 是区分大小写的,例如,ABC、Abc、abc 是完全不同的标识符。

2)缩进。Python 程序语言使用严格的缩进来表示语句之间的逻辑关系,使得程序更加清晰和美观。强制缩进也可以避免不好的编程习惯,使得不正确的语句不能通过编译。在正确的位置打上":",则系统会在下一行自动缩进。例如下面程序所示。

求 1~100 累加的和:
```
Sum=0;                    #累加器设置为 sum
For I in range(101):      #让 I 从 1 变化到 100
    sum =sum+I            #将 I 的值累加到 sum 上
Print(sum)                #输出结果
```

在这个程序中,第三行缩进表示该语句是第二行 for 循环体中的语句,而第一行和第四行不属于循环。

3)注释。注释是程序员对程序代码的说明,可以提升代码的可读性。注释是辅助文字,不作为程序代码,所以不会被编译或解释器执行。在上面的程序中,每一行"#"后面的语句就是注释,用于解释运行改语句的含义。在 Python 程序中可以用"#"开头和结尾,也可以使用三个双引号(""")开头和结尾。

(4) Python 程序中的变量和保留字。

1) 变量。变量是用来存放程序运行中用到的各种原始数据、中间数据、最终结果数据的。与其他语言稍有不同的是，Python 并不是把数值存储在变量中，而是将名字贴在了数值上。在整个程序的执行过程中，变量的值是可以变化的。但是在程序执行的每个瞬间，变量的值是已知、明确、固定的。使用变量时，通过变量名字找到相应数值。

变量命名需要遵循一定规则。Python 语言对变量命名规则为：可以使用大写字母、小写字母、数字、下划线和汉字等字符，但首字母不能是数字。变量名中间不能有空格，变量名字的长度在语法上不做限制。例如，A123、a_1、good、张三为合法的变量名，3A、ab c 为非法变量名。

2) 保留字。Python 程序中，要注意变量命名与保留字的区别。保留字是 Python 语言已经设定好的具有特殊用法和含义的标识符。每种程序设计语言都有一套保留字，保留字一般用来构成程序整体框架，表达关键值和具有结构性的复杂语义等。

(5) Python 程序中的赋值语句。在 Python 语言中，变量的使用不需要事先声明，只需要在使用之前对其赋值即可。赋值语句用于把指定表达式的值赋予某个变量或对象属性。表达式是由变量、常量、运算符、函数等构成的用于程序中产生或计算新数据值的代码。

赋值使用"="，将"="右侧的计算结果赋给左边的变量或对象属性，把包含赋值符号"="的语句称为赋值语句，基本格式如下：

<变量 1>=<表达式 1>
<对象 1>.<属性 x>=<表达式 x>
给变量 x 赋值为 2，给变量 y 赋值为 3，语句为：
>>>x=2
>>>y=3

Python 语言提供了一种简单方式可以交换两个变量值的操作，称为同步赋值。格式为：

<变量 1>,<变量 2>...,<变量 n>=<表达式 1>,<表达式 2>...,<表达式 n>
使用同步赋值，交换 x 和 y 的值，语句为：
>>>x,y=y,x

(6) Python 程序中的数据类型。

1) 数字类型。Python 中的数字数据类型有 3 种：整数、浮点数和复数。

整数可用十进制、二进制、八进制、十六进制表示。默认情况下，整数使用十进制表示，二进制数以 0b 开头，八进制数以 0o 开头，十六进制数以 0x 开头。语法上没有对整数的取值范围进行限制，但实际整数的取值范围取决于运行 Python 的计算机内存。编写代码时，可以进行很大的数据运算，如：

>>>123456789457895489651574 8*5489652154984765489795566546744564 82
>>>pow(2,10000)

其中，pow 是一个函数，该函数的第一参数为底数，第二参数为指数。其功能是用来求 2 的 10000 次方。

浮点数是带有小数的数值。为了和整数区别，小数部分可以是 0，如：2.4、0.3、1.0。也可以使用科学计数法表示，格式为：<a>e<b>，该表达式代表了 $a\times10^b$。复数类型表示为：a+bj，其中 a 为实部，b 为虚部，后缀可用"j"或"J"表示。Python 语言内置的数值运算操作符见表 8-1。

表 8-1　内置数值运算符

操作符	功能
+	加法运算
-	减法运算
*	乘法运算
/	浮点除，结果为浮点数
//	整除，结果为不大于商的最大整数
%	余除，结果为余数
**	指数运算，x**y 即 x^y

2）字符串类型。Python 中的字符串数据类型用于表示文本数据，使用两个单引号或两个双引号括起来的内容，都被视为字符串类型。如：

```
>>>x=3                    #给变量 x 赋值
>>>y='3'                  #给变量 y 赋值
>>>x                      #输出 x 的值
3                         x 的值为 3，类型为整数型
>>>y                      #输出 y 的值
'3'                       y 的值为 3，类型为字符串类型
```

与其他语言不同，Python 中字符串类型的数据自带索引功能，且分为正向索引和反向索引，如图 8-4 所示，将字符串"PYTHON"设为 s，则 s[4]='O'，s[-2]也是字符'O'。

正向索引	0	1	2	3	4	5
	P	Y	T	H	O	N
反向索引	-6	-5	-4	-3	-2	-1

图 8-4　字符串索引示意图

与 C 语言相似，Python 的字符串类型也有转义字符"\"，如："\n"表示换行，"\\"表示反斜杠，"\t"表示制表符等。

用两个单引号和两个双引号都只能表示单行字符串。如果字符串内容涉及多行，需要头尾都使用三个单引号（'''）或三个双引号（"""）来表示。

与数值类型相似，字符串类型也可以进行运算。字符串的基本操作符见表 8-2。

表 8-2　字符串基本操作符

操作符	功能
x+y	将字符串 x 和 y 进行连接
x*n	将字符串 x 复制 n 次
str[i]	得到字符串中的第 i 个字符
str[n:m]	从字符串中获得从 n 到 m（不包括 m）的子字符串
x in y	判断字符串 x 是否存在于字符串 y 中，是返回 True，否则返回 False

在 Python 环境中的运算结果如下：
```
>>>x='程序设计'                    #给变量 x 赋值
>>>y='is interesting!'             #给变量 y 赋值
>>>x+y                             #把 x 和 y 进行连接操作后输出结果
'程序设计 is interesting!'          程序结果
>>>x*4                             #把 x 复制 4 次并连接后输出结果
'程序设计程序设计程序设计程序设计'    程序结果
>>>y[3:6]                          #从字符串 y 中切取出从第 4 到第 6 个字符构成的子串
'int'                              程序结果
```

知识 2 Python 程序设计应用

（1）Python 中的输入语句：input()函数。

在 Python 语言中，可以利用 input()函数来获得程序需要的数据。基本语法格式为：
  <变量 1>=input(<提示性文字>)

在 Python 交互环境中输入以下语句：
  r=input('请输入半径的值：')

按 Enter 键后，会出现如图 8-5 所示的提示，在该行后面输入数值，再次按 Enter 键，则用户输入的数值被赋给变量 r。不管用户输入的是数值还是字符串数据 input()函数都以字符串形式输出。如果需要进行计算，则要使用 eval()函数将字符串转换为值。语句：r=eval(r)就可以将字符串'5'中的单引号去掉，重新复制给变量 r。

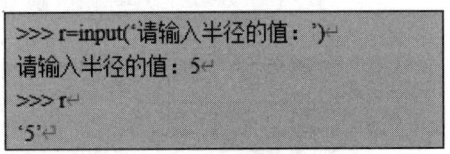

图 8-5 input()函数输入示例

Python 程序设计输入语句及顺序结构

（2）Python 中的顺序结构语句。

示例 1：要求从键盘输入两个数，求这两个数的和，即计算 c=a+b。

算法可用如图 8-6 所示的流程图来描述。

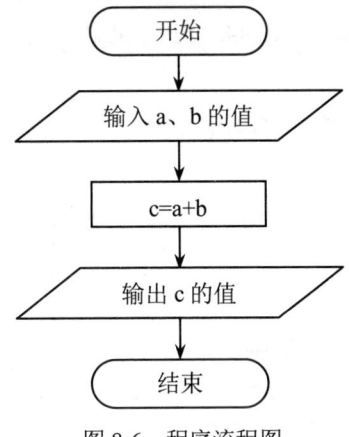

图 8-6 程序流程图

Python 程序代码如下：

```
a,b = eval(input("请输入两个数字："))
c = a + b
print(c)
```

运行界面如图 8-7 所示。

```
Python 3.8.10 (tags/v3.8.10:3d8993a, May  3 2021, 1:
AMD64)] on win32
Type "help", "copyright", "credits" or "license()" 1
>>>
========= RESTART: C:/Users/Administrator/Desktop/计
xt =========
请输入两个数字：3,4
7
>>>
```

图 8-7　程序运行界面

（3）Python 中的条件分支语句。

Python 中的单分支语句基本语法格式如下：

  if <条件>:
    <语句块>

Python 语言分支结构

当条件成立时，则执行语句块中的程序；否则跳过分支结构。

示例 2：输入两个数，然后按从大到小的顺序输出这两个数，算法描述如图 8-8 所示。

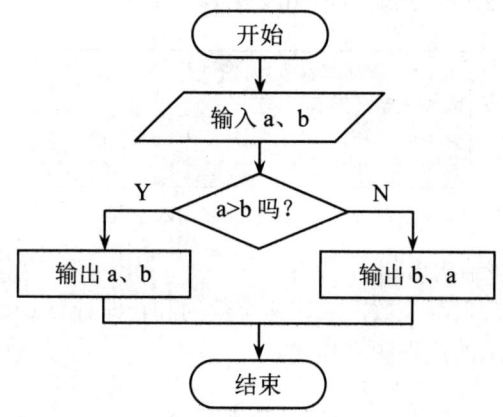

图 8-8　程序流程图

Python 程序代码如下：

```
a,b = eval(input("请输入两个数字："))
if a > b:
    print(a,b)
print(b,a)
```

运行界面如图 8-9 所示。

```
请输入两个数字：1,3
3 1
>>>
```

图 8-9　程序运行界面

Python 中的双分支语句基本语法格式如下：
    if <条件>:
        <语句块 1>
    else:
        <语句块 2>

当条件成立时，执行语句块 1 的内容；条件不成立时，执行语句块 2 的内容。

示例 3：判断输入的自然数 x 的奇偶性（提示：偶数除以 2 的余数为 0，而奇数除以 2 的余数为 1）。

算法描述如图 8-10 所示。

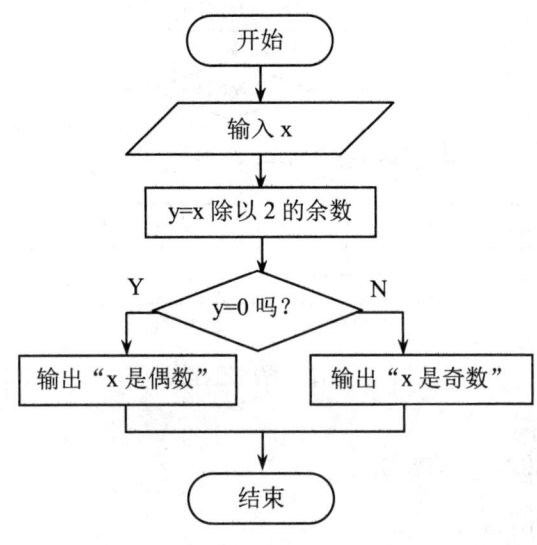

图 8-10 程序流程图

Python 程序代码如下：
```
x = eval(input("请输入一个自然数:"))
y = x % 2
if y == 0:
    print("{}是偶数".format(x))
else:
    print("{}是奇数".format(x))
```

运行界面如图 8-11 所示。

```
请输入一个自然数:19
19是奇数
>>>
```

图 8-11 程序运行界面

Python 中的多分支语句基本语法格式如下：
    if <条件 1>:
        <语句块 1>
    elif<条件 2>:
        <语句块 2>

…
　　else:
　　　　<语句块 n>
Python 会一次计算第一个结果为 True 的条件,并执行该条件下的语句块 else 是可选语句,如果没有条件成立,则执行 else 后面的语句块。

示例 4:为学生的成绩评定等级的评定方法是:成绩在 85 分以上的为"优秀",成绩在 60 分以上的为"合格",成绩在 60 分以下的为"不合格"。

算法描述如图 8-12 所示。

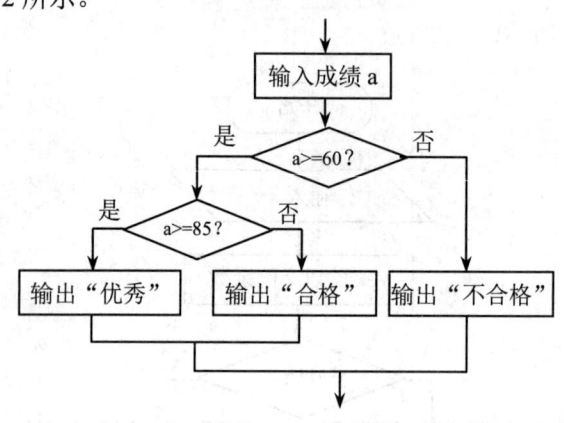

图 8-12　程序流程图

Python 程序代码如下:
```
a = eval(input("请输入学生成绩:"))
if a < 60:
    print('不合格')
elif a < 85:
    print('合格')
else:
    print('优秀')
```

运行界面如图 8-13 所示。

图 8-13　程序运行界面

Python 语言循环结构

(4) Python 中的循环语句。

在 Python 语言中,循环语句分为遍历循环和无限循环两种。

1) 遍历循环:for 语句。如果循环次数确定,可以使用 for 循环语句。基本语法格式为:

　　for <循环变量> in <遍历结构>:
　　　　<循环体>

在 Python 中,for 语句的循环次数是由遍历结构中元素个数确定的。遍历循环通过从遍历结构中逐一提取元素赋值给循环变量,然后对提取的每个元素执行一次循环体。

示例 5:计算 1+2+3+4+…+100 的和。

算法描述如图 8-14 所示。

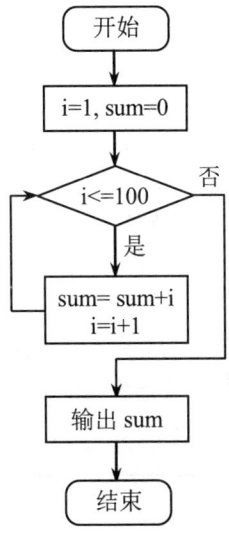

图 8-14　程序流程图

Python 程序代码如下：
```
i,sum = 1,0
for i in range(101):
    sum = sum + i
    i = i + 1
print(sum)
```
运行界面如图 8-15 所示。

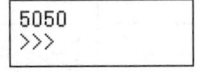

图 8-15　程序运行界面

2）无限循环：while 语句。在大多数实际问题的解决过程中无法使用遍历循环，而需要根据某些特定的条件执行循环语句，这种循环称为无限循环。基本语法结构如下：

　　while <条件>:
　　　　<循环体>

在 while 中，当条件成立时，执行循环体，条件不成立时，跳过 while 语句，执行后面与之同级的语句。

示例 6：利用 while 循环打印输出给定字符串中的每个大写字母。给定字符串为：'PYTHON 程序设计 I Like it Very Much!'

Python 程序代码如下：
```
s = "PYTHON 程序设计 I Like it Very Much!"
i = 0
while i < len(s):
    if ord(s[i]) >= 65 and ord(s[i]) <= 90:
        print(s[i])
```
运行界面如图 8-16 所示。

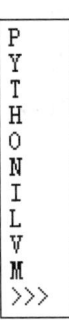

图 8-16　程序运行界面

（5）Python 中的列表和字典。

Python 中的列表

1）列表。在处理单个数据的时候，使用遍历是非常方便的。但如果遇到有组织有关联的成批数据，变量的使用就显得捉襟见肘了。在其他语言中处理这样的成批数据采用的是数组，但是数组要求所有元素的数据类型是一致的。由于 Python 语言并没有数据类型的严格划分，所以没有使用数组，而是采用了功能更为强大的列表。

列表是包含 0 个或多个对象引用的有序序列，没有长度限制。列表用一对中括号"[ ]"表示。列表的内容和长度都是可变的。创建列表的基本语法如下：

<列表名>=[元素 1,元素 2,...,元素 N]

各元素可以是数字，也可以是字符串，也可以是列表。列表也属于序列型数据。每一个元素就有了自己的索引号。可以对列表进行增删改查的操作。对列表的操作示例见表 8-3。

表 8-3 列表操作示例

操作语句	解释

>>> list1=[1,2,3,'Python','你好',[4,5,5]]
>>> list1
[1,2,3,'Python','你好',[4,5,5]]
	创建一个列表，命名为 list1
	显示列表内容

>>> list1[3] 'Python'	显示索引号为 3 的元素
>>> list1[5] [4,5,5]	显示索引号为 5 的元素
>>> list1.append(6) >>>list1 [1,2,3,'Python','你好',[4,5,5],6]	在列表 list1 末尾追加一个元素 6 显示列表内容

>>> list1.remove(3)
>>> list1
[1,2,'Python','你好',[4,5,5],6]
	移除列表 list1 中元素 3
	显示列表内容

>>> del list1[0]
>>> list1
[2,'Python','你好',[4,5,5],6]
	删除 list1 中指定位置的元素
	显示列表内容

>>> list1.insert(1,'插入')
>>> list1
[2,'插入','Python','你好',[4,5,5],6]
	在指定位置插入具体元素
	显示列表内容

与列表功能类似的还有元组。在 Python 中，元组是由一对()括起来的序列，元组一旦生成便不能更改，它是不可变类型。

Python 中的字典

2）字典。在很多具体的应用中，使用索引号不一定方便。Python 语言提供了一种数据结构：字典。字典是由键值对组成的序列，通过键来查找值。例如电话号码簿就是典型的键值组合，通过姓名来查找电话号码。创建字典的基本语法格式如下：

<字典名 1>={键 1:值 1,键 2:值 2,...,键 N,值 N}

字典由大括号括起来,键和值由冒号连接,各个对之间用逗号间隔。对字典的操作示例见表 8-4。

表 8-4 字典操作示例

操作语句	解释
>>> dic1={'河北':'石家庄','江苏':'南京','浙江':'杭州','河南':'郑州'}	创建一个字典,命名为 dic1
>>> dic1.keys( ) dict_keys(['河北','江苏','浙江','河南'])	列出字典中所有键
>>> dic1.values( ) dict_values(['石家庄','南京','杭州','郑州'])	列出字典中所有值
>>> dic1.items( ) dict_items([('河北','石家庄'), ('江苏','南京'), ('浙江','杭州'), ('河南','郑州')])	列出所有键值对

在 Python 中用{}括起来的非键值对序列叫集合,与数学概念的集合相似,可以进行集合的交、并、差等运算,集合中的数据不能重复。

(6) Python 中的函数和库。

1)函数。函数是一段具有特定功能的,可重复使用的程序代码。Python 语言自带了一些函数和方法。Python 本身提供了 68 个内置函数,这些函数不需要引用库就可以直接使用。用户也可以根据自己的需要编写函数,使用函数的好处就是减少代码的重复,同时降低编程的难度。自定义函数基本语法格式为:

Python 中的函数

  def <函数名>(<参数列表>):
    <函数体>
    return <返回值列表>

2)库。Python 语言除了自带的函数之外,还有很多内置标准库和第三方库提供了很多专业函数。Python 语言致力于开源开放,建立了全球最大的编程计算生态。Python 语言的官方网站提供了第三方库的索引,介绍了 Python 语言 21 万多个第三方库的基本信息。这些函数库涵盖了信息领域的所有技术方向。

Python 中的库

①内置标准库 turtle。turtle 库是一个直观且有趣的图形绘制函数库,此库中的常用函数及功能见表 8-5。

表 8-5 turtle 库中的常用函数

函数	功能
forward(n)	沿着绘图箭头前进 n 个像素长度,单位为像素,默认方向水平向右,n 若为负值则反方向绘制
left(x)	绘图箭头左转 x 角度
right(x)	绘图箭头右转 x 角度
pencolor( )	画笔的颜色
fillcolor( )	填充封闭图形的色彩

函数	功能
begin_fill( )/end_fill( )	定义填充颜色的代码范围，与 fillcolor( )搭配使用
up( )/down( )	起笔/落笔命令
clear()	擦除画布

注意：库中函数需要按照<库名>.<函数名>的格式来使用。

示例7：利用 turtle 库绘制图 8-17 所示图形。

图 8-17　红色五角星

Python 程序代码如下：

```
import turtle
turtle.fillcolor("red")
turtle.begin_fill()
count = 1
while count <= 5:
    turtle.forward(200)
    turtle.right(144)
    count += 1
turtle.end_fill()
```

运行界面如图 8-18 所示。

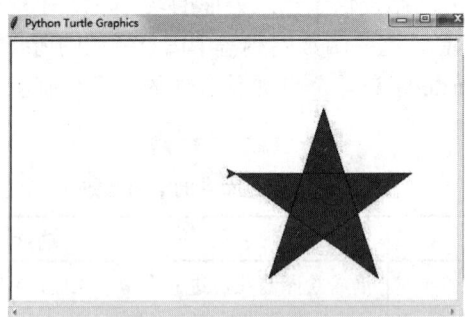

图 8-18　程序运行界面

②第三方库 jieba。jieba 是目前最好的 Python 中文分词组件，为用户提供非常便利的处理中文的方法。它需要通过 pip3 工具安装。现在介绍在联网的情况下安装第三方库，需要确保使用的计算机连通互联网，之后打开命令提示符，输入命令：pip install jieba。然后按 Enter 键即可安装，如图 8-19 所示。

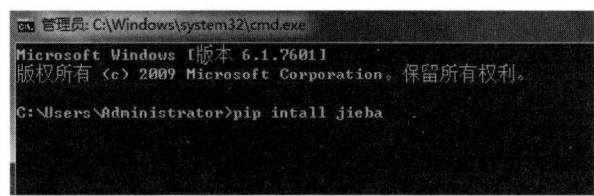

图 8-19 下载 jieba 库

jieba 库主要有以下 3 种特性：
- 支持三种分词模式：精确模式，适合文本分析；全模式，快速扫描所有可能成词的词语，但无法解决歧义；搜索引擎模式，适合搜索引擎的分词。
- 支持繁体中文分词。
- 支持自定义词典分词。

示例 8：利用 jieba 库完成一个分词案例。
Python 程序代码如下：

```
import jieba
jieba.lcut("我是一名来自湖南省长沙市湖南涉外经济学院的学生")
```

运行界面如图 8-20 所示。

['我', '是', '一名', '来自', '湖南省', '长沙市', '湖南', '涉外经济', '学院', '的', '学生']

图 8-20 程序运行界面

活动设计

活动 使用 Python 程序设计语言完成一个公司 Logo 的绘制

目标

利用所学的程序设计方法思维，按照结构化程序设计基本原则，使用 Python 完成一个复杂图形的绘制。

场景

有一家公司，旗下有餐饮中心、客房住宿中心与健身娱乐中心 3 个部门。现在该公司旗下餐饮品牌（主打健康营养的轻食快捷套餐）需要设计一个 Logo，请设计一个符合其品牌定位的商标，并使用 Python 完成这个 Logo 的绘制。

要求

以小组为单位完成下面的任务，每组交一份活动报告，并要求列出该组的成员及其分工，然后每组派一位代表做 PPT 进行介绍。

1. Logo 设计必须围绕该品牌的定位。
2. Logo 元素必须健康、积极、正能量。
3. 建议使用第三方库来完成。
4. 作品按小组提交，由组长进行演示。

实践任务

任务 学习 Python 第三方库 jieba 的使用

目标

掌握 Python 程序设计的相关概念、特点和基本方法,使用相关第三方库解决实际问题。

任务情境与要求

使用 jieba 库对习近平主席十九大讲话进行分词并统计词频,打印输出排名前十五的高频词。

任务素材

在"教材资源"文件夹的"任务设计"中提供了"习近平十九大讲话.txt"。

任务解析

1. 利用 Python 程序中的 pip 工具在线安装 jieba 库。

Windows+R 键调出"运行"对话框,输入 cmd 调出命令行窗口,如图 8-21 所示:

实践任务解析

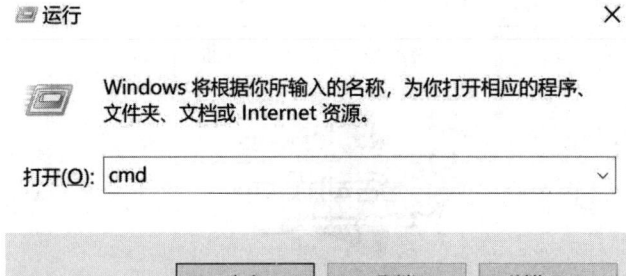

图 8-21 "运行"对话框

在命令行窗口中输入: pip install jieba。开始安装 jieba 库。

2. 导入 jieba 库,打开并读取文本文件"习近平十九大讲话.txt",使用 lcut 方法对其进行分词,生成分词结果列表,代码如下:

```
import jieba
f = open("习近平十九大讲话.txt","r")
text = f.read()
ls = jieba.lcut(text)
```

3. 利用分词列表构建词频字典 counts,字典构建使用 get 方法,key 及 value 为词与词频,构建字典过程中删除长度为 1 的词,代码如下:

```
counts = {}
for w in ls:
    if len(w) == 1:
        continue
    counts[w] = counts.get(w,0) + 1
```

4. 将字典转换为列表结构，并根据词频数从大到小排序，代码如下：
   ```
   items = list(counts.items())
   items.sort(key = lambda x:x[1],reverse = True)
   ```
5. 输出词频排名前十五位的词，代码如下：
   ```
   for i in range(15):
       word,count = items[i]
       print('"{}"出现{}次'.format(word,count))
   ```

任务完成效果

```
"发展"出现 212 次
"中国"出现 169 次
"人民"出现 157 次
"建设"出现 148 次
"社会主义"出现 147 次
"坚持"出现 131 次
"全面"出现 90 次
"国家"出现 90 次
"实现"出现 83 次
"制度"出现 83 次
"推进"出现 81 次
"特色"出现 80 次
"社会"出现 80 次
"政治"出现 80 次
"加强"出现 71 次
```

课后习题 8

一、选择题

1. 结构化程序设计由哪几种控制结构组合而成（   ）。
   A. 循环、分支、递归 B. 顺序、循环、嵌套
   C. 循环、递归、选择 D. 顺序、选择、循环
2. 结构化程序设计主要强调的是（   ）。
   A. 程序的规模 B. 程序的效率
   C. 程序设计语言的先进性 D. 程序易读性
3. 下面描述中，符合结构化程序设计风格的是（   ）。
   A. 使用顺序、选择和重复（循环）三种基本控制结构表示程序的控制逻辑
   B. 模块只有一个入口，可以有多个出口
   C. 注重提高程序的执行效率
   D. 不使用 goto 语句

4. 对建立良好的程序设计风格，下面描述正确的是（　　）。
   A. 程序应简单、清晰、可读性好　　B. 符号名的命名要符合语法
   C. 充分考虑程序的执行效率　　　　D. 程序的注释可有可无
5. 在结构化程序设计思想提出之前，程序设计曾强调程序的效率，现在，与程序的效率相比，人们更重视程序的（　　）。
   A. 安全性　　　B. 一致性　　　C. 可理解性　　　D. 合理性
6. 下面不属于 Python 特性的是（　　）。
   A. 简单易学　　B. 开源免费　　C. 属于低级语言　　D. 高可移植性
7. 下面（　　）不是 Python 中有效的变量名。
   A. my-score　　B. _demo　　C. banana　　D. Numbr
8. Python 中幂运算的运算符为（　　）。
   A. *　　　　B. %　　　　C. //　　　　D. **
9. 使用（　　）关键字来创建 Python 自定义函数。
   A. function　　B. func　　C. def　　D. procedure
10. 下面程序运行结果为（　　）。
    ```
    a=10
    def setNumber():
        a=100
    setNumber()
    print(a)
    ```
    A. 10　　　　B. 100　　　　C. 10100　　　　D. 10010

二、Python 程序设计题

1. 编写程序，运行后用户输入 4 位整数作为年份，判断其是否为闰年。如果年份能被 400 整除，则为闰年；如果年份能被 4 整除但不能被 100 整除也为闰年。

2. 编写程序，用户从键盘输入小于 1000 的整数，对其进行因式分解。例如，10=2*5，60=2*2*3*5。

3. 编写程序，实现分段函数计算。

x	y
x<0	0
0<=x<5	x
5<=x<10	3x−5
10<=x<20	0.5x−2
20<x	0

第三篇　应用篇

模块 9　Microsoft Office 2016 基本应用

　　Microsoft Office 2016 是微软公司推出的办公软件包，由 Word 2016、Excel 2016、PowerPoint 2016、Access 2016 等组件及一些网络服务构成。对普通使用者来说，有必要学会与使用它的前三个组件。本模块学习 Microsoft Office 2016 中 Word 2016、Excel 2016、PowerPoint 2016 三个常用组件的基本应用方法。为了让初学者快速学会软件的应用，本模块主要采用日常工作与生活中的经典案例作为示范，结合理论讲解软件的使用方法。

学习目标

认知目标	情感目标	技能目标
掌握 Word 2016 文本、段落、表格、图片、公式的编辑方法。 掌握 Word 2016 页面设置与邮件合并以及样式的使用方法。 掌握 Excel 2016 工作表数据的输入与格式化方法。 掌握 Excel 2016 公式、函数、图表的编辑与使用方法。 掌握 PowerPoint 2016 对象编辑与版面设置以及动画设置方法。	充分体验 Office 2016 软件的无限魅力，通过体验提高学习与使用 Office 2016 的兴趣。	能够进行常用办公文档、海报的编辑与设计，能使用 Excel 2016 进行表格数据处理，能完成 PPT 的设计与制作。

模块导学

单元知识	活动设计	实践任务	课后习题
认识 Office 2016 Word 2016 的使用 Excel 2016 的使用 PowerPoint 2016 的使用	图书策划案设计	海报设计文档排版 邮件合并高级应用 一般文书处理排版 长文档的综合排版 人事档案的格式设置 学生信息的加工和处理 销售和调查数据的图表化 PPT 中自定义字体的使用 校园风光相册的格式设置	选择题 思考题

单元 1　认识 Office 2016

Microsoft Office 中文版是目前国内办公软件的主流产品之一。作为该软件的开发商——微软公司，在开发该软件时，一方面，致力于扩充软件的功能，尽最大努力满足用户要求；另一方面，加强了用户界面设计，确保用户能够快捷、高效地使用该软件。在此介绍 Office 2016 的一些特点。

知识 1　Office 2016 界面的特点

Office 2016 把软件主要功能设计在功能区的逻辑命令组中，用户在面向任务的选项卡上可以轻松、快速地找到它们，同时，新的用户界面利用选项面板的下拉库替代了旧版本的对话框，并且提供了描述性的工具提示或示例预览来帮助用户选择正确的选项。无论用户在用户界面中执行何种操作，Office 2016 都会显示成功完成这项任务最合适的工具。Office 2016 软件界面的主要特点如下：

（1）界面设计简洁明了。界面按钮集中分布在窗口顶部且以分组形式显示与呈现在功能区中。功能区将各种元素集中在一起，确保用户方便、快捷与高效地使用 Office 2016。

（2）将命令集提供的命令精简为最常用的命令，且把用户使用率较高的命令放置在最显眼的位置。

（3）在功能区中划分核心任务区，每个任务区由一个选项卡组成，将完成该类任务的所有需要的命令集中在一起，称为逻辑命令组。功能区的大小可以调整，以确保功能区适应屏幕的大小。

（4）为保证 Office 软件界面的整洁，尽量为用户提供较大编辑空间，微软在设计 Office 2016 时，让一些命令仅在执行相应操作时才被激活显示，而不是始终显示这些命令。

（5）所有组件提供快速访问工具栏。该工具栏提供了对大多数所需命令（如"保存"和"撤消"）的快速访问。

当然，微软公司在设计 Office 的每一个版本时，都尽量融合用户的需求，朝用户满意的方向改进。但随着 Office 的发展与用户的要求越来越高，在 Office 2016 中，微软公司大胆采用全新界面设计风格，引入新的界面元素，该界面设计本身就是软件设计的一种突破，这也是该软件的风格。

知识 2　Office 2016 界面的构成

Office 2016 界面主要包括快速访问工具栏、功能区、操作主界面、状态栏，Word 2016 软件界面如图 9-1 所示。除此之外，还有传统的对话框、快捷菜单、浮动工具栏与上下文选项卡。

1. 快速访问工具栏

快速访问工具栏是显示在功能区上方的单个标准工具栏，它提供了对常用命令（如"保存"和"撤消"）的单击访问。

快速访问工具栏可以自定义。添加方法一是单击快速访问工具栏的下拉列表框，选择"其他命令"，从打开的对话框中选择命令；方法二是右击功能区上要添加到快速访问工具栏的命令，从弹出的快捷菜单中单击"添加到快速访问工具栏"命令即可。

模块 9　Microsoft Office 2016 基本应用

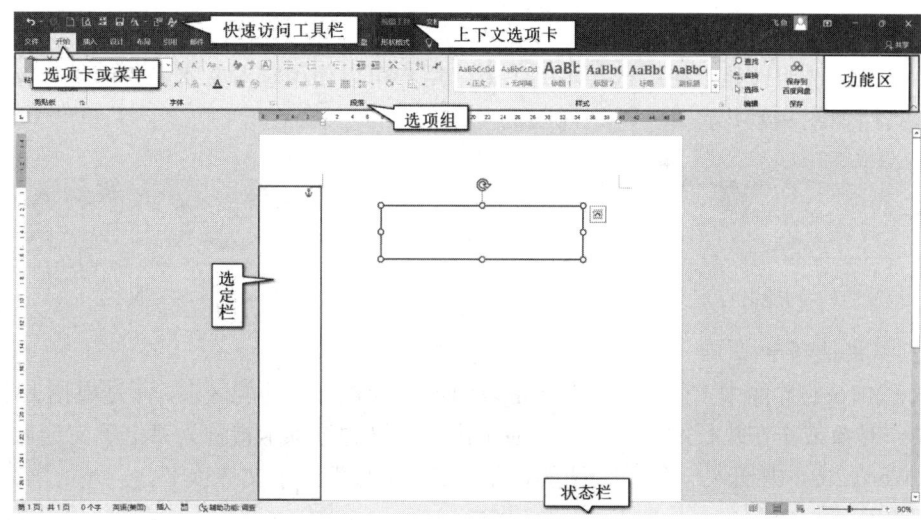

图 9-1　Word 2016 软件的界面

快速访问工具栏的位置也可移动。可移动的位置有两处：一处是功能区的左上角（默认位置），该位置也称功能区上方；另一处是功能区下方。移动的方法是单击快速访问工具栏的下拉列表，从中选择"功能区下方"或"功能区上方"即可完成移动。

2．功能区

功能区位于 Office 2016 程序窗口顶部。将通常需要使用的菜单、工具栏、任务窗格与在其他用户界面才能显示的任务或入口点集中在功能区方便查找与使用命令。如图 9-2 所示显示了 Word 2016 软件的功能区。

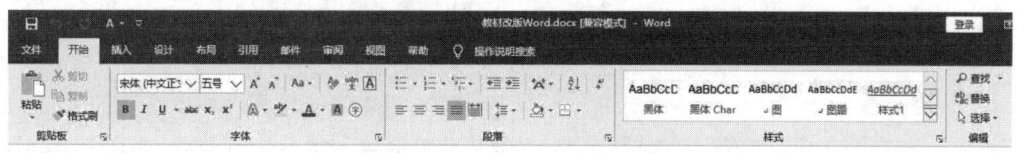

图 9-2　Word 2016 软件的功能区

在该功能区中，有"开始""插入""布局""引用""邮件""审阅""视图"等选项卡。在选项卡下面显示了当前"开始"选项卡的命令集，其中命令又按功能分为"剪贴板""字体""段落""样式"与"编辑"等命令组或称为选项组。

功能区也可以自定义，方法是在功能区右击，选择快捷菜单中的"自定义功能区"命令从打开的对话框中完成相应的设置与定义。

功能区可以最小化、快速最小化。最小化的操作方法是执行如图 9-3 快捷菜单中的"折叠功能区"命令即可。要快速最小化功能区，可双击功能区中活动选项卡的名称。

注意：如果再次双击选项卡可以还原功能区。用户也可按 Ctrl+F1 组合键来实现功能区的最小化或还原。

3．选定栏

位于 Word 页面文本区左侧，鼠标指针在此区域呈右向箭头。单击，可快速选择箭头右侧的一行文本；双击，可选择箭头右侧的一个段落；3 次连击，和 Ctrl+A 组合键效果等同，可以选择全文。

4. 浮动工具栏

浮动工具栏透明地显示在所选文本的上方,用户可以使用它对文本应用格式。Word 2016 的浮动工具栏如图 9-4 所示。

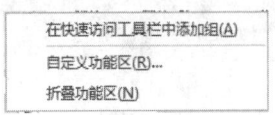
图 9-3 功能区自定义快捷菜单

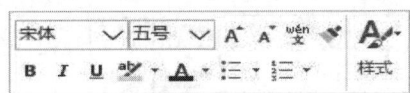
图 9-4 浮动工具栏

5. 上下文选项卡

Office 2016 的界面中,有些选项卡不是以固定的方式放在功能区中,而是根据上下文(用户选择操作对象或正在执行的任务)才会显示出来,这种选项卡被称为"上下文选项卡"。图 9-5 是在 Word 2016 中插入一个图片后弹出的"图片工具"上下文选项卡。

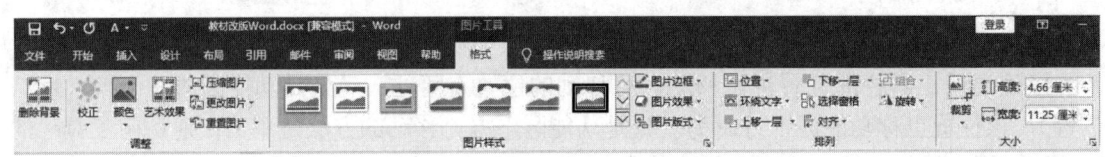
图 9-5 "图片工具"上下文选项卡

6. 状态栏

状态栏位于窗口底部,如图 9-6 所示。状态栏用于显示状态信息,从左到右依次显示了文档页面数、文档字数、Word 发现校对错误、语言、视图与缩放显示等状态信息。

图 9-6 Word 2016 的状态栏

7. 对话框

对话框是一种与窗口相似的界面元素,由选项卡构成,在选项卡中包含按钮和各种选项,通过它们可以完成特定命令或任务。图 9-7 是单击字体命令组右下角对话框启动选项后打开的"字体"对话框。在该对话框中可完成对选定文本的字体与字符间距的设置。

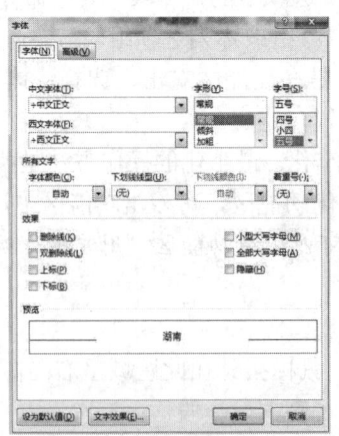
图 9-7 "字体"对话框

单元 2　Word 2016 的使用

Word 2016 是 Office 2016 的一个重要组件，是一个功能强大的文字处理软件。使用 Word 2016 可以很方便地创建和编排文档，使用表格、图像、图形，插入公式等对象，生成具有专业水准的文档。

知识 1　文档与模板

1. 文档

启动 Word 应用程序会自动新建一个叫文档 1 的空白文档，这个文档还未保存，保存文档是给文档指定保存的路径以及文件名、保存类型等信息。可选择"文件"→"保存"/"另存为"，或按 Ctrl+S 组合键，也可单击快速访问工具栏上的 ![](保存）按钮。

为防止计算机突然断电或突然死机时因没有保存而造成文件丢失，可使用自动保存功能，如图 9-8 所示。选择"文件"→"选项"→"保存"，系统默认间隔 10 分钟，每隔 10 分钟会保存一个新的备份文档。保存间隔时间可根据需要修改，但若太短，比较消耗计算机内存。

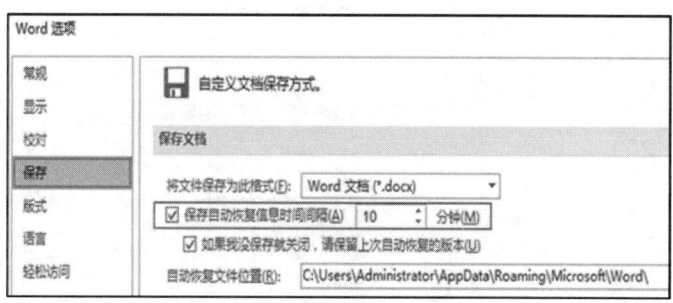

图 9-8　"Word 选项"自动保存设置

2. 模板

Word 提供的模板可以创建多个包含统一格式和内容的文档。利用模板创建文档可以选择"文件"→"新建"，如图 9-9 所示。若计算机能正常联网，可在 Office 下方的文本框输入关键词搜索官网联机模板，也可直接选择下方显示的模板。在"个人"中可选择自定义的模板，网上下载的模板存放到自定义 Office 模板文件夹则也可从"个人"处选择。对 Office 模块文件夹相应的路径感兴趣的同学请自行上网搜索。若想自定义模板可根据需要新建一个文档，在保存时保存类型选择 Word 模板（.dotx）。

与直接打开文档另存为一个新的文档，或直接复制文档改名相比，用模板创建多个文档有何优势？若多个文档某种格式要统一修改，假如它们是基于同一模板创建的，只需要修改模板中样式的格式，多个文档就能自动更新相应的样式格式。操作方法："文件"→"选项"→"加载项"，"管理"列表框中选择"模板"，单击"转到"，打开"模板和加载项"对话框，如图 9-10 所示，勾选"自动更新文档样式"。

如果已经创建了一个文档，要使用的样式位于另一个模板中，则也可以在"模板和加载项"对话框中，单击"选用"，选择要使用的样式所在的模板，并且勾选"自动更新文档样式"即可。

图 9-9 利用模板新建文档

图 9-10 "模板和加载项"对话框

知识 2　页面布局

1. 页面结构与文档组成部件

所有的排版工作都是在页面中进行的,页面的组成部分如图 9-11 所示。

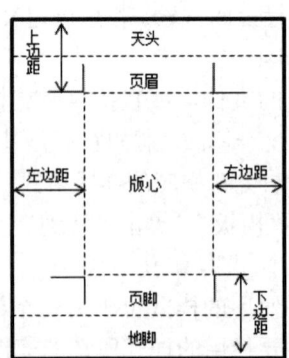

图 9-11 页面结构组成

页面各部分说明：

版心：文档 4 个角的灰色顶点围成的矩形区域，版心是正文文字的显示区域。

页眉和页脚：页面顶部两虚线之间的区域称为页眉，页面底部两条虚线之间的区域称为页脚。

天头和地脚：页眉顶部与页面上边缘之间的区域称为天头，页脚底部与页面下边缘之间的区域称为地脚。

版心、页眉/页脚中可以输入任务内容，包括文字、图片、表格、图形等。

2. 设置页面大小

页面大小的设置，在功能区中的"布局"→"页面设置"→"纸张大小"，在列表中选择所需的大小。若需特殊的页面，可自定义大小，设置"宽度"和"高度"值。

3. 设置版心大小

页面大小确定后，版心大小可通过页边距的设置来确定。选择功能区中的"布局"→"页面设置"→"页边距"，选择某种页边距，或单击"自定义页边距"，在对话框的"页边距"选项卡中设置"上""下""左""右"的值。当然随着"页码范围"中"多页"的选择不同，某些页边距命名及位置会有所不同，如选择"对称页边距"时，"左""右"称为"内侧""外侧"。

注意：单位不一致时需要手动输入相应的单位，例如若页边距想设置为 2 厘米而对话框中的单位是磅，那么就手工输入"厘米"（缩写单位 cm 系统会报"无效的度量单位"）。可以选择"文件"→"选项"→"高级"，"度量单位"中选择相应的单位来修改软件的默认度量单位的设置，如图 9-12 所示。

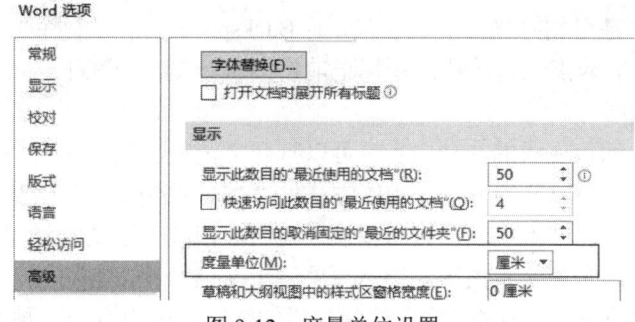

图 9-12 度量单位设置

4. 设置页眉和页脚大小

版心大小确定后，才能进一步设置天头、地脚，从而确定页眉和页脚的大小。

页眉=上边距-天头

页脚=下边距-地脚

天头和地脚的设置方法："布局"→"页面设置"→"版式"，页眉和页脚区域中，"距边界"栏目，分别设置"页眉"距边界的天头值、"页脚"距边界的地脚值。

5. 设置页面行数和字符数

像毕业论文，往往规范了文档页面的行数和字符数，可以选择"布局"→"页面设置"→"文本网格"，"网格"栏选择"指定行和字符网格"后，在"字符数"和"行数"栏中，分别指定"每行"的字符数和"每页"的行数，还可设置字符数和行数的跨度。

6. 视图

视图是文档的显示方式。选择合适的视图，有利于提高编辑与排版操作的效率。Word 2016 中提供了常用的 5 种不同视图。

（1）页面视图：以页面形式显示文档，所见即所得，适用于文档的编辑与排版。

（2）阅读版式视图：计算机屏幕上阅读文档的一种优化视图。

（3）Web 版式视图：适用于 Web 页的编辑与设计。

（4）大纲视图：显示了文档的大纲级别，方便组织长文档的编辑操作。

（5）草稿：以分页符表示页，适用于文档的文字输入和编辑。

视图的切换可通过功能区中的"视图"选项卡中的"视图"命令组中的命令来完成。状态栏右边也有常用的视图状态按钮 方便切换。

知识 3　添加与编辑文档元素

1. 输入文本

在 Word 中有一条闪烁的黑线，称为插入点或光标，用户输入的文字、插入的图片和表格都以插入点为起点。一行输入文字到达版心最右侧，会自动转向下一行。若想在页面的某个空白处加入插入点，可以直接双击鼠标左键，插入点便会出现在双击的地方。

输入内容想分段，可按 Enter 键会得到一个 ，它是一个段落的结束标记。按 Shift+Enter 组合键会得到 ，也可实现分段效果。回车标记 俗称"硬回车"，而 俗称"软回车"，也称为"手动换行符"。软回车，是自然段的标记，虽然效果上实现了分段，但是 上下的自然段同属于一个段落，即拥有同样的段落格式。

键盘上的 Delete 键可删除光标后的字符，而 Backspace 键则可删除光标前的字符。若想合并两个段落，可以将插入点位置放在段落标记前按 Delete 键，或在下一段文字前按 Backspace 键，将段落标记删除即可。

若是想在文档中插入现成的文档内容，可以打开文档复制其中的文字，到 Word 文档中粘贴。也可以使用插入外部对象的方法，操作方法见"3.插入外部对象"。Word 默认会对文本进行拼写和语法检查，红色波浪线表示拼写错误，蓝色波浪线表示语法错误。

符号也是文档中的常见文本内容。键盘有些键上有两个符号，可按 Shift 键与相应的键盘按键，输出按键上方的符号。另外，输入法状态栏的软键盘中也有十几种类别的符号。在功能区选择"插入"→"符号"，弹出的对话框中有更丰富的符号可供选择。

2. 插入文档部件

文档部件可以创建、存储和重复使用部分内容，包括自动图文集、文档属性（如标题和作者）以及域。这些可重用的内容块也称为构建基块。自动图文集是存储文本和图形的常见构建基块类型。可以使用构建基块管理器查找或编辑构建基块。打开文档部件库以使用这些项目，选择"插入"→"文档部件"。如图 9-13 所示。

选择文档中的短语、句子或其他部分，选择"插入"→"文档部件"→"将所选内容保存到文档部件库"，可以将所选内容保存到文档部件库。以后可以通过单击"文档部件"，然后从库中选择相应内容来重复使用所选内容。

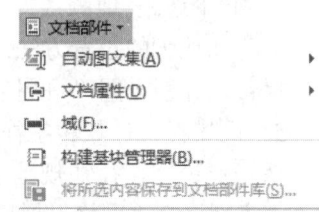

图 9-13　"文档部件"下拉菜单

3. 插入外部对象

OLE（Object Linking and Embedding，对象链接与嵌入）技术，可插入外部程序文档，比如图片、Excel 工作表或 PPT 幻灯片等。单击功能区的"插入"→"文本"→"对象"，打开的"对象"对话框，如图 9-14 所示。"新建"选项卡用来在当前 Word 文档中新建并插入外部对象。如要插入的外部对象已经存在，可切换到"由文件创建"，单击"浏览"按钮，选择想要插入的文件，勾选"链接到文件"表示外部文件以链接的方式插入到文档中，文档中插入的外部对象会随着外部源文件的更改而更改。没有勾选"链接到文件"则表示外部文件以嵌入的方式插入，插入内容将断开与外部源文件的联系，对源文件的更改将不会影响已插入到 Word 文档中的外部对象。

双击文档中插入的外部对象，可以编辑对象。按 Esc 键或单击对象以外的区域退出编辑环境。

4. 插入图形对象

在文档中适当地使用图形，可以使文档更加清楚、美观，主题也更加突出与鲜明。Word 文档支持多种类型的图形，并提供相应的绘图工具和大量的快捷命令，使用户能随心所欲地在文档中创建、插入与编辑图形，设置图形的属性。

插入图形的方法是使用功能区"插入"选项面板"插图"命令组中的命令来实现，如图 9-15 所示。

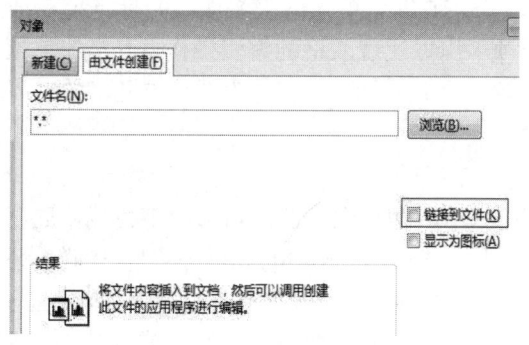

图 9-14 "对象"对话框

图 9-15 "插图"命令组

图片：该命令能把一个图形文件插入到文档的插入点位置。

联机图片：取代了剪贴画功能，当计算机正确接入 Internet，可以搜索 OneDrive 或使用必应搜索引擎搜索网络上的图片。

形状：单击该命令，允许用户按照形状库中的图形绘制相应的图形。

SmartArt：SmartArt 图形包括组织结构图、循环图、射线图、棱锥图、维恩图、目标图等图形。组织结构图用于显示层次关系，循环图用于显示持续循环的过程，射线图用于显示核心元素的关系，棱锥图用于显示基于基础的关系，维恩图用于显示元素间的重叠区域，目标图用于显示目标实现的步骤。

图表：插入 Excel 的图表，用于演示和比较数据。

屏幕截图：可以截取自由尺寸的屏幕大小插入到插入点位置。功能等同按 PrintScreen（复制整个屏幕）键或 Alt+PrintScreen（复制当前窗口）将图片复制到剪贴板，通过粘贴将图片插入到插入点位置。

绘制形状时，注意使用以下的一些技巧：

（1）绘制形状时选择椭圆，按住 Shift 键同时按下鼠标左键往形状对角线方向拖动，可以绘制出正圆来。同理，用矩形可画出正方形，用直线可画出水平或垂直的直线。

（2）绘制流程图，菱形顶点与箭头或直线很难对齐，可按住 Alt 键微调位置。

（3）多个图形可以考虑组合成一个图形。按住 Shift 键同时单击要组合的图形对象，选中后右击选择"组合"。浮动型图片可以与其他图形一起组合，嵌入型图片想与其他图形组合可以考虑绘制时使用画布功能。

（4）图形有层的概念，层级高的会遮挡住层级低的。先插入的图形层级低，后插入的层级高，可以选择"上移一层""下移一层""置于顶层""置于底层"来改变图形所在的层。

5. 插入表格

"插入"→"表格"下拉菜单中有多种插入表格的方法：

（1）插入表格-方块：使用鼠标拖动覆盖菜单上方的方块创建，最大 8 行 10 列。

（2）插入表格：对话框中指定行、列数，可设置表格的自动调整功能。

（3）绘制表格：手动绘制表格边框线，制作灵活但尺寸精确度差。

（4）文本转换成表格：将包含特定分隔符的文本转换成表格，可将普通文本快速转为表格。

（5）Excel 电子表格：插入 Excel 工作表，使用 Excel 功能处理数据。

（6）快速表格：从 Word 预置的表格样式中选择一种，创建具有特定外观和内容的表格。

创建不规则表格，建议在规则表格基础上，合并或拆分单元格来实现。光标定位在插入的表格内，功能区会出现"表格工具"上下文选项卡用以实现表格的编辑操作。表格的常见编辑操作，包括表格、行、列、单元格的增加、删除、合并、拆分、属性设置，单元格的对齐方式，表格的边框和底纹，公式等操作。

6. 插入公式

公式

单击"插入"→"符号"→"公式"右边顶向下的三角形的下拉按钮展开下拉菜单，可以从公式列表中单击或选择"Office.com 中的其他公式"，有联机公式可以选择。墨迹公式是 Office 2016 新增的功能，可通过类似手写的方式输入公式。输入的公式还可保存到公式库，以备复用。在下拉菜单中选择"插入新公式"或直接单击"插入"→"符号"→"公式"，将会出现"公式工具"上下文选项卡，如图 9-16 所示，方便自行编辑公式。有时候公式按钮是灰色的不能操作，原因是当以兼容模式在 Word 2016 中编辑旧版本的文件时，新功能被限制了，可以考虑升级文档格式后再使用。

图 9-16 "公式工具"上下文选项卡

示例 1：输入公式：$T = \dfrac{F}{2}\left(\dfrac{p}{\pi} + \dfrac{\mu_t d_2}{\cos\beta} + D_e \mu_n\right)$

（1）在"插入"选项卡下，单击"符号"组中的"公式"下拉按钮，选择"插入新公式"。

（2）单击新生成的"在此处键入公式"控件，输入"T="。

(3)在"公式工具"|"设计"选项卡下,单击"结构"组中的"分数"下拉按钮,选择"分数"组中的"分数(竖式)",选中分子部分,输入"F",选中分母部分,输入"2"。

(4)按一下向右方向键,可将光标定位在公式最右边,单击"结构"组中的"括号"下拉按钮,选择方括号组中的第一个。

(5)单击选中括号中的虚线方框部分,按照同样的方法插入一个分数,选中分子部分,输入"P",选中分母部分,在"符号"组中单击"其他"下拉按钮,选择"π"。

(6)将光标定位在右括号左侧,输入"+",再次插入一个分数,选中分子部分,单击"结构"组中的"上下标"下拉按钮,选择"下标",选中左侧虚线方框,单击"符号"组中的"其他"下拉按钮,选择"μ",选中右侧虚线方框,输入"t"。

(7)按照同样的方法输入分子剩余部分(注意向右方向键的使用)。选中分母部分,单击"结构"组中的"函数"下拉按钮,选择"三角函数"中的"余弦函数",选中虚线方框部分,单击"符号"组中的"其他"下拉按钮,选择"β"。

(8)按照同样的方法,完成公式其他部分的输入(也可以复制文档下方简化后的公式进行修改)。

7. 文档元素的编辑

文档元素有各自的上下文选择卡提供编辑操作。常见的文档元素,比如公式有"公式工具",表格有"表格工具",图表有"图表工具",图片有"图片工具",如图 9-17 所示,形状和文本框、艺术字有"绘图工具",SmartArt 图形有"SmartArt 工具"。虽然具体的对象操作命令各异,但总体上操作类似,下面将主要以图片为例介绍一些常见的编辑操作。

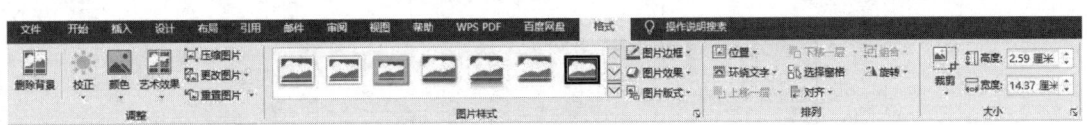

图 9-17　"图片工具"选项卡

(1)环绕文字。图片在文档中与文字的环绕方式有嵌入型和浮动型两类。嵌入型图片只能像正文文字那样在段落结束标记以内移动位置。而四周型、紧密型等浮动型图片可以随意移动位置。

要更改环绕方式,单击图片右上角的"布局选项"按钮,在"文字环绕"中选择所需的版式。在图片附近的段落左侧显示船锚状的锁定标记,表明当前图片的位置依赖于此锁定标记旁的段落。版式下方若选择了"随文字移动"表示添加或删除文字图片会随着锁定标记旁的文字移动位置,若是选择了"在页面上的位置固定",则表示图片不会因为文字的添加或删除而改变位置,当然锁定标记所依赖的段落若是到了下一页,图片也会移动到下一页。可以拖动锁定标记到其他段落旁以改变图片所依附的段落。

图片默认以嵌入型插入,若希望更改默认插入方式,可单击"文件"→"选项"→"高级",在"将图片插入/粘贴为:"下拉列表中选择某种浮动型,如图 9-18 所示。

(2)更改图片。若想更换其他图片,一种方法是选中图片按 Delete 键删除原来的图片,重新插入新图片。另一种方法是右击图片,选择"更改图片"选择新图片。这种方法可保留原有图片的所有外观特性,包括图片位置、大小、效果、样式等。

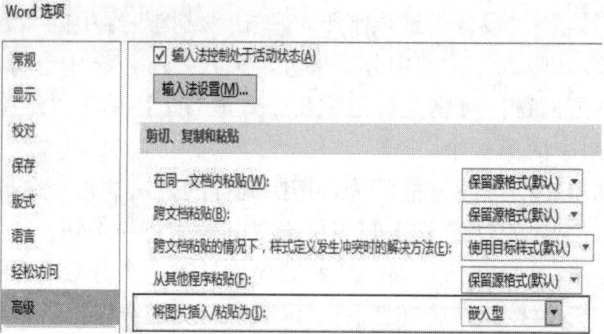

图 9-18 "Word 选项"设置图片插入方式

（3）裁剪图片与调整尺寸。图片可以通过裁剪去掉多余无用的部分。单击功能区中的"图片工具"|"格式"→"大小"→"裁剪"，按住图片四周较粗的黑色线条拖动，以减少空白区域，阴影部分表示将要裁剪掉的部分。单击文档空白处，确认裁剪操作。还可以直接将图片裁剪成某种形状。

图片大小不符合要求，还可以根据需要调整尺寸。单击图片，按住图片边框上的控制点，拖动比较直观地改变高度、宽度。也可在"图片工具"→"大小"设置"高度"和"宽度"精确数值。还可右击图片，选择"大小和位置"，在"布局"对话框"大小"选项卡中指定图片高度和宽度，或按比例缩放图片，如图 9-19 所示。"锁定纵横比"复选框默认是选中状态，表示按原始图片高宽比放大或缩小图片，始终保持图片不变形。若修改的高度宽度与原始图片不成比例，则需要取消勾选。

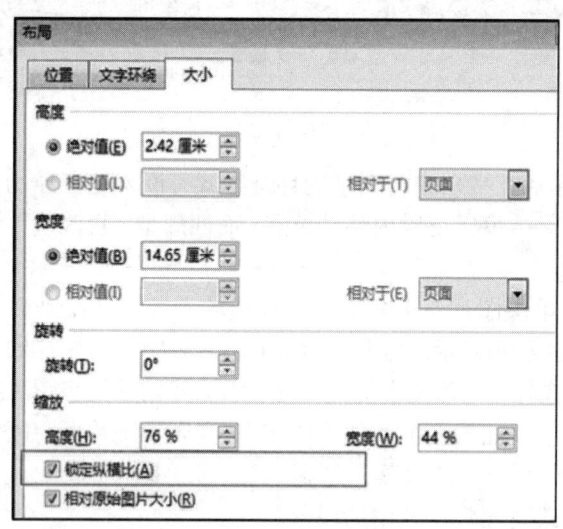

图 9-19 "布局"对话框设置图片大小

（4）调整图片位置。

嵌入型图片：可直接选择功能区中的"开始"→"段落"组中的对齐方式按钮调整水平方向上的位置。

浮动型图片："图片工具"→"排列"→"位置"下拉菜单的文字环绕中选择，也可单击菜单底部的"其他布局选项"，在对话框中设置。

（5）设置图片效果。图片的效果样式可以使用系统提供的预置样式快速应用，也可以通过自定义各种属性设置，设计出具有特色的综合效果。

预置效果：单击图片，"图片工具"→"图片样式"有系统提供的图片效果样式。

自定义效果：该选项组中单击"图片效果"按钮，弹出菜单中包含阴影、映像、发光、柔化边缘、棱台、三维旋转，"调整"选项组中有"艺术效果""颜色"等图片本身属性的设置。通过综合使用这些效果为图片设置出具有特色的效果。右击图片，选择"设置图片格式"，右侧将出现"设置图片格式"面板，如图 9-20 所示，提供比较综合的选项设置。

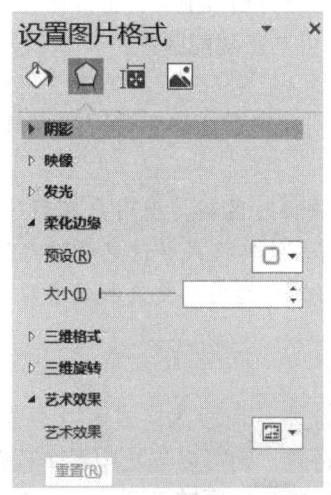

图 9-20　"设置图片格式"面板

知识 4　基础排版

1. 操作的撤消与恢复

在 Word 的编辑排版过程中误操作是难免的，因此撤消和重复以前的操作就非常必要。利用 Word 2016 的"撤消"与"恢复"按钮可轻松地做到，因此，即使进行了误操作，只需单击快速访问工具栏中的"撤消"按钮，就能恢复到误操作之前的状态。

注意：

（1）按 Ctrl+Z 组合键或 Alt+Backspace 组合键一次可以撤消前一个操作，反复按 Ctrl+Z 组合键可以撤消前面的多个操作，直到无法撤消为止。

（2）单击快速访问工具栏的"撤消"按钮，可以撤消前一操作，如果单击该按钮右边的下拉按钮，可以撤消到某一指定的操作。

当进行了撤消操作后，又想使用所撤消的操作，可以使用恢复（重复）操作。恢复操作具体操作方法是单击快速访问工具栏的 ⟳（恢复）按钮即可。

注意：

（1）按 Ctrl+Y 组合键一次可以恢复前一操作，反复按 Ctrl+Y 组合键可以恢复前面的多个操作，直到无法恢复。

（2）单击快速访问工具栏上的"恢复"按钮，可以恢复前一操作，如果单击该按钮右边的下拉按钮，可以打开"恢复"下拉列表框，从中可以选择恢复到某一指定的操作。

2. 文本操作

文本的选择可参看选定栏的操作。若要选择文本区内的文本，除了直接按住鼠标左键拖拽外，合理使用功能键可以事半功倍。按住 Ctrl 键，再拖拽可选择不连续的多处文本。要选择连续的文本，可以将插入点定位在要选择文本的起始位置，再按住 Shift 键，单击结束位置。按住 Alt 键，拖拽鼠标可以选择一个矩形区域内的文本。在一个段落中双击可选择一个词组，按住 Ctrl 键单击，可选择一个句子。

文本的位置要移动，选择需要移动的文本，选择"开始"→"剪贴板"→"剪切"或按 Ctrl+X 组合键，将选定的内容复制到剪贴板上。右击目标位置，在弹出的快捷菜单中单击"粘贴"命令或按 Ctrl+V 组合键（也可单击功能区中"开始"→"剪贴板"→"粘贴"命令）完成文本的移动。

对重复输入的文字，利用复制和粘贴功能比较方便，具体方法与移动相似，只是选定文本对象后要使用"复制"命令。

注意：剪贴板是内存中的一块临时区域，当用户在程序中使用"复制"或"剪切"命令时，操作系统将把复制或剪切的内容及其格式等信息暂时存储在剪贴板上，以供"粘贴"使用。剪贴板就像是一个中转站，它被用于存储用户要复制或者移动的数据，然后，从剪贴板里粘贴（其实也是复制）到其他位置。

3. 字符格式与段落格式

要设置字符格式必须先选中文本。而段落格式可以不选择，只要光标定位在相应段落即可。若有多个段落要设置相同的格式，则可以先选中多个段落然后再设置。

字符格式与段落格式的设置选择功能区的"开始"→"字体"/"段落"。选择文本后右上角会自动出现浮动工具栏可进行字体设置。右击弹出的快捷菜单或者单击"字体"或"段落"选项组右方的对话框启动按钮 ，打开"字体"对话框和"段落"对话框可进行更详细的设置。

"字体"对话框"字体"选项卡常规设置包括：中西文字体、字形、字号、字体颜色、下划线、下划线颜色、着重号、字体效果。"高级"选项卡有"字符间距"，包括"缩放""间距""位置"等设置。"缩放"有100%以内及超过100%的值可选，"间距"可加宽、紧缩，"位置"是指文字在垂直方向上的降低、提升。所设置的字体格式在"字体"选项卡下方的预览中可以显示出效果，如图9-7所示。

设置了隐藏效果的文字要想在文档中隐藏，选择"文件"→"选项"→"显示"，"隐藏文字"和"显示所有格式标记"要确保取消勾选，如图9-21所示。

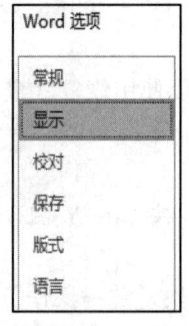

图9-21 "隐藏文字"设置

"段落"对话框,如图 9-22 所示。常见设置包括:对齐方式、大纲级别、缩进、间距。

对齐方式包括左对齐、右对齐、居中对齐、两端对齐、分散对齐。两端对齐与分散对齐会自动调整字符间距,对齐版心区左右两端,区别在于当段落最后一行字数较少时,分散对齐还是会拉大字符间距对齐两端。

缩进有左缩进、右缩进、首行缩进、悬挂缩进。左缩进指段落左边界以版心左侧为基准的缩进量。右缩进指段落右边界以版心右侧为基准的缩进量。首行缩进指段落第一行的缩进,悬挂缩进指段落首行以外各行距版心左侧的缩进量。缩进可以使用标尺来设置。选择"视图"→"标尺",拖动 4 个标记,▽首行、△悬挂、▢左缩进、▢右缩进设置相应的缩进。按 Alt 键的同时拖动标记,可以看到标尺上的缩进量。在"段落"对话框中,首行缩进与悬挂缩进要在"特殊"列表中选择。

间距包括:段前、段后与行距。段前、段后表示光标所在段落与前一段、后一段的间距。行距默认是单倍行距,还有 1.5 倍、2 倍、多倍、固定值和最小值可供选择。(请设置某段落第 2 行内有大号字体或嵌入型图片,设置相同数值的固定值和最小值,观察它们的区别。)

制表位:也称制表符,它的功能是在不使用表格的情况下在垂直方向按列对齐文本。比较常见的应用包括名单、简单列表等。也可以应用于制作页眉页脚等同一行有几个对齐位置的行。"段落"对话框底部,单击"制表位",打开"制表位"对话框,如图 9-23 所示,输入制表位位置,选择对齐方式及前导符,单击"设置"即在标尺上增加了相应的制表符。在文中按 Tab 键,可使光标定位到下一个制表位位置。单击"清除",可删除选中的制表位,单击"全部清除",可删除所有制表位。

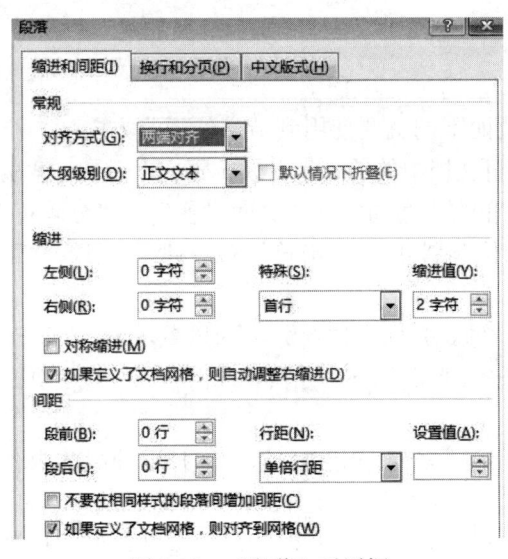

图 9-22 "段落"对话框

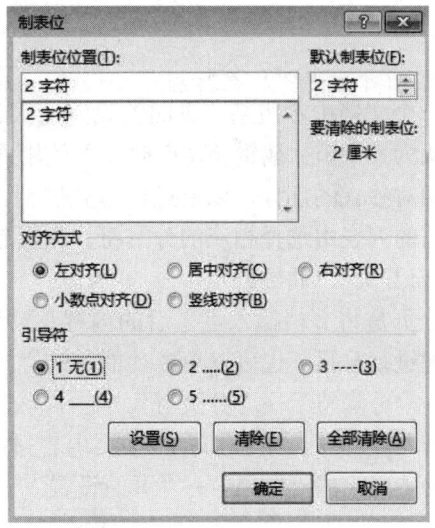

图 9-23 "制表位"对话框

4. 项目符号与编号

多个有并列关系的段落可在段落前添加项目符号,段落间还有次序之分的可添加项目编号。要设置多个段落的项目符号与编号,可以先选中多个段落,再单击项目编号或项目符号按钮一并设置,也可先为某一个段落设置好项目编号或项目符号,再用格式刷刷其他段落。"开始"→"段落",选择项目符号右侧的下拉选项,可以在项目符号库中选择某一符号,或单击底部的"定义新项目符号",弹出的对话框可通过"符号""图片""字体"按钮定义新的符号。项目编号操作类似。若项目编号不想续接,可右击段落,选择"设置编号值",在对话框中设置新编号的起始值,如图 9-24 所示。

5. 边框和底纹

"开始"→"段落",单击"边框"右侧的下拉按钮,选择底部的"边框和底纹",打开"边框和底纹"对话框,可以更详细更灵活地进行边框与底纹的设置。右下角的应用于选择"文字"则是为文字加边框底纹,选择"段落"则为段落加边框和底纹。如图 9-25 所示。

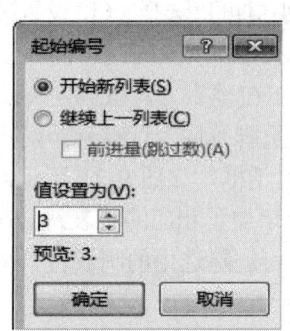

图 9-24 "起始编号"设置

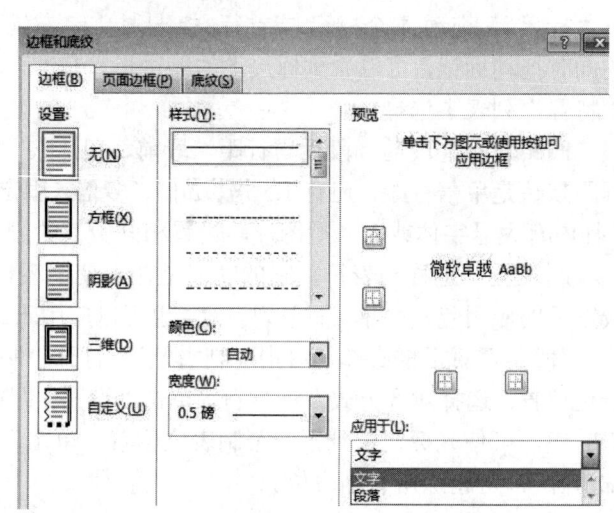

图 9-25 "边框和底纹"对话框

6. 分节、分页、分栏

一个文档中希望某些页面的设置同其他的页面不同就要使用到节,如纸张方向。一个文档默认为一个节。编辑长文档时,可使用"节"将文档中的前言、目录、正文、附录、索引划分为相对独立的部分,以便进行单独控制。可以单击"布局"→"页面设置"→"分隔符",在弹出的列表中选择相应的分节符。根据新节的位置划分,"分节符"有四种:"连续""下一页""奇数页""偶数页"。

分页是将文档插入点之后的内容移动到下一页。光标定位在分页的位置,按 Ctrl+Enter 组合键进行分页。也可以单击功能区的"插入"→"页面"→"分页"或"布局"→"页面设置"→"分隔符"→"分页符"。

若希望像报纸杂志那样将某页内容排版为两列或多列将用到分栏。选择要分栏的内容,单击功能区中的"布局"→"页面设置"→"栏",列表中选择要分的栏数,底部的"更多栏"可打开"栏"对话框进行更详细的设置,如栏与栏的分隔线、栏数、每栏宽度、栏间距等。当要分栏的段落是最后一段时,分两栏后文字只显示在左侧一栏。第一种解决方案是选择最后一段内容时不要选中段落结束标记,再分栏。第二种解决方案是分栏后,将光标定位在适当位置,选择"布局"→"页面设置"→"分隔符"→"分栏符",光标后的文字将分到右栏中。若整个文档都想分栏排版,还可以在"布局"→"页面设置"→"文档网格"→"栏数"中指定。

当想删除分节符或分页符时,可选择功能区的"开始"→"段落"→"显示/隐藏编辑标记"，或 Ctrl+*组合键，将分节符和分页符显示出来后再像删除文字一样进行操作。若不想分栏时，不需要删除分节符，只需再操作一遍选择一栏即可。

知识5 高级排版

用好样式、多级列表、查找与替换、邮件合并等高级排版技巧，可以使我们的排版工作事半功倍。

1. 样式

样式是一组已经命名的格式的集合，它规定了文档中标题、题注及正文等各元素的格式。样式类型包括段落样式↵、字符样式 a、链接段落和字符⁰ª、表格样式⊞、列表样式☰。

样式

样式的定义与设置最好安排在文档排版之前，因为应用样式来排版，后续方便进行修改，只需对样式进行修改，就能让多处应用了相同样式的格式随之更改。样式最好在模板中设置，后续只需在模板中修改样式，就能让同一模板生成的多个文档中都应用了相同样式的地方随之修改。

（1）新建样式，具体操作如下：

1)"开始"→"样式"→"对话框启动按钮"→"新建样式"，打开如图 9-26 所示的"根据格式化创建新样式"对话框。

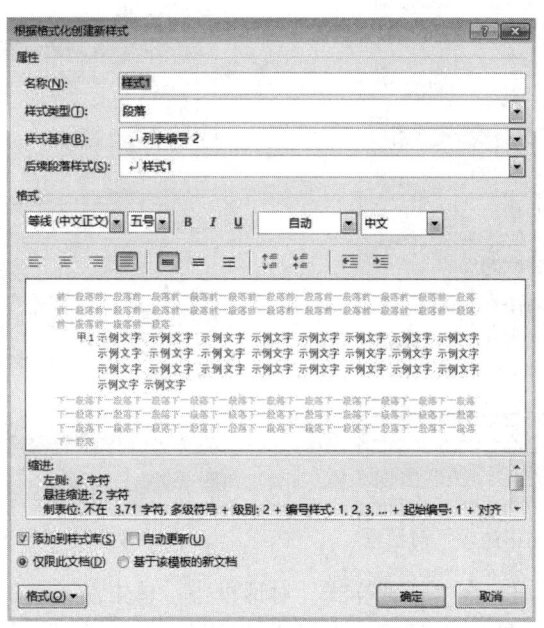

图 9-26 "根据格式化创建新样式"对话框

2）在对话框中，设置样式的名称、类型、基准等属性，设置格式，设置保存与更新选项。不同类型的样式，对话框会有所不同。参数大同小异。

3）参数说明：格式设置在界面上有常用的格式选项，更详细的设置则需单击左下角的"格式"按钮，选择相应的命令，在打开的对话框中设置。"基准"是指该样式是建立在哪种已有的样式基础上。"后续段落样式"是指按回车后下一段落希望应用的样式，只有段落和链接段落字符样式才会有此属性。"添加到样式库"会将新建样式添加到功能区中的"开始"→"样式"库中。"自动更新"若勾选,如果手动修改了已应用样式的某处内容的格式,样式的格式会随之自动更新。因此若只是想个性化地修改应用了样式的某处内容的格式,则不要勾选自动更新。"仅限此文档"表示样式的创建与修改仅在当前文档内有效。"基于该模板的新文档"会将样式的创建与修改结果传送到创建当前文档时所基于的模板中。这样就会在模板中包含新建的样式,从而在使用该模板创建新文档时自动包含该样式。

(2)应用样式,选定需要应用样式的文本字符或段落,在样式库中选择一种样式即可。若找不到所需,例如标题 3,可选择"开始"→"样式"→"对话框启动按钮"→"选项",打开"样式窗格选项"对话框,"选择要显示的样式"中选择"所有样式",如图 9-27 所示。

(3)修改样式,可使应用了该样式的所有内容的格式随之更改。在样式列表中右击某种需要修改的样式,选择"修改"。修改样式的对话框的操作同新建样式的对话框。

(4)删除样式,选择"开始"→"样式"→"对话框启动按钮"→"管理样式",打开"管理样式"对话框,如图 9-28 所示,"编辑"选项卡中,选择要删除的样式,单击"删除"按钮。

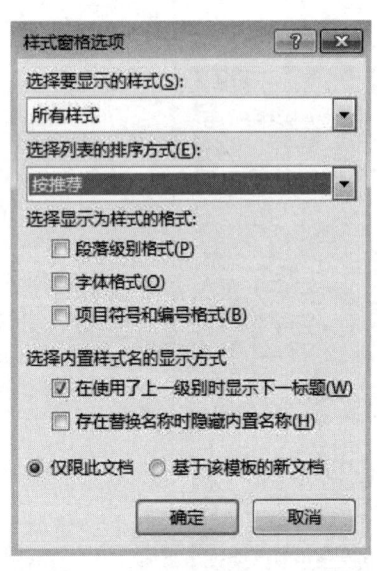

图 9-27 "样式窗格选项"对话框

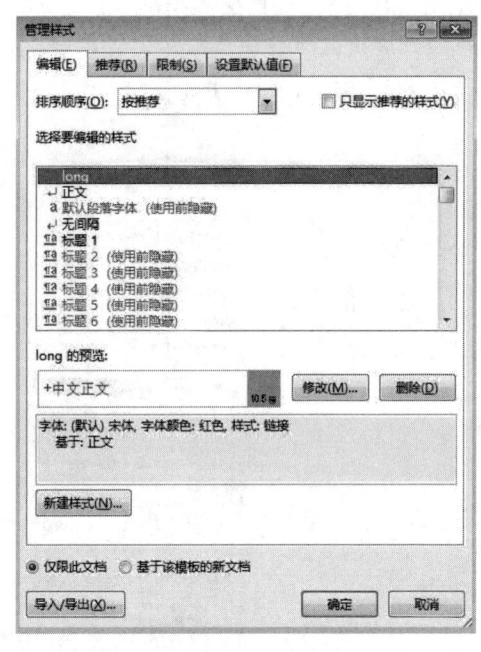

图 9-28 "管理样式"对话框

(5)样式的导入导出,在"管理样式"对话框中,单击左下角的"导入/导出"按钮,打开"管理器"对话框,如图 9-29 所示。对话框两侧谁是导入文档、导出文档都可以。在一侧列表框中选择要复制的样式,单击中间的"复制"按钮,复制到另一侧列表框中。若接收的文档或模板中有同名样式,会显示提示信息,是否要改写现有样式,即用新样式覆盖原有样式。列表框下方显示了样式所属的文档,若不是想要的文档,可单击"关闭文件"按钮,再单击"打开文件"选择其他文档。可以在"管理器"对话框中删除指定文档中的样式,选择列表框中的样式并单击"删除"即可。还可以重命名样式,选择要重命名的样式,单击中间的"重命名"按钮。

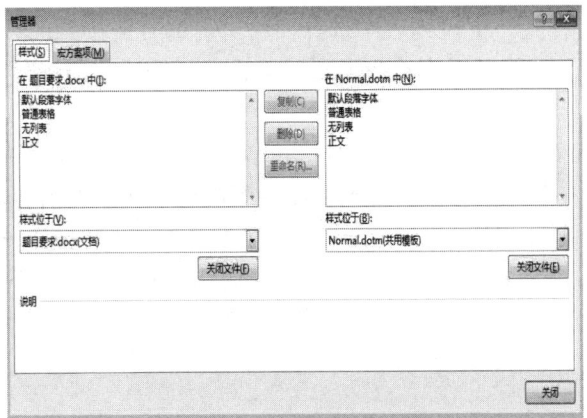

图 9-29 "管理器"对话框

2. 多级列表

编写长文档时,标题通常会分为多个级别,如第 1 章,1.1,1.1.1 等。如果编号是手动输入的话,一旦改变标题的位置,为了使编号按顺序排列,则需要修改很多相关标题的编号,极大地影响了排版效率,甚至可能出现错误。

多级列表

Word 提供的多级列表功能可以使每一级标题的编号都自动维护,无论是调整标题的位置,还是新增或删除标题,编号都能按顺序自动排序。自定义多级列表的方法是:"开始"→"段落"→"多级列表"→"定义新的多级列表",打开"定义新多级列表"对话框,单击"更多",展开对话框显示更多选项,如图 9-30 所示。

图 9-30 "定义新多级列表"对话框

在"单击要修改的级别"列表框中选择"1",表示当前正在设置第 1 级编号格式,在"输入编号的格式"中将原来的"1"改为"第 1 章"。注意要保留原来的"1",不要删除原来的"1",因为它是 Word 自动维护的动态编号,在"1"左右输入"第"和"章"即可。

在"将级别链接到样式"下拉列表中选择要将当前编号链接到的样式,例如将 1 级编号链接到"标题 1"样式。方便以后直接应用样式来设置标题的多级编号。

3. 查找与替换

当文档中多处文本需要进行批量操作时,可以使用软件提供的查找和替换功能。查找可以从文档中找出文本,替换则可以将新内容取代原有内容。它们操作类似,下面将以替换为例说明。选择"开始"→"编辑"→"替换",打开"查找和替换"对话框,如图 9-31 所示。"查找内容"输入要修改的原内容,"替换为"输入修改后的新内容。单击"全部替换",文档中所有与"查找内容"所输内容匹配的内容进行替换。

查找与替换

图 9-31 "查找和替换"对话框

单击"更多",可以设置搜索范围、区分大小写、使用通配符等搜索选项,最下方的"格式""特殊格式"还能为"查找内容"及"替换为"增加格式设置,"不限定格式"按钮则可以清除所增加的格式设置。

"使用通配符"选项会影响"特殊格式"菜单列表,"查找内容"常用通配符见表 9-1。

表 9-1 "查找内容"常用通配符

通配符	说明	示例
?	任意单个字符	张?表示张某两个字
*	任意零个或多个字符	c*t 表示 ct 之间可以有 0 个或多个字符
<	单词的开头	<w 表示以 w 开头
>	单词的结尾	d> 表示以 d 结尾
[]	指定字符之一	[一二三]表示中括号内的汉字一、二、三中的任意一个字符

续表

通配符	说明	示例
[-]	指定范围内的任意单个字符	[0-9]表示 0 至 9 任意单个数字
[!]	括号内字符范围以外的任意单个字符	[!A-C]表示 ABC 以外的任意一个字符
{n}	n 个前一字符或表达式	a{2}表示 2 个 a
{n,}	至少 n 个前一字符或表达式	a{2,}表示至少 2 个 a
{n,m}	n 到 m 个前一字符或表达式	a{2,3}表示 2 到 3 个 a
@	一个或一个以上的前一字符或表达式	cho@sea 表示 1 个或 1 个以上的 o，可以找到 chose、choose 等字符
(n)	()内写表达式，只在查找框中使用	用*隐藏将手机号码中间的四位数字： 查找框键入：([0-9]{3})[0-9]{4}([0-9]{4}) 替换为输入：\1****\2 说明：1 表示第 1 个表达式，2 表示第 2 个表达式。注意冒号不用输，确保勾选"使用通配符"

灵活设置通配符可以高效地进行排版操作。

示例 2：将文中（一）、（二）、（三）……所在段落设置标题 2 样式。

（1）将文中"（一）"字样选中，按 Ctrl+C 组合键复制。此处小括号可能是中文符号，用复制比较高效。

（2）按 Ctrl+H 组合键，打开"查找和替换"对话框。在"查找内容"中单击，按 Ctrl+V 组合键粘贴。

（3）单击"更多"，勾选"使用通配符"。确保选中查找内容框的"一"，然后单击"特殊格式"，选择"范围内的字符"，输入汉字替换掉"-"。此处要注意，若是数字或字母，可以直接用 0-9、A-Z 表达范围内的任意单个字符，但是汉字一二三四五不能这样使用，因为它们在 Unicode 编码表中不是紧挨着排列的。

（4）将光标定位在"替换为"，单击底部的"格式"→"样式"，找到"标题 2"。虽然"替换为"为空，但因为带了格式，因此相当于选择了查找内容。

（5）单击"全部替换"。如图 9-31 所示。

4. 邮件合并

在日常工作中，人们经常会发信函，填写成绩通知单、录取通知书与邀请函等。这些文档有一些相似的特征，文件主要内容基本相同，只是具体数据有些变化而已。在 Word 中，完成这类工作可通过邮件合并来实现。

在 Office 中，要完成这样的工作要建立两个文档，一个包括所有文件共有内容的主文档（Word 文档）和一个包括变化信息的数据源文档，如 Excel 文档。具体实现方法见实践任务 2。

知识 6 完善版面

1. 页眉和页脚

用户可以在页眉和页脚中插入或更改文本或图形。例如，可以添加页码、时间和日期、公司徽标、文档标题、文件名或作者姓名。

插入页眉与页脚的方法是单击功能区"插入"→"页眉和页脚"→"页眉"/"页脚"命令，如图 9-32 所示。

页眉与页脚插入后，系统自动启动"页眉和页脚工具"上下文选项卡，方便进行设计导航、格式选项设置与位置设定，如图 9-33 所示。

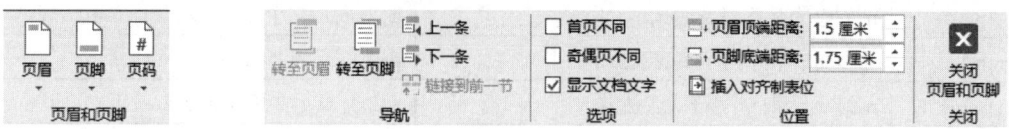

图 9-32　"页眉和页脚"选项组　　　　　图 9-33　"页眉和页脚工具"选项卡

提示：在页面视图中，可以在页眉页脚与文档文本之间快速切换。切换方法是双击页眉、页脚或文本即可。

注意：页眉与页脚中的文本、图形同样可设置格式与属性，设置的方法与正文中设置一致。

在含有节的文档中，插入的页眉和页脚默认各节内容相同，因为页眉/页脚编辑状态右侧有"链接到前一节"字样。当勾选首页不同、奇偶页不同时，此节与前一节链接是指每一节的首页之间，每一节的奇数页之间，每一节的偶数页之间分别是相同的，而不是物理相邻的页面相同。若希望各节内容不同，将光标置于某节页眉或页脚处，选择"页眉和页脚"→"导航"→"链接到前一节"，断开此节与前一节的链接，"链接到前一节"字样消失后再输入新的内容。

经验：页眉的横线实际上是页眉文本段落的下框线，该线是可以设置成别的样式或者取消的。选定页眉，若无页眉，则选择段落结束标记，"开始"→"段落"→"下框线"，选择"无框线"取消横线或者选择"边框和底纹"，在"样式"中选择想要的框线样式。

2. 题注、脚注和尾注

题注是表格、图片、公式等在文档中的流水编号及简要说明文字。题注包含标签、流水号、说明文字，通常位于表格上方、图片下方、公式两侧。

添加题注的具体操作如下：

（1）选中文档中的图片，选择"引用"→"题注"→"插入题注"。

（2）在打开的"题注"对话框，如图 9-34 所示，标签中选择需要的标签，若没有则单击"新建标签"。若标签创建有误，可以单击"删除标签"将其删除。单击"编号"可以设置流水号的样式、是否包含章节号等内容，如图 9-35 所示。

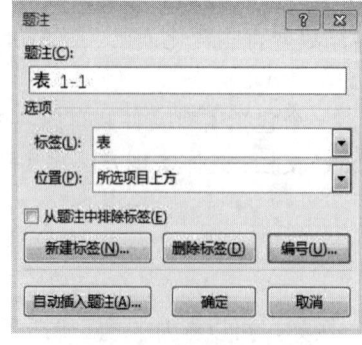

图 9-34　"题注"对话框

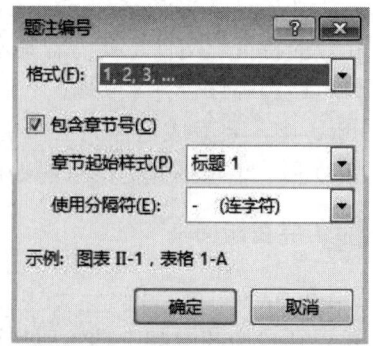

图 9-35　设置"题注编号"

脚注是对当前页面中的指定内容的补充说明，通常位于页面底部，还可以设置在文字下方。尾注通常列出了在正文中标记的引文的出处等内容，一般位于文档结尾，也可以设置在节的结尾。

添加脚注和尾注的具体操作如下：

（1）将插入点定位在需要加注解的文字后，选择"引用"→"脚注"→"插入脚注"或"插入尾注"。

（2）也可单击"脚注"右侧的对话框启动按钮，在打开的"脚注和尾注"对话框，设置它们的位置、格式等信息，如图 9-36 所示。

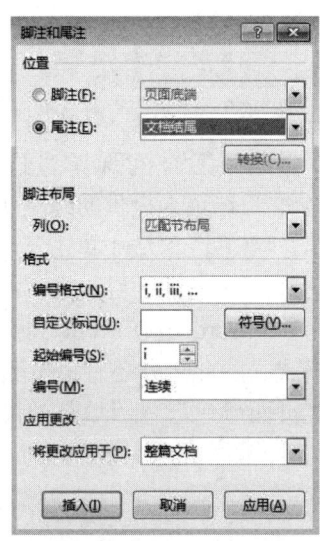

图 9-36　"脚注和尾注"对话框

3．封面与目录

Word 2016 提供完全格式化封面的插入与编辑功能。封面栏目包括标题、作者姓名、日期和其他封面信息，可选择"插入"→"页面"→"封面"插入封面，插入后也可在其基础上进行编辑。

内容较长的 Word 文档，为了方便阅读，可在封面之后正文之前提供目录。插入点移至要放置目录的开始位置，选择"引用"→"目录"→"目录"，选择一种样式就可生成文档目录。

注意：能生成目录的文档必须满足一些基本条件，如：各级标题必须使用标题样式或在"段落"对话框中设置大纲级别，正文使用正文字体样式，各级标题必须层次清楚。

4．页面背景

可以为机密文档添加"严禁复制"等字样的水印，制作海报时可为页面设置纯色背景，制作贺卡可加一些艺术型的页面边框。页面背景提供了水印、页面颜色、页面边框的设置。"设计"→"页面背景"→"水印"，选择某种文字水印或在官网上选择，选择"自定义水印"可进入"水印"对话框，如图 9-37 所示，可用图片或文字来做水印。文字可以选择系统提供的字样，也可以自己手动输入。需要删除水印，"设计"→"页面背景"→"水印"→"删除水印"。

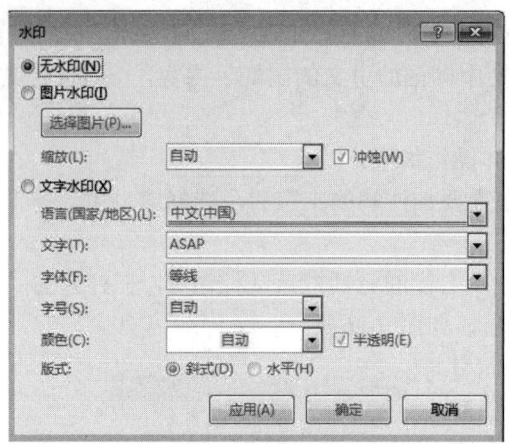

图 9-37 "水印"对话框

"设计"→"页面背景"→"页面颜色",可选择"主题色""标准色""无颜色"(透明的),选择"其他颜色"后可在"标准"选项卡提供的蜂巢状色盘中点选某种标准色,也可在"自定义"选项卡,如图 9-38 所示,"颜色"区域中单击某种颜色,上下拖动右边的黑色三角形标记调节饱和度。也可以直接设置 RGB 模式中红、绿、蓝的数值,取值 0~255。颜色模式是将某种颜色表现为数字形式的模型,Word 中有 RGB(红绿蓝)、HSL(色调 Hue、饱和度 Saturation、明度 Lightness)两种模式。除此之外还有很多颜色模式,如 CMYK 等。

"设计"→"页面背景"→"页面颜色"→"填充效果","渐变"选项卡可选择单色、双色或系统预设颜色,还可以用纹理、图案及图片作为页面背景,如图 9-39 所示。

图 9-38 自定义颜色

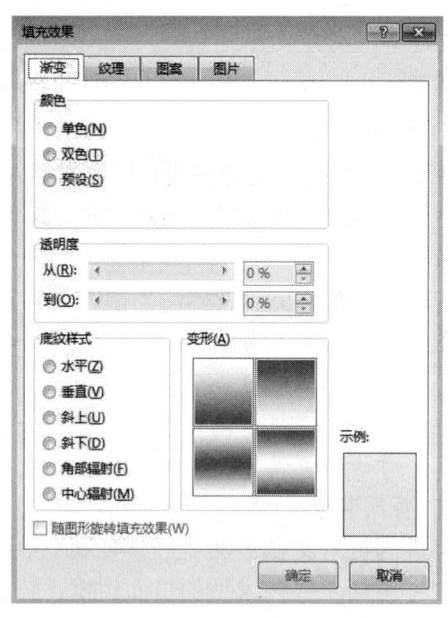

图 9-39 "填充效果"对话框

知识 7　排版之美

排版的目的是使文档内容组织合理、层次分明、逻辑性更强,版面更简洁、美观,使读者更容易阅读。什么样的版面算优美的版面？下面介绍一些排版原则，排版的原则不是孤立的，可根据需要综合应用。

（1）留白。主要目的是使文档清晰，方便阅读。可以通过调大页边距、增加文字间距，尤其是段落内的行距，段落间距，增加留白空间来实现。

（2）对齐。元素在页面上不是随意安放的，每个元素都应当与页面上的另一个元素有某种视觉联系。这样能建立一种清晰、精巧而且清爽的外观。例如使文档相应内容对齐，可以设置所有段落两端对齐，使段落文本细节更精致和整齐。

（3）亲密。彼此相关的项目应该靠近、归组在一起。如果多个项相互之间存在很近的亲密性，它们就会成为一个视觉单元，而不是多个孤立的元素。这样有助于组织信息，减少混乱，为读者提供清晰的结构。例如某主题及相应内容之间的间距可以设置得紧凑些，而各主题之间可以宽松些，这样才更突显主题及相应主题内容联系的亲密性。

（4）对比。对比的基本思想是避免页面上的元素太过相似，是页面中最引人注目的地方。对比的形式有很多种：冷暖色调的对比，形状大小的对比，字体字号的对比等。例如主题文字与主题内容文字要有对比，才能突显出主题文字，层次更分明，可以通过不同字体、增大字号、加粗、颜色、加下划线、底纹等方式来实现。

（5）重复。让设计中的视觉要素在整个作品集重复出现。可以重复颜色、形状、材质、空间关系、线宽、字体、大小和图片等。这样既能增加条理性，还可以加强统一性。

（6）可自动更新。相同级别的标题、图片、表格、公式、参考文献等的序号编号不要手动输入，而要用自动编号随时可自动更新以适应后期的调整。

单元 3　Excel 2016 的使用

Excel 2016 也是 Office 2016 的一个重要的组件，常称为电子表格。在 Office 新的面向结果的用户界面中，Excel 2016 提供了很多的强大工具来实现其功能，用户通过使用这些工具来分析、共享和管理数据。

知识 1　Excel 2016 的基本知识

1. Excel 2016 主窗口的组成

启动 Excel 2016 时将自动建立一个名为工作簿 1 的空工作簿（扩展名为.xlsx），光标自动定位在第一张工作表 Sheet1 的第一个单元格位置，等待用户输入数据。Excel 2016 窗口的组成如图 9-40 所示。

Excel 2016 的工作界面由标题栏、快速访问工具栏、功能选项面板、命令组、名称框、编辑栏、工作表区域、工作表标签、状态栏等组成。Excel 2016 的功能区、快速访问工具栏的操作与 Word 2016 的操作一样，在此不再赘述，只介绍 Excel 2016 所特有的部分。

（1）工作表的名称框。在 Excel 中，工作表是用于存储和处理数据的主要文档，也称为电子表格。每个工作表由单元格组成，每个单元格是有名称的，名称框显示了当前活动单元格的名称，如图 9-40 所示的活动单元格的名称为 A1。在 Excel 中，所有的操作都是针对活动单元格进行的。用户如果在名称框中输入单元格名称，就能直接把单元格变成活动单元格。

图 9-40　Excel 2016 窗口的组成

（2）工作表的编辑栏。编辑栏是输入、编辑单元格数据与公式的地方，位于名称框的右侧。用户如果要向某个单元格中输入数据与公式或编辑某单元格的数据与公式，可先选定该单元格，然后在输入栏中完成该工作，当然，数据与公式的输入也可通过编辑栏来完成。在编辑栏输入数据或公式后，按回车键或单击编辑栏左侧的✓按钮（输入），输入或编辑的数据与公式便插入到当前单元格中。在完成数据与公式输入之前，如果要取消操作，可单击编辑栏左侧的✗按钮（取消）。

（3）工作表单元格。工作表由排列成行或列的单元格组成。一个工作表中最多可有 1048576（即 2^{20}）行，16384（即 2^{14}）列。行标由上到下采用数字 1～1048576 编号，列标由左到右依次采用字母 A～Z，AA～XFD 编号。

（4）工作表标签。在 Excel 中，工作簿由多张工作表构成，不同的工作表标签名称不同，标签位于工作簿窗口的底部，标签的默认名称为 Sheet1、Sheet2、Sheet3 等。Excel 2007 以前的版本，一个工作簿中最多有 255 个工作表，2007 版本之后理论上可以有无限个工作表，其建立的工作表数量受计算机内存的影响，但是新建工作簿时默认包含工作表的设置上限是 255 个，可以到"Excel 选项"对话框的"常规"选项卡中进行设置，"Excel 选项"对话框的打开方法同"Word 选项"对话框的打开方法，在此不再赘述。

2．工作簿的管理

Microsoft Office Excel 工作簿是包含一个或多个工作表的文件，用户用其中的工作表来组织与存储各种相关数据。

（1）工作簿的创建。用户可以创建一个空白工作簿，也可以创建基于现有工作簿模板或任何其他模板的新工作簿。

创建工作簿的具体操作是单击"文件"菜单，执行"新建"命令，在"新建"列表框中双击"空白工作簿"选项即可。窗口如图 9-41 所示。

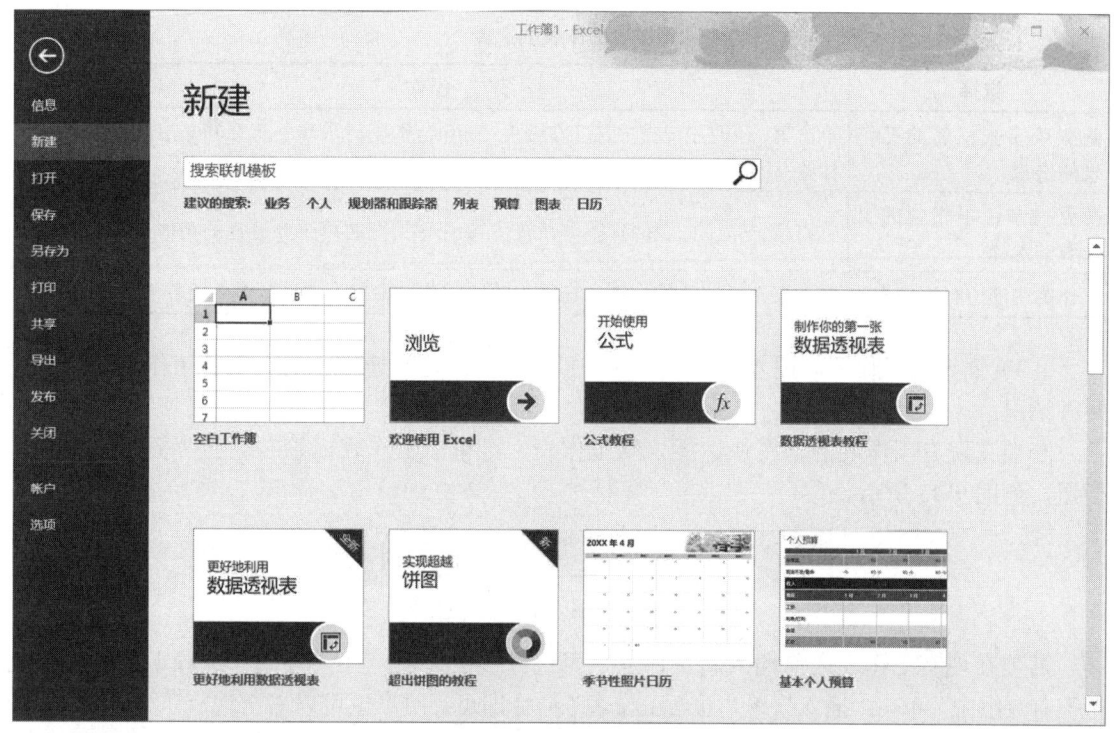

图 9-41 新建工作簿

当然,用户也可以选择已有的模板或联机模板来新建工作簿,这样建起来更加快捷。若要使用模板新建,在"新建"列表框或搜索联机模板中单击需要的模板。

(2)工作簿的保存与关闭。工作簿的保存方法是单击"文件"菜单中的"保存"命令保存,也可以使用 Ctrl+S 组合键来快速保存。

工作簿的关闭方法是单击"文件"菜单,执行"关闭"命令关闭。在工作簿关闭时,如果工作簿没有被保存,系统会自动提示。

工作簿可以更名保存,更名保存的方法是单击"文件"菜单,执行"另存为"命令来保存。

3. 工作表的管理

(1)重命名工作表。在工作表标签栏上,右击重命名的工作表标签,如图 9-42 所示。从弹出的快捷菜单中单击"重命名"命令,键入新名称即可完成对工作表的命名。

图 9-42 工作表标签

(2)删除一个或多个工作表。要删除一个或多个工作表,先要选择删除的一个或多个工作表。选择方式见表 9-2。单击功能区中"开始"选项面板"单元格"中"删除"下的"删除工作表"命令。当然,用户可以右击要删除的工作表标签(如果要删除一个工作表,右击该工作表标签;如果要删除多个工作表,右击选定的多个工作表中任意工作表标签),单击"删除"命令。

表 9-2　工作表的选择

选择	操作
两张或多张相邻的工作表的选择	单击第一张工作表的标签,在按住 Shift 键的同时单击要选择的最后一张工作表的标签
两张或多张不相邻的工作表的选择	单击第一张工作表的标签,在按住 Ctrl 键的同时单击要选择的其他工作表的标签
工作簿中的所有工作表	右击某一工作表的标签,在弹出的快捷菜单中单击"选定全部工作表"命令

（3）插入新工作表。插入工作表分为在工作表的末尾快速插入与在现有工作表之前插入两种情况。

若要在现有工作表的末尾快速插入新工作表,可单击工作表标签右边的"插入工作表"按钮,如图 9-43 所示。

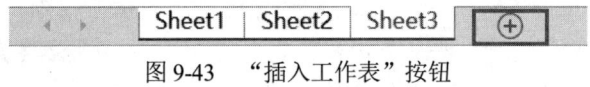

图 9-43　"插入工作表"按钮

若要在现有工作表之前插入新工作表,可选择该工作表,在"开始"选项卡上的"单元格"命令组中,单击"插入"→"插入工作表"命令即可。用户也可以右击现有工作表的标签,在弹出的快捷菜单中单击"插入"命令,打开"插入"对话框,在"常用"选项卡中单击"工作表"图标,然后单击"确定"按钮即可插入工作表。

（4）更改工作簿中工作表的数目。单击"文件"菜单中"选项"命令,打开"Excel 选项"对话框。在"常规"选项卡"新建工作簿时"栏中的"包含的工作表数"列表框中选择工作表数。"Excel 选项"对话框如图 9-44 所示。

图 9-44　"Excel 选项"对话框

（5）工作表的复制与移动。用户可以将工作表移动或复制到工作簿内的其他位置或其他工作簿中。但要注意，如果工作表中的数据已存在关联，这样移动工作表，则基于工作表数据的计算或图表可能变得不准确。例如，将经过移动或复制的工作表插入由三维公式引用（三维引用：对跨越工作簿中两个或多个工作表的区域的引用）的两个数据表之间，两个数据表的计算可能会包含该工作表上的数据。

将工作表移动或复制到另一个工作簿中，要确保在 Excel 中打开该工作簿。工作表移动或复制具体操作是在要移动或复制的工作表所在的工作簿中，选择所需的工作表，然后在"开始"选项面板的"单元格"命令组中单击"格式"命令，在"组织工作表"下拉列表框中单击"移动或复制工作表"命令，完成相应的操作即可。当然，用户也可以右击要移动或复制的工作表标签，打开快捷菜单，执行"移动或复制"命令来完成此项工作。

（6）冻结或锁定行和列。用户可以通过冻结或拆分窗格（窗格：文档窗口的一部分，以垂直或水平条为界限并由此与其他部分分隔开）来查看工作表的两个区域和锁定一个区域中的行或列。当冻结窗格时，用户可以选择在工作表中滚动时仍可见的特定行或列。

例如，用户可以冻结窗格以便在滚动时保持行标签和列标签可见，如图 9-45 所示。

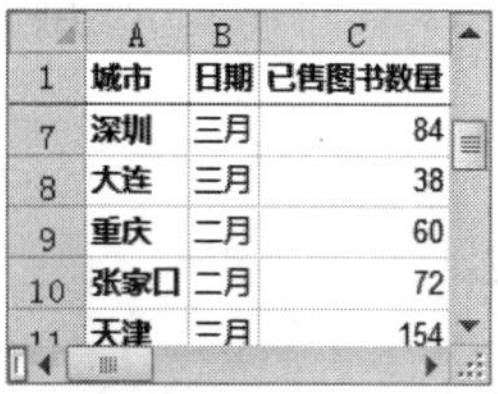

当拆分窗格时，用户会创建可在其中滚动的单独工作表区域，同时保持非滚动区域中的行或列依然可见。

图 9-45 第 1 行被冻结的工作表窗口

在执行"锁定"命令前，先要选择行或者列。要锁定行，可选择其下方要出现拆分的行；要锁定列，可选择其右侧要出现拆分的列；要同时锁定行和列，可单击其下方和右侧出现拆分的单元格。单元格、行、列与单元格区域的选择见表 9-3。

表 9-3 单元格、行、列与单元格区域的选择

选择	操作
一个单元格	单击该单元格或使用方向键，移至该单元格
单元格区域	单击该区域中的第一个单元格，拖动鼠标指针至最后一个单元格，或者在按住 Shift 键的同时使用方向键以扩展选定区域
较大的单元格区域	单击该区域中的第一个单元格，在按住 Shift 键的同时单击该区域中的最后一个单元格
工作表中的所有单元格	单击"全选"按钮或按 Ctrl+A 组合键。如果工作表包含数据，按 Ctrl+A 组合键可选择当前数据区域
不相邻的单元格或单元格区域	选择第一个单元格或单元格区域，在按住 Ctrl 键的同时选择其他单元格或区域
整行或整列	单击行标题或列标题
相邻行或列	在行标题或列标题间拖动鼠标。或者选择第一行或第一列，在按住 Shift 键的同时选择最后一行或最后一列
不相邻的行或列	单击选定区域中第一行的行标题或第一列的列标题，在按住 Ctrl 键的同时单击要添加到选定区域中的其他行的行标题或其他列的列标题

注意：要取消选择的单元格区域，可单击工作表中的任意单元格。

在"视图"选项面板上的"窗口"命令组中，单击"冻结窗格"命令，然后在下拉列表框中单击所需的命令，如图 9-46 所示。

注意：当冻结窗格时，"冻结窗格"选项会更改为"取消冻结窗格"，以便用户可以取消对行或列的锁定。

要拆分窗格，可把鼠标指针指向垂直滚动条顶端或水平滚动条右端的拆分框，如图 9-47 所示。当指针变为拆分指针  或 时，将拆分框向下或向左拖至所需的位置。要取消拆分，可双击分割窗格的拆分条的任何部分。

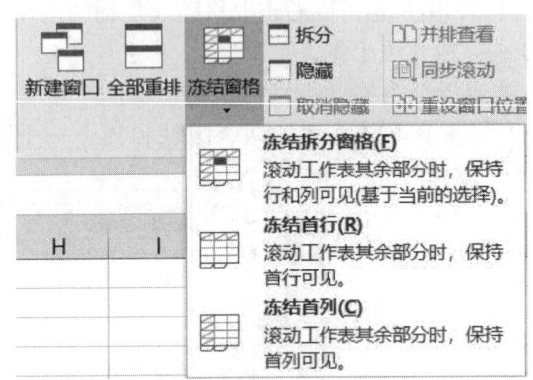

图 9-46　"冻结窗格"命令组　　　　　　　图 9-47　拆分框

4. 单元格的管理

Excel 工作表是由行与列构成，行列的交叉形成单元格，单元格是数据处理的最小单元。在 Excel 2016 中对单元格的主要操作（管理）有单元格的选择、单元格的引用、单元格区域的命名、单元格的插入与删除、单元格或单元格区域的复制与移动等。单元格的选择在表 9-3 中已作了介绍，单元格引用将在后续的内容中介绍。

（1）单元格的插入与删除。要插入单元格（行或列），先定位单元格，然后执行功能区"开始"→"单元格"→"插入"命令，从中选择插入的对象。插入的单元格（行或列）位于活动单元格的前面。

（2）单元格的合并。在 Excel 中，表格不一定由行与列规则构成，很多场合为不规则表格，如工程预算表、财务报表等。这些表格的生成必须使用单元格的合并功能。

单元格合并的方法是选择要合并的单元格，执行功能区"开始"→"对齐方式"→"合并后居中"命令即可。

（3）单元格区域命名。在 Excel 中，用户可以给一个单元格区域命名，这个名字在 Excel 的公式与函数中可直接引用。单元格区域命名的方法是选择单元格区域，右击，从弹出的快捷菜单中单击"定义名称"命令，弹出"新建名称"对话框后在"名称"文本框输入一个名字即可。

（4）移动或复制单元格区域。对于单元格与单元格区域的数据，可以进行复制或移动，将单元格或单元格区域的数据复制或移动到同一个工作表的其他地方，如另一个工作表或另一个工作簿中。

1）同一工作表中单元格区域的复制与移动。移动单元格区域，选中要移动的单元格区域，将鼠标指针移动到选中单元格区域的边框上，这时鼠标指针变为一个带移动标志的小箭头形状，按住鼠标左键并拖动到指定的位置后释放鼠标。移动操作同样也可以单击"开始"→"剪贴板"→"剪切"与"粘贴"命令来实现。

复制单元格区域，选中要复制的单元格区域，将鼠标指针移动到选中单元格区域的边框上，并按住 Ctrl 键，这时鼠标指针变为一个带移动标志的小箭头形状，按住鼠标左键并拖动，到指定的位置后释放鼠标和 Ctrl 键。复制操作同样也可以使用"开始"选项卡"剪贴板"命令组中的"复制"与"粘贴"命令来实现。

2）工作表之间单元格区域的复制与移动。移动单元格区域，选中要移动的单元格区域右击，弹出快捷菜单，单击"剪切"命令，切换到相应的接收工作表的目标位置的单元格，右击，弹出快捷菜单，单击"粘贴"命令，或单击"开始"→"剪贴板"→"粘贴"命令。

（5）清除单元格格式与内容。清除单元格和删除单元格不同，清除单元格只是从工作表中移去了单元格中的内容，单元格本身还留在工作表中；而删除单元格则是将选中单元格内容从工作表中除去，同时删除单元格，相邻的单元格进行相应的位置调整。

清除单元格内容的操作是选中要清除格式的单元格区域右击，弹出快捷菜单，单击"清除内容"命令即可清除单元格的内容。

知识 2　工作表数据的输入

数据是工作表中的重要组成部分，也是 Excel 显示、操作以及计算的对象。在工作表中输入数据时，先把鼠标指针移动到目标单元格上，使其成为活动单元格，然后向单元格输入数据。在 Excel 2016 中，可以输入的数据有文本、数字、日期和时间、公式和函数等。

1. 输入文本或数字

在工作表中输入文本与数据的方法是先选择一个单元格，然后从键盘输入所需的数字或文本，然后按 Enter 键或 Tab 键。

注意：若要在单元格中另起一行开始输入数据，可以按 Alt+Enter 组合键输入一个换行符。

在默认情况下，按 Enter 键会将所选内容向下移动一个单元格，按 Tab 键会将所选内容向右移动一个单元格。用户不能更改 Tab 键移动的方向，但可以为 Enter 键指定不同的方向。这种设置"文件"菜单的"选项"命令中进行。

注意：当单元格包含的数据的宽度比其列宽更宽时，单元格可能显示"#####"符号。要查看所有文本，必须增加列宽。

在进行数据输入时，如果需要在一个单元格内部自动换行，可单击要自动换行的单元格。单击"开始"选项面板"对齐方式"命令组中的"自动换行"命令即可。

经验：如果文本是一个长单词，则这些字符不会换行，此时，用户可以加大列宽或缩小字号来显示所有文本。如果在自动换行后并未显示所有文本，则需要调整行高。操作的方法是单击"开始"选项面板"单元格"命令组中的"格式"命令，然后单击"单元格大小"下拉列表的"自动匹配行"命令。

在 Excel 2016 中，单元格中显示的数字与该单元格中存储的数字是分离的。在大多数情况下，当对输入的数字进行四舍五入操作后单元格显示的是四舍五入后的数字，而在计算时使用单元格中实际存储的四舍五入前的数字。

在单元格中键入数字之后，用户可以更改它们的显示格式。更改数字显示格式的方法是选择要设置格式的数字的单元格，单击"开始"选项面板"数字"命令组中"常规"下拉列表选择所需的格式，如图9-48所示。从可用格式列表中选择一个数字格式，可单击"其他数字格式"命令，然后在"分类"列表中单击要使用的格式。

对于不需要在Excel中计算的数字（如电话号码），用户可以首先对空单元格应用文本格式，使数字以文本格式显示，然后输入数字。将数字设置为文本格式的方法是选择单元格，单击"开始"选项面板"数字"命令组中的"常规"列表，然后从下拉列表框中单击"文本"命令。

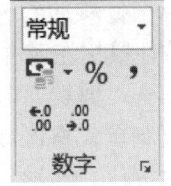

图9-48　"数字"命令组

如果要输入能自动设置小数点的数字，单击"文件"菜单中的"选项"命令。在打开的对话框左栏中选择"高级"选项，在"编辑选项"栏中选中"自动插入小数点"复选框，在"位数"文本框中输入一个正数表示小数点右边的位数，或输入一个负数表示小数点左边的位数。在工作表中单击一个单元格，然后输入所需的数字。

例如，如果在"位数"文本框中输入3，然后在单元格中键入2834，则值为2.834。如果在"位数"文本框中输入-3，然后在单元格中键入283，则值为283000。

2．输入日期或时间

在Excel中，日期和时间均按数字进行处理，工作表中时间与日期显示方式取决于所在单元格中的数字格式。在键入Excel可以识别的日期与时间后（如键入9/5/2002或5-Sep-2002），单元格会从"常规"命令组数字格式改为某种内置的日期或时间格式。在默认情况下，时间和日期项在单元格内右对齐。如果Excel不能识别输入的日期与时间格式，输入的内容被当作文本处理。

注意：若要输入系统当前日期，可按Ctrl+;（分号）组合键。

经验：在用户重新打开工作表时仍保持当前的日期或时间，可以输入"=Today()"和"=Now()"函数。

3．同时在多个单元格中输入相同数据

选择要在其中输入相同数据的多个单元格（这些单元格不必相邻），在活动单元格中键入数据，然后按Ctrl+Enter组合键。

经验：在多个单元格中输入相同数据也可以使用这种方法：使用填充柄（填充柄：位于选定区域右下角的黑色小正方形。用鼠标指向填充柄时，鼠标的指针更改为黑"十"字形）。在工作表中自动填充数据。

4．在同一工作簿的其他工作表中输入相同数据

如果已在某个工作表中输入了数据，可快速将该数据填充到其他工作表的相应单元格中。具体操作方法是单击包含该数据的工作表的标签，然后在按住Ctrl键的同时单击要在其中填充数据的所有工作表的标签，在工作表中选择包含已输入数据的单元格，最后单击"开始"选项面板的"编辑"命令组中的"填充"命令，然后从弹出的下拉列表框中单击"至同组工作表"命令，如图9-49所示。

5．数据填充输入

在Excel中，为了提高数据的输入速度，对一些有规律的数据提供填充输入的功能。

（1）利用填充柄填充数据。在活动单元格的右下角有

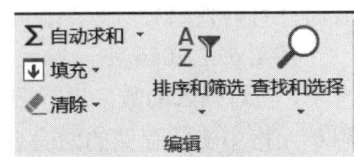

图9-49　"编辑"命令组

一个黑色小正方形，这个小正方形被称为填充柄。拖动填充柄，系统自动将该单元格的数据复制到拖动过的单元格区域中。另外，在连续单元格中输入一些有规律的数据时，也可采用自动填充的方法。这些规律数据在 Excel 中已经定义，可直接拖动填充柄来实现，如英文月份 January、February、March……，英文的星期 Monday、Tuesday……，汉语中星期一、星期二……这些只需先在某个单元格输入序列中的某个值，然后拖动填充柄，便自动填充单元格数据。

（2）利用"序列生成器"来填充有规律的数据。如"1、2、3……""1999-03-04、2000-03-04、2001-03-04、2002-03-04"等按规律变化的数字序列，可用"序列生成器"来输入。要用"序列生成器"来快速输入有规律的数据，只需先在某单元格中输入序列的初值，然后单击"开始"选项面板的"编辑"命令组中"填充"下拉列表，从弹出的下拉列表框中单击"系列"命令，弹出如图 9-50 所示的"序列"对话框，其中：

"序列产生在"栏：选择"列"单选框，表示该序列填入当前列中，选择"行"单选框，该序列填充当前行中。

"类型"栏：其中"等差序列"单选框是等公差、等间距序列，这种序列最多，如 2、4、6、8、10……是公差为 2 的等差序列；"等比序列"单选框是指前后两个数的比例相同，如 1、2、4、8、16、32……是比例值为 2 的等比序列；"日期"单选框是按日期规律来

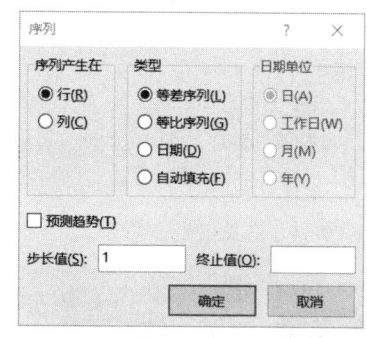

图 9-50 "序列"对话框

变化，如按日、工作日、月、年等来填充；"自动填充"单选框即按 Excel 已知的规律自动填充，在填充前必须输入初值且选择填充区域。

"日期单位"栏：当"类型"确定为"日期"时，日期单位起作用，该单位是指前后两个日期之间相差多少日，还是相差多少月或多少年。

"步长值"文本框：对于等差序列、等比序列、日期序列的公差或公比值。

"终止值"文本框：序列最终的值。如果是日期型数据，在终值文本框中必须填上日期型数据。

知识3 工作表的格式化

工作表的格式化主要是为工作表中数字、文本与日期等设置格式，为单元格设置边框与底纹等。格式化操作是通过功能区"开始"选项面板的"单元格"命令组"格式"下拉列表中的相关选项来实现的，如图 9-51 所示。当然，也可以通过打开"设置单元格格式"对话框进行格式设置，如图 9-52 所示。打开对话框的方法是单击"字体"命令组、"对齐方式"命令组或"数字"命令组旁边的 按钮即可，具体设置方法是：选定单元格或单元格区域，然后利用"字体"命令组、"对齐方式"命令组、"数字"命令组与"样式"命令组的命令来实现或通过"设置单元格格式"对话框来完成。

经验：如果我们想要快速对工作表的格式进行设置。可以通过功能区"开始"选项面板"样式"命令组中"套用表格样式"下拉列表中的相关选项来实现的。如果我们只想设置满足条件的单元格的格式。我们可以通过"样式"命令组"条件"下拉列表中的相关选项来实现。

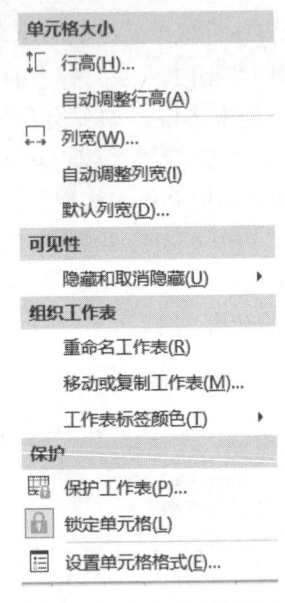

图 9-51　格式相关的选项

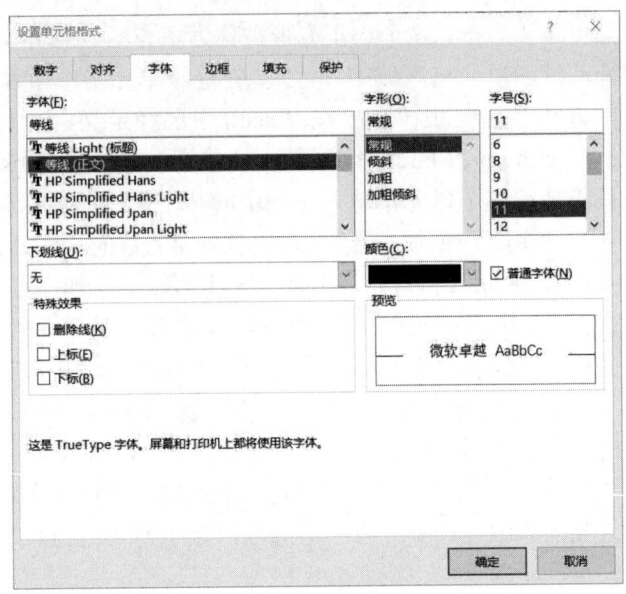

图 9-52　"设置单元格格式"对话框

单元格的引用

知识 4　公式与函数

1. 公式

公式是由用户自行设计对工作表进行计算和处理的式子。以公式"=SUM(E1:H1)*A1+26"为例，它要以等号"="开始，其内部可以包括函数、引用、运算符和常量。在该公式中，"SUM(E1:H1)"是函数，"A1"则是对单元格 A1 的引用表示其中存储的数据，"26"是常量，"*"和"+"则是算术运算符。

运算符用于指定对公式中的数据执行的计算方法，运算符计算时有一个默认的次序，但用户可以使用括号来更改计算次序。

（1）运算符类型。运算符分为算术运算符、比较运算符、文本连接运算符和引用运算符 4 种不同类型。

1）算术运算符：完成基本的算术运算（如加法、减法或乘法）生成数值结果。算术运算符的种类及每种运算的含义见表 9-4。

表 9-4　算术运算符及其含义

算术运算符	含义	示例
+（加号）	加法	3+3
-（减号）	减法、负数	3-1、-1
*（星号）	乘法	3*3
/（正斜杠）	除法	3/3
%（百分号）	百分比	20%
^（脱字号）	乘方	3^2

2）比较运算符：用于数据的比较，比较运算的结果为逻辑 True 或逻辑 False。比较运算

符及其含义见表 9-5。

表 9-5 比较运算符及其含义

比较运算符	含义	示例
=（等号）	等于	A1=B1
>（大于号）	大于	A1>B1
<（小于号）	小于	A1<B1
>=（大于等于号）	大于或等于	A1>=B1
<=（小于等于号）	小于或等于	A1<=B1
<>（不等号）	不等于	A1<>B1

3）文本连接运算符：使用&连接一个或多个文本字符串以生成一段文本。如 "='North'&'wind'"，结果为 "'Northwind'"。

4）引用运算符：在使用公式时，可以使用引用运算符对单元格区域进行合并计算，引用运算符见表 9-6。

表 9-6 引用运算符及其含义

引用运算符	含义	示例
:（冒号）	区域运算符，生成对两个引用之间的所有单元格的引用（包括两个引用本身）	B5:B15
,（逗号）	联合运算符，将多个引用合并为一个引用	SUM(B5:B15,D5:D15)
（空格）	交集运算符，生成对两个引用中共有的单元格的引用	B7:D7 C6:C8

（2）运算符优先级别。在 Excel 中的公式始终以等号（=）开头，这个等号告诉 Excel 随后的字符组成一个公式。等号后面是要计算的元素（即操作数），各操作数之间由运算符分隔。Excel 按照公式中每个运算符的特定次序从左到右计算公式的值。

如果一个公式中有若干个运算符，Excel 将按表 9-7 从上往下，从左至右的次序进行计算。如果一个公式中的若干个运算符具有相同的优先顺序（如既有乘号又有除号），Excel 将从左到右依次进行计算。

表 9-7 运算符的优先顺序表

运算符	说明
:（冒号）、（单个空格）、,（逗号）	引用运算符
-	负数（如：-1）
%	百分比
^	乘方
* 和 /	乘和除
+ 和 -	加和减
&	连接两个文本字符串（串连）
=、<>、<=、>=	比较运算符

若要更改公式的计算顺序,可将公式中要先计算的部分用括号括起来。例如,公式"=5+2*3"的结果是11,公式"=(5+2)*3"的结果为21。在公式"=(B4+25)/SUM(D5:F5)"中,公式第一部分的括号强制Excel先计算B4+25,然后再除以D5、E5和F5单元格中值的和。

2. 函数

Excel函数是软件本身预先定义,执行计算、分析等处理数据任务的特殊公式。以常用的求和函数SUM为例,它的语法是"SUM(number1,number2,......)"。其中"SUM"称为函数名称。一个函数只有唯一的一个名称,它决定了函数的功能和用途。函数名称后紧跟左括号,接着是用逗号分隔的称为参数,最后用一个右括号表示函数结束。函数括号中的部分称为参数,如果一个函数可以使用多个参数,那么参数与参数之间使用半角逗号进行分隔。参数可以是常量(数字、文本与日期)、逻辑值(True或False)、数组、错误值、单元格引用,甚至可以是另一个或几个函数等。参数的类型和位置必须满足函数语法的要求,否则将返回错误信息。

参数是函数中最复杂的组成部分,它规定了函数的运算对象、顺序或结构等。使得用户可以对某个单元格或区域进行处理,如分析存款利息、确定成绩名次与计算三角函数值等。

(1)函数的输入。如果要在公式中输入函数,单击功能区"公式"选项面板"函数库"命令组中的"插入函数"命令,打开如图9-53所示的"插入函数"对话框。在该对话框中显示函数的名称、函数的参数、函数及其各个参数的说明、函数的当前结果以及整个公式的当前结果。

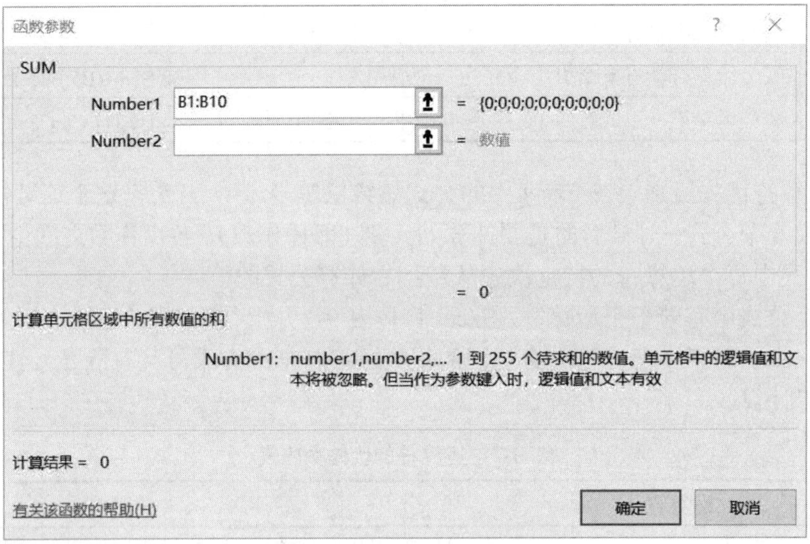

图9-53 "插入函数"对话框

为了便于创建和编辑公式,同时尽可能减少键入和语法错误,可以使用公式记忆式键入。当用户键入"="(等号)和开头的几个字母或显示触发字符之后,Excel 2016会在单元格的下方显示一个动态下拉列表,该列表中包含与这几个字母或该触发字符相匹配的有效函数、参数和名称,用户可以将该下拉列表中的某一项插入公式中。

(2)嵌套函数。在某些情况下,用户可能需要将某函数作为另一函数的参数使用,这就是函数的嵌套。例如,"=IF(AVERAGE(F2:F5)>50,SUM(G2:G5),0)"的公式中就用到了AVERAGE和SUM函数嵌套。在函数嵌套时,函数的返回值的数值类型必须与参数使用的数值类型相同。例如，如果参数返回一个 True 或 False 值，那么嵌套函数也必须返回一个 True 或 False 值。否则，Excel 2016 将显示"#VALUE!"的错误值。

在 Excel 2016 中，公式可包含多达 64 层的嵌套函数。当函数 B 在函数 A 中用作参数时，函数 B 则为第二级函数。例如，AVERAGE 函数和 SUM 函数都是第二级函数，因为它们都是 IF 函数的参数。在 AVERAGE 函数中嵌套的函数则为第三级函数，依次类推。

3. 在公式中使用引用

引用的作用在于标识工作表上的单元格或单元格区域，并告知 Excel 在何处查找公式中所使用的数据。通过引用，可以在一个公式中使用工作表中不同区域的数据，或者在多个公式中使用同一个单元格的数值。还可以引用同一个工作簿中其他工作表上的单元格和其他工作簿中的数据。引用其他工作簿中的单元格被称为链接。具体的引用方法见表 9-8。

表 9-8 单元格或单元格区域引用

引用	引用形式
列 A 和行 10 交叉处的单元格	A10
在列 A 和行 10 到行 20 之间的单元格区域	A10:A20
在行 15 和列 B 到列 E 之间的单元格区域	B15:E15
行 5 中的全部单元格	5:5
行 5 到行 10 之间的全部单元格	5:10
列 H 中的全部单元格	H:H
列 H 到列 J 之间的全部单元格	H:J
列 A 到列 E 和行 10 到行 20 之间的单元格区域	A10:E20

在公式中，可以引用同一工作簿中的其他工作表中的单元格。如"=AVERAGE(市场!B1:B10)"表示在工作表中，函数将计算同一个工作簿中工作表名为"市场"中的 B1:B10 区域内数据的平均值。

（1）绝对引用。公式中的绝对单元格引用方法是"$单元格列标$单元格行标"，如$A$1。如果公式所在单元格的位置改变，绝对引用的单元格将保持不变。如果多行或多列地复制或填充公式，绝对引用的单元格将不作调整。例如，在图 9-54 中，如果将单元格 B2 中的绝对引用复制或填充到单元格 B3，则两个单元格中的公式都是$A$1。

（2）相对引用。公式中的相对单元格引用（如 A1）是基于包含公式和单元格引用的单元格的相对位置。如果公式所在单元格的位置改变，引用也随之改变。如果多行或多列地复制或填充公式，引用会自动调整。例如，图 9-55 将单元格 B2 中的相对引用复制或填充到单元格 B3，引用将自动从"=A1"调整到"=A2"。

（3）混合引用。混合引用包含绝对列和相对行或绝对行和相对列的引用。绝对列引用采用$A1、$B1 的形式，绝对行引用采用 A$1、B$1 的形式。如果公式所在单元格的位置改变，则相对引用将改变，而绝对引用将不变。如果多行或多列地复制或填充公式，相对引用将自动调整，而绝对引用将不作调整。例如，图 9-56 将一个混合引用从 A2 复制到 B3，它将从"=A$1"调整到"=B$1"。

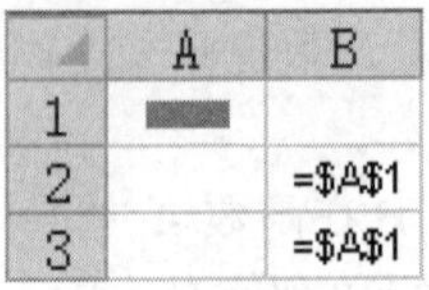

图 9-54 绝对引用 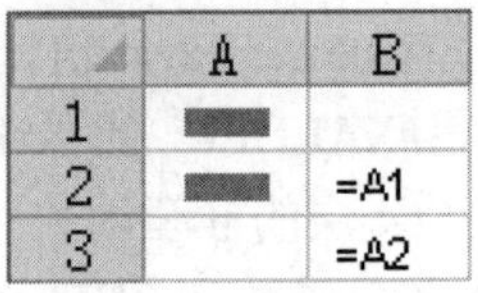　　　　图 9-55 相对引用 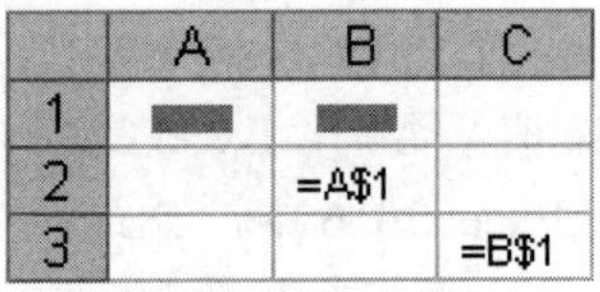　　　　图 9-56 混合引用

提示：通过 F4 键可以在绝对引用、相对引用和混合引用之间进行转换。

（4）三维引用。在 Excel 中，对两个或多个工作表上相同单元格或单元格区域的引用被称为三维引用。例如，"=SUM(Sheet1:Sheet3!A1:A10)"是对 Sheet1 和 Sheet3 之间（包括 Sheet1 与 Sheet2）的所有工作表的 A1:A10 单元格进行求和。在 Excel 中，支持三维引用的函数有 SUM、AVERAGE、AVERAGEA、COUNT、COUNTA、MAX、MAXA、MIN、MINA、PRODUCT、STDEV、STDEVA、STDEVP、STDEVPA、VAR、VARA、VARP 与 VARPA。

4．单元格区域名称

为了更加直观地标识单元格区域，用户可以给单元格区域赋予一个名称，从而在公式或函数中直接引用。例如"B2:B46"区域存放着学生的物理成绩，求解平均分的公式一般是"=AVERAGE(B2:B46)"。在给 B2:B46 区域命名为"物理分数"以后，该公式就可以变为"=AVERAGE(物理分数)"，从而使公式变得更加直观。

给一个区域命名的方法是选中要命名的单元格区域，单击功能区"公式"选项面板"定义名称"命令组的"定义名称"下拉列表中的"定义名称"命令来完成，也可以在名称框内直接定义名称后按回车键即可。

需要指出的是，创建好的名称如果其范围选定为工作簿，那么这个名称可以被所有工作表引用，而且引用时不需要在名称前面添加工作表名，因此，名称引用实际上是一种绝对引用。

知识 5　常用函数

Excel 提供了非常多的函数，如文本函数、财务函数、逻辑函数、日期时间函数、查找与引用函数、数学与三角函数等。在此介绍部分常用函数的使用方法。注意，下面介绍函数时，函数参数如果带"[]"表明是可选项，不带"[]"为必选项。

1．文本函数

（1）LEFT 函数。

作用：根据所指定的字符数，LEFT 返回文本字符串中第一个字符或前几个字符。

格式：LEFT(text,[num_chars])

说明：text 用于指定要提取的字符的文本字符串；num_chars 用于指定要由 LEFT 提取的字符的数量，num_chars 必须大于或等于零。如果 num_chars 大于文本长度，则 LEFT 返回全部文本。如果省略 num_chars，则默认其值为 1。

示例 3：

	A	B	C	D
1	数据	公式	说明	结果
2	Sale Price	=LEFT(A2,4)	第一个字符串中的前四个字符	Sale
3	瑞典	=LEFT(A3)	第二个字符串中的第一个字符	瑞

（2）LEN 函数。

作用：返回文本字符串中的字符个数。

格式：LEN(text)

说明：text 指定要查找其长度的文本。空格将作为字符进行计数。

示例 4：

	A	B	C	D
1	数据	公式	说明	结果
2	Phoenix, AZ	=LEN(A2)	第一个字符串的长度	11
3		=LEN(A3)	第二个字符串的长度	0
4	One	=LEN(A4)	第三个字符串的长度，其中包括 5 个空格	8

（3）MID 函数。

作用：从文本字符串中的指定位置起返回特定个数的字符，字符数目由用户指定。

格式：MID(text,start_num,num_chars)

说明：text 指定包含要提取字符的文本字符串。start_num 用于指定文本中要提取的第一个字符的位置。文本中第一个字符的 start_num 为 1，依次类推。num_chars 用于指定希望 MID 从文本中返回字符的个数。MIDB(text,start_num,num_bytes)函数中，num_bytes 指定希望 MIDB 从文本中返回字符的个数（字节数）。

示例 5：

	A	B	C	D
1	数据	公式	说明	结果
2	Fluid Flow	=MID(A2,1,5)	上面字符串中的 5 个字符，从第一个字符开始	Fluid
3		=MID(A2,7,20)	上面字符串中的 20 个字符，从第七个字符开始	Flow
4		=MID(A2,20,5)	因为要提取的第一个字符的位置大于字符串的长度，所以返回空文本	

（4）RIGHT 函数。

作用：根据所指定的字符数返回文本字符串中最后一个或多个字符。

格式：RIGHT(text,[num_chars])

说明：text 指定包含要提取字符的文本字符串，num_chars 指定要由 RIGHT 提取的字符的数量，num_chars 必须大于或等于零。如果 num_chars 大于文本长度，则 RIGHT 返回所有文本。如果省略 num_chars，默认其值为 1。RIGHTB(text,[num_bytes])函数中，num_bytes 按字节指定要由 RIGHTB 提取的字符的数量。

示例 6：

	A	B	C	D
1	数据	公式	说明	结果
2	SalePrice	=RIGHT(A2,5)	第一个字符串的最后 5 个字符	Price
3	StockNumber	=RIGHT(A3)	第二个字符串的最后一个字符	r

2. 统计函数

（1）AVERAGE 函数。

作用：返回其参数的平均值。

格式：AVERAGE(number1,[number2],...)

说明：number1 指定要计算平均值的第一个数字、单元格引用或单元格区域；number2,... 则指定要计算平均值的其他数字、单元格引用或单元格区域，最多可包含 255 个。

注意：逻辑值和直接键入到参数列表中代表数字的文本被计算在内。如果区域或单元格引用参数包含文本、逻辑值或空单元格，则这些值将被忽略；但包含零值的单元格将被计算在内。

示例 7：

	A	B	C	D	E	F
1	数据			公式	说明	结果
2	10	15	32	=AVERAGE(A2:A6)	单元格区域 A2 到 A6 中数字的平均值	11
3	7			=AVERAGE(A2:A6,5)	单元格区域 A2 到 A6 中数字与数字 5 的平均值	10
4	9			=AVERAGE(A2:C2)	单元格区域 A2 到 C2 中数字的平均值	19
5	27					
6	2					

（2）AVERAGEIF 函数。

作用：返回区域中满足给定条件的所有单元格的平均值（算术平均值）。

格式：AVERAGEIF(range,criteria,[average_range])

说明：range 指定要计算平均值的实际单元格集（条件区域）；criteria 是数字、表达式、单元格引用或文本形式的条件，用于定义要对哪些单元格计算平均值，例如，条件可以表示为 32、"32"、">32"、"苹果"或 B4；average_range 指定要计算平均值的实际单元格集，如果忽略，则使用 range。average_range 不必与 range 的大小和形状相同。求平均值的实际单元格是通过使用 average_range 中左上方的单元格作为起始单元格，然后加入与 range 的大小和形状相对应的单元格确定的。例如 range 是 A1:A5，且 average_range 为 B1:B3，则计算的实际单元格为 B1:B5。

注意：可以在条件中使用通配符，即问号（?）和星号（*）。问号匹配任一单个字符；星号匹配任一字符序列。如果要查找实际的问号或星号，请在字符前键入波形符（~）。

示例 8：

	A	B	C	D	E
1	财产价值	佣金	公式	说明	结果
2	100000	7000	=AVERAGEIF(B2:B5,"<23000")	求所有佣金小于 23000 的平均值。四个佣金中有三个满足该条件，并且其总计为 42000	14000
3	200000	14000	=AVERAGEIF(A2:A5,"<250000")	求所有财产值小于 250000 的平均值。四个佣金中有两个满足该条件，并且其总计为 300000	150000

| 4 | 300000 | 21000 | =AVERAGEIF(A2:A5,"<95000") | 求所有财产值小于 95000 的平均值。由于 0 个财产值满足该条件，AVERAGEIF 函数将返回错误 #DIV/0!，因为该函数尝试以 0 作为除数 | #DIV/0! |
| 5 | 400000 | 28000 | =AVERAGEIF(A2:A5,">250000",B2:B5) | 求所有财产值大于 250000 的佣金的平均值。两个佣金满足该条件，并且其总计为 49000 | 24500 |

（3）COUNT 函数。

作用：计算包含数字的单元格以及参数列表中数字的个数。

格式：COUNT(value1,[value2],...)

说明：value1 指定要计算其中数字的个数的第一个项、单元格引用或区域。value2,...指定要计算其中数字的个数的其他项、单元格引用或区域，最多可包含 255 个。

注意：这些参数可以包含或引用各种类型的数据，但只有数字类型的数据才被计算在内。如果参数为数字、日期或者代表数字的文本（例如，用引号引起的数字，如"1"），则将被计算在内。逻辑值和直接键入到参数列表中代表数字的文本被计算在内。如果参数为错误值或不能转换为数字的文本，则不会被计算在内。如果参数为引用，则只计算引用中数字的个数。不会计算引用中的空单元格、逻辑值、文本或错误值。

示例 9：

	A	B	C	D
1	数据	公式	说明	结果
2	销售	=COUNT(A2:A8)	计算单元格区域 A2 到 A8 中包含数字的单元格的个数	3
3	2008-12-8	=COUNT(A5:A8)	计算单元格区域 A5 到 A8 中包含数字的单元格的个数	2
4		=COUNT(A2:A8,2)	计算单元格区域 A2 到 A8 中包含数字和值 2 的单元格的个数	4
5	19			
6	22.24			
7	TRUE			
8	#DIV/0!			

（4）COUNTA 函数。

作用：计算参数列表中值的个数。

格式：COUNTA(value1,[value2],...)

说明：value1 表示要计数的值的第一个参数。value2,...可选，表示要计数的值的其他参数，最多可包含 255 个参数。

注意：该函数可对包含任何类型信息的单元格进行计数，这些信息包括错误值和空文本（""）。例如，如果区域包含一个返回空字符串的公式，则 COUNTA 函数会将该值计算在内。COUNTA 函数不会对空单元格进行计数。

示例 10：

	A	B	C	D
1	数据	公式	说明	结果
2	销售	=COUNTA(A2:A8)	计算单元格区域 A2 到 A8 中非空单元格的个数	6
3	2008-12-8			
4				
5	9			
6	22.24			
7	TRUE			
8	#DIV/0!			

（5）COUNTIF 函数。

作用：计算区域内符合给定条件的单元格的数量。

格式：COUNTIF(range,criteria)

说明：range 要对其进行计数的一个或多个单元格，其中包括数字或名称、数组或包含数字的引用。空值和文本值将被忽略。criteria 用于定义将对哪些单元格进行计数的数字、表达式、单元格引用或文本字符串。例如，条件可以表示为 32、">32"、B4、"苹果"或"32"。

注意：注释在条件中可以使用通配符，即问号（？）和星号（＊）。问号匹配任意单个字符，星号匹配任意一系列字符。若要查找实际的问号或星号，请在该字符前键入波形符（～）。条件不区分大小写，例如，字符串"apples"和字符串"APPLES"将匹配相同的单元格。

示例 11：

	A	B	C	D	E
1	数据	数据	公式	说明	结果
2	苹果	32	=COUNTIF(A2:A5,"苹果")	单元格区域 A2 到 A5 中包含"苹果"的单元格的个数	2
3	橙子	54	=COUNTIF(A2:A5,A4)	单元格区域 A2 到 A5 中包含"桃子"的单元格的个数	1
4	桃子	75	=COUNTIF(A2:A5,A3)+COUNTIF(A2:A5,A2)	单元格区域 A2 到 A5 中包含"橙子"和"苹果"的单元格的个数	3
5	苹果	86	=COUNTIF(B2:B5,">55")	单元格区域 B2 到 B5 中值大于 55 的单元格的个数	2
6			=COUNTIF(B2:B5,"<>"&B4)	单元格区域 B2 到 B5 中值不等于 75 的单元格的个数	3
7			=COUNTIF(B2:B5,">=32")-COUNTIF(B2:B5,">85")	单元格区域 B2 到 B5 中值大于或等于 32 且小于或等于 85 的单元格的个数	3

（6）LARGE 函数。

作用：返回数据集中第 k 个最大值，使用此函数可以根据相对标准来选择数值。

格式：LARGE(range,k)

说明：range 指定需要确定第 k 个最大值的数据区域。k 指定返回值在数组或数据单元格区域中的位置（从大到小排）。如果区域中数据点的个数为 n，则函数 LARGE(array,1)返回最大值，函数 LARGE(array,n)返回最小值。

示例 12：

	A	B	C	D	E
1	数据	数据	公式	说明	结果
2	3	4	=LARGE(A2:B6,3)	上面数据中第三个最大值	5
3	5	2	=LARGE(A2:B6,7)	上面数据中第七个最大值	4
4	3	4			
5	5	6			
6	4	7			

（7）MAX 函数。

作用：返回参数列表中的最大值。

格式：MAX(number1,[number2],...)

说明：number1,number2,...是指定要从中找出最大值的 1 到 255 个数字参数。参数可以是数字或者是包含数字的名称或引用。逻辑值和直接键入到参数列表中代表数字的文本被计算在内。

示例 13：

	A	B	C	D
1	数据	公式	说明	结果
2	10	=MAX(A2:A6)	上面一组数字中的最大值	27
3	7	=MAX(A2:A6,30)	上面一组数字和 30 中的最大值	30
4	9			
5	27			
6	2			

（8）MIN 函数。

功能是返回参数列表中的最小值，该函数的格式用法与 MAX 函数一样。

3. 查找和引用函数

（1）AREAS 函数。

作用：返回引用中包含的区域个数。

格式：AREAS(reference)

reference 对某个单元格或单元格区域的引用，也可以引用多个区域。如果需要将几个引用指定为一个参数，则必须用括号括起来，以免 Microsoft Excel 将逗号视为字段分隔符。

示例14：

	A	B	C
1	公式	说明	结果
2	=AREAS(B2:D4)	引用中包含的区域个数为	1
3	=AREAS((B2:D4,E5,F3:I9))	引用中包含的区域个数为	3
4	=AREAS(B2:D4 B2)	引用中包含的区域个数为	1

查找函数

（2）VLOOKUP 函数。

作用：查找数组的首列，并返回指定单元格的值。

格式：VLOOKUP(lookup_value,table_array,col_index_num,[range_lookup])

说明：lookup_value 指定需要在表的第一列中进行查找的数值，lookup_value 可以为数值、引用或文本字符串。table_array 指定需要在其中查找数据的信息区域，可使用对区域或区域名称的引用。table_array 的第一列的数值可以为文本、数字或逻辑值。如果 range_lookup 为 True，则 table_array 的第一列的数值必须按升序排列：...-2、-1、0、1、2、...、A-Z、False、True；否则，函数 VLOOKUP 将不能给出正确的数值。如果 range_lookup 为 False，则 table_array 不必进行排序。文本不区分大小写，将数值按升序排列（从上至下）。col_index_num 指定 table_array 中待返回的匹配值的列序号。col_index_num 为 1 时，返回 table_array 第一行的数值，col_index_num 为 2 时，返回 table_array 第二行的数值，依次类推。range_lookup 指定一逻辑值，指明函数 VLOOKUP 查找时是精确匹配还是近似匹配。如果为 True 或省略，则返回近似匹配值。也就是说，如果找不到精确匹配值，则返回小于 lookup_value 的最大数值。如果 range_lookup 为 False，函数 VLOOKUP 将查找精确匹配值，如果找不到，则返回错误值#N/A。

示例15：

	A	B	C
1	密度	黏度	温度
2	0.457	3.55	500
3	0.525	3.25	400
4	0.606	2.93	300
5	0.675	2.75	250
6	0.746	2.57	200
7	0.835	2.38	150
8	0.946	2.17	100
9	1.09	1.95	50
10	1.29	1.71	0
11	公式	说明	结果
12	=VLOOKUP(1,A1:B9,2)	使用近似匹配搜索 A 列中的值 1，在 A 列中找到小于等于 1 的最大值 0.946，然后返回同一行中 B 列的值	2.17
13	=VLOOKUP(1,A1:B9,2,false)	使用精确匹配在 A 列中搜索值 1。因为 A 列中没有精确匹配的值，所以返回一个错误	#N/A

（3）HLOOKUP 函数。

该函数在第一行中查找，然后在行之间移动以返回单元格的值。其他用法与 VLOOKUP 一致。

4. IS 函数

IS 函数是一类函数，此类函数可检验指定值并根据参数取值返回 True 或 False。例如，如果参数 value 引用的是空单元格，则 ISBLANK 函数返回逻辑值 True；否则，返回 False。

在对某一值执行计算或执行其他操作之前，可以使用 IS 函数获取该值的相关信息。例如，通过将 ISERROR 函数与 IF 函数结合使用，可以在出现错误时执行其他操作：IF(ISERROR(A1),"出现错误。",A1*2)，此公式检验单元格 A1 中是否存在错误情形。如果存在，则 IF 函数返回消息"出现错误"。如果不存在，则 IF 函数执行计算 A1*2。

此类函数有 ISBLANK(value)、ISERR(value)、ISERROR(value)、ISLOGICAL(value)、ISNA(value)、ISNONTEXT(value)、ISNUMBER(value)、ISREF(value)与 ISTEXT(value)。在这些函数中 value 参数指定检验的值，可以是空白（空单元格）、错误值、逻辑值、文本、数字、引用值，或者引用要检验的以上任意值的名称。

示例 16：

函数	如果为下面的内容，则返回 True
ISBLANK	值为空白单元格
ISERR	值为任意错误值（除去#N/A）
ISERROR	值为任意错误值（#N/A、#VALUE!、#REF!、#DIV/0!、#NUM!、#NAME?或#NULL!）
ISLOGICAL	值为逻辑值
ISNA	值为错误值#N/A（值不存在）
ISNONTEXT	值为不是文本的任意项（请注意，此函数在值为空单元格时返回 True）
ISNUMBER	值为数字
ISREF	值为引用
ISTEXT	值为文本

5. IF 函数

作用：指定要执行的逻辑检测。

格式：IF(logical_test,[value_if_true],[value_if_false])

说明：logical_test 计算结果可能为 True 或 False 的任意值或表达式。例如，A10=100 就是一个逻辑表达式；如果单元格 A10 中的值等于 100，表达式的计算结果为 True；否则为 False。此参数可使用任何比较运算符。

value_if_true 指定 logical_test 参数的计算结果为 True 时所要返回的值。value_if_false 指定 logical_test 参数的计算结果为 False 时所要返回的值。

注意：最多可以使用 64 个 IF 函数作为 value_if_true 和 value_if_false 参数进行嵌套，以构造更详尽的测试。

示例 17：

	A	B	C	D	E
1	实际费用	预期费用	公式	说明	结果
2	1500	900	=IF(A2>B2,"超出预算","OK")	检查第 2 行的费用是否超出预算	超出预算
3	500	900	=IF(A3>B3,"超出预算","OK")	检查第 3 行的费用是否超出预算	OK
4	500	925	=IF(A3>B3,"超出预算","OK")	检查第 3 行的费用是否超出预算	OK

示例 18：

	A	B	C	D
1	分数	公式	说明	结果
2	45	=IF(A2>89,"A",IF(A2>79,"B",IF(A2>69,"C",IF(A2>59,"D","F"))))	给单元格 A2 中的分数指定一个字母等级	F

示例 19：有如图 9-57 所示的一个表，已输入了身份证号，请用函数计算得出"性别"与"出生日期"。

	A	B	C	D
1	姓名	性别	身份证	出生日期
2	黄振华		XXXXXX197807040374	
3	尹洪群		XXXXXX199003110711	
4	扬灵		XXXXXX199210090019	
5	沈琳		XXXXXX198403275487	
6	赵文		XXXXXX197809182579	
7	胡方		XXXXXX198302232212	
8	郭新		XXXXXX198603250043	
9	周晓明		XXXXXX19900110321X	
10	张淑纺		XXXXXX198701066761	
11	熊敏		XXXXXX198909177229	
12	周倩		XXXXXX198308105185	
13	杨阳		XXXXXX199006092847	
14	傅华		XXXXXX198808222813	

图 9-57 函数使用

为了完成这项工作，首先要明确身份证号码包含的信息，身份证第 7 位至 14 位为出生年月日，第 17 位为性别信息，如果为"奇数"表示该身份的人是男性，如果为"偶数"就为女性。认识了这些信息后，利用函数来完成"性别"与"出生日期"的输入就可以实现了。

首先，如何获得身份证中的相应位置上的值。在前面介绍了 MID 函数，能够实现这项功能，具体表示方法 MID(D2,17,1)。如何判断该值是奇数还是偶数，可以利用 MOD 函数，如果MOD(需要判断的数,2)=0，该数为偶数，则输入"女"，否则需要判断的数为奇数，则输入"男"，因此可用 IF 函数。计算性别的方法是"=IF(MOD(MID(D2,17,1),2)=0,"女","男")"。

给一个字段输入日期型值可用 DATE(year,month,day)，从身份证中得到年、月与日的方法是得到 MID(D2,7,4)、MID(D2,11,2)、MID(D2,13,2)，由于通过 MID 得到的是文本类型的值，而 DATE 函数中是数字值，因此，要通过 VALUE 函数把文本数据转化为数字类型。

计算出生年月方法是"=DATE(VALUE(MID(D2,7,4)),VALUE(MID(D2,11,2)), VALUE(MID(D2,13,2)))"。

知识 6　数据管理

1. 数据排序

在 Excel 中，数据排序是数据分析不可缺少的重要组成部分。对数据进行排序有助于快速直观地显示数据并更好地理解数据，组织并查找所需数据，最终作出更有效的决策。在 Excel 2016 中，可以对一列或多列中的数据按文本、数字以及日期和时间进行排序，也可以按自定义序列（如大、中和小）或格式（包括单元格颜色、字体颜色或图标集）进行排序。大多数排序操作都是针对列进行。排序条件随工作簿一起保存。这样，每当打开工作簿时，都会对 Excel 工作表进行重新排序。

排序的方法是选择单元格区域中的一列或者确保活动单元格在排序数据的列。单击功能区"开始"选项面板"编辑"命令组中的"排序和筛选"命令，如图 9-58 所示。

若要按升序排序，单击"升序"命令；若要按字母降序排序，单击"降序"命令。

如果用户按单元格颜色或字体颜色手动或有条件地设置了单元格区域或表列的格式，也可以按颜色进行排序，具体操作是选择单元格区域中的一列数据，或者让活动单元格在表列中，单击"开始"选项面板"编辑"命令组中的"排序和筛选"命令，然后执行"自定义排序"命令。此时，系统将显示如图 9-59 所示的"排序"对话框。在"列"栏内的"主要关键字"下拉列表框中单击需要排序的列，在"排序依据"下拉列表框中选择排序类型。

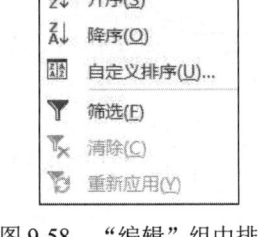

图 9-58　"编辑"组中排序　　　　图 9-59　"排序"对话框

如果按单元格颜色排序，可选择"单元格颜色"项；如果按字体颜色排序，可选择"字体颜色"项。

单击"自动"按钮旁边的下拉按钮，然后根据格式的类型选择单元格颜色、字体颜色或单元格图标。

自定义好后，就可以执行排序命令。

在 Excel 中，当某些数据要按一列中的相同值进行分组，用户还需将对该组相等值中的另一列或另一行进行排序时，可采用按多个列排序。如图 9-60 所示，如果表有一个"部门"列和一个"雇员"列。用户可以先按部门进行排序（将同一个部门中的所有雇员组织在一起），然后按姓名排序（将每个部门内的所有姓名按字母顺序排列）。排序后的结果如图 9-61 所示。在 Excel 2016 中，最多可以按 64 个列排序。

部门	雇员
财务	宋子丹
人力资源	郑菁华
财务	张雄杰
销售	江晓勇
财务	齐小娟
销售	孙如红
后勤	甄士隐
财务	周梦飞
销售	杜春兰
后勤	苏国强
人力资源	张杰
后勤	吉莉莉
销售	莫一明
销售	郭晶晶

图 9-60　排序前的数据

部门	雇员
财务	齐小娟
财务	宋子丹
财务	张雄杰
财务	周梦飞
后勤	吉莉莉
后勤	苏国强
后勤	甄士隐
人力资源	张杰
人力资源	郑菁华
销售	杜春兰
销售	郭晶晶
销售	江晓勇
销售	莫一明
销售	孙如红

图 9-61　排序后的数据

注意：为了获得最佳排序结果，要在"排序"对话框中勾选"数据包含标题"可选项。

按多列进行排序的方法是：选择具有两列或更多列数据的单元格区域，或者确保活动单元格在包含两列或更多列的表中。单击功能区"开始"选项面板的"编辑"命令组中的"排序和筛选"命令，然后单击"自定义排序"命令，打开如图 9-62 所示的对话框。

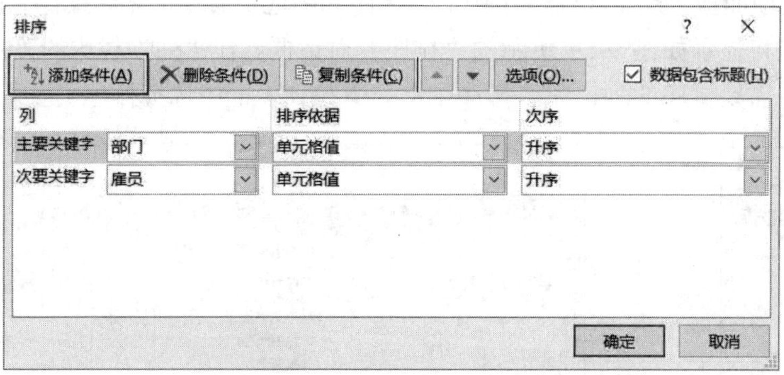

图 9-62　按多列进行排序的设置

然后在"列"栏内的"主要关键字"下拉列表框中选择要排序的第一列，在"排序依据"下拉列表框中选择排序类型。

若要按文本、数字或日期和时间型数据进行排序，选择"单元格值"项；若要按格式进行排序，请选择"单元格颜色""字体颜色"或"条件格式图标"项。在"次序"栏内选择排序方式。

接着在"排序"对话框中单击"添加条件"按钮，如图 9-62 所示。在"列"栏内新增的"次要关键字"下拉列表框中选择要排序的第二列。并且对相应的"排序依据"和"次序"进行设置。

2．数据筛选

在 Excel 中，可对单元格区域或表中的数据进行筛选。所谓筛选就是按指定的条件显示单元格区域或表中的行，隐藏那些不满足筛选条件的行，筛选后的数据是筛选前数据的子集。筛选后的数据不需重新排列或移动就可以进行复制、查找、编辑、设置格式、制作图表和打印等操作。在 Excel 2016 中，筛选可分为自动筛选与高级筛选两种。

（1）自动筛选。自动筛选可以按多个列进行。按多列筛选时，筛选器是累加的，也就是说每个追加的筛选器都基于当前筛选器，从而进一步减少了数据的子集。

筛选文本列的方法是选择包含字母数据的单元格区域或确保活动单元格位于包含字母数字数据的表列中，选择单元格区域中的一列数据，或者确保活动单元格在表列中，单击功能区"开始"选项面板的"编辑"命令组中"排序和筛选"下拉列表，再单击"筛选"命令，此时单元格区域或工作表的列标题旁出现了筛选设置下拉列表按钮 。用户可单击下拉列表按钮进行筛选的有关设置。

筛选数字列、日期或时间列的操作方法与文本列的筛选相同，只是筛选条件设置有区别而已。

（2）高级筛选。若要使用复杂的条件来筛选单元格区域，可单击功能区"数据"选项面板"排序和筛选"命令组中的"高级"命令。"高级"命令的工作方式与"筛选"命令有所不同。高级筛选启用的是"高级筛选"对话框，高级筛选的条件设置于要筛选的单元格区域或表上的单独条件区域中。该区域将被设置为"高级筛选"对话框中的条件区域。

在如图 9-63 所示的工作表中，如果要筛选出销售人员为"李小明"或"林丹"的行，这就是使用"销售人员"单列中的多个条件进行筛选。构造的条件为"李小明 OR 林丹"，这个筛选过程使用条件区域(A1:C4)和数据区域(A6:C10)。

注意：为了方便阅读，在用作条件区域的区域上插入至少三个空白行，条件区域必须有列标签，数据区域和条件区域之间留一个空白行。

图 9-63 高级筛选的数据表

这种高级筛选条件区域中条件的构造方法是直接在条件区域的单独行中依次键入条件。上述条件的构造方法是在 B2 单元格中输入"李小明"，在 B3 单元格中输入"林丹"。

输入了筛选的条件区域后，就可按条件进行高级筛选，筛选的操作方法是选定区域中的某个单元格，单击"数据"选项面板"排序和筛选"命令组中的"高级"命令，打开"高级筛选"对话框，如图 9-64 所示。在列表区域中选择数据区域与条件区域就可完成筛选。

若要查找符合多列中的多个条件的行，可在条件区域的同一行的相对应的列中键入所有条件。如图 9-65 所示的条件为："类型"="农产品"且"销售额">1000，即：类型="农产品" AND 销售额>1000 条件。设置好条件，高级筛选的操作过程与上述一样。

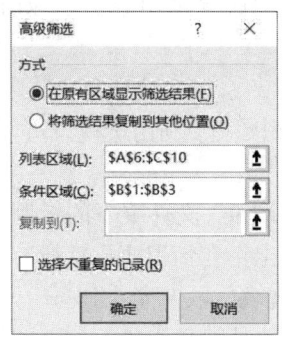

图 9-64 "高级筛选"对话框

图 9-65 符合多列中的多个条件

若查找满足多列中的多个条件（其中任何条件都可以为真）的行，可在条件区域的相对应的列和不同的行中键入条件。如图 9-66 所示的条件为："类型"="农产品"或"销售人员"

=“林丹”，即：类型="农产品" OR 销售人员="林丹"条件。

3. 数据的分类汇总

分类汇总功能是自动对列中的数据进行统计汇总。对工作表进行汇总前必须按分类列排序。

对工作表进行分类汇总是通过功能区“数据”选项面板的“分级显示”命令组中“分类汇总”命令来实现的，如图 9-67 所示。

	A	B	C
1	类型	销售人员	销售额
2	=农产品		
3		=林丹	

图 9-66　符合多列中一个条件以上

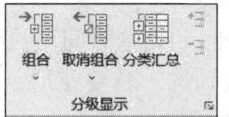

图 9-67　“分级显示”命令组

示例 20：在“教材资源”文件夹的“模块 9”文件夹下的示例 20 中有一个文件“42 寸彩电销售情况.xlsx”，要求对该表品名进行分类汇总，汇总方式是求和，汇总字段是数量与总额。

操作过程如下：

（1）打开“42 寸彩电销售情况.xlsx”，把“品名”单元格变为活动单元格，单击功能区“开始”选项面板“编辑”命令组中的“排序与筛选”下拉列表，执行“升序”或“降序”命令，完成记录的排序。

（2）单击功能区“数据”选项面板“分级显示”命令组中的“分类汇总”命令，打开如图 9-68 所示的对话框。

（3）按图 9-68 完成分类字段、汇总方式与汇总项的设置，单击“确定”按钮，可以在原表中看到汇总的结果。

图 9-68　“分类汇总”对话框

若要指定汇总行位于明细行的上面，取消勾选“汇总结果显示在数据下方”复选框。若要指定汇总行位于明细行的下面，选中“汇总结果显示在数据下方”复选框。在上面的示例中，应当清除该复选框。

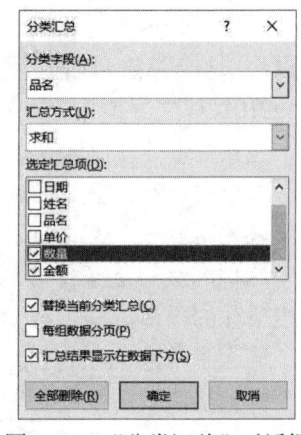

在 Excel 2016 中，对已分类汇总的表可以再次使用“分类汇总”命令，以便使用不同汇总函数添加更多分类汇总。若要避免覆盖现有分类汇总，取消勾选“替换当前分类汇总”复选框。

注意：分类汇总表每一列在第一行中都有标签，并且每一列中都包含相似的事实数据，而且该区域没有空的行或列。

透视表

4. 建立数据透视表

数据透视表能帮助用户更好地分析与组织数据。利用透视表可以更快捷地从不同角度对数据进行分类汇总。

示例 21：在“教材资源”文件夹的“模块 9”文件夹下的示例 21 中有一个文件“42 寸彩电销售情况.xlsx”，该文件中有一张 42 寸彩电销售情况表，字段有序号、日期、姓名、品名、单价、数量与金额等，请为该表建立数据透视表，以便能看到每一天每种品牌电视的销售数量，每天各种品牌电视的销售数量之和以及每种品牌月销售数量之和等数据。

该透视表制作过程如下：

（1）打开“彩电销售情况”工作簿，单击功能区“插入”选项面板的“表格”命令组中的“数据透视表”下拉列表下的“表格和区域”，打开如图 9-69 所示的“创建数据透视表”对话框,单击"表/区域"右边的 ⬆,选择如图 9-69 所示的数据区域,且选择放置数据透视表区域为"新工作表",单击"确定"按钮,此时新工作的右侧出现了如图 9-70 所示的界面。

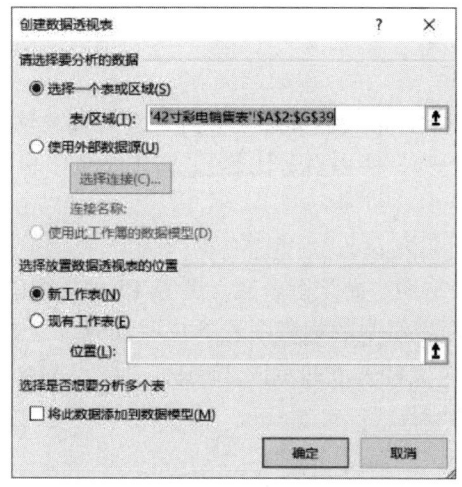

图 9-69 "创建数据透视表"对话框

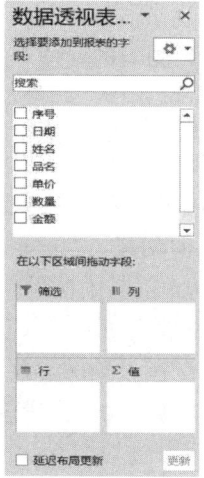

图 9-70 透视表设计窗口

(2)把字段列表中的"品名"拖至列标签区域,把"日期"拖入行标签区域,把"数量"拖入值标签区域,把"单价"拖入筛选标签区域。

(3)选定透视表,设框透视表的外边框为粗实线,内边框为细实线。此时透视表如图 9-71 所示。

单价	(全部)					
求和项:数量	列标签					
行标签	TCL	创维	康佳	熊猫	长虹	总计
⊟11月						
11月5日		10				10
11月6日		2				2
11月8日	5			10		15
11月9日			3			3
11月10日	7					7
11月11日	27	8	13		8	56
11月18日		5	1	4		10
11月19日		26				26
11月20日	9					9
11月21日			8			8
11月23日			9			9
11月25日				11		11
11月26日				8		8
11月27日		3				3
11月28日	5					5
11月29日	8					8
11月30日					6	6
⊟12月						
12月1日		12				12
12月2日		13				13
12月3日				15		15
12月4日	18				6	24
总计	79	66	46	45	24	260

图 9-71 透视表的效果图

从表中可以查看每天不同彩电品牌的销售数量以及每天所有品牌的总销量;通过单击月

份左边的减号查看本月各种品牌的月销量和所有品牌的月总销量；我们还可以通过最后一行了解到各种品牌在这段时间内总销售量。

注意：如果把透视表放到现有工作表中，要选定放置工作表的单元格区域。

知识7　图表的处理

由于 Excel 工作表中的数据有时错综复杂，因此，常人理解起来会有一定的抽象性。为了直观、形象地描述工作表中数据的特征（如变化趋势、所占百分比等），在 Excel 中引入了图表来直观描述工作表中的数据。

1. 图表的创建

Excel 2016 提供了柱形图、折线图、饼图、条形图、面积图、散点图等 15 种类型的图形，这些图表类型放置在"插入"选项面板"图表"命令组中的相应图表下拉列表中。

示例 22：在"教材资源"文件夹的"模块 9"文件夹下的示例 22 中有"图表.xlsx"工作簿，打开工作簿，为"月销售表"创建一堆积柱形图。

创建图表的过程如下：

（1）在"月销售表"表选择中 A3:B14 数据区域，单击"插入"选项面板"图表"命令组中的"推荐的图标"命令按钮，打开如图 9-72 所示"插入图表"对话框。在"推荐的图表"选项卡下面选择"簇状柱形图"，然后单击"确认"按钮。会在当前工作表中插入如图 9-73 所示的柱形图表。

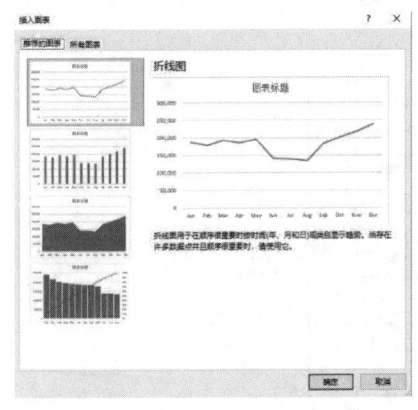

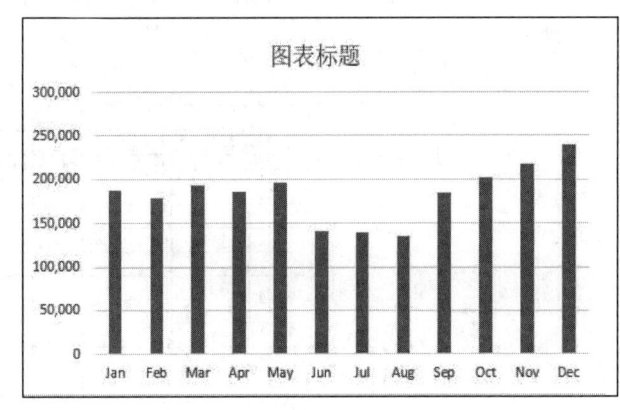

图 9-72　"插入图表"对话框　　　　　　图 9-73　柱形图表

（2）选中图表标题，输入标题内容即可。

在该工作簿中还有一些工作表，请参见"图表样式.xlsx"完成其他图表的创建。

2. 修改图表

在 Excel 2016 中插入图表后，要想修改图表，需要先了解图表的组成元素。图表的各组成元素如图 9-74 所示。

选中图表后，在"图表设计"选项面板的"图表布局"中单击"添加图表元素"下拉按钮，打开下拉列表，如图 9-75 所示，在列表中选择需要修改的图表元素，在右边的子列表中选择最后一个选项。这时会在工作表最右侧打开如图 9-76 所示的"设置图表元素格式"对话框。根据需要可以进一步设置所选元素的格式。

模块 9　Microsoft Office 2016 基本应用

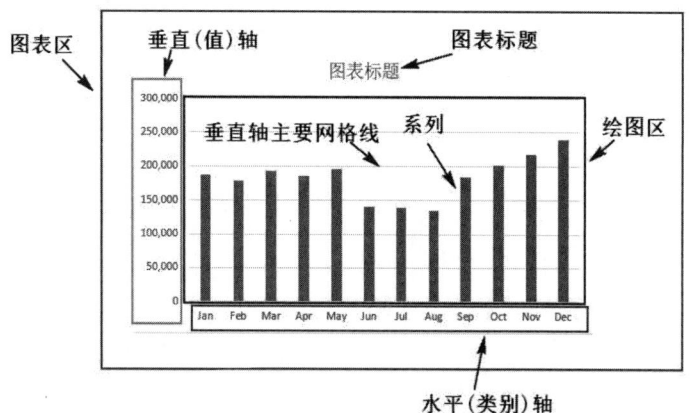

图 9-74　图表的组成元素

图 9-75　"图表布局"选项面板

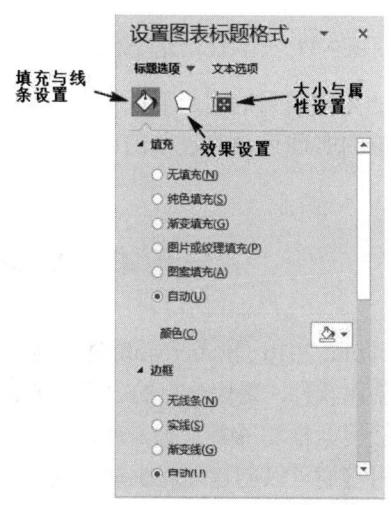

图 9-76　"设置图表元素格式"对话框

知识 8　页面设置与打印

工作表页面设置包括页边距、纸张方向、纸张大小、打印区域、分隔符、背景与打印标题的设置。页面设置是通过"布局"选项面板中的"页面设置"命令组的命令来实现，如图 9-77 所示。其中边距、纸张大小与纸张方向设置内容大家很容易理解，这里仅讲解打印区域、背景与打印标题等相关设置。

打印区域：用于设定工作表中待打印的单元格区域或取消打印区域的设置。

背景：选择一幅图片作为工作表的背景。

打印标题：如果打印的内容需要分页，那么需要为每页打印标题行或列。可以在"页面设置"命令组中单击"打印标题"命令，将弹出如图 9-78 所示的"页面设置"对话框。在"工作表"选项卡下设置好打印区域，并根据需要设置"顶端标题行"或"从左侧重复的列数"，可以通过右侧的 ⬆ 在数据表中直接选择要作为标题的行或列。完成相关设置后，可以单击"打印预览"按钮查看打印效果。

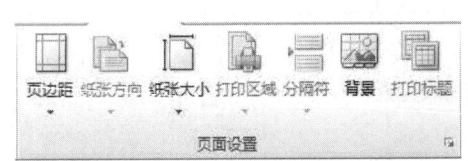

图 9-77 "页面设置"命令组

图 9-78 "页面设置"对话框

在新的面向结果的用户界面中,Excel 2016 提供了强大的工具和功能,Excel 2016 工具的使用与功能的实现可以通过单击"帮助"选项卡"帮助"命令组中的"帮助"命令进行搜索与学习。

单元 4 PowerPoint 2016 的使用

PowerPoint 2016 是 Microsoft 公司推出的集文字、图像、图表、声音、视频于一体的多媒体演示文稿创作软件,采用全新的、直观的、面向结果的用户界面,提供了功能与选项面板界面,添加了智能搜索框和屏幕录制,新增了图表类型和墨迹公式,改进了效果与主题,增强了格式选项,使用它们可以创建外观生动的演示文稿。PowerPoint 2016 能够提供全面而高效的演示文稿编辑机制,给用户一个最人性化的制作方式,同时各种动画效果也使得文件更加引人入胜。

知识 1 PowerPoint 2016 的界面组成

启动 PowerPoint 2016 后,将打开如图 9-79 所示的应用程序窗口。此窗口为普通视图窗口,用户可以在该窗口中创建并编辑演示文稿。

PowerPoint 2016 窗口的组成与 Office 2016 其他的组件非常相似,由功能区、快速访问工具栏、幻灯片编辑区与状态栏等组成。幻灯片编辑区由幻灯片窗格、幻灯片选项卡窗格与备注窗格组成。在幻灯片窗格中,用户可以直接编辑演示文稿的每张幻灯片。在幻灯片窗格中的虚线边框为占位符。绝大部分幻灯片版式中都有占位符。在占位符内放置标题、正文、图表、表格与图片等对象。

幻灯片选项卡窗格中显示了幻灯片窗格中每张完整的幻灯片。添加其他幻灯片后,用户可以单击幻灯片选项卡窗格上的缩略图使该幻灯片显示在幻灯片窗格中,用户可以拖动缩略图重新排列演示文稿中的幻灯片,还可以在幻灯片选项卡窗格上添加或删除幻灯片。PowerPoint 2016 在普通视图的幻灯片选项卡中取消了"大纲"显示方式,可以单击功能区"视图"→"演示文稿视图"→"大纲视图"查看幻灯片大纲。

模块 9　Microsoft Office 2016 基本应用

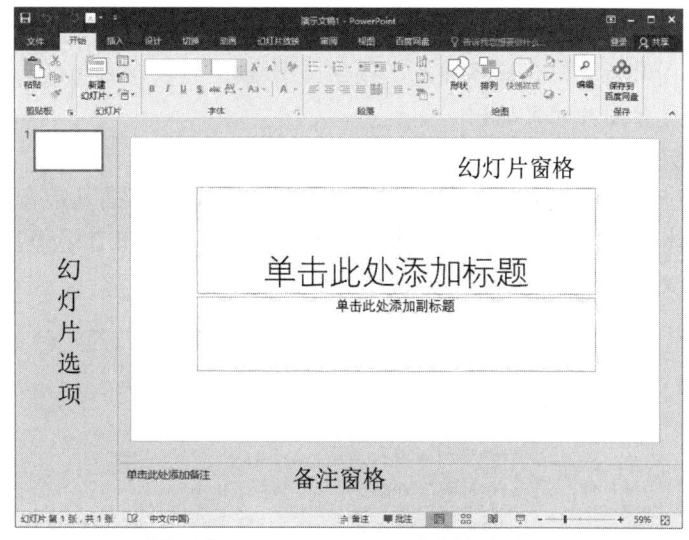

图 9-79　PowerPoint 2016 应用程序窗口

备注窗格输入对幻灯片内容的备注。用户可将这些备注内容打印为备注页或在将演示文稿保存为网页时显示它们。用户在发布演示文稿时，可以将备注内容分发给访问群体，也可在演示者视图中查阅备注。

PowerPoint 2016 还增加了多种 Office 主题：彩色、深灰色和白色。若要访问这些主题，可以单击"文件"→"账户"，然后通过 Office 主题旁边的下拉菜单更改主题效果。

知识 2　对象的添加

1. 插入幻灯片

在默认情况下，启动 PowerPoint 2016 时，系统新建一个空白演示文稿，在新建的演示文稿中有 1 张幻灯片，如图 9-79 所示。用户可以通过三种方法在当前演示文稿中添加新的幻灯片。方法一是按 Ctrl+M 组合键可快速添加一张新幻灯片。方法二是在"普通视图"下，将鼠标定位在左侧的窗格中，然后按下回车键。方法三是单击功能区"开始"→"幻灯片"→"新建幻灯片"下拉列表，选择幻灯片版式后可以新增一张空白幻灯片。

2. 插入文本框

通常情况下，在演示文稿的幻灯片中添加文本字符时，需要选择插入文本框，然后通过在文本框中输入文字来实现。

插入文本的方法是单击功能区"插入"→"文本"→"文本框"→"绘制横排文本框"/"竖排文本框"命令，然后在幻灯片中拖拉出一个文本框来。

插入文本框后，用户将相应的文本输入到文本框中，设置好字体、字号和字符颜色等，调整好文本框的大小，并将其定位在幻灯片的合适位置上即可。

3. 插入图片

为了增强文稿的可视性，向演示文稿中添加图片是一项常规性的操作。插入的方法是单击功能区"插入"→"图像"→"图片"命令，打开"插入图片"对话框。找到图片保存的位置选择所需插入的图片文件，然后单击对话框右下角的"插入"按钮，就能将图片文件所对应的图片插入到幻灯片中。插入图片后用拖拉的方法调整图片的大小，并将其定位在幻灯片的合适位置上即可。

注意：在定位图片位置时，选择图片，按住 Ctrl 键，再按动方向键，可以实现图片的微量移动，达到精确定位图片的目的。

4. 插入声音与视频

为演示文稿配上声音，可以大大增强演示文稿的播放效果。插入声音的方法是单击功能区"插入"→"媒体"→"音频"→"PC 上的音频"命令，打开如图 9-80 所示的"插入音频"对话框，选择音频文件插入。

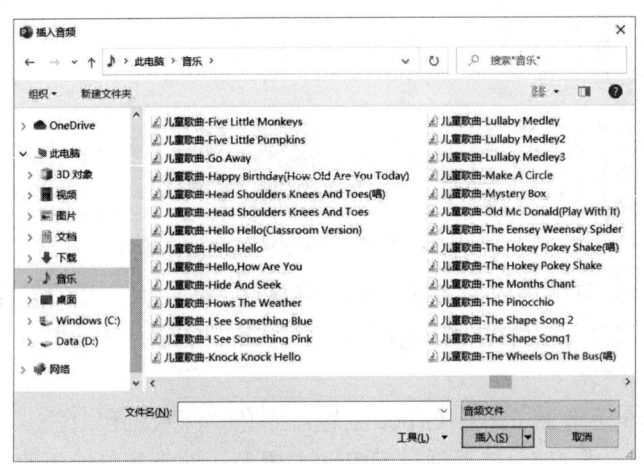

图 9-80　"插入音频"对话框

注意：（1）插入音频文件后，选择音频文件图标，此时功能区会出现"音频工具"选项面板，单击播放，在"音频选项"命令组可设置播放方式。如果设置"跨幻灯片播放"且选择了"循环播放，直到停止"，就成了背景音乐。

（2）插入声音文件后，会在幻灯片中显示一个小喇叭图标，在幻灯片放映时，通常会显示在画面中，为了不影响播放效果，通常将该图标移到幻灯片边缘处或设置为"放映时隐藏"。演示文稿支持.mp3、.wma、.wav、.mid 等格式的音频文件。

视频插入过程与音频插入的操作过程一样。演示文稿支持.avi、.wmv、.mpg 等格式视频文件。

PowerPoint 2016 还新增了屏幕录制功能，选择"插入"→"媒体"→"屏幕录制"命令，先单击"选择区域"画出需要录制的屏幕区域，再单击"录制"键就可以进行屏幕录制，也可以插入事先准备好的录制内容。

5. 插入图形

根据演示文稿的需要，经常要使用到一些图形，如手工绘图、SmartArt 图形与图表等。如果是插入手工绘制的图形，单击"插入"→"插图"→"形状"下拉列表，从列表中选择图形形状，然后在幻灯片中拖拉，即可绘制出相应的图形。

SmartArt 图形是信息和观点的视觉表示形式。在 PowerPoint 2016 中可以通过从多种不同布局中进行选择来创建 SmartArt 图形，从而快速、轻松、有效地传达信息。创建 SmartArt 图形时，系统将提示用户选择 SmartArt 图形类型，例如"列表""流程""循环""关系"等，而且每种类型包含几个不同的布局。

利用图表，可以更加直观地演示数据的变化情况。执行图表的方法是单击功能区"插入"

→"插图"→"图表"命令，选择图表类型，进入图表编辑状态，在数据表中编辑好相应的数据内容，然后在幻灯片空白处单击，即可退出图表编辑状态。调整好图表的大小，并将其定位在合适位置上即可。在 PowerPoint 2016 中，已经添加了"树状图""旭日图""直方图""箱形图""瀑布图""组合"等六个新的图表，可帮助创建一些最常用的数据可视化的财务或层次结构的信息，展示统计数据中的属性。

6. 插入 Excel 表格

由于 PowerPoint 的表格功能不太强，如果需要添加表格时，用户可以先在 Excel 中制作好，然后将其插入到幻灯片中。插入的方法是单击功能区"插入"→"文本"→"对象"命令，选择"由文件创建"→"浏览"找到所需的文件即可完成插入。在 PowerPiont 2016 中插入表格，智能参考线将不再关闭，可以确保所包含的表格在幻灯片上正确对齐。

7. 添加动作按钮

动作按钮是指 SmartArt 图形中的内置按钮形状和文本，或者是添加到演示文稿然后向其分配动作的图片。当演示者单击动作按钮或将鼠标悬停在动作按钮上时，动作即会执行。使用动作按钮可执行的操作主要有："转到下一张幻灯片""转到上一张幻灯片""第一张幻灯片""最后一张幻灯片""最近观看的幻灯片""特定幻灯片编号"与"不同的 Microsoft Office PowerPoint 演示文稿或网页"，还可以运行程序或播放声音等。

添加动作按钮的具体操作方法是单击"插入"→"插图"→"形状"命令下的下拉按钮，打开"形状选择"下拉列表框。在"动作按钮"栏内单击要添加的按钮，单击幻灯片上的一个位置，然后通过拖动为该按钮绘制形状，此时系统弹出"动作设置"对话框，如图 9-81 所示。

图 9-81　"动作设置"对话框

在"动作设置"对话框中，根据具体情况选择下列操作之一：
- 如果要选择动作按钮在被单击时的行为，单击"单击鼠标"选项卡。
- 如果要选择鼠标移过时动作按钮的行为，单击"鼠标悬停"选项卡。

单击鼠标或鼠标移过动作按钮时所发生的操作，可选择下列操作之一：
- 如果不想进行任何操作，选择"无动作"单选按钮。
- 要创建超链接，选择"超链接到"单选按钮，然后选择超链接的目标。
- 要运行程序，选择"运行程序"单选按钮，单击"浏览"按钮，然后从弹出的对话框中找到要运行的程序。

- 如果要播放声音，选中"播放声音"复选框，然后选择要播放的声音。

8. 创建超链接

在 PowerPoint 2016 中，超链接是从一张幻灯片到同一演示文稿中的另一张幻灯片的连接，或是从一张幻灯片到不同演示文稿中的另一张幻灯片、电子邮件地址、网页或文件的连接。创建超链接的对象有文本、图片、图形或艺术字等。

（1）创建连接到相同演示文稿中的幻灯片的超链接。创建连接到相同演示文稿中的幻灯片的超链接的具体操作方法是在普通视图的幻灯片中，选择要用作超链接的文本或对象，单击功能区"插入"→"链接"→"链接"命令，打开如图 9-82 所示的"插入超链接"对话框。单击"本文档中的位置"图标，然后在"请选择文档中的位置"列表框下单击要用作超链接目标的幻灯片。

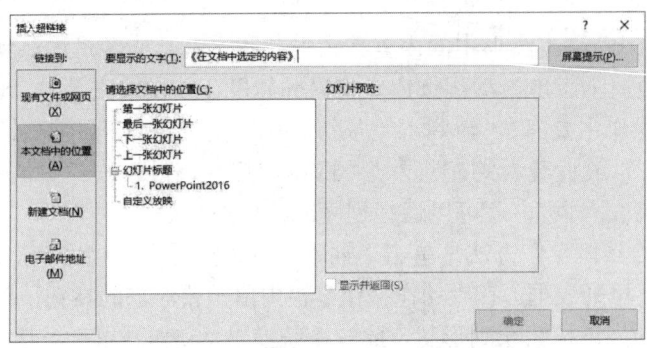

图 9-82　"插入超链接"对话框

（2）创建连接到不同演示文稿中的幻灯片的超链接。创建连接到不同演示文稿中的幻灯片的超链接具体操作方法是在普通视图的幻灯片中，选择要用作超链接的文本或对象，单击功能区"插入"→"链接"→"链接"命令，打开"插入超链接"对话框。单击"现有文件或网页"图标，找到包含要链接到的幻灯片的演示文稿。单击"书签"命令，然后单击要链接到的幻灯片的标题。

（3）创建连接到电子邮件地址的超链接。创建连接到电子邮件地址的超链接的具体操作方法是在普通视图的幻灯片中，选择要用作超链接的文本或对象，单击功能区"插入"→"链接"→"链接"命令，打开"插入超链接"对话框。单击"电子邮件地址"图标，在"电子邮件地址"文本框中键入要链接到的电子邮件地址，或在"最近用过的电子邮件地址"下拉列表框中单击电子邮件地址。在"主题"文本框中，键入电子邮件的主题。

（4）创建连接到网站上的页面或文件的超链接。创建连接到网站上的页面或文件的超链接的具体操作方法是在普通视图的幻灯片中，选择要用作超链接的文本或对象，单击功能区"插入"→"链接"→"链接"命令，打开"插入超链接"对话框。单击"现有文件或网页"图标，然后单击"浏览 Web" 图标；找到并选择要链接到的页面或文件，单击"确定"按钮。

（5）创建到新文件的超链接。创建到新文件的超链接的具体操作方法是在普通视图中，选择要用作超链接的文本或对象。单击功能区"插入"→"链接"→"链接"命令，在弹出的对话框中单击"新建文档"图标。在"新建文档名称"文本框中键入要创建并链接到的文件名称。

如果要在不同的位置创建文档，可单击"更改"按钮，浏览到要创建文件的位置，然后单击"确定"按钮。在"何时编辑"栏内单击相应的选项以确定是开始编辑文档还是以后再编辑文档。

当然，也可以为文本与图像等对象插入动作，插入动作的方法是选择对象，单击功能区"插入"→"链接"→"动作"命令，打开如图 9-81 所示的对话框，之后的操作与动作按钮操作一致。

在幻灯片中还可以插入超级链接、页眉、页脚、页码、艺术字、公式、日期与时间等，这些对象的插入与 Word 2016 操作非常相似。

知识 3　版面的设置

一个优秀的演示文稿一定需要好的版面、好的配色方案等。

1. 设置幻灯片版式

在标题幻灯片下面新建的幻灯片，默认给出的是"标题和内容"版式，用户可以根据需要重新设置幻灯片的版式。

设置方式是单击功能区"开始"→"幻灯片"→"版式"命令，在下拉列表中选择需要的版式即可。当然也可在幻灯片编辑窗格中右击打开快捷菜单，从快捷菜单"版式"中选择，如图 9-83 所示。

2. 使用设计方案

通常情况下，新建的演示文稿使用的是黑白幻灯片方案，如果需要使用其他方案，一般可以通过应用其内置的设计方案来快速添加。使用方法是单击功能区"设计"，从"主题"命令组中选择所需要的主题，在"主题"右侧的"变体"命令组中"颜色""字体"与"效果"下拉列表中分别进行选择。

3. 设置背景

为了使制作出的幻灯片更符合设计要求，在多数情况下，需对幻灯片的背景进行设置。设置幻灯片背景的操作过程是单击功能区"设计"→"自定义"→"设置背景格式"命令，弹出如图 9-84 所示的对话框，在对话框中完成对背景填充、图片更正、图片颜色与艺术效果的设置。

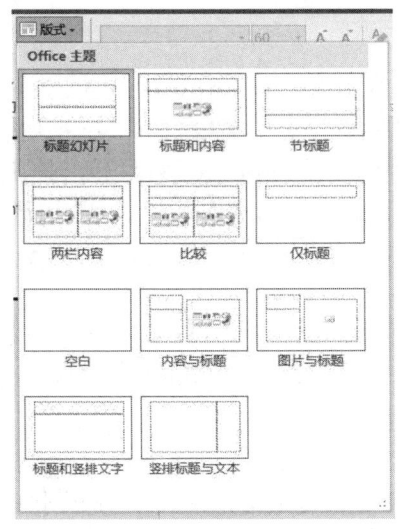

图 9-83　幻灯片版式

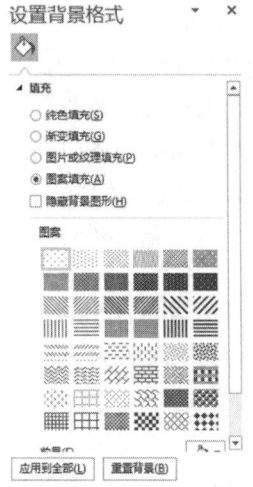

图 9-84　"设置背景格式"对话框

4. 使用模板

模板是具有预定义格式、布局和设计的起始文件。有技巧地使用 PPT 模板可以为用户带来极大的方便，提升工作效率。设计演示文稿可以使用 Office 自带的模板、从网络下载获取的模板与用户自己设计的模板。

在 PowerPoint 2016 中使用模板的方法是新建一个 PPT 文档或者打开已有的文档，单击功能区"设计"，在"主题"命令组中显示了已安装的所有的模板，从中选择一种模板，演示文稿就会套用这种模板。

用户在设计演示文稿时可为幻灯片选用多种模板，操作方法是在"普通视图"下左边窗格中选中要应用模板的幻灯片（如果有多个幻灯片要应用同一模板，可以按住 Ctrl 键选择不连续的幻灯片或按住 Shift 键选择连续的幻灯片），再将鼠标指向"设计"的"主题"任务窗格中显示的某个模板，此时被选定的幻灯片就会使用选中的模板，再选定其他幻灯片，选择另一种主题，被选中的幻灯片就会使用另一种模板。

在 PowerPoint 中，也可以使用微软公司站点免费下载的网络模板，使用方法是单击"文件"菜单中的"新建"命令，可以在新建的下方搜索联机模板和主题，也可以直接打开下方包括"丝状""切片""回顾"等多类模板。选择模板类型链接，单击"创建"按钮即可将模板下载到本地硬盘中，并会自动用 PowerPoint 打开该模板。如果用户对模板的效果满意，可以用"另存为"将它保存为模板，以后就可以像普通模板那样方便调用了。当然此项工作也可以在"设计"选项面板的"主题"命令组中完成。

如果用户从 U 盘或其他网络上下载得到了一些模板，可将外部模板安装为 PowerPoint 内部模板。用户只需把这些文件复制到 C:\Documents and Settings\Administrator\ApplicationData\Microsoft\Data\Microsoft\Templates 文件夹下即可，不过需注意 PowerPoint 2016 只能够识别 *.pot 和*.potx 两种格式的模板。

如果用户想修改 PPT 模板，单击功能区"视图"→"母版视图"→"幻灯片母版"命令。此时就能在幻灯片母版上进行更改了。完成修改后，单击"幻灯片母版"选项面板中的"关闭母版视图"。最后，选择"文件"菜单中的"另存为"，打开对话框，在"保存类型"框中，选择"PowerPoint 模板"。

5. 修改幻灯片母版

如果我们希望为每一张幻灯片添加上一项固定的内容（如公司的 Logo），可以通过修改"母版"来实现。修改幻灯片母版的过程是单击功能区"视图"→"母版视图"→"幻灯片母版"命令，打开幻灯片母版视图，在左边的第一张幻灯片中，将公司 Logo 图片插入到幻灯片中，调整好大小、定位到合适的位置上，再单击"幻灯片母版"选项面板最右边的"关闭母版视图"退出"幻灯片母版"编辑状态。以后添加幻灯片时，该幻灯片上自动添加上公司 Logo 图片。

6. 隐藏幻灯片

对于制作好的 PowerPoint 演示文稿，如果希望其中的部分幻灯片在放映的时候不显示出来，用户可以将其隐藏起来。隐藏幻灯片的方法是在"普通视图"界面下，在幻灯片选项卡中右击需要隐藏的幻灯片，在随后弹出的快捷菜单中选择"隐藏幻灯片"命令即可。如果需要同时隐藏多张幻灯片，可以按住 Ctrl 键，分别单击需要隐藏的幻灯片再执行以上操作。完成了隐藏操作后，相应的幻灯片编辑上有一条删除斜线。如果需要取消隐藏，只要选中相应的幻灯片，再进行一次上述操作即可。

知识 4 为幻灯片对象设置动画

动画是增强演示文稿的交互性、形象性与生动性的重要手段。在 PowerPoint 2016 中可为文本对象、图形与图像对象、图表对象设置动画效果。动画效果主要分为进入效果、强调效果、退出效果与路径动画 4 大类。其中进入效果是在播放演示文稿时对象由不可见到可见的转变方式，共 40 种效果，强调效果和路径效果在幻灯片播放时对象始终处于可见状态，前者共有 24 种效果，后者包括 63 种预设效果和 6 种自定义效果。退出效果是幻灯片放映时对象由可见到不可见的转变方式，同样包括 40 种效果。特效动画效果的实现，需要用户利用各种动画效果加以恰当的组合与设计。为了增强动画效果，读者可以使用触发器来对动画对象加以控制。

1. 动画的设置

在 PowerPoint 2016 中，为对象设置动画的过程基本相同，设置过程如下：

（1）选中需要设置动画的对象，单击功能区"动画"→"高级动画"→"添加动画"下拉列表，打开如图 9-85 所示的列表，从"进入""强调"与"退出"选择一种效果。

（2）在"计时"命令组中设置动画的开始方式。

（3）单击"高级动画"命令组中的"动画窗格"对动画顺序的时间控制进行调整。

（4）单击"预览"命令组中的"预览"命令进行验证，并再次调整，加以确定。

图 9-85 "添加动画"下拉列表

2. 动画播放方式设置

如果一张幻灯片中的多个对象都设置了动画，就需要确定其播放方式与顺序，这些是通过设置动画播放方式来实现的。

在讲解动画播放方式前，先讲一个动画设计相当重要的概念——时间轴。通俗地说，动画的时间轴是指在时间线上，有多少事件在发生，它们是因何而发生的，怎么进行，怎么结束。在 PowerPoint 中，对于每一个动画，起因、经过、结果这三个条件是必不可少的。制作者可以按照自己的意愿将多个事件安排在某一时间轴上,它们之间可以互不干涉,也可以互相联系。通过对动画因果的设置和时间轴的调节,就能得到自己想要的效果,效果的精彩程度与设计者考虑问题的细致程度是分不开的,如电影中爆炸动画的设计,需要考虑爆炸火焰、碎片飞行、烟雾、对周边环境影响以及配音等多个方面。虽然 PowerPoint 中的动画不能做到这么复杂,但其效果已经够用了。

在 PowerPoint 2016 中,设置动画播放方式就是设置时间轴上事件如何发生。发生的方式主要有 3 种:一种是"单击时"(单击鼠标后才发生);另一种是"与上一动画同时"(与此动画播放前的动画同时进行);第三种是"上一动画之后"(前一动画播放完后就开始该动画)。如图 9-86 所示,在该对话框中还可以设置持续时间与延迟时间。

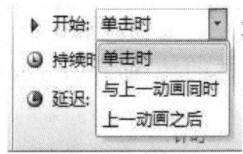

图 9-86 动画计时

3. 为演示文稿设置背景音乐

(1)按前面插入音频的方法在演示文稿的第 1 张幻灯片中插入音频文件。

(2)选中音频文件的小喇叭,此时功能区会出现"音频工具"选项面板,单击功能区"播放"→"预览"→"播放"按钮,在"音频选项"命令组可设置播放方式。设置"跨幻灯片播放"且选择"循环播放,直到停止"。

(3)选中声音图标,单击功能区"动画"→"高级动画"→"动画窗格"命令,打开动画窗格,单击动画窗格中对应音频的下拉列表,选择"从上一项开始"就完成了背景音乐的设置。

在动画设计过程中,制作者也许需要设置动画路径,设置动画的播放顺序。这些在 PowerPoint 2016 中都可以方便实现。

知识 5　播放文稿

1. 设置幻灯片切换效果

为了增强幻灯片的放映效果,我们可以为每张幻灯片设置切换方式,以丰富其过渡效果。设置幻灯片切换效果的方法如下:

(1)选中需要设置切换方式的幻灯片。

(2)单击功能区"切换"选项面板,该切换选项面板的命令组如图 9-87 所示。可以从"切换到此幻灯片"命令组中选择效果,可以使用"计时"组并根据需要设置好切换"声音"与"换片方式"等选项完成设置。

图 9-87 幻灯片切换选项面板

注意:如果需要将此切换方式应用于整个演示文稿,只要在"计时"命令组中单击"全部应用"按钮就可以了。

2. 设置幻灯片放映方式

演示文稿制作完成后,有的由演讲者播放,有的让观众自行播放,这需要通过设置幻灯片放映方式进行控制。设置幻灯片放映方式的方法如下:

（1）单击功能区"幻灯片放映"→"设置"→"设置放映方式"命令，打开如图9-88所示的"设置放映方式"对话框。

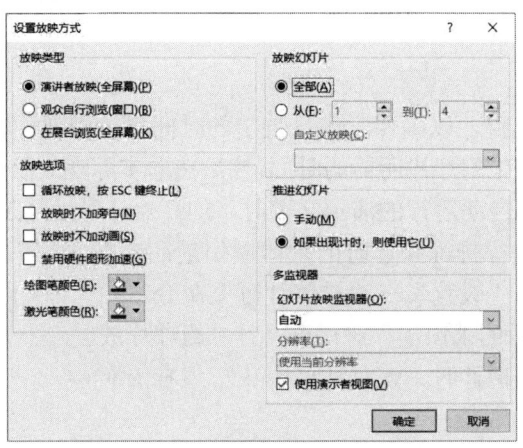

图9-88 "设置放映方式"对话框

（2）在对话框中根据需要选择一种"放映类型"，确定"放映幻灯片"范围（如第3～8张），设置好"放映选项"与"推进幻灯片"方式，单击"确定"按钮。

3．自定义播放方式

一份演示文稿，如果需要根据观众的不同有选择地放映，可以通过"自定义放映"方式来实现。要用自定义方式放映必须建立自定义放映，操作过程如下：

（1）单击功能区"幻灯片放映"→"开始放映幻灯片"→"自定义幻灯片放映"命令，打开如图9-89所示的"自定义幻灯片放映"对话框。

图9-89 "自定义放映"对话框

（2）单击其中的"新建"按钮，打开如图9-90所示的"定义自定义放映"对话框。

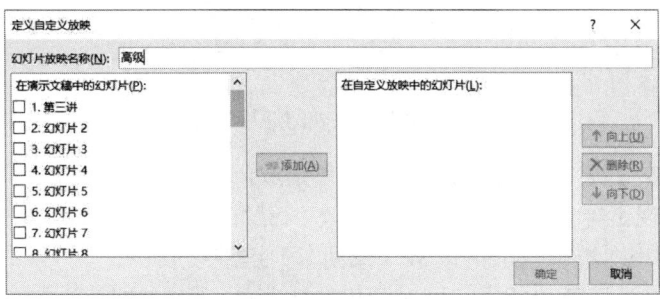

图9-90 "定义自定义放映"对话框

(3）输入一个放映方案名称（如"高级"），然后在 Ctrl 键的协助下，选择需要放映的幻灯片，然后单击"添加"按钮，再单击"确定"按钮返回。

(4）以后需要放映某种方案时，再次打开"自定义放映"对话框，选择一种放映方案，单击"放映"按钮就可以了。

4. 幻灯片排练计时

用户可以排练演示文稿，以确保它满足特定的时间播放框架。在进行排练时，可使用幻灯片计时功能记录演示每张幻灯片所需的时间，然后在向实际观众演示时使用记录的时间自动播放幻灯片。在需要创建自动运行的演示文稿时，幻灯片计时功能是一个理想选择。

对演示文稿的播放进行排练和计时的具体操作是：单击功能区"幻灯片放映"→"设置"→"排练计时"命令。此时，将显示如图 9-91 所示的"预演"对话框，且"幻灯片放映时间"框开始对演示文稿计时。该对话框中从左到右依次显示了排练计时工具，分别是：

图 9-91 "预演"对话框

：下一张（前进到下一张幻灯片）。如果当前幻灯片时间已到，单击"下一张"按钮，为下一张幻灯片计时。

：计时暂停按钮。要临时停止记录时间，单击"暂停"按钮。

：幻灯片放映时间显示框。显示当前幻灯片放映的总时间。

：重新计时按钮。要重新开始记录当前幻灯片的时间，可单击它。

：演示文稿的总时间显示框。

设置了最后一张幻灯片的时间后，将出现一个消息框，其中显示了演示文稿的总时间并提示执行下列操作之一：

要保存记录的幻灯片计时，单击"是"按钮；要放弃记录的幻灯片计时，单击"否"按钮。

此时系统将打开幻灯片浏览视图，并显示演示文稿中每张幻灯片的时间。

排练结束后，如果用户播放排练的演示文稿，播放器将按排练时的时间播放演示文稿中的每张幻灯片。

5. 幻灯片的放映

幻灯片的放映具体操作是在"幻灯片放映"选项面板的"开始放映幻灯片"命令组中，单击某一种放映方式来实现的，如图 9-92 所示。或按 F5 键切换到幻灯片放映视图，进行幻灯片的放映，也可以在状态栏中单击"幻灯片放映"按钮。

图 9-92 "开始放映幻灯片"命令组

在幻灯片的放映过程中，有时可能需要暂停播放，可通过如下方法实现：

按 B 键，可实现黑屏暂停，再按 B（或回车）键继续放映。

按 W 键，可实现白屏暂停，再按 W（或回车）键继续放映。

右击，屏幕就会处于暂停状态，同时弹出快捷菜单，可按快捷菜单进行相应的操作。

如果要从 PowerPoint 2016 中启动自定义放映，可以单击"开始放映幻灯片"命令组中的"自定义幻灯片放映"命令。

在新的面向结果的用户界面中，PowerPoint 2016 提供了强大的工具和功能，在 PowerPoint 2016 功能区上新增了一个搜索框"告诉我您想要做什么"，可以快速获得你想要使用的功能和想要执行的操作，还可以获取相关的帮助，更加人性化和智能化了。

知识6 综合应用

1．创建相册

PowerPoint 相册就是 PowerPoint 演示文稿。在 PowerPoint 中，可以通过创建相册，展示个人照片或工作照片。用户可以在相册中添加引人注目的图片、丰富的背景及其他内容。将图片加入相册后，用户可以添加标题，调整顺序和版式，在图片周围添加相框，甚至可以应用主题，以便进一步自定义相册的外观。

相册的构成元素如图 9-93 所示，内容有：①具有主题的标题幻灯片与图片幻灯片；②图片；③用于提供间距的空文本框；④相框形状；⑤标题。创建相册的过程如下：

图 9-93　相册元素

（1）从文件或磁盘添加图片。在"插入"选项面板"图像"命令组中单击"相册"下方的下拉按钮，然后单击"新建相册"命令。在"相册"对话框中单击"文件/磁盘"按钮。在"插入新图片"对话框中找到包含要插入的图片的文件夹，然后单击"插入"按钮。

如果要预览相册中的图片文件，在"相册中的图片"列表框内单击要预览图片的文件名，然后在"预览"栏中查看该图片。

如果要更改图片的显示顺序，在"相册中的图片"列表框内单击要移动图片的复选框，然后使用箭头按钮在列表中向上或向下移动该名称。

最后，在"相册"对话框中单击"创建"就可以创建相册。

（2）添加标题。在 PowerPoint 2016 中，可以为相册的每张图片键入对应的描述文本。

具体操作方法是在"插入"选项卡的"图像"命令组中，单击"相册"命令下方的下拉按钮，然后单击"编辑相册"命令。在"编辑相册"对话框中选中"标题在所有图片下面"复选框。

注意：如果此复选框不可用，则必须先为相册中的图片选择版式。为图片选择版式，在"相册版式"栏内的"图片版式"下拉列表框中选择所需的版式。单击"更新"按钮。在默认情况下，PowerPoint 使用图片文件名作为标题文本的占位符。在普通视图中单击标题文本占位符，然后键入标题。

(3)更改图片的外观。打开包含要更改的图片的相册演示文稿。在"插入"选项面板的"图像"命令组中,单击"相册"下方的下拉按钮,然后单击"编辑相册"命令。

在"编辑相册"对话框中,执行下列一项或多项操作:

要以黑白方式显示相册中的所有图片,可选中"所有图片以黑白方式显示"复选框。

若要为图片选择版式,在"相册版式"栏内的"图片版式"下拉列表框中选择所需的版式。

若要为图片添加相框,在"相册版式"栏内的"相框形状"下拉列表框中选择适合于相册中的所有图片的相框形状。

若要为相册选择主题,在"相册版式"栏内单击"浏览"按钮,然后在"选择主题"对话框中找到要使用的主题。

若要添加文本框,使用文本框,可以在一页上放置数个文字块,或使文字按与文档中其他文字不同的方向排列,再为相册设置间距,在"相册中的图片"列表框中单击要补充文本框的图片,然后单击"新建文本框"按钮。

若要旋转图片,提高和降低图片的亮度或对比度,则在"相册中的图片"列表框中选中要旋转图片的复选框,然后执行以下操作:

- 若要顺时针旋转图片,单击 按钮。
- 若要逆时针旋转图片,单击 按钮。
- 若要提高对比度,单击 按钮。
- 若要降低对比度,单击 按钮。
- 若要提高亮度,单击 按钮。
- 若要降低亮度,单击 按钮。

2. 为幻灯片配音

如果想通过直接录音的方法为演示文稿配音,可按下述操作进行:打开演示文稿,定位到配音开始的幻灯片,单击功能区"幻灯片放映"→"设置"→"录制幻灯片演示"命令,选择"从当前幻灯片开始录制"按钮,单击"开始录制"按钮进入幻灯片放映状态,边放映边开始录音。

播放和录音结束时,右击鼠标,在随后弹出的快捷菜单中选择"结束放映"选项,退出录音状态即可。

注意:打开"设置放映方式"对话框,选中其中的"放映时不加旁白"选项,确定返回,在播放文稿时不播放声音文件。

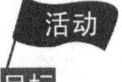 图书策划案设计

目标

利用所学的 Office 知识进行创意与设计,利用 Word、Excel、PowerPoint 来实现自己的创意。

场景

现需要制作一份关于刘雅汶新图书的策划方案。策划方案的文字内容已经提供，但一些文字数据变换成图形的形式展示更好，如图书创作流程示意。在策划方案的图书定价与印数一栏中，需要提供相应数据，数据在"图书定价与印数信息.xlsx"中。并把图书策划方案制作一份用于现场屏幕自动播放。

在"教材资源"文件夹的"模块 9"子文件夹的"活动设计 1"中提供了图书策划方案的文字材料"图书策划方案.docx"、有关新书定价的"图书定价与印数信息.xlsx"、页眉图片"页眉图片.gif"以及 Microsoft Office 的 Logo "log.gif"。

要求

请把学生分成几个组，每组互相讨论，完成设计。

从小组中选择较优秀的图书策划方案给学生展示，由设计者讲解设计思路与设计过程。

注意：提供了"图书策划方案参考样式.docx""图书策划案参考效果 2.pptx"供读者参考。

 **任务 1**　海报设计文档排版

海报设计

任务目标

完成任务的要求，使学生掌握 Word 排版的基本操作，包括页面设置、字体和段落设置、分栏与首字下沉、插入对象。

任务情境与要求

学校科研处要举办一个新技术讲座，作为宣传部门的你接到了排版新技术讲座海报的任务。具体要求如下：

- 页面布局：纸张为 A4，页边距上下均为 2.5cm，左右均为 2cm，添加"新技术讲座-海报背景图片.jpg"作为页面背景。
- 字体与段落设置：
  ①"新技术讲座"：黑体，36 号，红色，居中。
  ②"报告题目：""报告人：""报告日期：""报告地点：""日程安排：""报告人介绍："
  "主办"：方正姚体，18 号，深蓝。
  ③"云计算核心技术与云计算架构讲座""朱教授&喻教授""2014 年 5 月 30 日（星期五）""14:30-17:30""劳瑞德国际学院会议中心""科研处"：方正姚体，18 号，白色。"主办：科研处"所在的段：右对齐。
  ④"准时参加，切勿迟到！"：隶书，36 号，深蓝、居中。
  ⑤"朱教授……""喻教授……"开头的 2 段：宋体，13 号，深蓝。
- 分栏与首字下沉："朱教授……""喻教授……"开头的 2 段：分两栏，栏宽进行适当调整。各段设"首字下沉"，下沉 2 行。

- 插入对象:"日期安排"的下一行,插入"新技术讲座-活动日程安排.xlsx",并使该表格"居中"显示,调整表格合适大小。

任务素材

在"模块 9"文件夹的"任务设计 1"中提供了"新技术讲座.docx"以及"新技术讲座-海报背景图片.jpg"。

任务解析

1. 单击"文件"选项卡下的"打开"命令,打开"新技术讲座.docx"文档。

2. 单击功能区"布局"选项卡"页面设置"组中的"纸张大小",设置纸张为A4。单击"页边距",选择"自定义页边距",在"页边距"选项卡下,设置左右边距为2cm,上下边距为 2.5cm。背景图片的插入见12。

3. 选择第一段"新技术讲座",设置字体为"黑体",字号为 36 号,字体颜色为"红色",段落对齐方式为"居中"。

4. 分别把"报告题目:""报 告 人:""报告日期:""报告地点:""日程安排:""报告人介绍:"与"主办"设置字体为"方正姚体",字号为 18 号,文字颜色为"深蓝"。

5. 分别把"云计算核心技术与云计算架构讲座""朱教授&喻教授""2014 年 5 月 30 日(星期五)""14:30-17:30""劳瑞德国际学院会议中心"与"科研处"设置字体为"方正姚体",字号为 18 号,文字颜色为"白色"。

6. 把光标移到"日期安排"的下一行,单击功能区"插入"选项卡,选择"文本"命令组中的"对象",打开"对象"对话框。单击"由文件创建",单击"浏览"按钮设置文件名为"新技术讲座-活动日程安排.xlsx",单击"确定"按钮把"新技术讲座-活动日程安排表"插入到文档中。选择该表格设置段落对齐方式为"居中",且调整表格大小合适。

7. 选择以"朱教授……""喻教授……"开头的 2 段,设置字体为"宋体",字号为 13 号,文字颜色为"深蓝"。

8. 单击"布局"选项卡中的"栏",选择"更多栏",在"栏"对话框中单击"两栏",栏宽进行适当调整。

9. 把插入点移到"朱教授……"所在的段,单击"插入"选项卡"文本"命令组中"首字下沉",选择"首字下沉选项",单击"下沉","下沉行数"为2。同样的方法把"喻教授……"所在的段设置好首字下沉。

10. 选择"准时参加,切勿迟到!"设置字体为"隶书",字号为 36 号,文字颜色为"深蓝"。

11. 选择"主办:科研处"所在的段,设置段落对齐格式为"右对齐"。

12. 选择"布局"选项卡"页面背景"组中的"页面颜色",选择"填充效果",打开"填充效果"对话框。单击对话框中的"图片"选项卡,单击"选择图片"按钮,把"新技术讲座-海报背景图片.jpg"设为文档的背景。最后对文档进行一些适当的调整就完成了本海报的设计。

任务完成结果

任务完成结果如图 9-94 所示。

图 9-94 "新技术讲座"完成后参考效果

任务 2 邮件合并高级应用

任务目标

完成任务的要求,使学生掌握 Word 的高级排版技巧邮件合并功能。

任务情境与要求

你需要负责大学新生录取通知书的制作。录取通知书的模板已经制作完毕,请把录取名单中的相关数据如姓名、录取学院、层次等填入到模板的相应项目中去。生成如图 9-99 所示的文档。

任务素材

在"模块 9"文件夹的"任务设计 2"中有"大学新生录取通知书.docx"和"新生录取名册.xlsx"。

任务解析

1. 打开主文档"大学新生录取通知书.docx",单击功能区"邮件"选项卡"开始邮件合并"组下的"普通 Word 文档",如图 9-95 所示。

2. 单击功能区"邮件"选项卡"开始邮件合并"组的"选择收件人"下的"使用现有列表"选项,如图 9-96 所示,打开"选择数据源"对话框,在对话框中选择"新生录取名册.xlsx"。

邮件合并

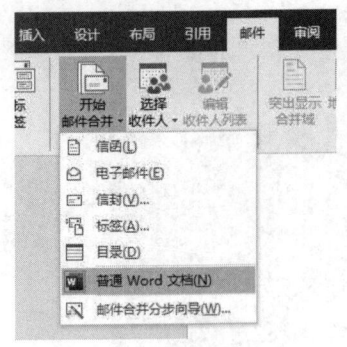

图 9-95　邮件合并主文档选择

图 9-96　邮件合并数据源选择

3. 此时，弹出如图 9-97 所示的"选择表格"对话框。由于源数据在工作表"学院专业学制层次"中，所以选择"学院专业学制层次$"，单击"确定"按钮。

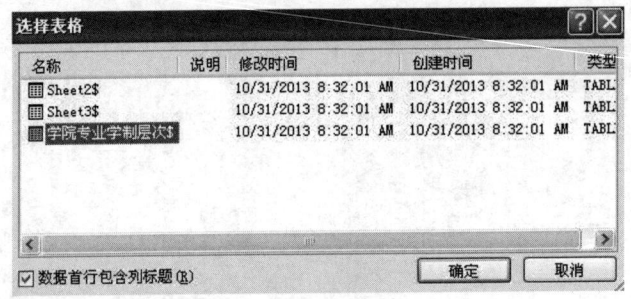

图 9-97　工作表选择

4. 把插入点移到"　　同学："上，单击功能区"邮件"选项卡的"编写与插入域"组中的"插入合并域"下拉列表，选择域"姓名"。按同样的方法为把"编号""学院""专业""学制"与"层次"插入相应的位置。插入域后的 Word 文档如图 9-98 所示。

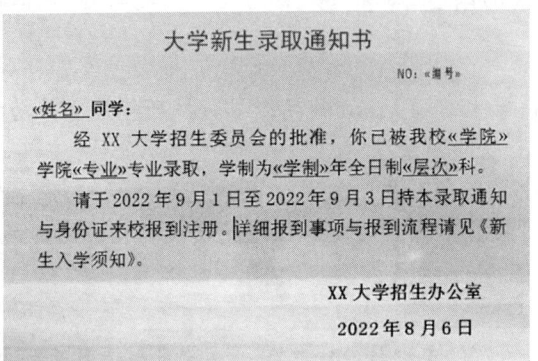

图 9-98　插入合并域后的 Word 文档

5. 单击功能区"完成并合并"下的"编辑单个文档"选项，就完成了该项工作。
6. 将合并后的文档保存为"通知书"。

注意：如果合并后的文档格式不理想，请回到主文档中调整后，重新"完成并合并"。

任务完成结果

任务完成结果如图 9-99 所示。

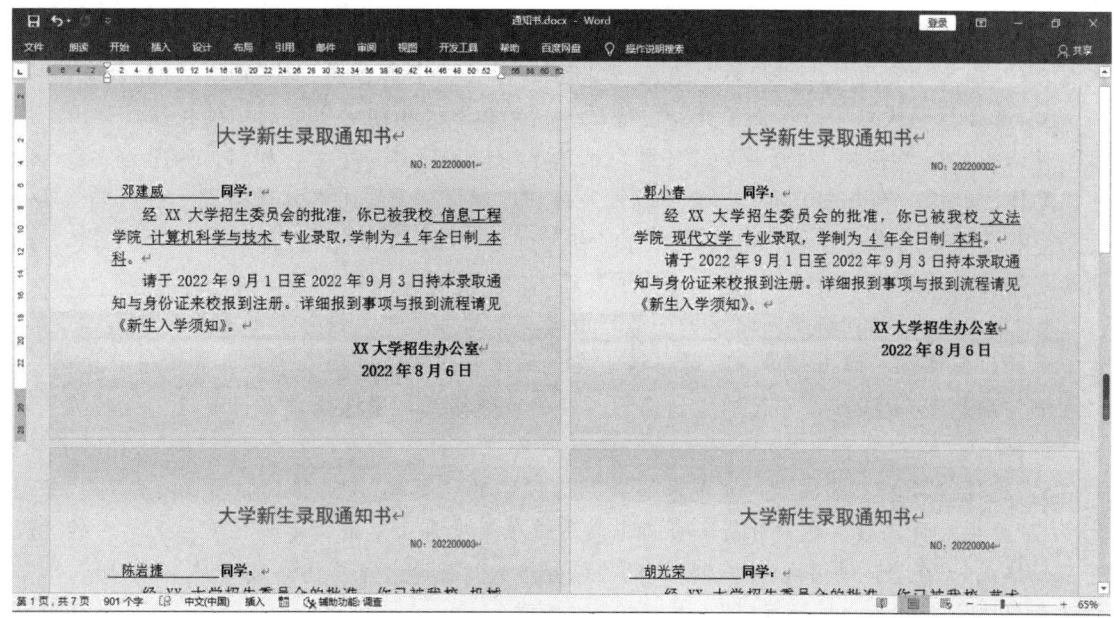

图 9-99 "大学新生录取通知书"合并生成文档

任务 3 一般文字处理排版

任务目标

完成任务的要求，使学生掌握 Word 排版的基本操作，包括表格操作、SmartArt 图形、剪贴画、段落缩进、页码设置、替换操作。

图文混排

任务情境与要求

具体要求如下：

- 将文中所有错词"奥远"替换为"奥运"。
- 将标题段（"第 29 届奥运会在北京圆满闭幕"）文字设置为三号、红色、黑体、加粗，字符间距加宽 3 磅，并添加阴影效果，阴影效果的"预设"值为"内部右上角"。居中显示。
- 将正文各段落（"新华网北京……最好成绩。"）文字设置为 5 号宋体；设置正文各段落左、右各缩进 4 字符，首行缩进 2 字符。
- 在页面底端（页脚）居中位置插入页码，并设置起始页码为"Ⅵ"。
- 将文中后 6 行文字转换为一个 6 行 5 列的表格，设置表格居中，表格列宽为 2.5 厘米，行高 0.6 厘米，表格中所有文字中部居中。
- 设置表格外框线为 1.5 磅蓝色双窄线（_____），内框线为 0.5 磅单实线；按"总数"列（依据"数字"类型）降序排列表格内容。
- 将表格数据用 SmartArt 图形展示。

任务素材

在"模块 9"文件夹的"任务设计 3"中提供了"北京奥运会闭幕.docx"。

任务解析

1. 选择"文件"选项卡下的"打开"命令，打开"北京奥运会闭幕.docx"文档。

2. 单击"开始"选项卡"编辑"组中的"替换"按钮。在"查找和替换"对话框中,"查找内容:"输入"奥远","替换为"输入"奥运"。单击"全部替换"按钮。

3. 选择标题段文字,单击"开始"选项卡"字体"选项组右下角的扩展按钮,弹出"字体"对话框。在"字体"对话框的"字体"选项卡中设置字体、字号、加粗、颜色为三号、红色、黑体、加粗,单击左下角的"文字效果"按钮,弹出"设置文本效果格式"对话框,单击"阴影"选项卡,在"预设"中选择"内部右上角"。回到"字体"对话框,选择"高级"选项卡,字符"间距:"选择"加宽","磅值"输入"3磅"。

4. 正文各段落("新华网北京……最好成绩。")文字选中,设置5号宋体,单击"段落"右下角的扩展按钮,弹出"段落"对话框,在"缩进和间距"选项卡中,设置缩进"左侧"、"右侧"均为"4字符",首行缩进的设置,在"特殊格式"中选择"首行缩进","磅值"设为"2字符"。

5. 选择"插入"选项卡"页眉和页脚"选项组的"页码",选择的"页面底端","普通数字2"。插入页码后,在"页眉和页脚工具"选项卡中再次单击"页码"下拉菜单中的"设置页码格式",在"页码格式"对话框中的"编号格式"选择大写罗马格式"Ⅰ,Ⅱ,Ⅲ……",在"页码编号"单击"起始页码",然后输入"Ⅵ"。

6. 选择文中后6行文字,选择"插入"选项卡"表格"选项组的"文本转换成表格",弹出"将文字转换成表格"对话框。设置"固定列宽"为"2.5厘米",其他默认。选择整张表格,单击"表格工具"|"布局"选项卡"表"选项组中的"属性"选项,弹出"表格属性"对话框,"表格"选项卡的"对齐方式"单击"居中"(也可用段落的居中对齐设置表格的居中)。在"行"选项卡中"尺寸"栏勾选"指定高度",行高设置为"0.6厘米"。右击整张表格,单击"单元格对齐方式"中的"中部居中"设置表中所有文字的对齐方式。

7. 在"表格工具"|"设计"选项卡中,依次选择"笔样式"为"双窄线","笔划粗细"为"1.5磅","笔颜色"为"蓝色",再单击"边框"下拉菜单中的"外框线",内框线一样的操作;也可用"边框和底纹"对话框设置。"表格属性"对话框或者"边框"下拉菜单中或右击表格的快捷菜单的"边框和底纹",均可打开"边框和底纹"对话框。

8. 在"表格工具"|"布局"选项卡中,单击"数据"选项组中的"排序,打开"排序"对话框,"主要关键字"选择"总数","类型"选择"数字",单击"降序"。其他默认,单击"确定"按钮。

9. 在表格下方双击,选择"插入"选项卡"插图"选项组中的"SmartArt",在"选择SmartArt图形"对话框中,选择"关系"下的"射线列表"。在"SmartArt工具"|"设计"选项卡的"创建图形"选项组中,单击"添加形状",以所选定的某个图形为基准,可在其前面、后面、上方、下方插入相应图形。当新添加的图形没有输入文本的占位符时,可单击相应图形,再单击"创建图形"选项组中的"添加项目符号"。或在"文本窗格"中输入,使用"降级""升级"处理相应层次关系。插入一张运动图片,选择图形中的"插入图片"控件,在打开的"插入图片"对话框中单击"从文件"栏的"浏览"按钮,选择任务设计3中的运动图片.jpg,若计算机联网,也可通过必应搜索"运动"为关键词的任意一幅运动图片插入。最后美化一下SmartArt图形,选择"更改颜色"和"SmartArt样式",作适当调整。

任务完成结果

任务完成结果如图9-100所示。

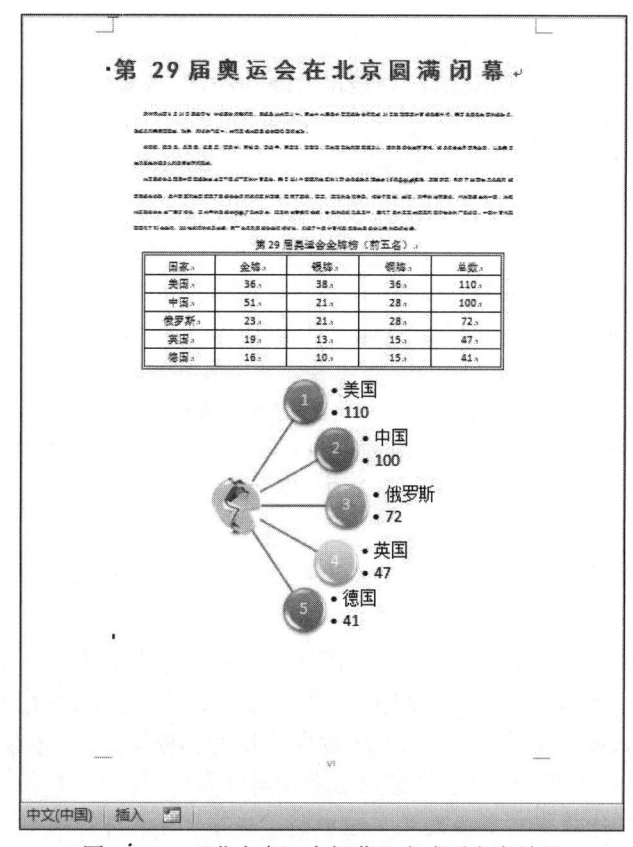

图 9-100　"北京奥运会闭幕"完成后参考效果

任务 4　长文档的综合排版

任务目标

完成任务的要求，使学生掌握 Word 排版的综合操作，包括页面设置、分栏、分节与分页、表格与图表、封面与目录、替换操作、不同奇偶页眉、样式、超链接、脚注。

任务情境与要求

文档"北京政府统计工作年报.docx"是一篇从互联网上获取的文字资料，请打开该文档并按下列要求进行排版及保存操作：

- 将文档中的西文空格全部删除。
- 将纸张大小设为 16 开，上边距设为 3.2cm，下边距设为 3cm，左右页边距均设为 2.5cm。
- 利用素材前三行内容为文档制作一个封面页，令其独占一页（参考样例见文件"封面样例.png"）。
- 将标题"（三）咨询情况"下用蓝色标出的段落部分转换为表格，为表格套用一种表格样式使其更加美观。基于该表格数据，在表格下方插入一个饼图，用于反映各种咨询形式所占比例，要求在饼图中仅显示百分比。
- 将文档中以"一、""二、"……开头的段落设为"标题 1"样式；以"（一）""（二）"……开头的段落设为"标题 2"样式；以"1、""2、"……开头的段落设为"标题 3"样式。

- 为正文第 2 段中用红色标出的文字"统计局队政府网站"添加超链接，链接地址为"http://www.bjstats.gov.cn/"。同时在"统计局队政府网站"后添加脚注，内容为"http://www.bjstats.gov.cn"。
- 将除封面页外的所有内容分为两栏显示，但是前述表格及相关图表仍需跨栏居中显示，无须分栏。
- 在封面页与正文之间插入目录，目录要求包含标题第 1~3 级及对应页号。目录单独占用一页，且无须分栏。
- 除封面页和目录页外，在正文页上添加页眉，内容为文档标题"北京市政府信息公开工作年度报告"和页码，要求正文页码从第 1 页开始，其中奇数页眉居右显示，页码在标题右侧，偶数页眉居左显示，页码在标题左侧。
- 将完成排版的分档先以原 Word 格式及文件名"北京政府统计工作年报.docx"进行保存，再另行生成一份同名的 PDF 文档进行保存。

任务素材

在"模块 9"文件夹的"任务设计 4"中提供了"北京政府统计工作年报.docx"。

任务解析

1. 打开"任务设计 4"文件夹下的"北京政府统计工作年报.docx"。

2. 单击"开始"选项卡"编辑"组中的"替换"，弹出"查找和替换"对话框，在"查找内容"文本框中输入西文空格（英文状态下按空格键），"替换为"文本框内不输入，单击"全部替换"按钮，再单击"确定"按钮，完成后关闭对话框。

3. 单击"布局"选项卡"页面设置"组中的"纸张大小"下拉按钮，选择"16 开"。单击"页边距"下拉按钮，选择"自定义页边距"，在"页边距"选项卡下，设置上边距为 3.2 厘米，下边距为 3 厘米，左右边距均为 2.5 厘米，单击"确定"按钮。

4. 将光标定位在文档开头，单击"插入"选项卡"页面"组的"封面"下拉按钮，选择"运动型"。参考"封面样例.png"，选中"2012 年"字样，右击，选择"剪切"。选中封面中的"[年]"字样，右击，选择"删除内容控件"，再将剪切的文字粘贴到该处，粘贴时选择"只保留文本"。以同样的方法粘贴其余内容，可适当设置字体大小。

5. 将文档中以"一，""二，"……开头的段落依次设为"标题1"样式；以"（一）""（二）"……开头的段落设为"标题 2"样式；以"1，""2，"……开头的段落设为"标题 3"样式。可按 Ctrl 键单击相同项目编号的段落全部选定后再选择相应标题样式，也可先选标题样式后，用格式刷复制格式。当然，还可考虑用查找和替换来完成。第一级"一、二、……"，勾选"使用通配符"，"查找内容栏"输入："[一二三四五]、"（注意双引号不需要输入），"替换为"可为空，但格式一定要设置，设置方法：单击"查找和替换"对话框最下方的"格式"按钮，选择"样式"，选择相应的"标题1"样式，最后"全部替换"。其他设置同理。第二级"(一)、(二)、……"，"查找内容"栏可输入："（[一二三四五六七八九]）"，第三级"1、2、……"，不"使用通配符"，单击最下方的"特殊格式"，选择"任意数字"，"查找内容"栏则输入了："^#、"。

6. 步骤1：选中标题"（三）咨询情况"下用蓝色标出的段落部分，在"插入"选项卡"表格"组中，单击"表格"下拉按钮，选择"文本转换成表格"，弹出"将文字转换成表格"对话框，单击"确定"按钮。

步骤 2：选中表格前 4 行，按 Ctrl+C 组合键进行复制。在表格下方空出一段，将光标定位在该处，单击"样式"组中的"其他"下拉按钮，选择"清除格式"。

步骤 3：单击"插入"选项卡"插图"组中的"图表"按钮，选择"饼图"，单击"确定"按钮。在 Excel 文件中选中 A1 单元格，右击，在"粘贴选项"中选择"保留源格式"，调整数据区域为 A1:C4，关闭 Excel 文件。

步骤 4：选中图表，单击"图表工具"|"设计"选项卡"图表布局"组中的"添加元素"，单击"图表标题"下拉按钮，选择"无"；单击"数据标签"下拉按钮，选择"其他数据标签选项"，弹出"设置数据标签格式"面板，在"标签选项"中，取消选中"值"和"显示引导线"复选框，选中"百分比"复选框，并关闭面板，完成数据标签的设置。

步骤 5：选中整个表格，单击"表格工具"|"设计"选项卡，在"表格样式"组中选择"清单表/浅色-着色 2"。

7. 选中正文第 3 段中用红色标出的文字"统计局队政府网站"，单击"插入"选项卡"链接"组中的"链接"按钮，弹出"插入超链接"对话框，在地址栏中输入"http://www.bjstats.gov.cn/"，单击"确定"按钮。选中"统计局队政府网站"，单击"引用"选项卡"脚注"组中的"插入脚注"按钮，在脚注处输入"http://www.bjstats.gov.cn"。

8. 选中正文中表格及图表上方所有内容，单击"布局"选项卡"页面设置"组中的"分栏"下拉按钮，选择"两栏"。以同样的方法设置表格和图标下方的内容。选中表格，单击"开始"选项卡"段落"组中的"居中"按钮，按照同样的方法对饼图进行操作。即可将表格和相关图表跨栏居中显示。本题也可先选择正文设置两栏后，再选择表格及图表，栏中选择一栏。

9. 将光标定位在正文第 1 页的开始，单击"引用"选项卡"目录"组中的"目录"下拉按钮，选择"自动目录 1"。单击"布局"选项卡"页面设置"组中的"分隔符"下拉按钮，选择"下一页"。选中目录区域，单击"页面设置"组中的"栏"下拉按钮，选择"一栏"。单击"引用"选项卡"目录"组中的"更新目录"按钮，选中"更新整个目录"单选按钮，单击"确定"按钮。

10. 步骤 1：将光标定位在正文的开始，在"插入"选项卡下，单击"页眉和页脚"组中的"页眉"下拉按钮，选择"编辑页眉"。

步骤 2：在"导航"组中取消选中"链接到前一条页眉"按钮，在"选项"组中选中"奇偶页不同"复选框。若文档默认勾选了"首页不同"，则最好取消所有节的首页不同，最快捷的方法是选择"布局"选项卡的"页面设置"启动对话框选项，在对话框的"布局"选项卡"页眉和页脚"栏中取消勾选"首页不同"，下方的"应用于"框中选择"整篇文档"。

步骤 3：将光标定位在正文第 1 页的页眉处，输入题面要求文字。单击"页码"下拉按钮，在"当前位置"中选择"普通数字"。

步骤 4：选中插入的页码，单击"页眉和页脚工具"|"设计"选项卡"页眉和页脚"组中的"页码"下拉按钮，选择"设置页码格式"。在弹出的"页码格式"对话框中，调整"起始页码"为 1，单击"确定"按钮。

步骤 5：选中正文第 1 页的整个页眉，单击"开始"选项卡，在"段落"组中单击"文本右对齐"按钮。

步骤 6：将光标定位在正文第 2 页的页眉处，取消选中"链接到前一条页眉"按钮，用同样的方法，按照题面要求，设置偶数页页眉。

步骤 7：表格和图表后面文档的页眉页码，会因为分节符的存在造成页码编号不连续，需要使用步骤 4 的方法设置一下超始页码使得编号显示正常。另外，封面页和目录页不显示页眉，若有横线,也要取消。取消的方法:选中段落结束标记,选择"开始"选项卡"段落"组"边框"中的"无框线"。若页脚中出现页码,最好将其删除。

步骤8:所有页眉设置完成后,单击"关闭页眉和页脚"按钮。并按照第8小题(前面第9点)的方法更新整个目录。

11. 单击"保存"按钮,保存"北京政府统计工作年报.docx"。单击"文件"选项卡,选择"另存为",弹出"另存为"对话框,文件名不变,设置"保存类型"为"PDF",单击"保存"按钮。

任务完成结果

任务完成结果如图 9-101 所示。

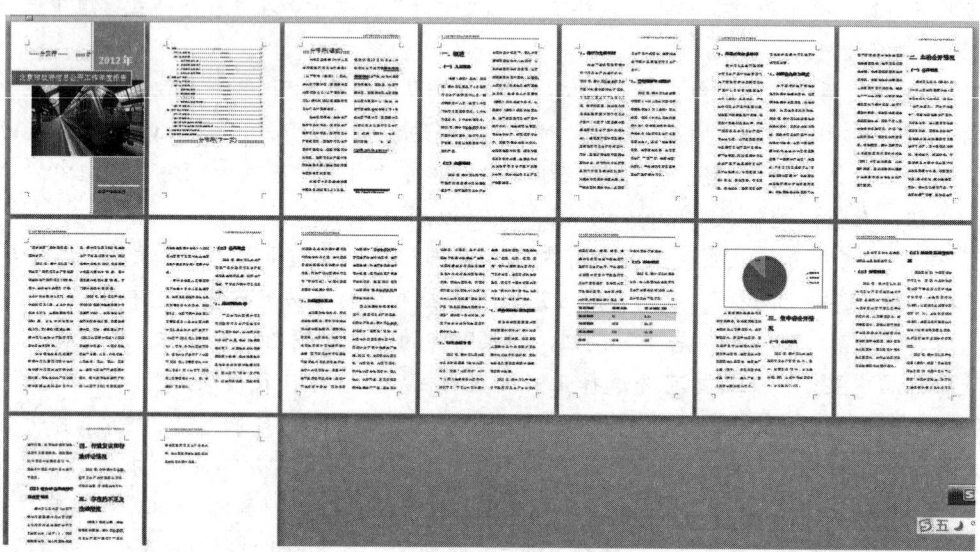

图 9-101 综合排版后参考效果

任务 5 人事档案的格式设置

人事档案的格式设置

任务目标

完成任务的要求,使学生掌握工作表数据录入,单元格格式,窗口拆分与冻结,工作表的数据保护与工作表的美化。

任务情境与要求

企业的人力资源部门经常需要收集和整理公司人事档案。小李是一位刚入职不久的人事助理。现在他接到一个任务,需要对企业现有的人事档案表进行整理和完善。具体要求如下:

- 在同一个工作簿中复制"人事档案"工作表,把复制后的工作表改为"人事档案副本"。
- 完成序号列的数据输入,后继数据为"7103、7104……"。
- 把基本工资设置为显示 2 位小数。
- 在标题行前插入一行,并且输入"××公司员工情况表",且设置字体为方正姚体,字号为 24 磅。将 A1:M1 单元格合并居中。
- 为工作表的数据单元格加边框,外边框为粗实线,内边框为细实线。
- 锁定工作表的第 1 行和第 2 行,确保滚屏时这两行不动。
- 把出生年月为 1980 年 01 月 01 日以后出生的出生日期单元格的填充颜色设置为蓝色。

- 把"背景图片.jpg"设为工作表的背景。
- 设置工作表保护，要求修改工作表时需要输入修改密码223366。

任务素材

在"教材资源"文件夹的"模块9"文件夹的"任务设计5"中提供了"人事档案.xlsx"以及"背景图片.jpg"。

任务解析

1. 打开素材"人事档案.xlsx"，按住Ctrl键选中"人事档案"工作表，拖动到本表之后，产生一个副本。重命名副本为"人事档案副本"。

2. 通过拖动单元格的填充柄，完成"序号"序列的填充。

3. 选中基本工资所在列，然后在"设置单元格格式"对话框中，将单元格类型设置为"数值"，小数位数2位。

4. 在表格第一行，插入新的一行，输入题目要求的文字，设置"字体"为"方正姚体""字号"为"24磅"，并且将A1:M1单元格合并居中。

5. 选中表格的数据区域，在"设置单元格格式"对话框中的"边框"选项卡中，设置表格的内外边框。

6. 选择第三行，在"视图"→"窗口"组中选择"冻结窗口"下拉列表中的"冻结窗格"选项。

7. 选择"出生日期"标题下面所有的带出生日期的单元格。选择"开始"→"样式"组中的条件格式下拉列表中的"突出显示单元格规则"选项，设置条件为"大于"，值为"1980/1/1"，格式设置为"自定义格式"，然后将填充色设置成蓝色。

8. 通过"布局"→"页面设置"组中的"背景"命令将任务设计4文件夹中的"背景图片.jpg"设置成工作表的背景。

9. 通过"审阅"→"保护"组中的"保护工作表"命令，为工作表的保护设置密码。

任务完成效果

任务完成结果如图9-102所示。

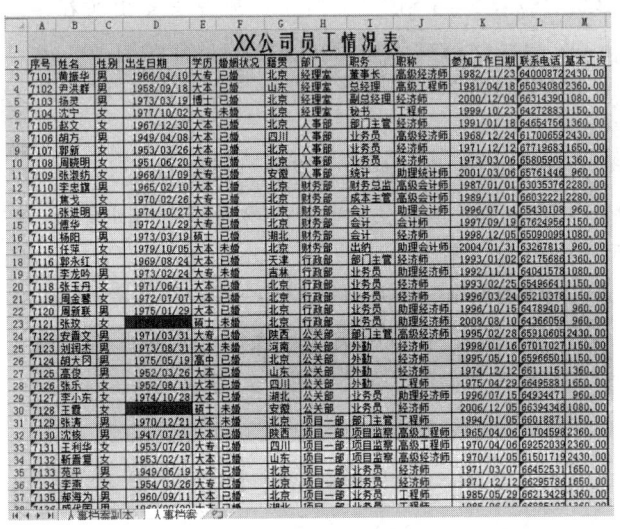

图9-102 "人事档案"完成后参考效果

任务 6 学生信息的加工和处理

任务目标

完成任务的要求，使学生理解单元格地址的引用，掌握公式以及常用函数的使用，数据有效性的设置，名称管理器的应用。

学生信息的加工和处理

任务情境与要求

学校的行政部门经常需对学生的各种数据表格进行加工和处理。小刘是一名高校的学工处的老师。加工和处理学生的各种表格数据是他平时工作的一部分。小刘最近被要求完善和加工一些学生信息表格。具体要求如下：

- 在工作表"2012年××班班费使用情况统计表"中利用函数在 B7 单元格中统计全年班费总支出。在 B8 单元格中统计全年的季度平均支出，并且四舍五入到小数后1位。在 C3:C6 中分别计算每个季度在全年班费总支出中所占的支出比例，并用百分比表示。
- 在工作表"学生成绩表"中利用函数在单元格 E3:E12 中统计每个同学的期末总分，并且在 F3:F12 中按总分由高到低在班上进行排名，如果高等数学和大学英语的成绩均大于等于 75 分，我们需要进行备注为"有资格"，否则备注为"无资格"。
- 在工作表"学生个人信息登记表"中利用身份证号码，通过函数得到对应学生的性别和生日（生日为日期，格式：1978年3月12日）。
- 在工作表"学生学费信息样表"中利用函数根据每个学生的专业将学费添加到对应学费的单元格中。其中专业和学费的对应关系在工作表"各专业学费信息表"中。

任务素材

在"教材资源"文件夹的"模块9"文件夹的"任务设计6"中提供了"学生信息管理.xlsx"。

任务解析

1. 用 Sum 函数求全年班费总支出，用 Average 函数求全年季度平均支出。可以用公式每个季度支出费用除全年班费总支出算出每个季度的销售比例。比如要求第一季度的支出比例在 C3 单元格中输入"=B3/$B$7"，其中$B$7 是对全年班费总支出所在单元格地址的绝对引用。

2. 利用 Sum 和 Rank 函数分别计算出每位同学的总分和排名。用 If 函数来判断学生有无资格。比如要填充学号为 T1 的备注，If 函数的条件判断参数应该是 IF（and(B3>=75,C3>=75),"有资格","无资格"）。

3. 身份证号码中第 17 位如果是奇数就是男的，偶数就是女的。所以利用 If、Mod、Mid 三个函数可以从身份证号码中得到该学生的性别。身份证号码中第 7、8、9、10 位表示出生的年，第 11、12 位表示出生的月，第 13、14 位表示出生的日。所以利用 Date 和 Mid 函数可以得到该学生的生日。在"开始"→"数字"组中单击右下角扩展按钮，打开"设置单元格"对话框，在数字分类中选择"日期"，在右边类型列表中选择对应格式类型。

4. 利用 Vlookup 函数得到每个学生的学费信息。

任务完成结果

任务完成结果如图 9-103 所示。

图 9-103 "学生信息管理"各表完成后参考效果

任务 7　人事和销售数据表的管理

人事和销售
数据表的管理

任务目标

完成任务的要求，使学生掌握数据排序、数据筛选、合并计算、分类汇总以及数据透视表的应用。

任务情境与要求

公司的人力资源和销售部门日常工作中经常需要根据具体情况对原始的数据进行处理和统计。小张和小李分别是某公司的人力资源部门和销售部门的一线人员。根据各部门近期的需要，需对手上的数据表进行处理统计。具体要求如下：

- 在工作表"人事档案"中，筛选出 1980 年以前参加工作的员工，把筛选结果复制到新工作表中，新工作表改名为"旅游人员名单"，并且只保留序号、姓名、性别、参加工作日期、联系电话对应的数据。恢复"人事档案"表。筛选出基本工资在 1500～2000 的员工。把筛选结果复制到新工作表中，新工作表改名为"加工资人员名单"，并且只保留序号、姓名、性别、参加工作日期、联系电话、基本工资对应的数据。恢复"人事档案"表。在工作表"人事档案"中，筛选出大本以上学历的领导开会（其中领导职务包括：董事长、总经理、副总经理、部门主管、财务总监、成本主管、项目监察）。把筛选结果复制到新工作表中，新工作表改名为"与会人员名单"，并且保留序号、姓名、性别、学历、职务、联系电话对应的数据。恢复"人事档案"表。
- 在工作表"人事档案"中，筛选出学历大本以上或者已婚的员工，把筛选结果复制到新工作表中，新工作表改名为"体检人员名单"，并且只保留序号、姓名、性别、学历、婚姻状况、联系电话对应的数据。恢复"人事档案"表。
- 在工作表"二分店销售单"后面新建一张名为"合计销售单"的工作表。根据"一分店销售单"和"二分店销售单"中的内容和结构。在本表中统计两个分店在一月份到三月份的不同型号产品销量之和。注意本表的结构和"一分店销售单"的结构一致。
- 在工作表"图书销售情况表"中，按销售部门的升序进行排序。按销售部门分类对销售额求和。汇总结果仅显示各分店图书销售额汇总行。并将结果复制到名为"各分店图书销售额汇总表"的新建工作表中。注意复制的数据只包括各分店汇总行数据。恢复"图书销售情况表"数据。

- 根据"图书销售情况表"中的数据创建透视表,并将创建的透视表放置在名为"2013年度各季度各分店图书销量统计表"中,以 A1 单元格作为数据透视表的起点位置。设置"季度"字段为报表筛选,"图书名称"字段为行标签,"销售部门"字段为列标签,"数量"字段为求和汇总项。将在行标签中显示图书名称,列标签中显示销售部门。

任务素材

在"教材资源"文件夹中的"模块 9"文件夹的"任务设计 7"中提供了"人事&销售数据管理.xlsx"。

任务解析

1. 利用筛选命令,完成旅游人员、加工资人员以及与会人员数据的筛选。筛选完后在"人事档案"表中利用"数据"→"排序和筛选"组中的"清除"命令,恢复"人事档案"表。

2. 利用"数据"→"排序和筛选"组中的"高级"筛选命令,完成体检人员数据的筛选。

3. 在新建的"合计销售单"工作表中,利用"数据"→"数据工具"组中的"合并计算"命令完成两张工作表的合并计算。

4. 在"图书销售情况表"工作表中利用排序命令完成按销售部门的排序。利用"数据"→"分级显示"组中的"分类汇总"命令完成按销售部门的分类和对销售额的汇总。在汇总结果中选择显示级别"2级"。选择复制区域 A2:F41。利用"开始"→"编辑"组中的"查找和选择"下拉列表中的"定位条件"命令。在"定位条件"对话框中选中"可见单元格"。复制所选区域。在新表中粘贴数据。

5. 在"图书销售情况表"中利用"插入"→"表格"组"数据透视表"下拉列表中"表格和区域"命令,插入透视表,并且将透视表放置在新工作表中。选择透视表,利用"数据透视表分析"→"操作"组中的"移动数据透视表"命令,将透视表的起点位置设置为 A1 单元格。在"数据透视表字段"对话框中,将"季度"字段拖入筛选标签区域,"图书名称"字段拖入行标签区域,"销售部门"字段拖入列标签区域,"数量"字段拖入值标签区域。生成透视表后,点透视表在"设计"→"布局"组中"报表布局"下拉列表中选择"以大纲形式显示"。

任务完成结果

任务完成结果如图 9-104 所示。

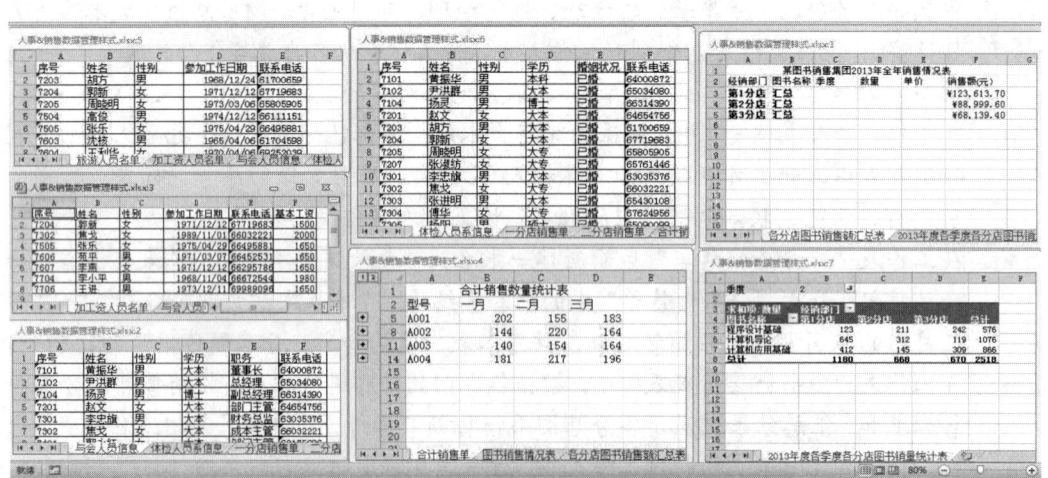

图 9-104 "人事和销售数据管理"完成后参考效果

任务 8　销售和调查数据的图表化

任务目标

完成任务的要求，使学生理解掌握图表的设置。

销售和调查
数据的图表化

任务情境与要求

企业的销售部和人事部为了让数据看起来更加直观生动，经常需要把原始数据转化成图表的形式。小张和小李分别是某公司的人力资源部门和销售部门的一线人员。最近接到工作汇报的要求。具体要求如下：

- 在工作表"2012 汽车销售统计表"中分别用函数在 B7 和 B8 单元格里统计出全年销售额和全年平均销售额。利用公式得到每个季度销售额在全年销售额中所占比例。根据季度和销售额数据在工作表中创建"分离型三维饼图"。图表布局设置为"布局 6"，数据标签设置为"百分比"，标签位置"居中"。图表标题设置在图表上方，内容为"全年各季度销售额所占比例"。为图表设置"信纸"文理填充。最后将图表的高度和宽度分别设置为 8 厘米和 11 厘米。

- 在工作表"销售情况统计表"中以四个立方体形状为背景墙，分别创建每个季度的销售额簇状柱形图表，用来比较每个季度两个分店的销售额。每个季度的销售额图表放到一个立方体上。为每个图表添加图表标题，内容为当前季度。例如一季度的图表标题内容为"First Quarter"。图例位置为下方。为每个图表添加竖排纵坐标轴标题，内容为"单位：万元"设置垂直坐标轴的值单位为 200，最大值为 1800。

- 在工作表"调查表"中根据所选单元格区域 A2:C7 创建簇状条形图，将垂直坐标轴标签设置在图表的最左边。将"不满意"系列和"满意"系列设置为 100%重叠。去掉所有网格线。去掉横坐标轴。将垂直坐标轴的线条去掉。在图表上方显示图表标题，内容为"满意度调查"。

任务素材

在"教材资源"文件夹的"模块 9"文件夹的"任务设计 8"中提供了"销售&调查.xlsx"。

任务解析

1. 用 Sum 和 Average 函数统计出全年销售额和全年平均销售额。在 C3 中输入公式"=B3/$B$7"，得到第一季度销售额所占比例。复制公式填充 C4:C6 单元格。选择 A2:B6，在"插入"→"图表"组中选择饼图列表下的"三维饼图"，在"图表工具"→"格式"→"当前所选内容"组的下拉列表中选择"系列"销售额（万）""，然后单击"设置所选内容格式"命令。在"设置数据系列格式"对话框中将"系列选项"中的"饼图分离"的值设置为 9%。在"图表工具"→"图表设计"→"图表布局"组"快速布局"下拉列表中选择"布局 6"，在"添加图表元素"下拉列表"数据标签"子列表中选择"居中"。修改图表标题的内容为"全年各季度销售额所占比例"。在"图表工具"→"格式"→"形状样式"组中的"形状填充"下选择"纹理"→"信纸"纹理填充。然后单击"设置所选内容格式"在填充里面选择图片和文理填充。在纹理右边的列表中选择"信纸"文理。在"格式"→"大小"组中设置图表的高度为 8 厘米，宽度为 11 厘米。

2. 在工作表"销售情况统计表"中，通过"插入"→"插图"组中"形状"列表下选择"立方体"，在"绘图工具"→"排列"组中选择"旋转"下拉列表中的"选择水平翻转"。调整适当的大小,另外复制出三个立方体。通过"排列"中的"上移一层"或"下移一层"命令将其四个立方体设置成复合立方体形状,将其组合作为数据表的背景墙。选中 B2:D5,插入簇状柱形图。在"图表工具"→"格式"→"当前所选内容"组中选择垂直(值)轴,单击"设置所选内容格式",最小值为 0,最大值为 1800,大单位为 200。修改图表标题,内容为 First Quarter。图例位置为底部。在"图表工具"→"图表设计"→"图表布局"组"添加图表元素"下拉列表"坐标轴标题"的子列表中选择"主要纵坐标轴"命令,在纵向"坐标轴标题框"中输入"单位:万元"。调整图表位置。将其放置在第一个立方体内。复制出三个图表,分别放在其余的三个立方体内。选择 First Quarter 右边的图表,其他三个图表的数据范围和对应的图表标题分别为:数据范围 B2:D2 和 B6:D8 对应图表标题 Second Quarter。数据范围 B2:D2 和 B9:D11 对应图表标题 Third Quarter。数据范围 B2:D2 和 B12:D14 对应图表标题 Fourth Quarter。

3. 选择单元格区域 A2:C7,单击"插入"→"图表"组中"插入柱形图或条形图"列表中"簇状条形图"命令,创建簇状条形图,选择垂直(类别)轴,然后右击选择"设置坐标轴格式"命令。在"标签"→"标签位置"右边的下拉列表中选择"低"。选择"不满意"系列。右击选择"设置数据系列格式"命令,将系列重叠设为 100%。在"图表设计"→"图表布局"组的"添加图表元素"下拉列表中将网格线都取消。并且将主要横坐标轴取消。在"图表工具"→"格式"→"当前所选内容"组中选择"垂直(类别)轴",然后选择"设置所选内容格式"。在"填充与线条"→"线条"组中选择"无线条"。修改图表标题内容,内容为"满意度调查"。在"图表设计"→"图表布局"组的"添加图表元素"下拉列表中选择图例为右侧。

任务完成结果

任务完成结果如图 9-105 所示。

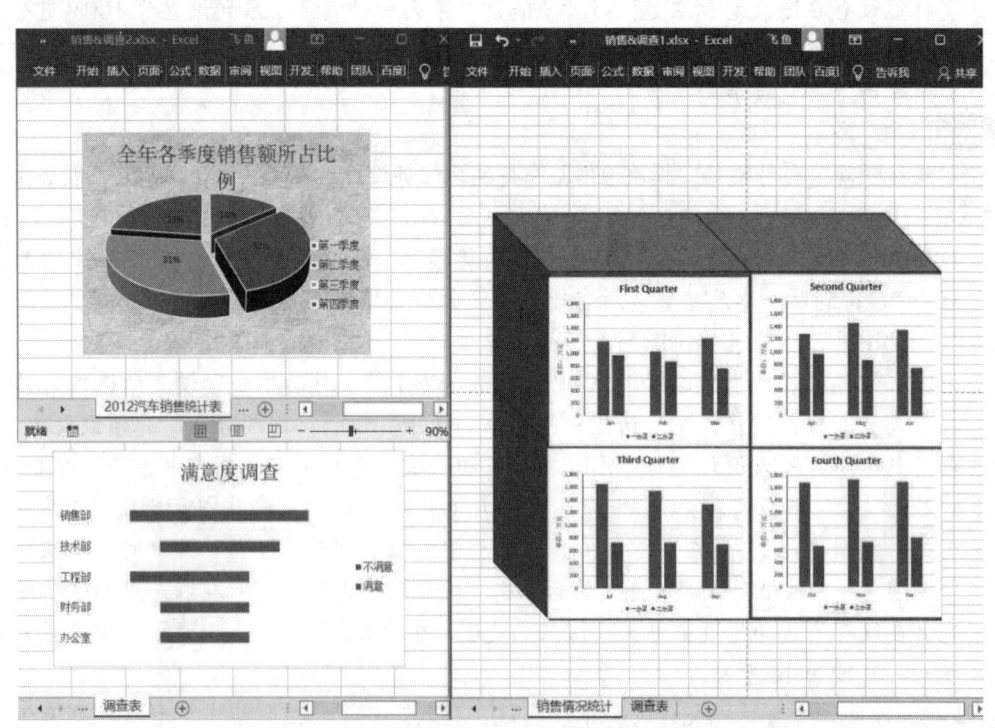

图 9-105 "销售&调查"完成后参考效果

任务 9　PPT 中自定义字体的使用

PPT 中自定义字体的使用

任务目标

完成任务的要求，使学生掌握演示文稿对象的添加，版式设计，背景填充，修改母版与隐藏幻灯片。

任务情境与要求

周老师是某大学计算机基础课老师，下周的上课内容是关于 PPT 中自定义字体的使用方法与技巧，他需要制作一份讲解常用自定义字体使用的课件。具体要求如下：

- 安装"教材资源"文件夹中所提供的自定义字体。
- 新建一个演示文稿，命名为"常用自定义字体使用举例.pptx"。
- 演示文稿包含 6 张幻灯片，第 1 张版式为"标题幻灯片"，第 2、3 张版式为"空白"，第 4 张版式为"标题和内容"，第 5、6 张版式为"两栏内容"。
- 设置所有幻灯片大小：全屏显示(16:9)，背景颜色：RGB(99,37,35)。
- 第 1 张幻灯片参考样例，输入文字内容，标题占位符：微软雅黑字体，48 号字，白色，加粗，文字阴影，字符间距"很松"。
- 第 2 张幻灯片插入 SmartArt 图形，布局：基本矩阵、透明渐变范围-个性色 2。参考样例，输入文字内容，设置与文字内容相对应的字体，16 号字，调整 SmartArt 图形到合适大小。
- 第 3 张幻灯片左边文本框文字格式：方正粗宋简体，80 号字，白色。右边文本框文字均为微软雅黑，12 号字，白色，2 倍行距。插入线条、圆形的形状轮廓为白色，1 磅。
- 第 4 张幻灯片标题占位符：方正静蕾简体，36 号字，白色，文字阴影，居中对齐。参考样例，将图片 1 插入到合适位置，图片样式：矩形投影。在图片下方插入文本框，字体为方正静蕾简体，20 号字，白色。
- 第 5 张幻灯片标题占位符：方正稚艺简体，40 号字，白色，居中对齐。参考样例，在左侧将图片 2 插入到合适位置，右侧插入文本，方正稚艺简体，13 号字，白色，1.5 倍行距。
- 第 6 张幻灯片标题占位符：叶根友毛笔行书，40 号字，白色，加粗，居中对齐。在左侧将图片 3 插入到合适位置，将颜色重新着色为褐色，图片样式：棱台亚光，白色。右侧插入文本，叶根友毛笔行书，18 号字，黑色，居中对齐，1.5 倍行距，形状填充白色。参考样例，调整角度。
- 为第 3、4、5、6 张幻灯片添加动作按钮，可执行返回到第 2 张幻灯片的动作。
- 为第 2 张幻灯片的 SmartArt 图形创建超链接，实现单击各字体名称时可以链接到对应的第 3、4、5、6 张幻灯片。
- 利用幻灯片母版，插入艺术字放至幻灯片的右上角，每张幻灯片均显示。
- 隐藏第 2 张幻灯片。

任务素材

在"教材资源"文件夹的"模块 9"文件夹的"任务设计 9"中提供了需要安装的自定义字体以及文字素材、图片 1.jpg、图片 2.jpg、图片 3.jpg。

任务解析

1. 双击"教材资源"文件夹中提供的自定义字体文件安装字体或将字体文件复制粘贴到 C:\WINDOWS\Fonts 即可安装字体。

2. 桌面右击鼠标选择"新建"→"Microsoft PowerPoint 演示文稿",输入文档名称为"常用自定义字体使用举例.pptx"。

3. 单击幻灯片窗格添加第 1 张幻灯片,在"普通视图"下,将鼠标定位在左侧的窗格中,然后按下 5 次回车键添加其余 5 张幻灯片。在"开始"→"幻灯片"命令组的"版式"下拉列表中分别为 6 张幻灯片设置需要的版式。

4. 在"设计"→"自定义"→"幻灯片大小"命令组中设置幻灯片大小为宽屏显示(16:9),在"设计"→"自定义"→"设置背景格式"命令组中设置背景颜色为 RGB(99,37,35),并应用到全部。

5. 第 1 张幻灯片输入标题,参考样例,在"开始"→"字体"命令组中设置标题格式,将标题移动到合适位置。

6. 第 2 张幻灯片在"插入"→"插图"命令组中插入 SmartArt 图形,在"更改颜色"下拉列表中选择"透明渐变范围-个性色 2",输入文字内容,参考样例进行字体和大小的调整。

7. 第 3 张幻灯片在"插入"→"文本"命令组中插入文本框,参考样例输入文字并调整。在"插入"→"插图"命令组中插入形状,形状轮廓设置为白色,1 磅,参考样例输入文字。

8. 第 4 张幻灯片输入标题,在"开始"→"字体"命令组中设置标题格式,在"开始"→"段落"命令组中设置"居中对齐"。在内容占位符单击"图片"插入图片 1,在"插入"→"文本"命令组中插入文本框置于图片右下角,参考样例输入文字,设置字体格式。

9. 第 5 张幻灯片在"开始"→"字体"命令组中设置字体格式,在"开始"→"段落"命令组中设置"居中对齐"和"行距",参考样例输入文字。在内容占位符单击"图片"插入图片 2。

10. 第 6 张幻灯片输入文字,在"开始"→"字体"命令组中设置文字格式,在"开始"→"段落"命令组中设置"居中对齐"。在内容占位符单击"图片"插入图片 3,选中左侧图片,在"格式"→"调整"命令组中设置图片颜色,在"格式"→"图片样式"命令组中选择棱台亚光,白色。选中右侧文字,在"格式"→"绘图"命令组中设置形状填充颜色为白色。按住白色旋转角度按钮可以调节角度。

11. 第 3 张幻灯片,在"插入"→"插图"命令组中选择"形状",添加动作按钮:自定义,超链接到幻灯片-幻灯片 2,在动作按钮上输入文字"返回"。复制动作按钮到 4、5、6 张幻灯片。

12. 第 2 张幻灯片分别选中 4 种字体所在的形状,在"插入"→"链接"命令组中选择"超链接"命令,单击"本文档中的位置"图标,然后在"请选择文档中的位置"列表框下单击要用作超链接目标的幻灯片。

13. 在"视图"→"母版视图"命令组中选择"幻灯片母版",插入艺术字到幻灯片中,调整好大小、定位到合适的位置上,再单击"关闭母版视图"退出"幻灯片母版"编辑状态即可。

14. 在左侧幻灯片选项卡窗格中右击第 2 张幻灯片,在弹出的快捷菜单中选择"隐藏幻灯片"命令。

任务完成效果

任务完成的最终效果如图 9-106 所示。

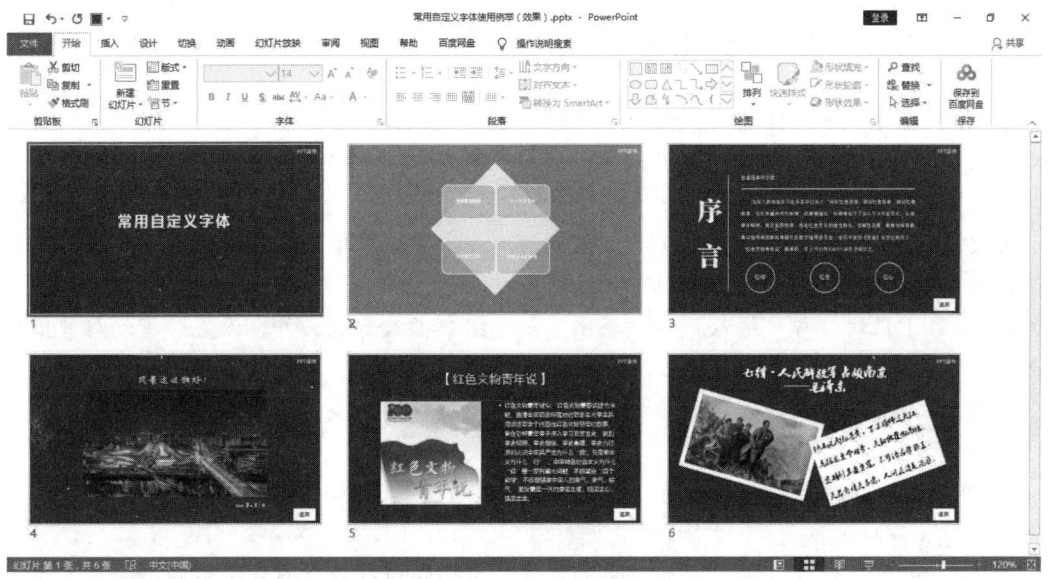

图 9-106 "常用自定义字体使用课件"完成后参考效果

  校园风光相册的格式设置

校园风光相册的格式设置

任务目标

完成任务的要求，使学生掌握为幻灯片对象设置动画，播放文稿，相册制作，为幻灯片配音。

任务情境与要求

学校摄影社团组织了一次以校园风光为主题的摄影竞赛，各成员都想很好地展示自己的摄影作品。请使用 PPT 以相册的形式将你的摄影作品展示汇报出来。具体要求如下：

- 创建相册，包含 8 张摄影作品。标题在所有图片下面，每张幻灯片展示 1 张图片。
- 设置幻灯片大小：全屏显示(16:9)，主题样式：基础，主题颜色：黄绿色，主题字体：Office。
- 为图片设置动画并搭配相应的描述文本。
- 将素材中"背景音乐.mp3"文件作为演示文稿的背景音乐。
- 为演示文稿设置切换方式，丰富放映效果。
- 设置放映类型为观众自行浏览（窗口）。
- 创建自定义播放方式，名称为"校园风光"，只放映第 2、3、4、5 张幻灯片。
- 以自己名字命名本演示文稿。

任务素材

在"教材资源"文件夹的"模块 9"文件夹的"任务设计 10"中提供了 8 张图片以及"背景音乐.mp3"。

任务解析

1. 新建 Microsoft PowerPoint 演示文稿，在"插入"→"图像"命令组中单击"相册"下方的下拉按钮，选择"新建相册"命令。在"相册"对话框中单击"文件/磁盘"按钮。在"插入新图片"对话框中找到要插入的图片，单击"插入"按钮，然后设置"图片版式"和"图片选项"。

2. 在"设计"→"自定义"→"幻灯片大小"命令组中选择"自定义幻灯片大小"设置幻灯片大小为全屏显示(16:9)，在"设计"→"主题"命令组中选择"基础"，主题颜色选择"黄绿色"，主题字体选择"Office"。

3. 依次选中图片，在"动画"→"高级动画"命令组中单击"添加动画"下方的下拉列表选择动画效果，然后搭配相应的描述文本。

4. 在第 1 张幻灯片"插入"→"媒体"命令组中插入音频文件，设置"跨幻灯片播放"且选择"循环播放，直到停止""放映时隐藏"。

5. 选中需要设置切换方式的幻灯片，在"切换"→"切换到此幻灯片"命令组中设置幻灯片的切换方式。

6. 在"幻灯片放映"→"设置"命令组中单击"设置幻灯片放映"，设置演示文稿为"观众自行浏览（窗口）"。

7. 在"幻灯片放映"→"开始放映幻灯片"命令组中选择"自定义放映"命令，单击对话框中的"新建"按钮，幻灯片放映名称设置为"校园风光"，在 Ctrl 键的协助下，选择需要放映的第 2、3、4、5 张幻灯片，然后单击"添加"按钮，再单击"确定"按钮返回。

8. 单击"文件"选项卡"保存"命令，在"文件名"框中输入你自己的名字。

任务完成效果

任务完成的最终效果如图 9-107 所示。

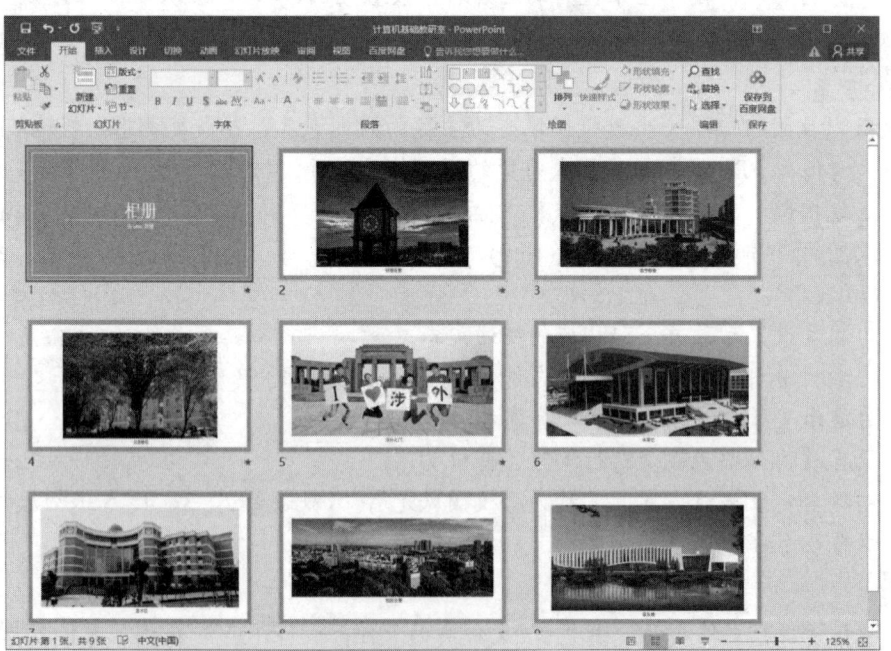

图 9-107　"校园风光相册"完成后参考效果

课后习题 9

一、选择题

1. Word 中左右页边距是指（　　）。
   A. 正文到纸的左右两边之间的距离　　B. 屏幕上显示的左右两边的距离
   C. 正文和显示屏左右之间的距离　　D. 正文和 Word 左右边框之间的距离
2. 在 Word 编辑时，文字下面有红色波浪下划线表示（　　）。
   A. 已修改过的文档　　B. 对输入的确认
   C. 可能是拼写错误　　D. 可能有语法错误
3. 在 Word 的编辑状态下，当前编辑文档中的字体全是宋体字，选择了一段文字使之成反显状态，先设定了楷体，又设定了仿宋体，则（　　）。
   A. 文档全文都是楷体　　B. 被选择的内容仍为宋体
   C. 被选择的内容变为仿宋体　　D. 文档的全部文字的字体不变
4. 在 Word 的编辑状态下，选择了整个表格，执行了"删除行"命令，则（　　）。
   A. 整个表格被删除　　B. 表格中一行被删除
   C. 表格中一列被删除　　D. 快捷菜单中没有"删除行"命令
5. 在 Word 中，保存一个新建的文件后，要想此文件不被他人查看，可以在保存的选项中设置（　　）。
   A. 修改权限口令　　B. 建议以只读方式打开
   C. 打开权限口令　　D. 快速保存
6. 在 Word 中，如果当前光标在表格中某行的最后一个单元格中，按 Enter 键后，（　　）。
   A. 光标所在行加宽　　B. 光标所在列加宽
   C. 在光标所在行下增加一行　　D. 对表格不起作用
7. 要把插入点光标快速移到 Word 文档的头部，应按（　　）组合键。
   A. Ctrl+Page Up　　B. Ctrl+↑
   C. Ctrl+Home　　D. Ctrl+End
8. （　　）是文档的一部分，是页面设置的基本单位。
   A. 页　　B. 段　　C. 节　　D. 行
9. Word 2016 的中文字体默认是（　　）。
   A. 楷体　　B. 等线体　　C. 宋体　　D. 黑体
10. 在 Excel 工作簿中，同时选择多个相邻的工作表，可以单击第一张工作表标签，然后按住（　　）键再单击最后一张工作表标签。
    A. Tab　　B. Alt　　C. Shift　　D. Ctrl
11. 在 Excel 2016 中，按（　　）组合键可以在所选的多个单元格中输入相同的数据。
    A. Alt+Enter　　B. Shift+Enter　　C. Shift+Tab　　D. Ctrl+Enter

12. 在 Excel 2016 中，如果 A1 单元格的值为 4，B1 为空，C1 为一个字符串，D1 为 8，则函数 AVERAGE(A1:D1) 的值是（　　）。
   A. 6　　　　B. 4　　　　C. 3　　　　D. 不予计算

13. 在 Excel 单元格中，输入下列（　　）表达式是错误的。
   A. =SUM($A2:A$3)　　　　B. =A2;A3
   C. =SUM(Sheet2!A1)　　　　D. =10

14. 在 Excel 工作表中已输入的数据如下所示：

	A	B	C	D
1	1			=C1+$D$2
2	2			4

   如将 D1 单元格中的公式复制到 B1 单元格中，则 B1 单元格的值为（　　）。
   A. 3　　　　B. 11　　　　C. 7　　　　D. 5

15. 在对一个 Excel 工作表排序时，下列表述中错误的一条是（　　）。
   A. 可以按指定的关键字递增排序
   B. 最多可以指定 3 个关键字排序
   C. 可以指定工作表中任意一个关键字排序
   D. 可以按指定的关键字递减排序

16. 编辑好的 Excel 工作簿不可能保存为（　　）类型的文件。
   A. Excel 工作簿　　　　B. XML 数据
   C. MHTML　　　　D. Word 文档

17. Excel 2016 工作表最大行数是（　　）行。
   A. 65536　　　　B. 无限制
   C. 255　　　　D. 1048576

18. 用户在 Excel 工作表中输入日期，不符合日期格式的数据是（　　）。
   A. 10-01-99　　　　B. 01-OCT-99
   C. 1999/10/01　　　　D. "10/01/99"

19. 在 PowerPoint 中，在（　　）视图中可以精确设置幻灯片的格式。
   A. 备注页视图　　　　B. 浏览视图
   C. 普通视图　　　　D. 黑白视图

20. 在 PowerPoint 中，在（　　）视图中，用户可以看到画面变成上下两半，上面是幻灯片，下面是文本框，可以记录演讲者讲演时所需的一些提示重点。
   A. 备注页视图　　　　B. 浏览视图
   C. 幻灯片视图　　　　D. 黑白视图

21. 在 PowerPoint 中，可以用拖动方法改变幻灯片的顺序的视图是（　　）。
   A. 阅读视图　　　　B. 备注页视图
   C. 幻灯片浏览视图　　　　D. 幻灯片放映

22. 在 PowerPoint 2016 中，不能完成对个别幻灯片进行设计或修饰的对话框是（　　）。
   A. 背景　　　　B. 幻灯片版式
   C. 配色方案　　　　D. 应用设计模板

23. 在 PowerPoint 2016 的演示文稿中，将一张布局为"项目清单"的幻灯片改为"对象"幻灯片，应使用的对话框是（   ）。
    A. 幻灯片版式   B. 幻灯片配色方案
    C. 背景   D. 应用设计模板
24. 在 PowerPoint 2016 的幻灯片浏览视图下，不能完成的操作是（   ）。
    A. 调整个别幻灯片位置   B. 删除个别幻灯片
    C. 编辑个别幻灯片   D. 复制个别幻灯片
25. 下列（   ）视图不属于 PowerPoint 2016 的视图。
    A. 普通视图   B. 幻灯片放映视图
    C. 幻灯片浏览视图   D. 详细资料视图

二、思考题

注意：认真参阅教材中有关内容，把这些题写在活页纸上上交。

1. 在 Word 2016 中，如何生成文档的目录？想要让文字出现在目录中应具备什么条件？
2. 在 Word 2016 中，要为文档不同的章节设置不同的页眉与页脚，该如何做？
3. 在 Excel 2016 中，如何快速在多个单元格中输入相同的数据？
4. 在 Excel 2016 中，单元格的引用有哪几种？有何区别？
5. 在 PowerPoint 2016 中，播放演示文稿有哪些方法？这些方法之间有何不同？
6. 在 PowerPoint 2016 中，要让每张幻灯片的相同位置上放置相同对象，最快捷的操作方法是什么？

模块 10　常用工具软件基本应用

应用软件（Application Software）和系统软件相对应，为满足用户不同领域、不同问题的应用需求而提供的那部分软件。它可以拓宽计算机系统的应用领域，放大硬件的功能。本单元主要介绍几款必备应用软件。

学习目标

认知目标	情感目标	技能目标
了解常用工具软件的基本功能。	学会正确使用软件的方法及故障诊断方法。	能使用常用工具软件帮助解决实际问题；能自行探索常用软件功能。

模块导学

单元知识	活动设计	实践任务	课后习题
其他常用软件的应用	使用思维导图软件XMind设计"我的职业生涯规划"	常用工具软件实践	选择题 思考题

单元 1　截图和录屏工具

通常截图可以由操作系统或专用的软件实现。Windows 本身有屏幕截图功能，就是 PrintScreen 键拷屏，或可以使用 Alt+PrintScreen 组合键抓取活动窗口。但功能简单比不上软件载图。具有截图功能的软件很多，如有的浏览器高级版本、播放软件或游戏模拟器、QQ 等聊天工具、HyperSnap-DX 和 FastStone Capture 等。这些软件中比较突出的是 FastStone Capture。

FastStone Capture（FS Capture）是一款强大的、方便的、直观的屏幕捕捉工具。不仅可以捕捉图像和屏幕录制，而且可进行图像与视频的基本编辑，它允许捕捉屏幕上的任何内容，包括：活动窗口、对象、整个屏幕、矩形区域、手绘区域以及滚动的窗口/网页。另外该程序还包含了一些创新的功能，例如：浮动捕捉面板、快捷键捕捉、调整大小、裁剪、文本注释、打印、通过 E-Mail 发送、屏幕放大镜、屏幕直尺、屏幕取色器、屏幕录制器等。FastStone 捕获可保存为 BMP、GIF、JPEG、PCX、PNG、TGA、TIFF 和 PDF 等格式的文件。

1. FastStone Capture 界面

FastStone Capture 界面简单。该产品有绿色版软件，解压后就能使用，界面只有一个浮动工具栏，提供了多种不同的截图命令按钮，将鼠标放到命令按钮上，即可显示该命令按钮的文字提示和快捷键，如图 10-1 所示。下面具体介绍工具栏的 11 个命令按钮。

图 10-1　FastStone Capture 主界面

第一个按钮，在编辑器中打开文件：可打开最近操作的文档。

第二个按钮，捕获当前活动窗口：可抓取当前活动的窗口图像，也就是当前焦点窗口。

第三个按钮，抓图窗口或控件对象：指定抓取某个窗口，或窗口内控件。

第四个按钮，抓取矩形区域：自定义抓取矩形区域，需要用鼠标左键然后选定抓取区域。

第五个按钮，自定义手绘抓图：自定义任意形状区域（手绘）抓图，要求"划线"区域必须封闭。

第六个按钮，抓取全屏：自动抓取当前全屏显示内容。

第七个按钮，抓取滚动窗口：尤其是对网页或长于一屏幕的文件内容的抓取非常有用，能够自动滚屏抓取你想要的内容。

第八个按钮，捕获固定大小的区域：只能截取固定大小的图片，大小可以自行设定。

第九个按钮，屏幕录像机：可将窗口/对象、矩形区域或全屏区域的屏幕录制为高清晰WMV 视频。

第十个按钮，输出设置：支持抓图后输出到自带编辑器、剪贴板、文件、打印机、邮件、Word、Powerpoint 等，输出抓图设置包含鼠标指针，输出抓图自动进行边缘处理和水印等。

第十一个按钮，软件设置：FastStone Capture 支持不同的截图方式，可设定不同的快捷键进行操作。利用软件设置命令按钮，我们可以打开软件"设置"对话框，在此我们可以对软件的各子部分进行定义。单击"快捷键"选项，如图 10-2 所示，在对应的选框中自定义快捷键即可。

图 10-2　"设置"对话框

2. FastStone Capture 浏览/编辑图像

FastStone Capture 还包括快速（浏览/编辑图像）的功能，可通过主界面的"打开"按钮快速打开一幅图片，进行简单的缩放、裁切、旋转、加文字等轻量级的操作。把网页中图片拖到 FS Capture 的窗口上，也会快速打开图像编辑器窗口。

FS Capture 图像编辑器菜单栏与工具栏和多数软件差不多，不再详述。其中较有特点的是绘制、边缘和画图几个部分，如图 10-3 所示。

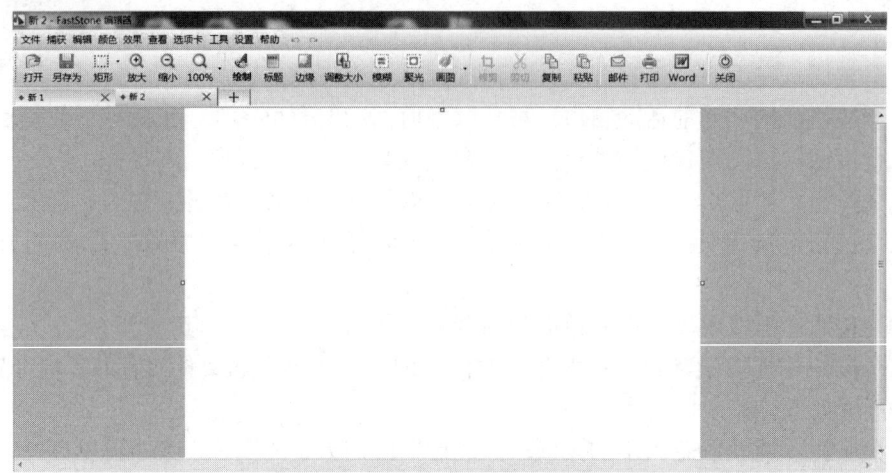

图 10-3　FS Capture 图像编辑器

单击"绘制"按钮，出现 FastStone Draw 窗口，如图 10-4 所示。

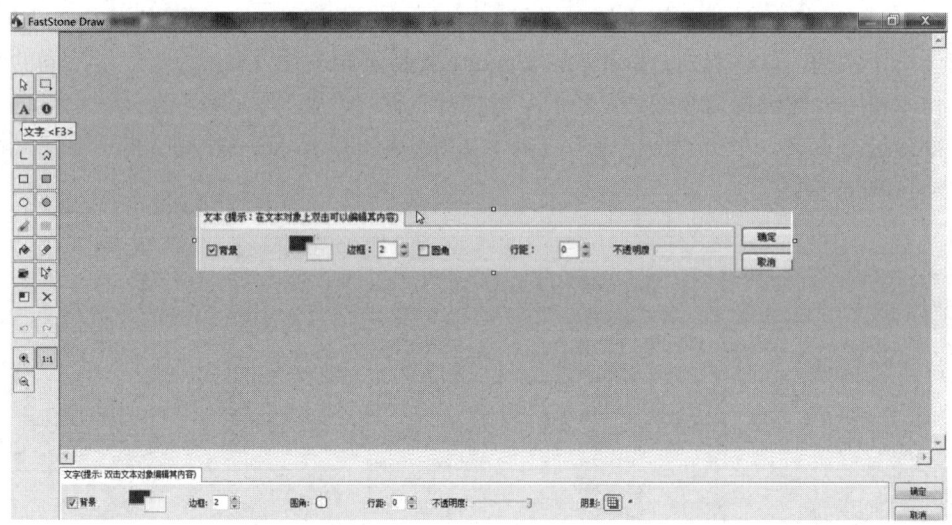

图 10-4　FastStone Draw 窗口

左边工具栏按钮均有说明，最下面可设置某工具的参数。设置和对图画处理完后，单击"确定"按钮返回编辑器。例：点文本 A 后，可在最下设置参数，以确定文本边框的颜色、宽度、是否圆角以及背景色等。

单击"边缘"按钮，可出现边缘设置对话框，可设置图片的边缘与水印。

单击"画图"按钮，可打开画图工具，使用方法类似于 Windows 画图，工具栏按钮均有说明提供参考。单击"画图"按钮右侧的下拉按钮，选择下拉菜单中的"添加或删除外部编辑器"选项，添加计算机中已安装好的程序 Photoshop，图片就可在 Photoshop 中打开了，即可在 Photoshop 中进行随心所欲的操作。

3. FastStone Capture 录屏与视频编辑

在 FastStone Capture 主界面中有屏幕录像机，使用它可记录所有屏幕活动，单击"屏幕录像器"按钮，弹出如图 10-5 所示的"屏幕录像器"对话框，在"屏幕录像器"对话框中单击"选项"按钮可进行视频、音频、快捷键和输出等设置，如录制视频时是否捕获鼠标、音频、快捷键、输出等。在"屏幕录像器"对话框中单击"录制"按钮即可开始录制视频，录制完成保存的格式可为.wmv。录制完成的视频可在"屏幕录像器"对话框中单击"编辑"按钮，可打开图 10-6 所示的"视频编辑器"窗口，在此进行简单的视频编辑，如添加文字说明、线条、转换为 GIF 格式等。

图 10-5　"屏幕录像器"对话框

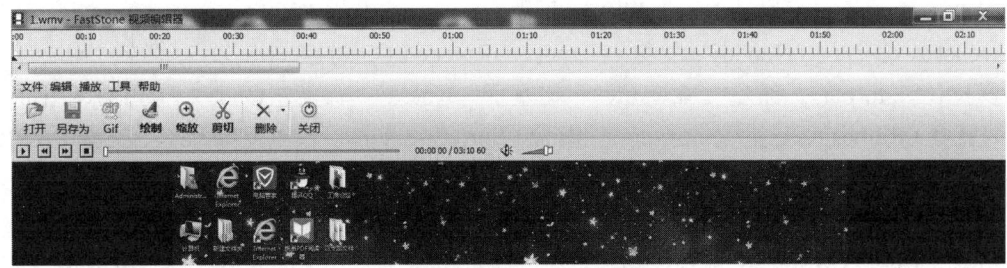

图 10-6　"视频编辑器"窗口

单元 2　多媒体格式转换工具

随着多媒体技术的普及与深入，随之出现了许多多媒体格式互相转换的软件，帮助我们改变文件的大小或类型以适应不同场景的多媒体格式要求，格式工厂（Format Factory）是一款多功能的多媒体格式转换软件，适用于 Windows。可以实现大多数视频、音频以及图像在不同格式之间的相互转换。转换可以具有设置文件输出配置，增添数字水印等功能。目前已经有格式工厂绿色版、格式工厂去广告版、格式工厂中文精简版等。但不管哪种版本的格式工厂都可将主操作界面分为四个区，即菜单栏区、工具栏区、功能区与任务区，如图 10-7 所示。

1. 格式工厂支持类型

所有类型视频转为 MP4、3GP、AVI、MKV、WMV、MPG、VOB、FLV、SWF、MOV，新版支持 RMVB（RMVB 需要安装 RealPlayer 或相关的译码器）、XV（迅雷独有的文件格式）转换成其他格式。

图 10-7　主界面分区示意图

所有类型音频转为 MP3、WMA、FLAC、AAC、MMF、AMR、M4A、M4R、OGG、MP2、WAV。

所有类型图片转为 JPG、PNG、ICO、BMP、GIF、TIF、PCX、TGA。

支持移动设备：索尼（Sony）PSP、苹果（Apple）iPhone&iPod、爱国者（Aigo）、爱可视（Archos）、多普达（Dopod）、歌美（Gemei）、iRiver、LG、魅族（MeiZu）、微软（Microsoft）、摩托罗拉（Motorola）、纽曼（Newsmy）、诺基亚（Nokia）、昂达（Onda）、OPPO、RIM 黑莓手机、蓝魔（Ramos）、三星（Samsung）、索爱（SonyEricsson）、台电（Teclast）、艾诺（ANIOL）和移动设备兼容格式 MP4、3GP、AVI。

2. 格式转换

格式工厂可以对视频、音频、图片、文件等进行文件格式转换，方法基本相同，这里，将以一个视频文件转换成 MP4 格式为例。一般步骤如下：

（1）在功能区中进行选择视频，再选择要转换的格式，如 MP4。

（2）在转换界面中选择"添加文件"加入想要转换的文件，此时默认输出视频具有与源视频同样的分辨率（屏幕大小）和帧率（每秒帧数）；设置好输出文件夹的位置等，如果认定可以这样设置，那就单击"确定"按钮，继续往下进行。如果还要详细设置，单击"输出配置"按钮进行参数设置，完成后再单击"确定"按钮，如图 10-8 所示。

（3）单击"开始"按钮即可开始格式转换。

3. 分割视频（音频）

格式工厂可对一段视频或音频进行分割，以视频文件的分割为例，其一般步骤如下：

（1）加入源文件。

（2）选中文件。

（3）单击图 10-8 对话框中的"选项"按钮，可对视频文件截取片断，如图 10-9 所示，可在其中单击"开始时间"按钮把当前的播放时间作为开始时间；单击"结束时间"按钮可以把当前的播放时间作为结束时间，再单击"确定"按钮。

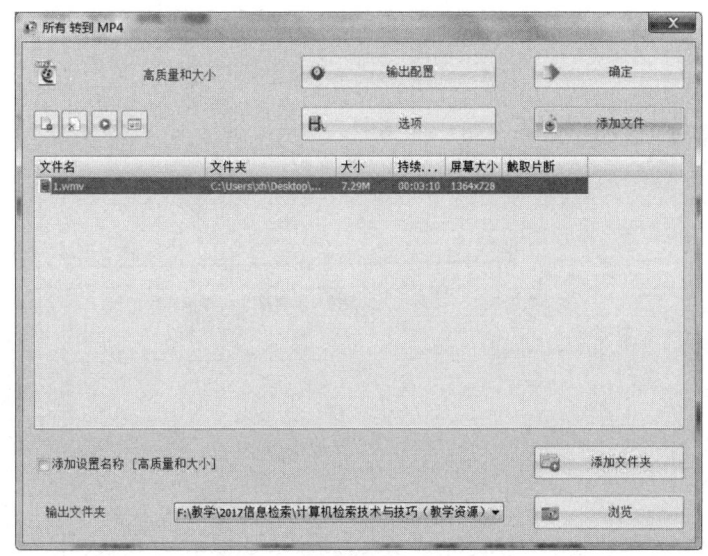

图 10-8　格式转换之文件设置

图 10-9　多媒体片断截取界面

4. 合并视频（音频）

格式工厂合并视频方法步骤如下：

（1）打开格式工厂，看到主界面的功能区，单击"视频合并"按钮即可。

（2）此时，会打开视频合并窗口，如图 10-10 所示，添加要合并的文件，单击"添加文件"按钮。

（3）找到自己想要合并的两个或者多个文件，添加进去之后，可以通过选项设置视频的开始和结束时间，如果只是单纯地合并，直接单击"确定"按钮。

（4）回到主界面，就会看到刚刚建立的任务，单击工具栏的"开始"按钮，格式工厂便开始合并添加的多个视频，等待任务的完成即可。

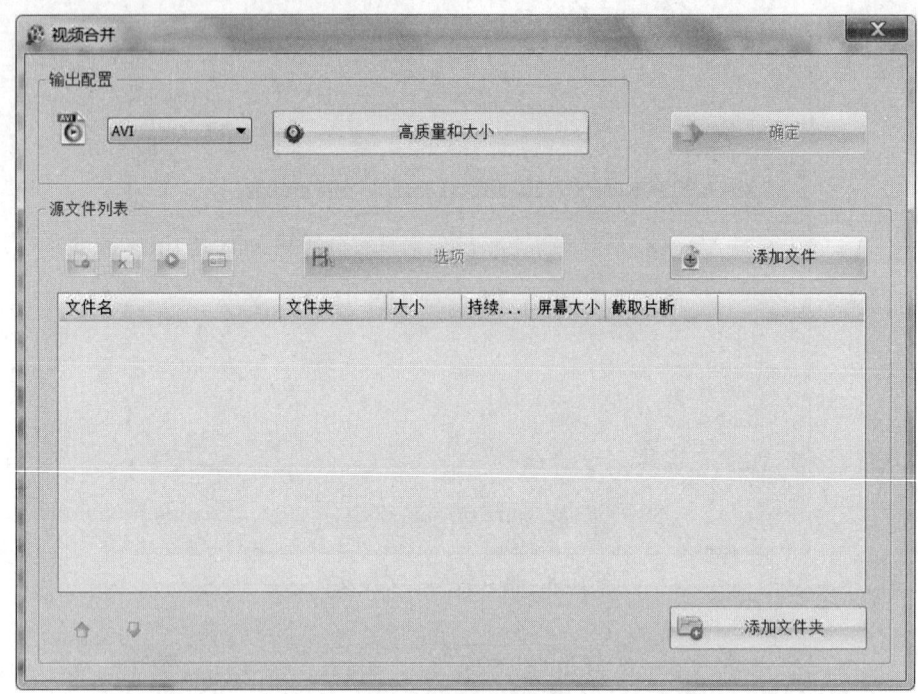

图 10-10 视频合并

单元 3　电子邮件工具

Foxmail 是一款中文版电子邮件客户端软件，支持全部的 Internet 电子邮件功能，中文版使用人数超过 400 万，英文版的用户遍布 20 多个国家，名列"十大国产软件"，被太平洋电脑网评为五星级软件。

Foxmail 电子邮件客户端软件一般可以比 WebMail 系统（网页邮件系统）提供更为全面的功能。与在线的网页邮件系统相比，使用客户端软件收发邮件，登录时不用下载网站页面内容，速度更快；使用客户端软件收到的和曾经发送过的邮件都保存在自己的计算机中，不用上网就可以对旧邮件进行阅读和管理。

1. 启动 Foxmail

下载 Foxmail 的最新版本后，双击下载后的图标即可启动如图 10-11 所示的 Foxmail 向导。依次输入电子邮件地址、密码、账户名称和邮件中使用的名称，最后输入邮件保存的路径以设置 POP3 邮箱，单击"下一步"按钮，根据向导提示完成后，可打开主界面，如图 10-12 所示，上面是菜单和工具栏，提供常用的一些功能；左面是所有信箱的列表和联系人；右上方是当前信箱中的信件；右下方是信件预览窗口，当单击某一封信时，这里就会显示出这封信的内容以供预览。

2. 设置 Foxmail

可在 Foxmail 向导中设置，也可以启动 Foxmail 后，单击主界面"邮箱"菜单中的"修改邮箱账户设置"选项，即可打开"邮箱账户设置"对话框，如图 10-13 所示。这里有很多设置项，其中主要的有"个人信息""邮件服务器""发送邮件""接收邮件""其他 POP3""字体与显示"等几项设置。单击左边的设置选项，即可在右边的窗口中进行设置。

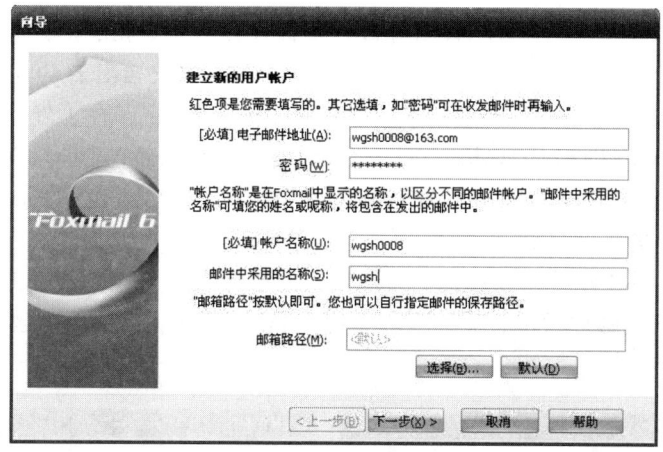

图 10-11 Foxmail 向导

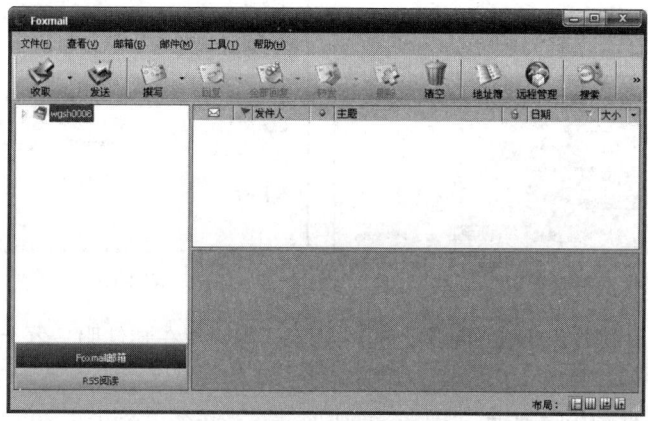

图 10-12 Foxmail 主界面

（1）个人信息。如图 10-13 所示，这里的关键是填写电子邮件地址，"回复地址" 是在发出的邮件中加上回复地址标记，对方回信时将回复到这个地址。如果不填这一项，对方的信就会回复到 "电子邮件地址" 所指定的信箱中。

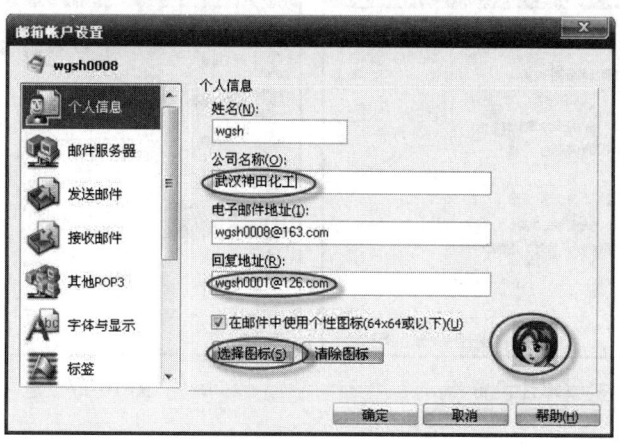

图 10-13 "邮箱账户设置" 对话框

（2）邮件服务器。邮件服务器设置是邮件软件设置中最重要的部分，如图 10-14 所示。填写发送邮件的服务器地址（SMTP），邮件要通过这个服务器发送出去。可以填任何一个 SMTP 服务器的地址。接收邮件服务器通常也叫"POP3 服务器"，它保存了外界发给用户的邮件。通过 Foxmail 将这些邮件收到计算机，然后再处理这些邮件。这个地址只能填用户的邮箱提供者提供给用户的那个。"POP3 邮箱账号"就是用户邮箱的账号，也就是邮箱中"@"符号前面的部分。"密码"是邮箱的密码。

（3）发送邮件。在发送邮件设置中可以设置发送邮件的格式以及设置发送邮件时是否包含发送者的名片、发送邮件后是否立即收取新邮件和邮件发出后是否将其转移到"已发送邮件箱"等，如图 10-15 所示。

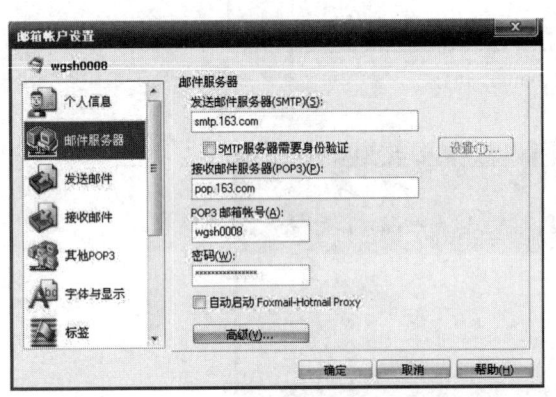

图 10-14　"邮件服务器设置"对话框　　　　图 10-15　发送邮件设置

（4）接收邮件。接收邮件设置如图 10-16 所示。选中"在邮件服务器上保留备份"复选框，这样当邮件收到用户的计算机上后，还会在服务器上保留一个备份，以防收下来的邮件丢失或损坏，但这样会降低邮件的接收速度。第三个复选项是选择一个声音文件，以在有新邮件到来时播放声音提示用户。

（5）添加 POP3 账号。在"其他 POP3"设置里，单击"新建"按钮，即可按向导添加新的 POP3 账号，即建立新的邮箱，如图 10-17 所示。

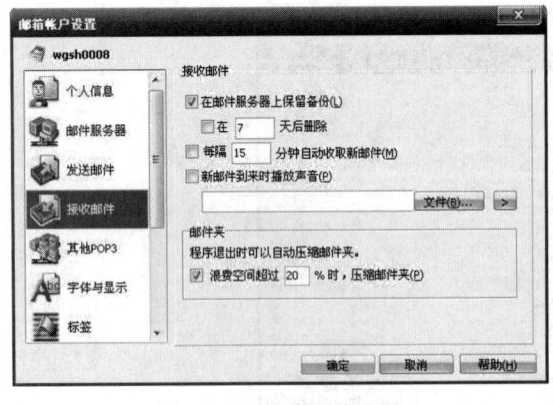 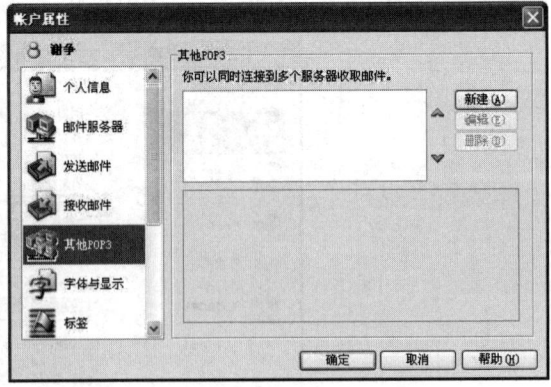

图 10-16　接收邮件设置　　　　　　　　　图 10-17　建立新的邮箱

3. Foxmail 的使用

（1）撰写邮件。单击工具栏中的"撰写"按钮即可打开如图 10-18 所示的界面，开始撰写邮件。

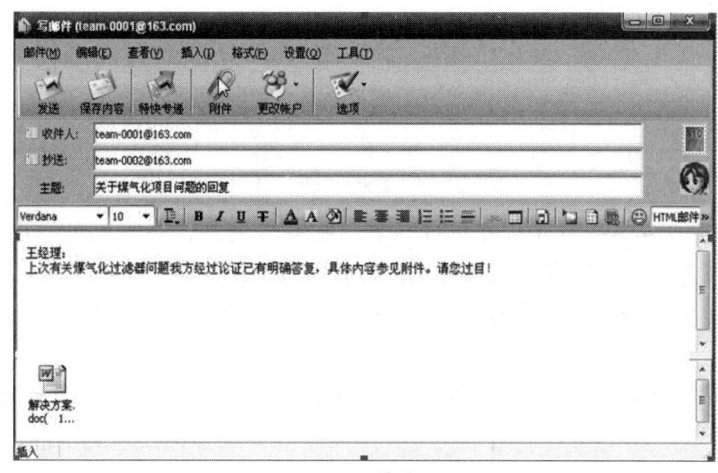

图 10-18　撰写邮件

在"收件人"栏里写下收件人的 E-mail 地址，如果还想把这封信同时发送给其他人，可以在"抄送"栏里输入其他收件人的 E-mail 地址。在"主题"栏中为这封信写一个标题，以便收件人收到邮件后可以很快地通过标题知道邮件的大致内容。单击"附件"按钮，可将指定文件作为附件发送。

（2）发送邮件。Foxmail 有多种发送方式。如果觉得邮件还没写完，或者以后还要再修改，可以单击"保存内容"按钮，将写好的邮件保存为草稿，以便下次再编辑。这样 Foxmail 会把邮件保存到"发件箱"中，以后只要在发件箱中双击它，即可再次进行编辑。当所有的邮件都写好后，单击工具栏的"发送"按钮，Foxmail 会把发件箱中的所有信件一起发送出去。

（3）用 Foxmail 接收邮件。邮件的接收非常简单，只要单击 Foxmail 主界面中的"收取"按钮，Foxmail 就会自动收取邮件。收到的邮件放在收件箱中，并会提示共收到多少封邮件。在"收件箱"里选中邮件，在右上方窗口中就会显示该邮件的信息，在右下方显示邮件内容。在信息栏中，"发件人"栏显示写信人的名字或 E-mail 地址，其后还显示了邮件的接收日期和大小以及该邮件是否被阅读等信息。双击该邮件，Foxmail 会打开一个较大的窗口以方便阅读。

（4）回复、重发及转发邮件。当阅读一封邮件时，可以单击"回复"按钮，Foxmail 会自动打开回复当前邮件的窗口。窗口中收件人的地址已经自动填写完成，只需再按撰写新邮件的方法把邮件写好，发送出去即可。

如果想再次发送已经发送过的邮件，可以在邮件上右击，从弹出的快捷菜单中选择"再次发送"命令，这封邮件就被打开了，并且收件栏中已经填好了上次发送时的收件人的地址，单击"发送"按钮发送即可。还可以把邮件转发给其他人，先选中想转发的邮件，右击，选择"转发邮件"命令，这封邮件就被打开了，在收件人栏里写好收件人的邮件地址，单击"发送"按钮即可。

（5）地址簿。Foxmail 提供的地址簿可以方便用户有效地管理众多的邮件地址。单击工具栏上的"地址簿"按钮即可打开如图 10-19 所示的"地址簿"窗口。

图 10-19 "地址簿"窗口

在地址簿中双击某个联系人,即可打开"写邮件"窗口撰写新邮件。选择多个联系人后单击"写邮件"按钮,即可为多个联系人撰写同一封邮件。

Foxmail 允许把一批联系人创建成为一个"组",向这个组发送邮件,就可以把邮件发送到每一个人手中。

单击"新建组"按钮,打开如图 10-20 所示的对话框,输入组名(如"武汉大学机器人设计小组"),单击"增加"按钮,打开如图 10-21 所示的"选择地址"对话框,双击左边的联系人即可将其添加到右边的组成员列表中,然后单击"确定"按钮完成组的创建。这样,在主界面的联系人列表中就会显示组名,双击该组名即可为该组中的所有成员创建共同的新邮件。

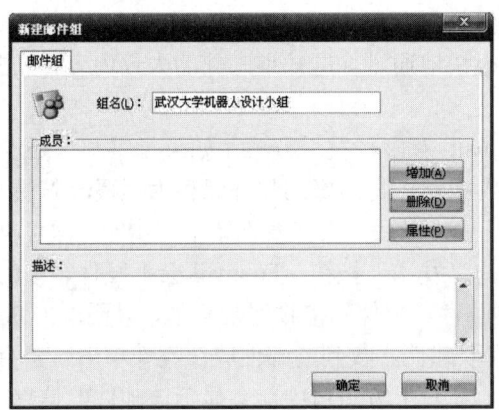

图 10-20 新建邮件组

图 10-21 选择地址

单元4　思维导图工具

1. 什么是思维导图？

思维导图又称脑图、心智导图。它是一种将思维形象化的方法，利用"图文并茂"将各级主题之间的关系用相互隶属与相关的层级图表现出来，将主题关键词与图像、颜色等建立记忆连接，从而使人们能够充分利用左右脑的机能。总结来说，思维导图就是以层次感的方式展示我们想法的图像式思考辅助工具。

2. 为什么要使用思维导图？

在学习的时候，思维导图可以帮助我们实现知识结构化，从而使学习更高效。首先可以借助各类的结构提炼出简洁清晰可复用的知识模型，借助思维导图结构实现快速地回顾知识，再通过树状结构层层拆解知识去实现知识创新的效率；思维导图也可以帮助我们去进行信息的提炼、压缩、整理，从而实现高效地分析信息；另外，还可以帮助我们去梳理工作的流程，能够让我们一些比较缓慢的思绪得到很好的梳理。就具体应用来说，思维导图工具主要用来做笔记、辅助记忆、记录灵感和创意、项目管理、整合信息、演示报告、论文草稿等。

3. 思维导图工具 XMind 入门

XMind 是一款非常实用的商业思维导图软件，应用全球最先进的 Eclipse RCP 软件架构，全力打造易用、高效的可视化思维软件。XMind 思维导图主要由中心主题、主题、子主题、自由主题、外框、联系等模块构成，通过这些导图模块可以快速创建需要的思维导图。下面将介绍如何使用 XMind 创建思维导图，及创建 XMind 思维导图的基本入门操作。

（1）新建导图。打开 XMind 软件选择空白的模板，或者单击新建按钮创建一个空白的思维导图，如图 10-22 所示；另外，也可以选择"文件"→"新的空白图"选项，新建一个空白导图，导图中间会出现中心主题，双击可以输入想要创建的导图项目的名称，如图 10-23 所示。

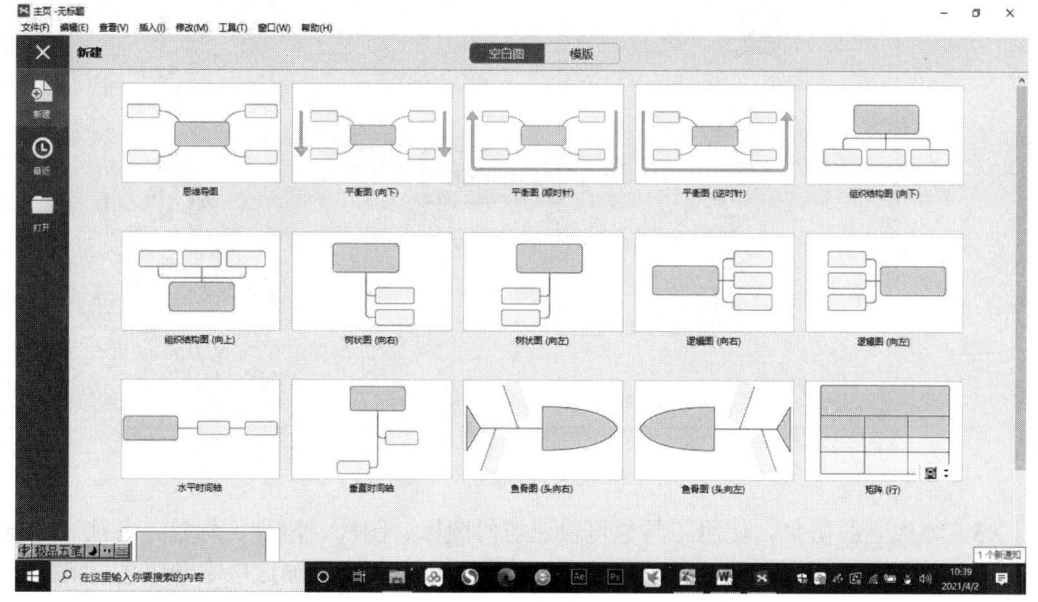

图 10-22　新建思维导图

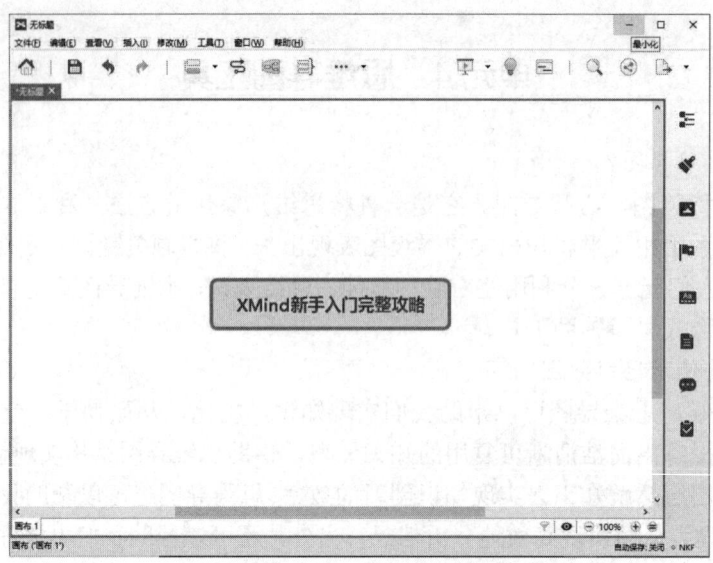

图 10-23　输入导图项目名称

（2）添加分支主题。按 Enter 键可以快速添加分支主题/子主题，也可以单击工具栏上插入主题按钮后面的小黑三角，插入分支主题，如图 10-24 所示。双击则可以输入项目名称。

如果分支主题下还需要添加下一级内容，可以再创建子主题，可按 Tab 键或 Insert 键，或单击工具栏上插入主题按钮后面的小黑三角，选择父主题。

备注：如果不需要某个主题，可以选中主题，按 Delete 键即可。

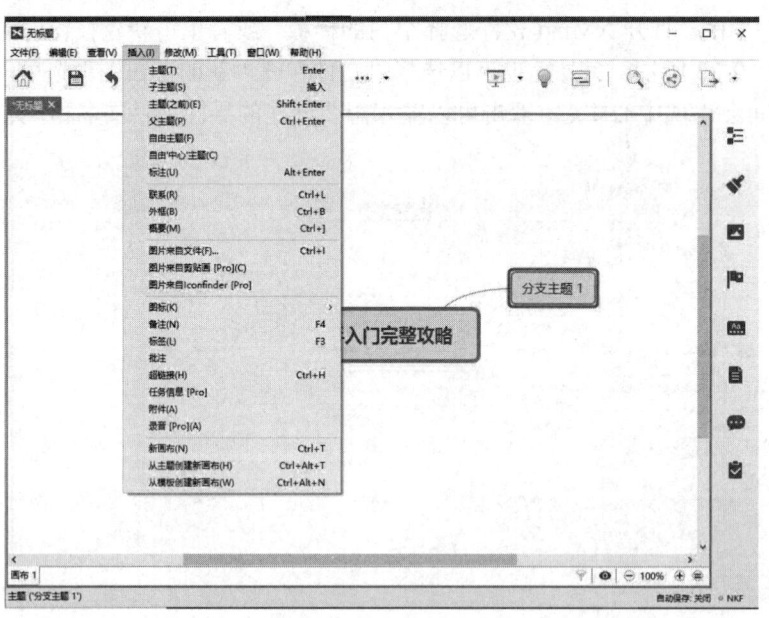

图 10-24　添加分支主题

（3）添加主题信息。使用工具栏可快速访问图标、图片、附件、标签、备注、超链接和录音等主题信息。也可以通过插入菜单栏中的这几个工具来添加这些主题信息，如图 10-25 所示。

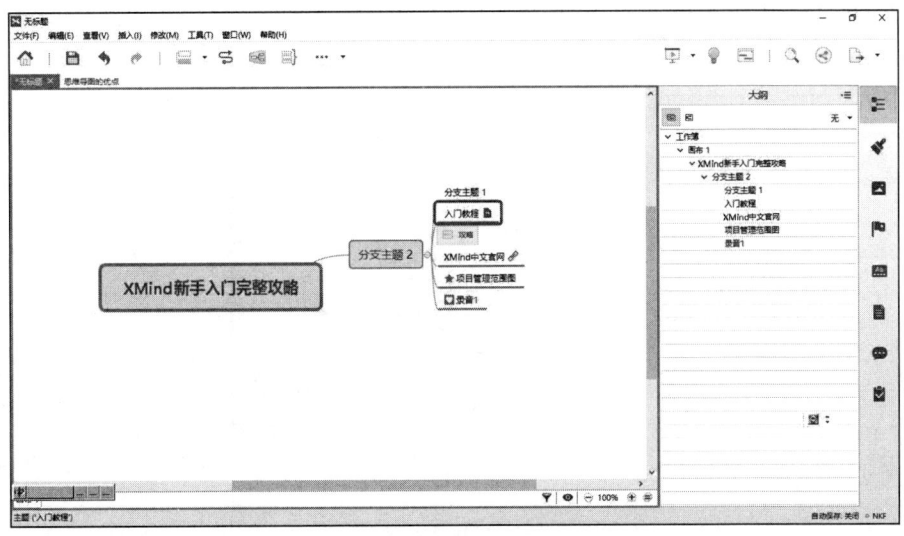

图 10-25　添加各种主题信息

（4）添加主题信息的可视化关系。通过工具栏可快速访问"外框""概要"和"联系"来为主题添加特殊标记，可对主题进行编码和分类、使用箭头展现主题之间的关系和使用"外框"功能可环绕主题组，三个按钮如图 10-26 所示。或者通过"插入"菜单栏中的这三个工具来添加主题信息的可视化关系，建立了"概要"和"联系"的效果如图 10-27、图 10-28 所示。

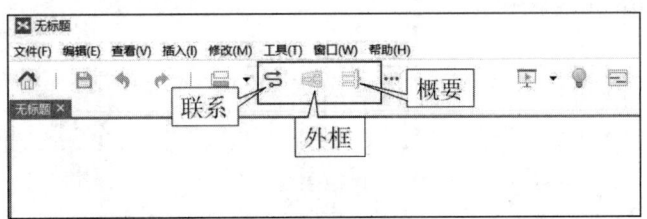

图 10-26　"外框""概要"和"联系"按钮

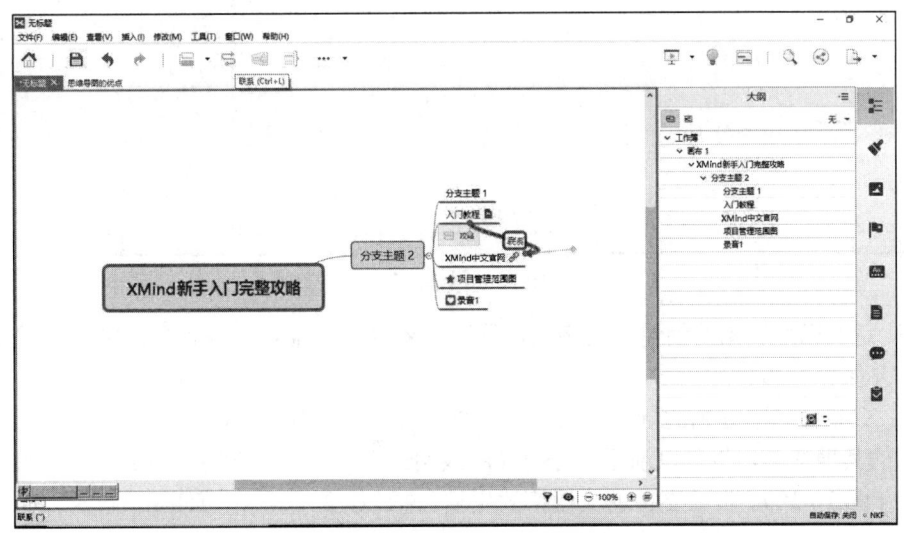

图 10-27　建立"联系"

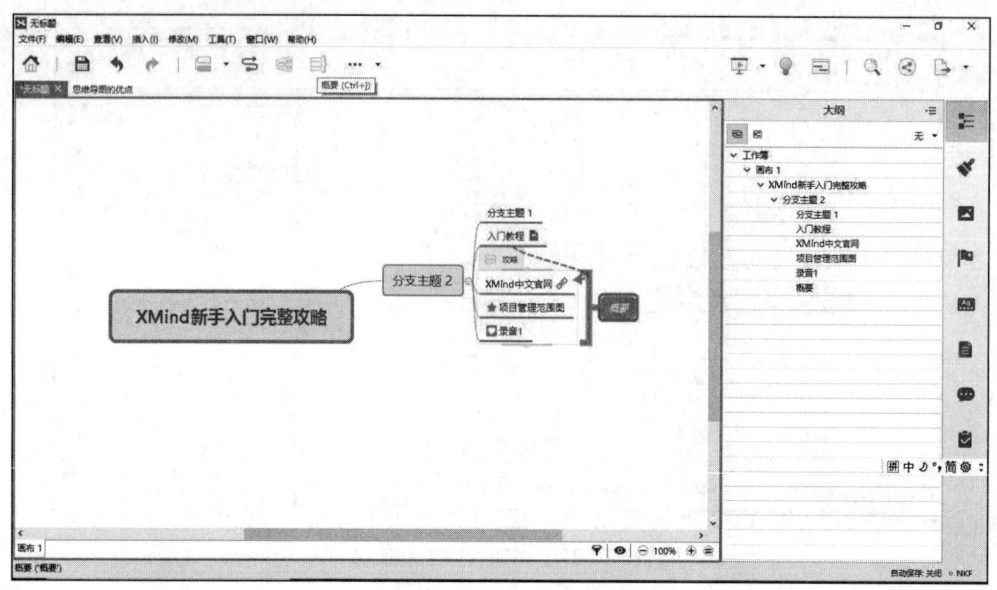

图 10-28　建立"概要"

(5) 设置导图格式。XMind 本身提供了多种设计精良的风格供选择，也可以选中需要设置的对象，打开"格式"属性，如图 10-29 所示，通过属性栏自己设计喜爱的风格。

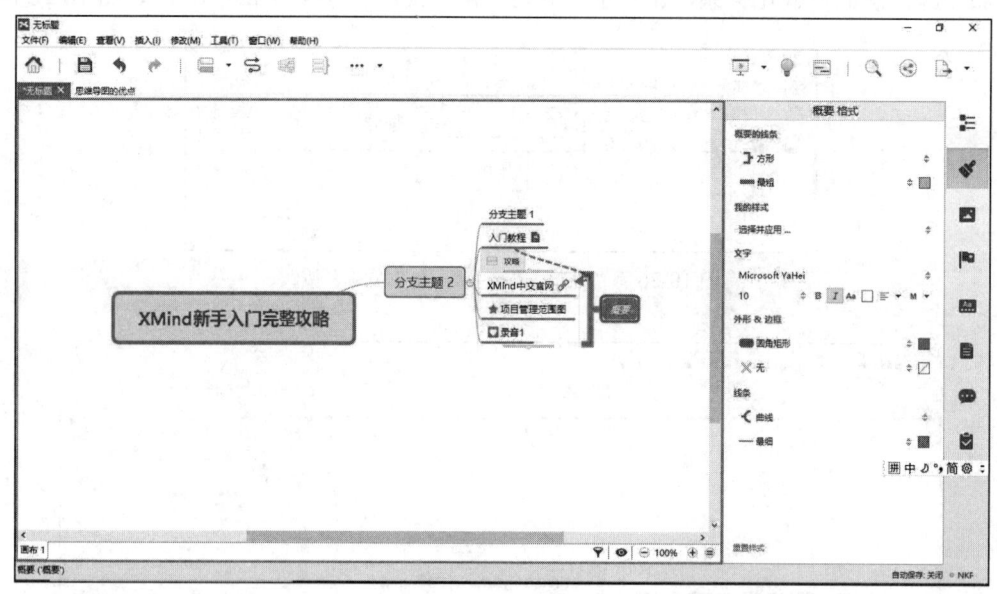

图 10-29　"格式"属性

(6) 完成思维导图的创建。最终确认导图内容的拼写检查、检查导图中的链接及编辑导图属性，并保存导图。

(7) XMind 思维导图的导出。最终定稿的导图通过 XMind.net 上传并分享给项目、部门或者公司的其他成员，也可以演示、打印导图或用"文件"菜单下的"导出"命令以其他格式导出导图（图 10-30）。目前支持的文档格式主要包括 txt 文本文件、THML 文件、Word、PDF、OpenDoucument 文本、RTF 文件及 OPML 格式。

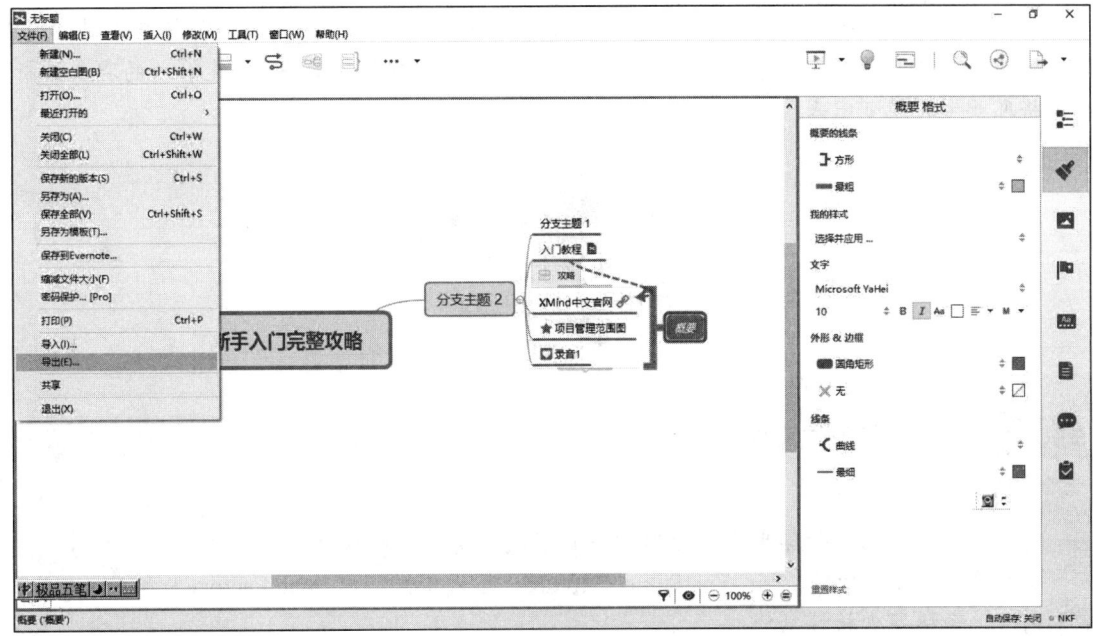

图 10-30 "文件"菜单下的"导出"命令

 使用思维导图软件 XMind 设计"我的职业生涯规划"

目标

通过实践活动了解思维导图的用途,熟练使用思维导图工具 XMind 制作思维导图。

场景

对于刚进入大学的学生,越早做好职业生涯规划,越能明确自己在大学四年的成长目标。职业生涯规划是指针对个人职业选择的主观和客观因素进行分析和测定,确定个人的奋斗目标并努力实现这一目标的过程。换句话说,职业生涯规划要求根据自身的兴趣、特点,将自己定位在一个最能发挥自己长处的位置,选择最适合自己能力的事业。

要求

要求学生以个人为单位,利用思维导图软件 XMind 为自己进行职业生涯规划设计。每组选出最好的一份职业生涯规划设计进行展示讲解。

要求讲解内容以及思维导图要呈现以下五个主要问题的分析和职业生涯规划:

(1) 我是谁?对自己有一次深刻的反思,清楚认识自己的优点和缺点。

(2) 我想干什么?为自己职业发展确立一个心理趋向目标。

(3) 我能干什么?对自己能力与潜力的全面总结。

(4) 环境支持或允许我干什么?在客观环境与人为主观方面,允许我实现怎样的职业。

（5）自己最终的职业目标是什么？明晰了前面四个问题，就会从各个问题中找到对实现有关职业目标有利和不利的条件，列出不利条件最少的、自己想做而且又能够做的职业目标。最终将职业生涯规划出来。

任务　常用工具软件实践

任务目标

完成任务的要求，使学生掌握应用软件的下载，安装与卸载的方法。

掌握常用的工具软件，如：FastStone Capture、格式工厂（Format Factory）和 Foxmail 的基本用法，积极探索软件功能。

WinRAR 是创建、管理和控制压缩文件的常用应用软件，引导学生自行探索 WinRAR 压缩软件的使用，使学生具备主动接触并探索新软件应用方法的能力。

任务情境与要求

王同学终于从高中迈入了大学。家人为了他学习方便给他买了一台电脑，小王听说 WinRAR、FastStone Capture、格式工厂（Format Factory）和 Foxmail 是目前使用用户较多的几款软件，但他完全没有接触过,请和他一起探索学习工具软件的基本操作及这几款软件的功能。

- 在网上下载并安装 WinRAR、格式工厂（Format Factory）和 Foxmail。
- 王同学听说格式工厂有绿色版的，决定卸载刚安装的格式工厂，使用绿色版。
- 用 WinRAR 一次解压已下载好的绿色版软件 FastStone Capture 和格式工厂（Format Factory）
- 使用 WinRAR 将 C 盘中任意两个文件进行压缩，保存到 D 盘根目录下，并命名为"文件压缩包.rar"。
- 使用 WinRAR 将刚压缩的"文件压缩包.rar"中的其中一个文件解压出来，放在桌面。
- 探究文件压缩工具中的其他实用功能，如分卷压缩与加密压缩等，并用 FastStone Capture 录制视频，以"分卷加密压缩"命名并保存在桌面上；使用 FastStone Capture 的视频编辑功能为录制的视频添加必要的文字说明。
- FastStone Capture 的滚动截图一般用于截超过一个屏幕长度的图，请自学此功能并尝试截取 www.sina.com.cn/网页内容并总结截图工具 FastStone Capture 的捕捉方式及快捷键。
- 将"分卷加密压缩"录屏使用格式工厂转换为 MP4 格式，并保存在桌面上。
- 你有除了 QQ 以外的电子邮箱吗？如果没有,请在线申请一个免费邮箱。使用 Foxmail 对自己刚注册的免费邮箱建立用户账号，并设置账号密码。
- 使用 Foxmail 给自己发一封邮件，并把"加密压缩.mp4"录屏作为附件发送。

任务素材

在"教材资源"文件夹中提供了 FastStone Capture、格式工厂的绿色版和分卷压缩帮助.docx。

任务解析

1. 在网上下载并安装 WinRAR 及其他软件，可借助软件的官网或软件管家如 360 安全卫士中的软件管家等软件下载，下载后找到可执行文件（后缀名为.exe）进行安装，安装时注意对话框中的提示信息。

实践任务 1~5 步分析

2. 卸载软件时可借助控制面板中的程序；也可借助 360 安全卫士中的软件管家等软件。

3. 选中要解压的所有文件（FastStone Capture 和格式工厂）后，右击，选择相应的快捷命令。

4. 在 C 盘中选中要解压的所有文件后，右击，选择相应的快捷命令；保存到 D 盘根目录下，并命名为"文件压缩包.rar"。

5. 先在 WinRAR 打开 D 盘根目录下的"文件压缩包.rar"，找到其中要解压的文件，再单击主界面中的"解压到"按钮将此文件解压到桌面。

6. 参考文件"WinRAR 分卷压缩与解密帮助.docx"。FastStone Capture 录屏，可单击 FastStone Capture 主界面的录制按钮，建议先通过 FastStone Capture 主界面的设置按钮进行相关设置，如是否捕获鼠标等。

实践任务 6~10 步分析

7. FastStone Capture 有三大功能，分别是截图与图形编辑、录屏和视频编辑；鼠标放到 FastStone Capture 主界面相应按钮上即可看到相关提示说明。

8. 格式转换借助格式工厂完成，具体使用请参考教材中相关内容。

9. Foxmail 设置用户账号与使用请参考教材中相关内容。

10. 建议尝试手机邮件 APP 的使用。

课后习题 10

一、选择题

1. 卸载软件的方法最好使用（　　）。
   A. 直接删除　　　　　　　　B. 不予理睬
   C. 删除快捷方式　　　　　　D. 利用软件的卸载程序

2. 退出工具软件比较简单，以下几种方法中（　　）不能正常退出工具软件。
   A. 在标题栏上双击
   B. 在标题栏上右击，在弹出的快捷菜单中执行"关闭"命令
   C. 单击标题栏右上角的关闭按钮图标 ×
   D. 双击标题栏左侧的应用程序图标

3. 常用的安装软件的方法有：自带安装程序的安装软件、无须安装只要解开压缩包的（　　）、最为繁杂的汉化安装。
   A. 安装文件　　　B. 数据文件　　　C. 绿色软件　　　D. 安装程序

4. 为 163 的电子邮件建立连接时，163 的 POP3 的服务器是（　　）。
   A. 163.COM.CN　　　　　　B. 163.COM
   C. POP3.163.COM.CN　　　　D. POP3.163.COM

5. 可以进行视频格式转换的软件为（　　）。
   A. 光影魔术手　　B. 美图秀秀　　C. QQ影音　　D. 格式工厂
6. 思维导图中删除一个子主题的方法是选中该主题按（　　）键。
   A. Delete　　B. Insert　　C. Enter　　D. Backspace
7. 下面哪个软件不是思维导图软件（　　）。
   A. XMind　　B. MindMaster　　C. Jasmind　　D. Dreamweaver
8. 下面关于思维导图的中心主题，说法错误的是（　　）。
   A. 一张导图只有一个中心主题
   B. 思维导图要围绕中心主题进行展开
   C. 中心主题上必须同时添加图片，让整张导图更有色彩感
   D. 中心主题上的文字突出显示以便凸显主题
9. 下面说法不合适的是（　　）。
   A. 用思维导图无法绘制组织结构图
   B. 从中心主题延伸出来的线条叫分支主题
   C. 可以通过线条的粗细来体现内容的重要程度
   D. 添加图像可以使思维导图色彩更鲜艳，可阅读性强
10. 下面哪项内容适合用思维导图总结和记忆（　　）。
    A. 抒情散文
    B. 没有层级关系的杂文
    C. 影评文章
    D. 全等三角形的概念和性质

二、思考题

在学习本模块的内容并使用本模块的应用软件后，回答以下问题。

1. 应用 FastStone Capture 录屏时，如果只录电脑的声音，不录制外部其他声音，应该如何设置？
2. 思维导图可应用于哪些场合，能带来什么好处？

部分习题参考答案

课后习题 1——选择题
1~5 CADCC   6~10 CAAACF   11~15 CBBBC

课后习题 2——选择题
1~5 DDCAA   6~10 DBDAD

课后习题 3——选择题
1~5 CBBBA   6~10 DDBBAC

课后习题 4——选择题
1~5 BABAC   6~10 BCDBD   11~15 BADDDB

课后习题 5——选择题
1~5 CCCCD   6~11 AADBAD

课后习题 6——选择题
1~5 CCBAB   2~10 CABDC   11~15 CDADC   16~18 BBA

课后习题 7——选择题
1~5 DCCCD   6~10 CDCDC   11~15 CABBB
16~20 BCADB   21~25 BCDBB

课后习题 8——选择题
1~5 DDAAC   6~10 CADCA

课后习题 8——Python 程序设计题

1. ```
x=input('请输入 4 位的年份：')
x=eval(x)
if x%400==0 or (x%4==0 and not x%100==0):
    print('是闰年')
else:
    print('不是闰年')
```

2. ```
x=input('请输入一个小于 1000 的正整数：')
x=eval(x)
t=x
i=2
result=[]
while True:
    if t==1:
```

```
                break
            if t%i==0:
                result.append(i)
                t=t/i
            else:
                i+=1
    print(x, '=','*'.join(map(str,result)))
```
3.
```
    x=input('请输入 x 的值：')
    x=eval(x)
    if x<0 or x>=20:
        print(0)
    elif 0<=x<5:
        print(x)
    elif 5<=x<10:
        print(3*x-5)
    elif 10<=x<20:
        print(0.5*x-2)
```

课后习题 9——选择题

1～5　ACCAC　　6～10　CCCBC　　11～15　DABDC

16～20　DDDCA　21～25　CCACD

课后习题 10——选择题

1～5　DACDD　　6～10　ADCAD